westermann

Herausgegeben von
Henning Körner
Arno Lergenmüller
Günter Schmidt
Martin Zacharias

MATHEMATIK NEUE WEGE 9

MATHEMATIK

NEUE WEGE 9

Herausgegeben von
Henning Körner, Arno Lergenmüller, Günter Schmidt, Martin Zacharias

Bearbeitet von
Miriam Dolić, Christiane Dornemann, Erdmann Fricke, Hermann Gora, Charlotte Jahn, Holger Kleinfeld, Henning Körner, Edmund Kronabel, Arno Lergenmüller, Rainer Lück, Elke Renwanz, Miriam Ruschhaupt, Burkhard Rüsing, Michael Rüsing, Jan Schaper, Olga Scheid, Angelika Siekmann, Günter Schmidt, Paul Tyrichter, Thomas Vogt, Laura Witowski, Martin Zacharias, Bärbel Zettner

Zum Schülerband erscheinen:
Lösungen: Best.-Nr. 978-3-14-125622-2
Arbeitsheft mit Lösungen: Best. Nr. 978-3-14-125610-9

westermann GRUPPE

Druck A[1] / Jahr 2022
Alle Drucke der Serie A sind im Unterricht parallel verwendbar.

Redaktion: Björn Deling
Illustrationen: Mario Valentinelli, Rostock
Umschlagentwurf: Lio Designagentur, Braunschweig
Innenlayout: Janssen Kahlert Design & Kommunikation GmbH, Hannover
Druck und Bindung: Westermann Druck GmbH, Georg-Westermann-Allee 66, 38104 Braunschweig

ISBN 978-3-14-**125604**-8

Inhalt

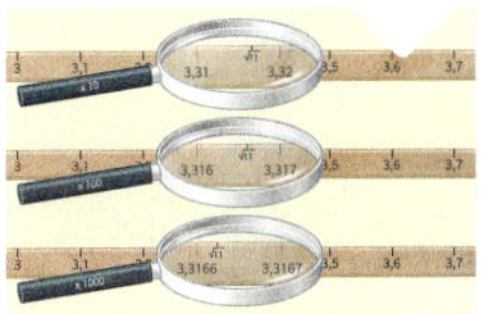

Zum Erinnern und Wiederholen 194

Zum Erinnern und Wiederholen

Auf neuen Wegen **sicher durch den Unterricht.**

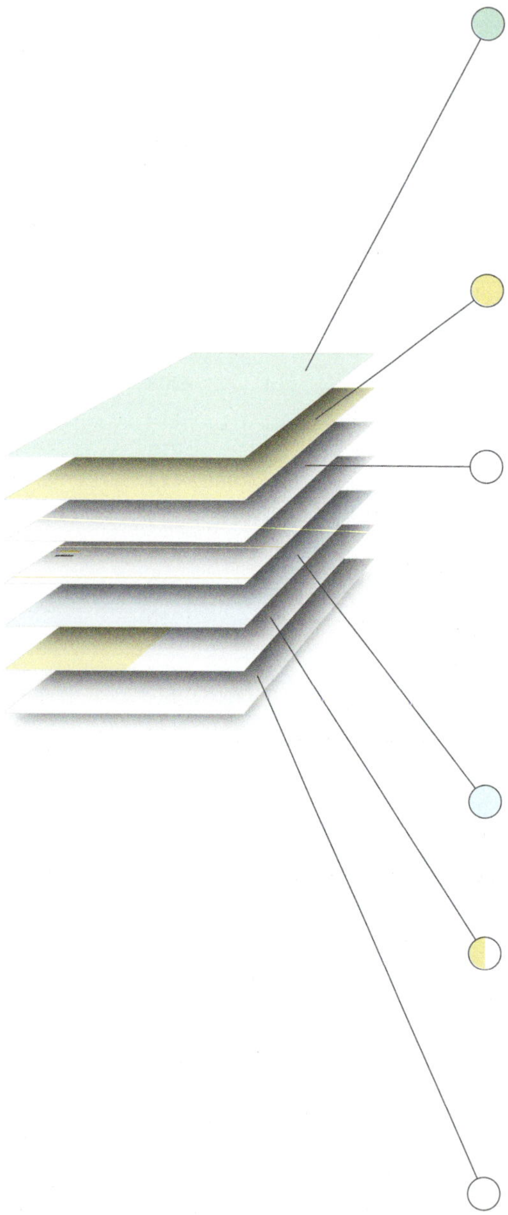

EINSTIEG

Es werden verschiedene Zugänge zum Thema angeboten. Damit kann in Kontexten der Kerninhalt des Lernabschnitts selbst erarbeitet werden. Die letzte Aufgabe stellt meist einen direkten Zugang zum Basiswissen dar. Häufig sind Wiederholungsaufgaben in die Aufgaben eingebettet, sodass Vernetzungen mit vorher behandelten Inhalten ermöglicht werden. Kooperative Lernformen stehen im Vordergrund.

BASISWISSEN

Die Pflichtinhalte und grundlegenden Strategien werden in schülernaher Sprache fachlich angemessen kurz und bündig formuliert. Ergänzt wird dies durch Beispiele mit Lösungen, die die Inhalte in Aufgaben konkretisieren.

ÜBUNGEN

In der Übungsphase werden zunächst Aufgaben angeboten, die in ihrer Grundstruktur an die Beispiele angelehnt sind, sodass verlässlich die grundlegenden Kompetenzen erworben werden können und eine notwendige Ausformung von Routinen erfolgt. Im weiteren Verlauf der Übungsphase werden die Inhalte in vielfältiger Weise variiert und gefestigt. Es treten auch Anwendungen und Vernetzungen auf, um insgesamt ein „intelligentes Üben" zu ermöglichen. Den Abschluss bilden Grundwissensaufgaben zum Wiederholen.

ÜBUNGEN PLUS

Die blauen Seiten sind ein Zusatzangebot zur binnendifferenzierenden Erweiterung und Vertiefung. Zusätzlich gibt es auch anschaulich gestaltete Lesetexte und Informationen.

CHECK-UP

Das Wichtigste des Kapitels ist als Inhaltskatalog mit Aufgaben zusammengefasst. Die Inhalte beschränken sich auf Pflichtinhalte, die Aufgaben beschränken sich auf alle Basiskompetenzen. Die Lösungen befinden sich am Ende des Buches. Dieser Teil eignet sich für die Schülerinnen und Schüler zur selbstständigen Vorbereitung für Klassenarbeiten.

SICHERN UND VERNETZEN

Während die Lernabschnitte inhaltlich geordnet sind, werden sichernde und vertiefende Übungen nach prozessorientierter Strukturierung zum Trainieren, Verstehen und Anwenden angeboten. Die Lösungen sind im Internet einsehbar. Dieser Teil ist damit ein weiterer Baustein für Binnendifferenzierung.

Das Konzept von Neue Wege ist so angelegt, dass in modularer Weise mit dem Buch auf unterschiedliche schulische und lerngruppenspezifische Rahmenbedingungen reagiert werden kann.

So können Sie auch bei Zeitknappheit erfolgreich Stoff vermitteln:

EINSTIEG
Kurzen direkten Zugang zum Basiswissen wählen

BASISWISSEN
Basiswissen mit Beispielen bearbeiten

ÜBUNGEN
Situativ angepasst differenzierte Aufgaben auswählen

CHECK-UP
Mit den Lösungen die Möglichkeit zur selbstständigen Kontrolle nutzen

---

So können Sie in der Übungsphase auch sehr heterogene Klassen fördern und fordern:

ÜBUNGEN
Situativ angepasst differenzierte Aufgaben auswählen

ÜBUNGEN PLUS
Differenzierungsangebot zum Erweitern und Vertiefen

SICHERN UND VERNETZEN
Differenzierungsangebot zum Trainieren, Verstehen und Anwenden

---

So können Schülerinnen und Schüler eigenständig Inhalte erschließen und üben:

BASISWISSEN
Selbstständiges Erarbeiten der Inhalte anhand von Beispielen

ÜBUNGEN
Situativ angepasst differenzierte Aufgaben auswählen

CHECK-UP
Mit den Lösungen die Möglichkeit zur selbstständigen Kontrolle nutzen

1 Ähnlichkeit

Mit zwei Fingern können Fotos und Abbildungen auf einem Touchscreen, auf Smartphones oder Tabletts verkleinert oder vergrößert werden. Durch Verkleinern oder Vergrößern entstehen ähnliche Bilder.
Im Alltag wird der Begriff „ähnlich" in vielerlei Bedeutung verwendet. Geschwister sehen einander ähnlich aus, das Modell eines Autos sieht ähnlich zum Original aus.

In der Mathematik wird der Begriff Ähnlichkeit enger und präziser gefasst. Es kommt auf Streckenverhältnisse und Winkel an. Mit ihrer Hilfe können vielfältige Eigenschaften und Beziehungen ähnlicher Figuren untersucht und begründet werden.

1.1 Definitionen und Sätze

Ist ein Hocker ein Stuhl? Um das zu entscheiden, muss man möglichst genau festlegen, was ein Stuhl ist. Wenn zu einem Stuhl zwingend eine Rücklehne gehört, dann ist ein Hocker kein Stuhl. Das ist auch in der Mathematik so: Wenn es gelingt genau festzulegen, was z.B. ein Trapez ist, dann können wir uns besser darüber verständigen.

Mathematische Sätze siehe auch Seite 220

Sätze wie „Wenn morgen schönes Wetter ist, gehe ich schwimmen." kommen oft im Alltag vor. Wie ist das eigentlich dann mit dem Satz: „Wenn ich morgen schwimmen gehe, ist gutes Wetter."? In der Mathematik gibt es viele solcher Sätze mit „Wenn..., dann..." Das Besondere in der Mathematik ist, dass man die Gültigkeit solcher Sätze nach strengen Regeln beweisen kann.

Exkurs

Definitionen

„(...) Das ist Klingklanggloria für dich."
„Ich weiß nicht, was Sie mit Klingklanggloria meinen", antwortete Alice.
„Natürlich nicht!" Humpelpumpel lächelte überheblich.
„Aber ich will es dir erklären. Ich meine damit: Da hast du einen hübsch treffenden Beweis."
„Aber Klingklanggloria ist nicht dasselbe wie hübsch treffender Beweis!", widersprach Alice.
„Wenn ich ein Wort benutze", erklärte Humpelpumpel hochmütig, „dann hat es die Bedeutung, die ich ihm zu geben beliebe – nicht mehr und nicht weniger."
(aus: „Alice im Spiegelland" von Lewis Carroll)

Verständigung ist nur möglich, wenn klar ist, was ein Begriff bedeutet. Da Humpelpumpel sich Worte ausdenkt, deren Bedeutung nur er kennt, kann Alice ihn nicht verstehen. Aber auch Begriffe, die jeder kennt, bedeuten nicht für jeden das Gleiche. Frage drei verschiedene Personen, was sie unter Freiheit verstehen, und du wirst drei verschiedene Erklärungen bekommen.

1 Was ist eine Kerze?

Welche Beschreibung ist eine gute Festlegung für den Begriff „Kerze"?

① Eine Kerze ist ein Gegenstand aus Wachs.
② Eine Kerze ist ein Gegenstand mit einem brennbaren Docht.
③ Eine Kerze ist ein Gegenstand aus Wachs mit einem brennbaren Docht.
④ Eine Kerze ist ein roter, runder Gegenstand aus Wachs mit einem brennbaren Docht.

2 Was ist eigentlich ein Rechteck?

Welche Beschreibung passt in die letzte Sprechblase, sodass dem Lehrer nichts anderes übrig bleibt, als ein Rechteck zu zeichnen? Vergleicht eure Vorschläge.

Basiswissen

„definire“: lat. „abgrenzen“

Definition

Damit man sich über Sachverhalte austauschen kann, ist es wichtig, dass alle unter den benutzten Begriffen dasselbe verstehen. In der Mathematik werden grundlegende Begriffe daher festgelegt. Eine solche Festlegung heißt **Definition**.

Was ist eine gute Definition?

Eine gute Definition …
- legt einen Begriff präzise fest und dient der klaren Verständigung,
- enthält nur Worte, die allgemein verständlich oder bereits klar definiert sind,
- enthält nicht mehr Informationen als unbedingt notwendig,
- erweist sich als nützlich bei der Ordnung und Unterscheidung von Begriffen.

Beispiel

A **Gute Definition für eine Raute**
Welche Beschreibung ist eine gute Definition für eine Raute?
Eine Raute ist ein ...

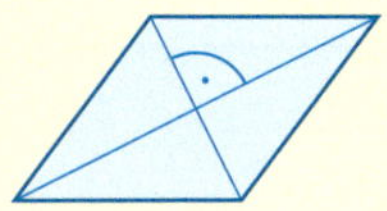

① Viereck mit vier gleich langen Seiten.
② Viereck, bei dem alle vier Seiten gleich lang sind und die Diagonalen senkrecht aufeinander stehen.
③ Viereck, bei dem beide Diagonalen Symmetrieachsen sind.
④ Viereck mit nur zwei verschiedenen Innenwinkeln.

Lösung:
① und ③ sind gute Definitionen, weil nicht mehr Informationen als nötig auftreten.
② ist zwar auch eine Definition, enthält aber mehr Informationen als nötig sind.
④ ist keine Definition, weil es Gegenbeispiele gibt.
Die abgebildeten Vierecke haben nur zwei verschiedene Innenwinkel, sind aber keine Raute.

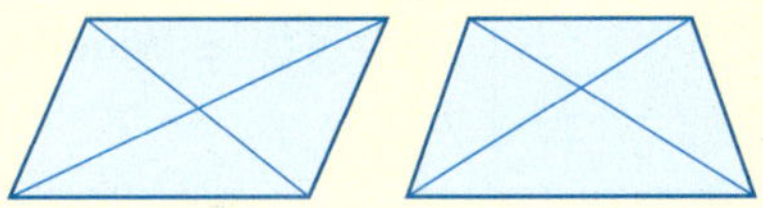

Übungen

3 **Definitionen für Vierecke**
Alexander hat sich aus einem Mathematiklexikon die Definitionen für die besonderen Vierecke Quadrat, Rechteck, Raute, Parallelogramm, Trapez und Drachen herausgeschrieben. Welche Definition gehört zu welchem Viereck?

Viereck mit vier gleich langen Seiten	Viereck mit mindestens einem Paar paralleler Seiten	Viereck mit vier rechten Winkeln
Viereck mit vier gleich langen Seiten und vier rechten Winkeln	Viereck mit zwei Paaren aneinander stoßender gleich langer Seiten	Viereck mit paarweise parallelen Gegenseiten

4 **Entscheidungen**
Entscheide, ob es sich bei den Beschreibungen um gute Definitionen handelt.
a) Zirkel: Gegenstand, mit dem man Kreise zeichnen kann.
b) Quadrat: Viereck mit vier gleich langen Seiten.
c) Drachen: Viereck mit senkrechten Diagonalen.
d) Uhr: Gegenstand, der sich zur Zeitmessung eignet.
e) Fahrrad: Fahrzeug mit zwei Rädern.
f) Rechteck: Viereck mit zwei Paaren gleich langer Seiten.

Definition – Satz – Beweis

Mit definierten Begriffen und bekannten Eigenschaften kann man neue Sätze formulieren und beweisen. Das Besondere in der Mathematik ist, dass man für jeden Argumentationsschritt in einem Beweis eine Begründung angeben kann.

Definition: Ein Rechteck ist ein Viereck mit vier rechten Winkeln.
Satz: In einem Rechteck sind die Diagonalen gleich lang.
Beweis: 1. Schritt: Voraussetzung und Behauptung
Das Viereck ist ein Rechteck. $\Rightarrow$ Die Diagonalen sind gleich lang.
2. Schritt: Zündende Idee
- Definitionen und bekannte Eigenschaften benutzen
- Kongruente Dreiecke betrachten

3. Schritt: Beweis aufschreiben

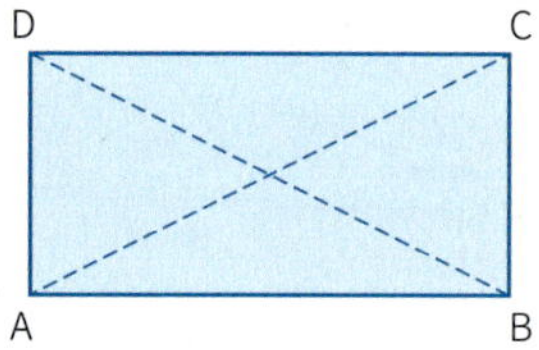

Beweisschritt	Begründung
(1) Die Dreiecke ABC und ACD sind rechtwinklig.	Definition Rechteck
(2) $\overline{AD} = \overline{BC}$ sowie $\overline{AB} = \overline{CD}$	Die gegenüberliegenden Strecken eines Rechtecks sind gleich lang.
(3) Die Dreiecke ABC und ACD sind kongruent.	Kongruenzsatz SWS
(4) $\overline{AC} = \overline{BD}$	Kongruenzsatz SWS

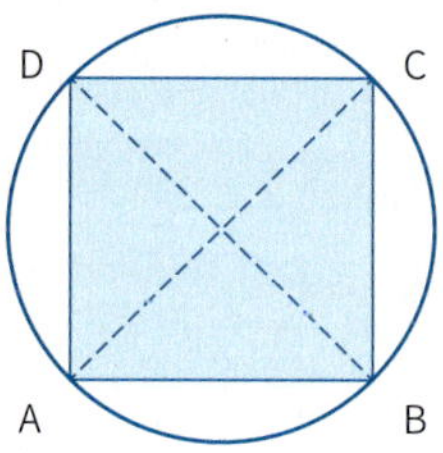

5 Definition-Satz-Beweis
Beweise folgende Eigenschaft eines Quadrats: „Jedes Quadrat hat einen Umkreis."

6 Widerlegen mit einem Gegenbeispiel
„Wenn in einem Viereck die Diagonalen gleich lang sind, dann ist das Viereck ein Rechteck."

a) Begründe mithilfe der Abbildung, dass der Satz nicht gilt.
b) Erläutere: „Ein Beispiel beweist nicht, ein Gegenbeispiel widerlegt."

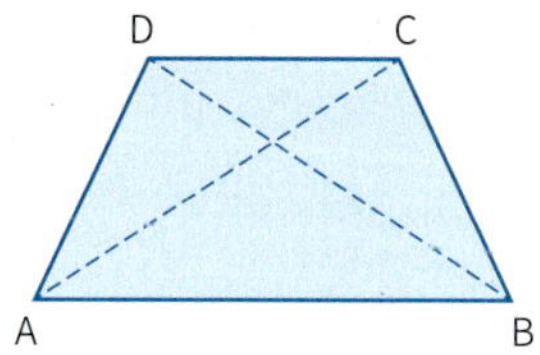

Mathematische Sätze siehe auch Seite 220

7 Sätze aus der Geometrie
Ist der Satz wahr? Begründe.

a) Wenn ein Viereck senkrechte Diagonalen hat, ist es ein Drachen.
b) Wenn ein Viereck zwei parallele Seiten hat, dann ist es ein Trapez.
c) Wenn ein Dreieck rechtwinklig ist, ist es nicht gleichschenklig.

8 Wahr oder falsch?
Überprüfe die nachfolgenden Aussagen. Formuliere dazu jede Aussage als „Wenn-dann-Aussage". Finde für alle Aussagen, die nicht zutreffend sind, ein Gegenbeispiel.

a) Jedes Parallelogramm ist auch ein Trapez.
b) Jeder Drachen ist auch eine Raute.
c) Jedes Quadrat ist auch ein Trapez.
d) Jedes Rechteck ist auch ein Drachen.
e) Jedes gleichschenklige Trapez ist auch ein Parallelogramm.

Grundwissen
zum Wiederholen

1 Bestimme die Innenwinkel α, β, γ und δ des gleichschenkligen Trapezes ABCD.

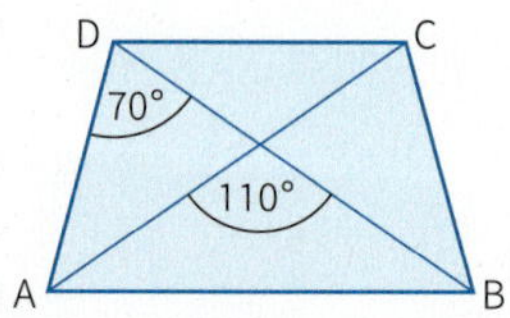

2 Gib drei Wertepaare an, die zur Funktion $y = -1{,}5 \cdot x + 0{,}5$ gehören. Beschreibe den Graphen mit Worten.

9 Was ist ein Messer?

Betrachte die abgebildeten Gegenstände. Welche davon würdest du als „Messer" bezeichnen? Versuche, eine gute Definition für den Begriff „Messer" zu finden. Vergleicht eure Definitionen.

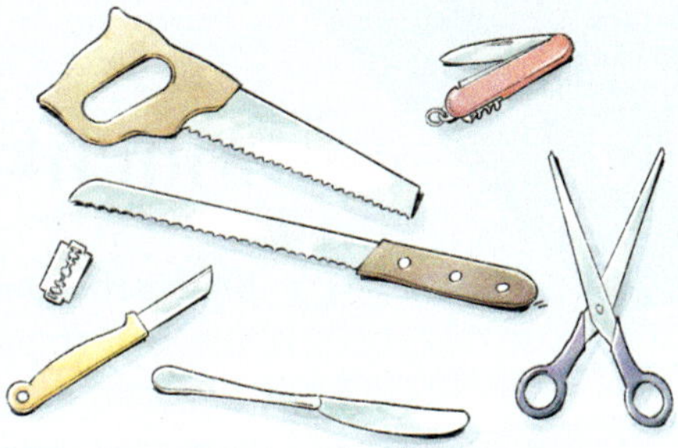

10 Eigenschaften von Vierecken

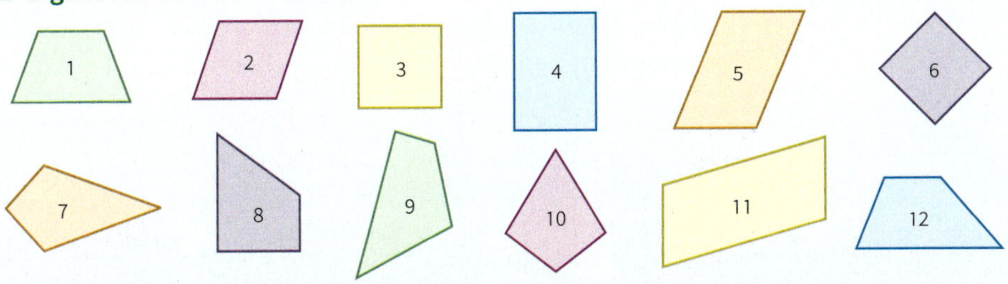

Entscheide für jedes der zwölf nummerierten Vierecke, welche der aufgeführten Eigenschaften es erfüllt. Übertrage dazu die Tabelle in dein Heft und fülle die Spalten aus. Kannst du mithilfe der Tabelle Definitionen für die verschiedenen besonderen Vierecke finden? Vergleicht eure Definitionen untereinander.

	1	2	3	4	5	…
2 Paare paralleler Seiten	■	■	■	■	■	■
4 gleich lange Seiten	■	■	■	■	■	■
4 rechte Winkel	■	■	■	■	■	■
4 gleich lange Seiten und 4 rechte Winkel	■	■	■	■	■	■
2 Paare gleich langer, aneinander stoßender Seiten	■	■	■	■	■	■
gegenüberliegende Winkel sind gleich groß	■	■	■	■	■	■

11 Was macht einen Schlunz zu einem Schlunz?

Welche der abgebildeten Figuren sind Schlunze? Finde eine Definition für einen Schlunz.
Überlege dazu: Welche Eigenschaften treffen auf alle Schlunze zu, welche fehlen bei den „Nicht-Schlunzen", kurzum: finde die charakteristischen (definierenden) Eigenschaften eines „Schlunzes".

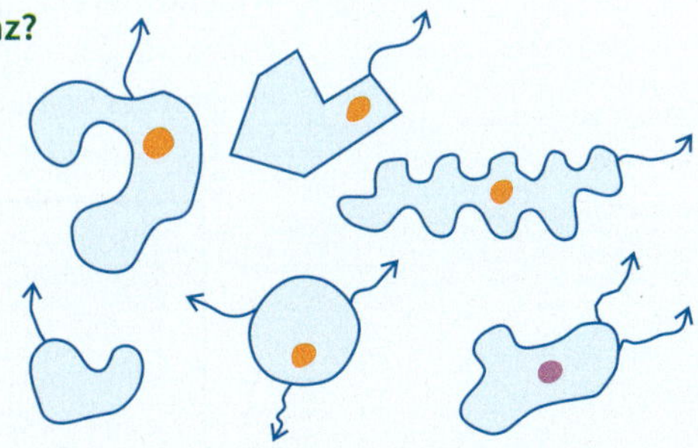

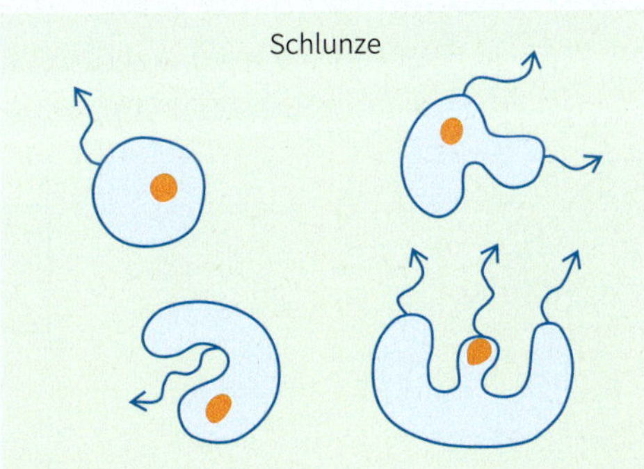

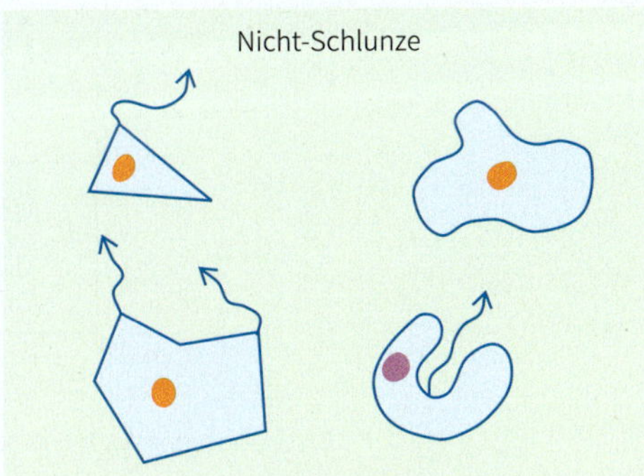

1.2 Ähnlichkeit erkennen

12 Bildbearbeitung

In vielen Computerprogrammen lassen sich Bilder in ihrer Größe verändern, indem man an einem der markierten Punkte zieht. An welchem Punkt wurde bei den Bildern jeweils „gezogen“? Welches Bild erkennst du als „echte Vergrößerung“ an? Welche Eigenschaften muss die echte Vergrößerung im Vergleich zum Original aufweisen?

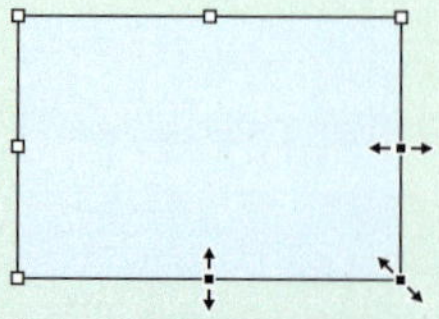

Originalbild

Bild ①

Bild ②

Bild ③

13 Welche Vierecke passen zusammen?

Betrachte die entsprechenden Winkelgrößen und die Quotienten aus entsprechenden Längen der Seiten. Was fällt dir auf?

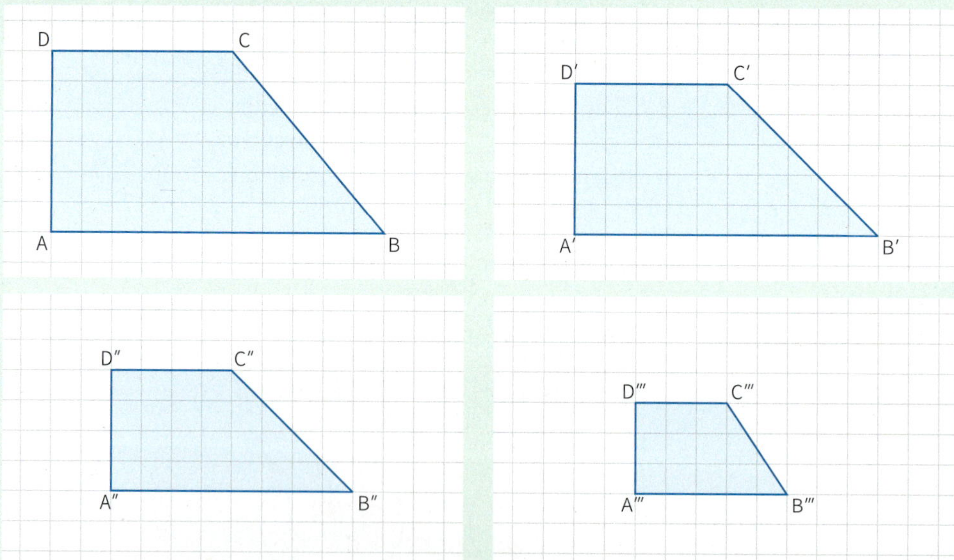

Basiswissen

Damit man sich über Sachverhalte austauschen kann, ist es wichtig, dass alle unter den benutzten Begriffen dasselbe verstehen.

Definition Ähnlichkeit

Zwei Figuren heißen ähnlich, wenn entsprechende Winkel und entsprechende Längenverhältnisse gleich groß sind.

Winkel: $\alpha = \alpha'$; $\beta = \beta'$; $\gamma = \gamma'$; $\delta = \delta'$

Längen: $\frac{a'}{a} = \frac{b'}{b} = \frac{c'}{c} = \frac{d'}{d}$

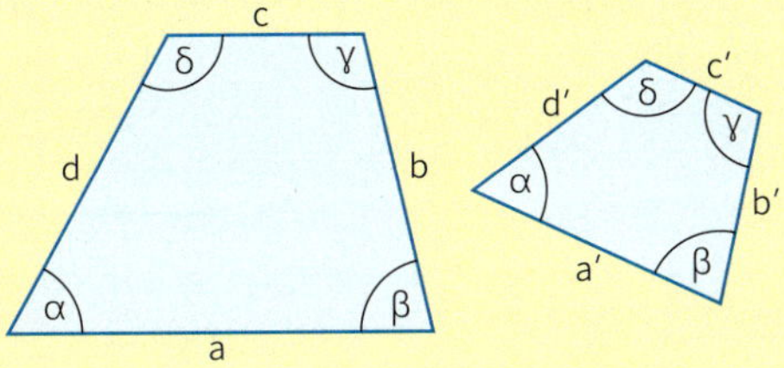

Maßstabsgetreue Verkleinerungen oder Vergrößerungen führen zu ähnlichen Figuren.

Beispiel

A Auf Ähnlichkeit prüfen am Parallelogramm

Sind die Parallelogramme ABCD und EFGH zueinander ähnlich?

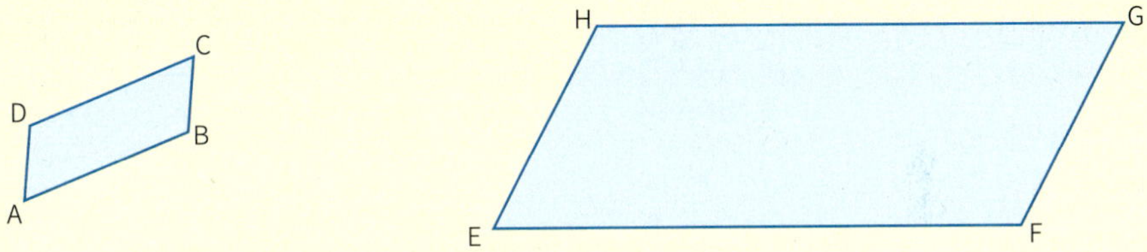

Lösung:

Bestimme und kennzeichne die entsprechenden Winkel und Seiten in beiden Figuren.

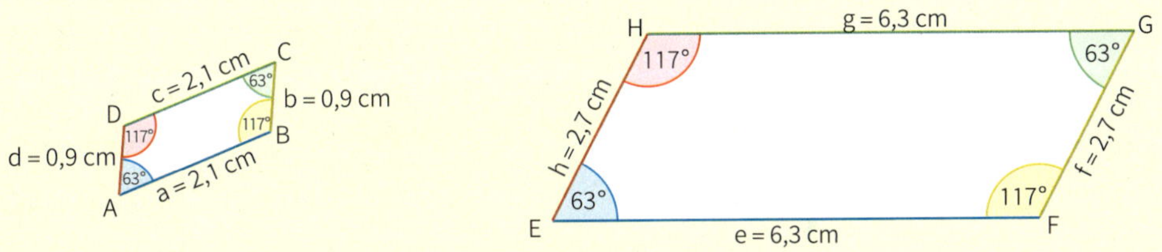

Winkel: Die entsprechenden Winkel sind gleich groß und hier gleich gefärbt.

Längen: Die entsprechenden Längenverhältnisse sind gleich groß.

$\frac{e}{a} = \frac{6{,}3}{2{,}1} = 3$; $\frac{f}{b} = \frac{2{,}7}{0{,}9} = 3$; $\frac{g}{c} = \frac{6{,}3}{2{,}1} = 3$; $\frac{h}{d} = \frac{2{,}7}{0{,}9} = 3$

Da die entsprechenden Winkel und die entsprechenden Längenverhältnisse gleich groß sind, sind die beiden Parallelogramme ABCD und EFGH zueinander ähnlich.

B Auf Ähnlichkeit prüfen am Dreieck

Sind die beiden Dreiecke ABC und DEF zueinander ähnlich?

Lösung:

Die beiden Dreiecke sind nicht zueinander ähnlich, da nicht alle entsprechenden Winkel gleich groß sind: z. B. $\alpha = 50°$; $\delta = 45°$

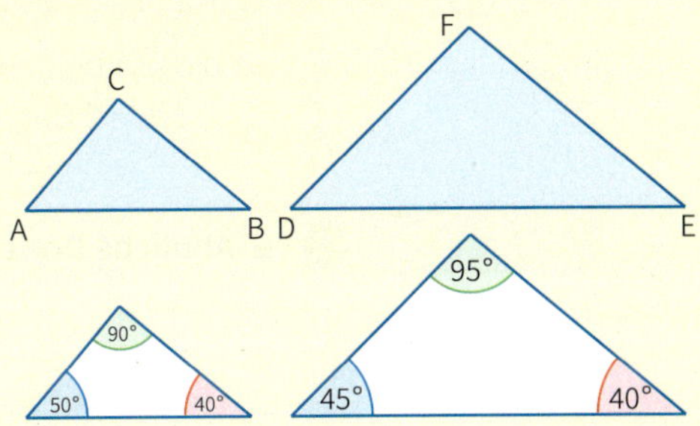

Übungen

14 Auf Ähnlichkeit prüfen

Sind die Rechtecke zueinander ähnlich? Begründe mit den Winkeln und über die Längen.

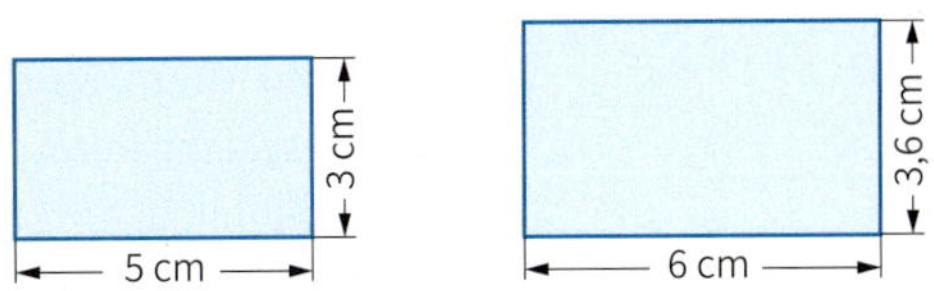

15 Entsprechende Winkelgrößen und Längenverhältnisse

Welche Vierecke sind zueinander ähnlich? Übertrage die Figuren in dein Heft. Kennzeichne dann jeweils entsprechende Winkel und Seiten in gleicher Farbe. Überprüfe dann die Ähnlichkeit mithilfe der Winkel und der Längenverhältnisse.

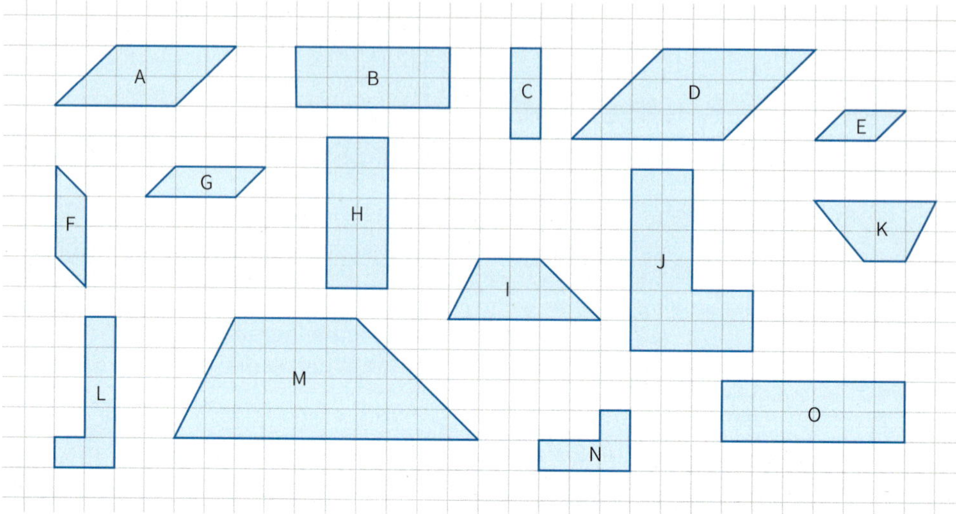

16 Rechteck aus vorgegebenen Seitenlängen

Zeichne ein Rechteck mit den Seitenlängen 5 cm und 4 cm. Zeichne ein ähnliches Rechteck, das eine Seite mit 10 cm Länge hat. Gibt es mehrere Möglichkeiten? Vergleiche mit deinen Nachbarn.

Wortliste
entsprechende Winkel, entsprechende Längen, Längenverhältnis, ähnlich zueinander

17 Ähnliche Rechtecke

a) Begründe, dass die Rechtecke ähnlich zueinander sind.
b) Wie kannst du einfach weitere ähnliche Rechtecke zeichnen?
c) Erläutere den Zusammenhang zwischen Proportionalität und Ähnlichkeit.

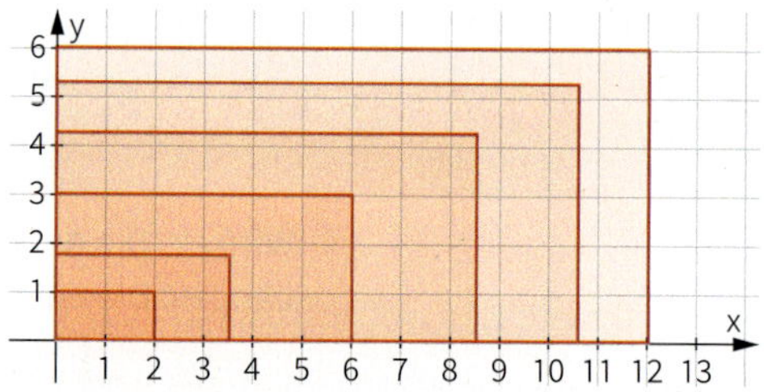

18 Bilderrahmen

Bei einem Bilderrahmen gibt es ein äußeres und ein inneres Rechteck.
Sind diese beiden Rechtecke ähnlich zueinander? Begründe.

19 Ähnliche Dreiecke

a) Zeichne ein Dreieck ABC mit den Seitenlängen a = 5 cm, b = 3 cm und c = 4 cm sowie ein Dreieck DEF mit den Seitenlängen d = 10 cm, e = 6 cm und f = 8 cm.
Sind die Dreiecke ABC und DEF ähnlich zueinander?
b) Zeichne ein Dreieck ABC mit $\alpha = 30°$, $\beta = 70°$, $\gamma = 80°$ und c = 5 cm sowie ein Dreieck DEF mit $\delta = 30°$, $\varepsilon = 70°$, $\varphi = 80°$ und f = 10 cm. Sind die Dreiecke ABC und DEF ähnlich zueinander?
c) Welche Informationen benötigt man, um zwei Dreiecke auf Ähnlichkeit zu überprüfen?

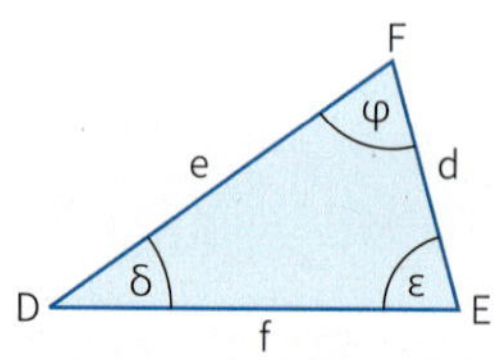

Satz über ähnliche Dreiecke

Bei Dreiecken kann man die Ähnlichkeit einfacher überprüfen als bei anderen Vielecken. Es genügt entweder die Winkelgrößen oder die Seitenlängen zu überprüfen.

Winkel:
Wenn zwei Dreiecke in allen drei Winkelgrößen übereinstimmen, dann sind sie ähnlich zueinander.

Längen:
Wenn zwei Dreiecke in den Längenverhältnissen entsprechender Seiten übereinstimmen, dann sind sie ähnlich zueinander.

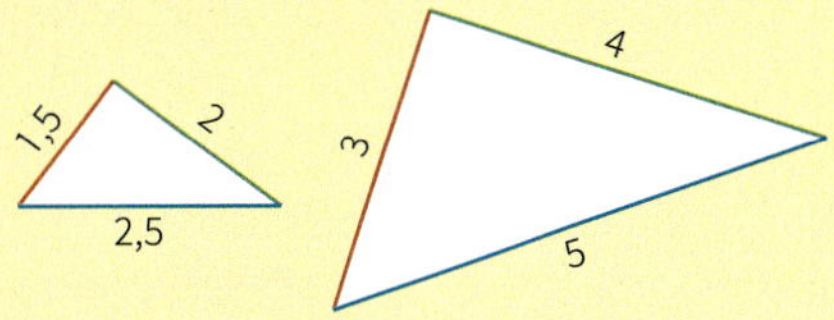

20 Entscheide ohne zu zeichnen

Sind die Dreiecke ABC und DEF ähnlich zueinander?

Dreieck ABC: $a = 3\,cm$; $b = 4\,cm$; $c = 5\,cm$ Dreieck DEF: $d = 12\,cm$; $e = 16\,cm$; $f = 20\,cm$

21 Auf Ähnlichkeit prüfen

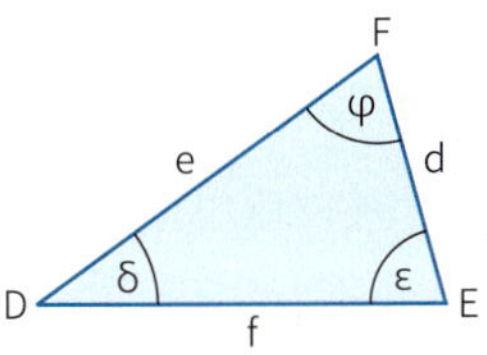

Konstruiere die beiden Dreiecke ABC und DEF. Begründe anschließend, ob die Dreiecke ähnlich zueinander sind.

a) Dreieck ABC: $\alpha = 45°$; $\beta = 55°$; $c = 5\,cm$ Dreieck DEF: $\delta = 45°$; $\varphi = 80°$; $f = 6\,cm$
b) Dreieck ABC: $a = 5\,cm$; $b = 3\,cm$; $c = 6\,cm$ Dreieck DEF: $d = 3\,cm$; $e = 1{,}8\,cm$; $f = 3{,}6\,cm$
c) Dreieck ABC: $\beta = 37°$; $\gamma = 55°$; $a = 3\,cm$ Dreieck DEF: $\delta = 80°$; $\varphi = 55°$; $d = 5\,cm$

22 Aus einem Dreieck mache zwei

Im Dreieck ABC ist EF parallel zu AB.
Zeige, dass die Dreiecke ABC und EFC ähnlich zueinander sind.

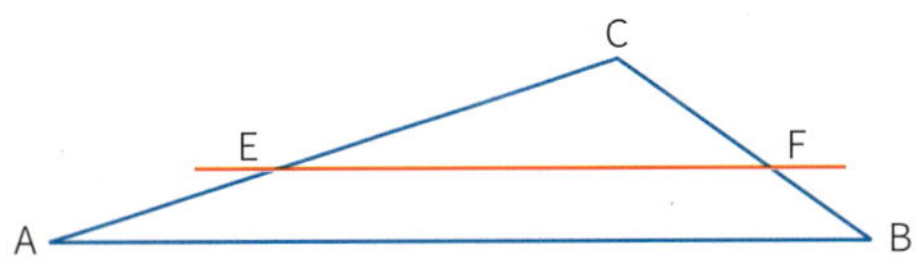

23 Satz und Umkehrung

Mathematische Sätze siehe auch Seite 220

a) „Wenn zwei Rechtecke ähnlich sind, dann stimmen die Rechtecke in den Längenverhältnissen entsprechender Seiten überein.“ Bilde den Umkehrsatz zu diesem Satz. Welcher der beiden Sätze ist wahr? Begründe.
b) Gilt dies auch für die Raute bzw. ein beliebiges Viereck?
c) Bilde den Satz und den Umkehrsatz für Dreiecke. Welche Sätze sind wahr?

24 Steigungsdreiecke

Die Steigung m einer linearen Funktion mit $f(x) = mx + b$ kann mithilfe der Steigungsdreiecke am Graphen bestimmt werden. Zeige, dass die Steigungsdreiecke der Geraden ähnlich zueinander sind.

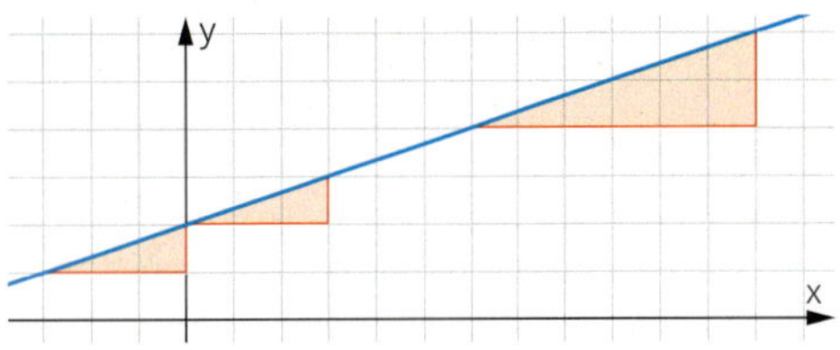

Grundwissen
zum Wiederholen

1 Wie ändert sich der Flächeninhalt des Dreiecks, wenn man den Eckpunkt B nach B′ verschiebt?

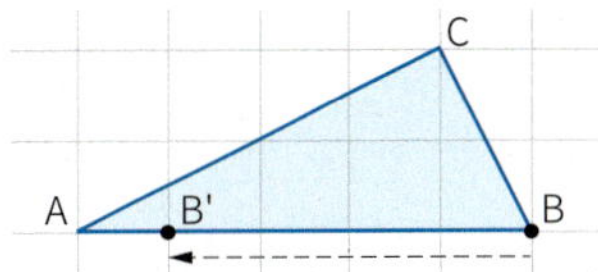

2 Ergänze: $(x - \blacksquare)^2 = x^2 - 8xy + \blacksquare \cdot y^2$

3 Gib drei Wertepaare an, die zur Funktion $y = \frac{6}{x}$ gehören. Beschreibe den Graphen mit Worten.

1.3 Zentrische Streckung

1 Ein Porträt hat es in sich

a) Betrachte die beiden Fotos. Was hat sich verändert, was ist gleich geblieben?

b) Welche Möglichkeiten gibt es, Vergrößerungen oder Verkleinerungen anzugeben? Wie stark wurde hier vergrößert (verkleinert)?

c) Fertige eine vergrößerte oder verkleinerte Fotokopie dieser Seite an (Kopierereinstellung merken!). Können deine Mitschülerinnen und Mitschüler den „Zoomfaktor" herausfinden?

2 Vergrößerung und Verkleinerung eines Dreiecks mit DGS

Mithilfe eines DGS kannst du ähnliche Figuren durch zentrische Streckungen erzeugen. Mit einem Schieberegler für den Vergrößerungs- bzw. Verkleinerungsfaktor k kannst du verschiedene Werte für k einstellen.

- Erstelle einen Schieberegler für k
- Konstruiere ein Dreieck ABC
- Lege ein Streckzentrums Z fest
- Zeichne Strahlen von Z ausgehend durch die Eckpunkte des Dreiecks
- Zeichne einen Kreis um Mittelpunkt Z mit dem Radius $r = k \cdot \text{Abstand}[Z,A]$
- Markiere den Schnittpunkt des Kreises und dem entsprechenden Strahl

...

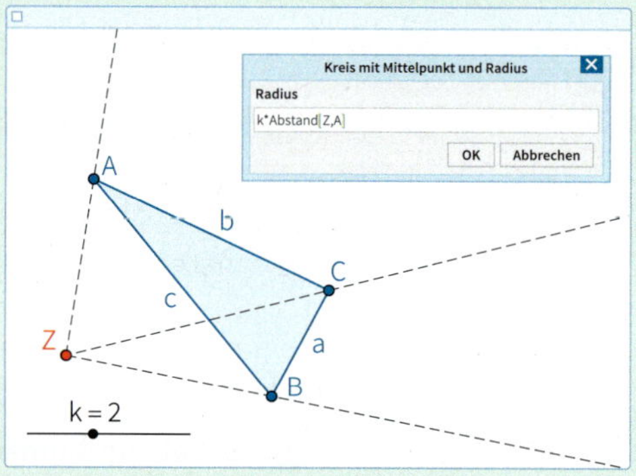

a) Was wird mit dem Term $k \cdot \text{Abstand}[Z, A]$ berechnet? Betrachte dazu verschiedene Werte von k. Konstruiere die zwei anderen Bildpunkte und vervollständige die Bildfigur.

b) Jetzt wird es dynamisch.
① Verändere den Streckfaktor k.
Was stellst du fest? Beschreibe deine Beobachtungen.
② Ziehe an den Eckpunkten deiner Ausgangsfigur.
Welche Auswirkungen hat das auf die Bildfigur?

c) Im DGS ist die zentrische Streckung „eingebaut". Probiere diese Funktion aus.

3 Hausvergrößerung

Die Figur wurde maßstabsgetreu vergrößert.

a) Beschreibe wie man zum Punkt A den Punkt A′ erhält. Gib den Vergrößerungsfaktor an.

b) Bestimme die Streckenlängen und die Winkelgrößen im kleinen Haus und entsprechende im vergrößerten Haus. Was fällt dir auf?

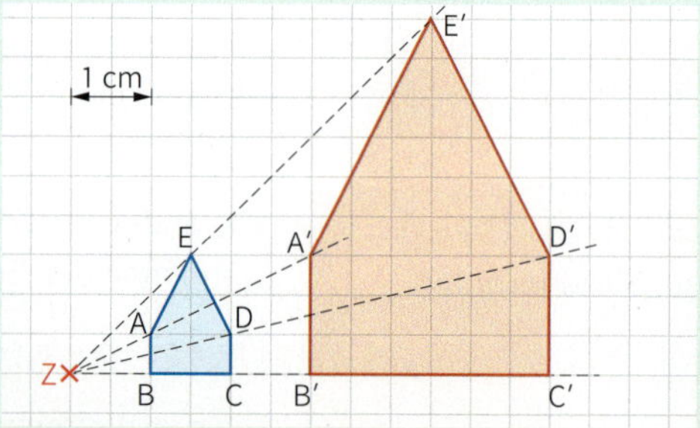

Basiswissen

Ähnliche Figuren erzeugen - Zentrische Streckung

Mit einer zentrischen Streckung werden Figuren vergrößert oder verkleinert. Für eine zentrische Streckung wird ein Punkt als Zentrum Z und eine Zahl als Streckfaktor k benötigt.

Vergrößerung mit Streckfaktor $k > 1$

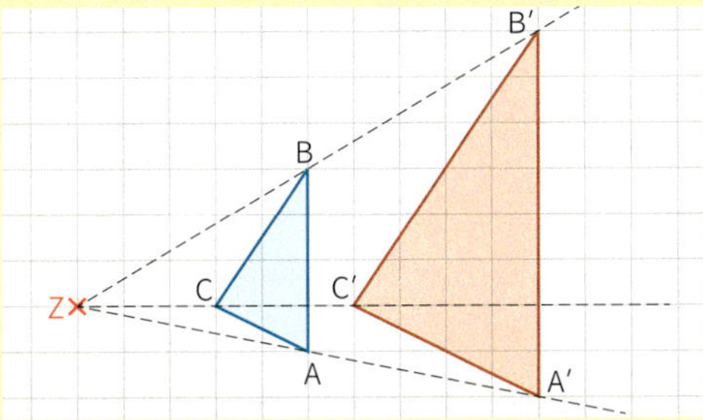

Zentrische Streckung mit Streckzentrum Z und Streckfaktor $k = 2$ $\overline{ZA'} = 2 \cdot \overline{ZA}$
Kurzschreibweise: $S_{Z;\,2}$

Verkleinerung mit Streckfaktor $0 < k < 1$

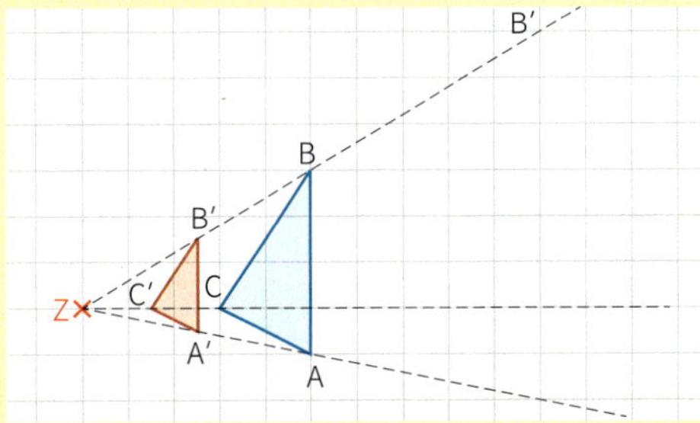

Zentrische Streckung mit Streckzentrum Z und Streckfaktor $k = 0{,}5$ $\overline{ZA'} = 0{,}5 \cdot \overline{ZA}$
Kurzschreibweise: $S_{Z;\,0,5}$

Eigenschaften einer zentrischen Streckung
1. Entsprechende Winkel in der Ausgangsfigur und in der Bildfigur sind gleich groß.
2. Die Ausgangsstrecken und die zugehörigen Bildstrecken sind zueinander parallel.
3. Die Bildstreckenlängen ergeben sich als Produkt aus Streckfaktor k und entsprechender Ausgangsstreckenlängen.

Beispiel

A Vergrößern mit einer zentrischen Streckung

Führe die zentrische Streckung mit dem Streckzentrum Z und dem Streckfaktor $k = 2$ für das Dreieck ABC durch. Kurzschreibweise: $S_{Z;\,2}$

Lösung:

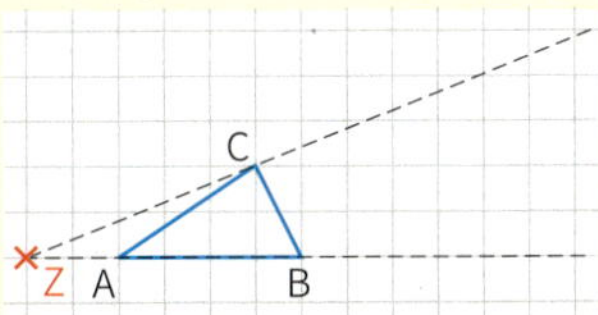

Strahlen durch das Zentrum Z zeichnen.

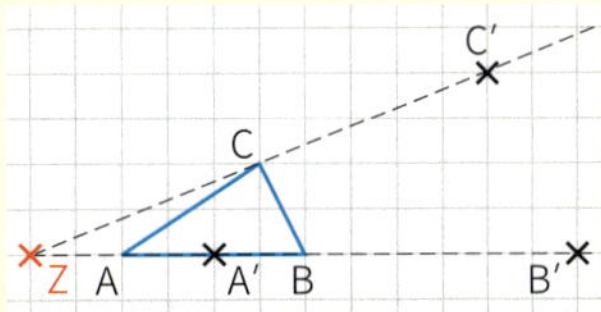

Streckenlängen berechnen und Bildpunkte eintragen.
Zum Beispiel für A': $\overline{ZA'} = 2 \cdot \overline{ZA}$

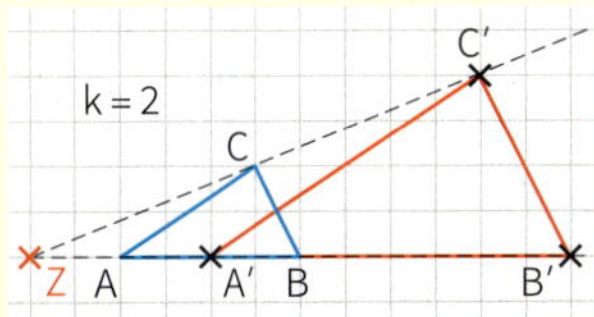

Bilddreieck vervollständigen.

B Verkleinern mit einer zentrischen Streckung

Führe die zentrische Streckung mit dem Streckzentrum Z und dem Streckfaktor $k = 0{,}5$ für den Drachen ABCD durch. Kurzschreibweise: $S_{Z;\,0,5}$

Lösung:

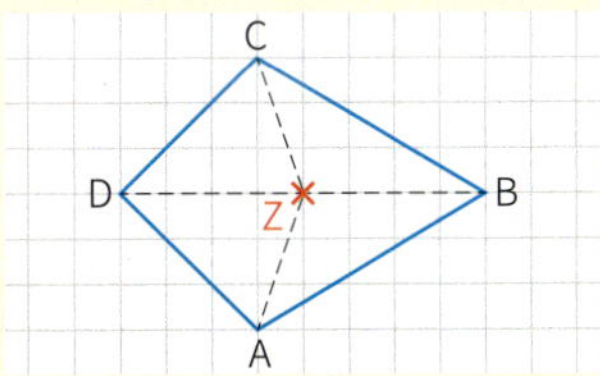

Strahlen durch das Zentrum Z zeichnen.

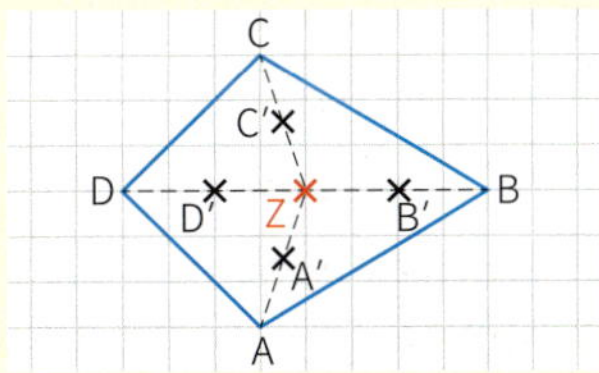

Streckenlängen berechnen und Bildpunkte eintragen.
Zum Beispiel für A': $\overline{ZA'} = 0{,}5 \cdot \overline{ZA}$

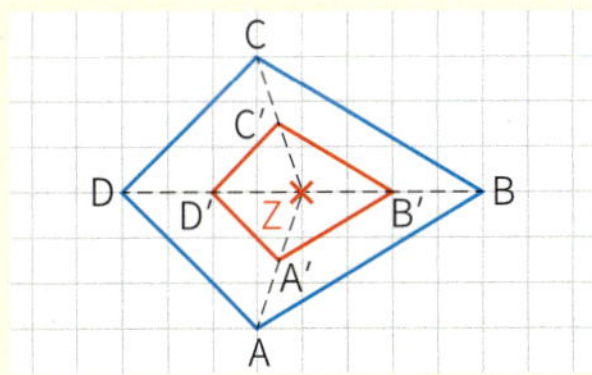

Bildviereck vervollständigen.

Übungen

4 **Figuren vergrößern**

Übertrage die Figur in dein Heft und führe die zentrische Streckung $S_{Z;k}$ durch.

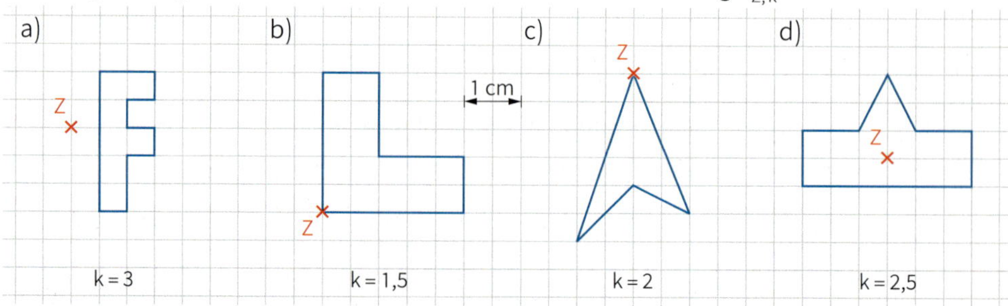

5 **Figuren verkleinern**

Übertrage die Figur in dein Heft und führe die zentrische Streckung $S_{Z;k}$ durch.

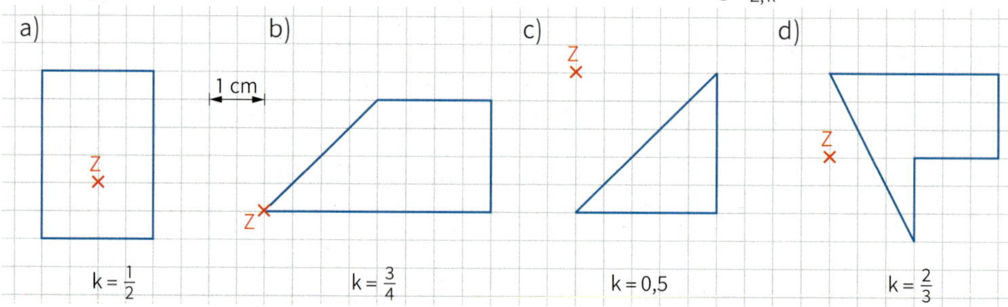

6 **Buchstaben vergrößern**

a) Übertrage die begonnene Bildfigur in dein Heft. Vervollständige die Figur. Welchen Streckfaktor hast du benutzt?

b) Entwirf für deine eigenen Initialen Bildfiguren mit verschiedenen Streckfaktoren.

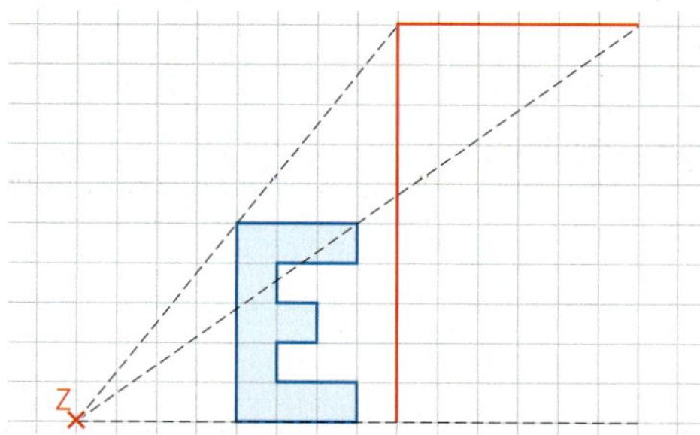

7 **Streckzentrum gesucht**

Die rote Figur ist durch eine zentrische Streckung entstanden. Übertrage die Figur in dein Heft. Bestimme das Streckzentrum und den Streckfaktor.

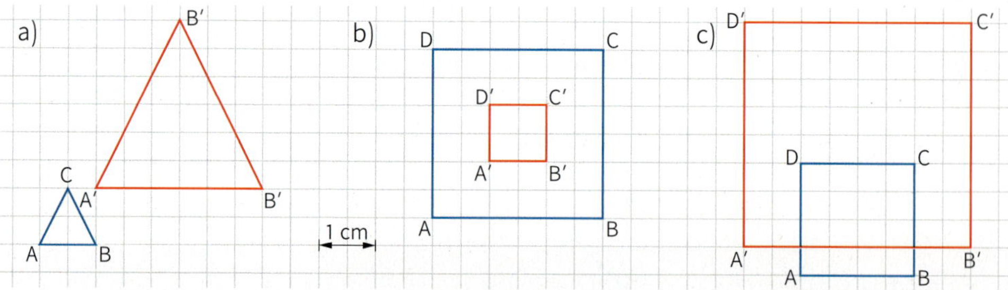

8 **Dreiecke verkleinern**

Verkleinere das Dreieck ABC durch eine zentrische Streckung. Nutze für jede Teilaufgabe ein neues Koordinatensystem. Notiere die Koordinaten der Bildpunkte.

a) A(0|−2); B(4|0); C(0|2); $S_{(0|0);0,25}$

b) A(1|3); B(2|3); C(0|6); $S_{(3|6);0,5}$

d) A(5|0); B(8|6); C(5|3); $S_{(8|1,5);\frac{1}{3}}$

d) A(−2|−1); B(6|−1); C(6|3); $S_{(-2|7);0,75}$

9 Auch das sind zentrische Streckungen

Konstruiere das Streckzentrum Z und gib den Streckfaktor k an.

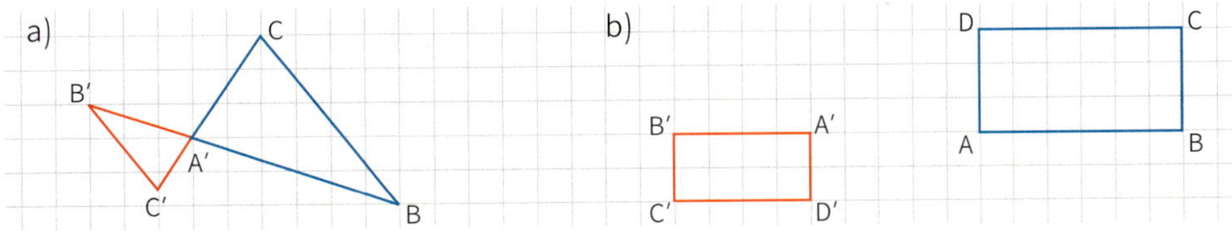

Negativer Streckfaktor

Ist der Streckfaktor $k < 0$, liegen die Bildfigur und die Ausgangsfigur auf unterschiedlichen Seiten des Streckzentrums. Die Bildfigur steht auf dem Kopf.

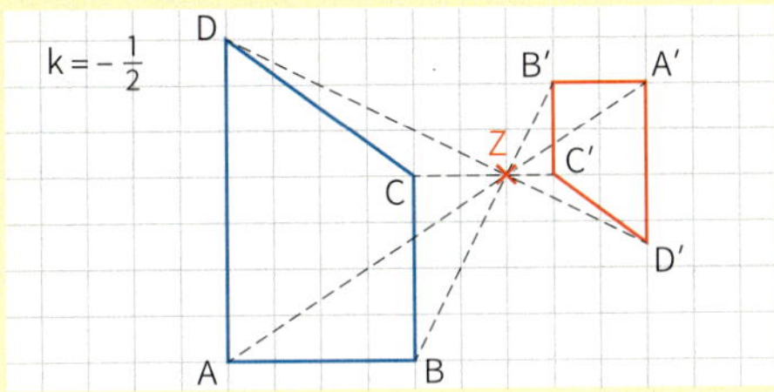

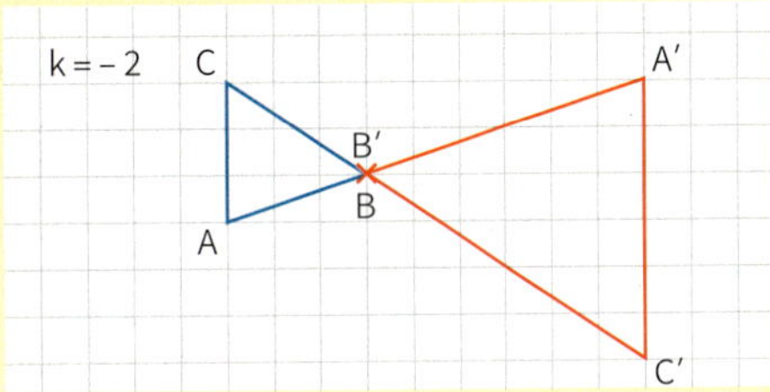

10 Figuren zentrisch strecken

Zeichne die Figur in dein Heft und führe die zentrische Streckung $S_{Z,k}$ durch.

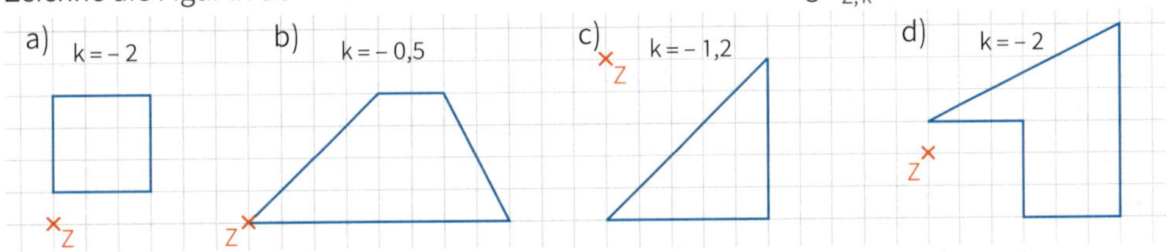

11 Streckzentrum und Streckfaktor bestimmen

Übertrage die Figur in dein Heft. Die blaue Figur wurde zentrisch gestreckt. Konstruiere das Streckzentrum und bestimme den Streckfaktor.

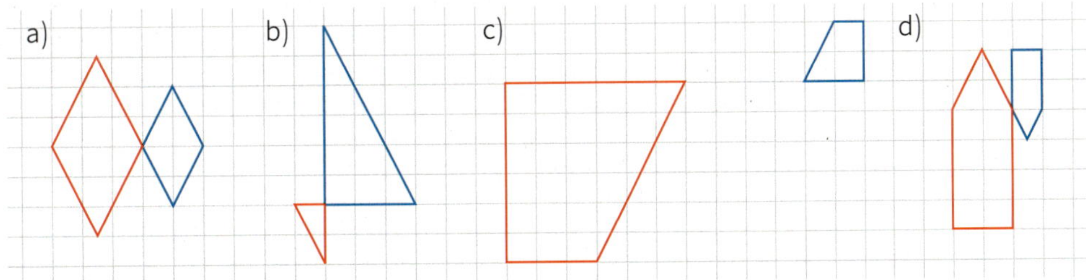

Grundwissen
zum Wiederholen

1. Durch die Verlängerung einer Seite um x soll sich der Umfang des Rechtecks verdoppeln. Bestimme x.

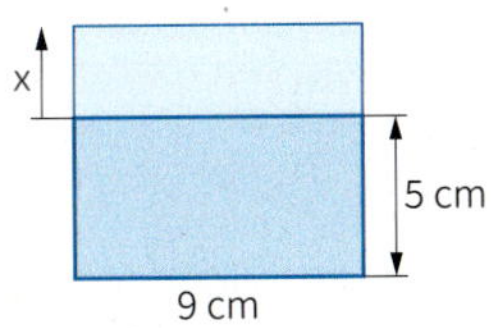

2. Ergänze: 0,025 · ■ = 5
3. In einer Klasse (10 Mädchen, 15 Jungen) werden zwei Personen ausgelost, die den Aufräumdienst zu übernehmen haben. Bestimme die Wahrscheinlichkeit, dass es zwei Jungen sind.
4. Gib drei verschiedene Brüche so an, dass deren Summe 1 ergibt.

+

Exkurs

„Pantograph“: griech. „Allesschreiber“

Der Pantograph (Storchenschnabel)

In Kunst und Technik (z. B. Kartografie) wurden immer schon Vergrößerungen und Verkleinerungen benötigt. Ein häufig verwendetes Gerät dafür war der Pantograph, der Anfang des 17. Jahrhunderts entwickelt wurde. Er besteht aus vier gelenkartig miteinander verbundenen Leisten. Ein Punkt (Befestigungsstift) muss festgehalten werden.

Indem mit dem Führungsstift die Zeichnung nachgezeichnet wird, entsteht auf dem Zeichenblatt mit dem eingespannten Bleistift die maßstäbliche Vergrößerung oder Verkleinerung. Heute erledigt man das Vergrößern und Verkleinern durch Kopien, Digitalfotografie oder entsprechende Zeichenprogramme.

12 **Der Pantograph**

DGS Applet

a) Baue einen Pantographen. Recherchiere dazu im Internet.

b) Erzeuge mit dem Pantographen unterschiedliche Figuren.

c) Wie lautet der Streckfaktor der Einstellung im Bild? Wie können andere Streckfaktoren erzeugt werden? Wie kann man mit dem Gerät verkleinern?

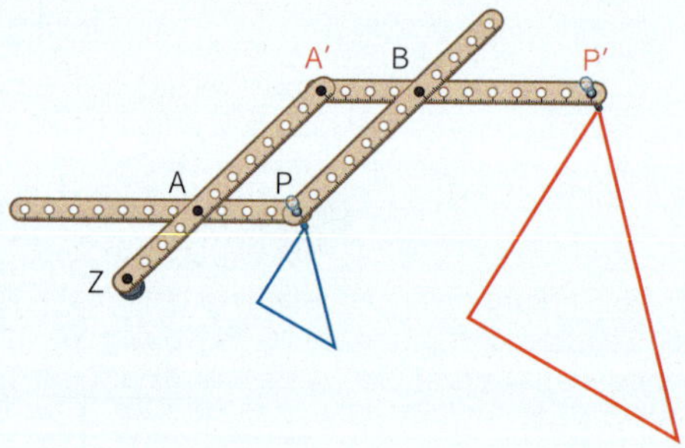

13 **Zwei zentrische Streckungen hintereinander**

a) Führe die zentrische Streckung $S_{Z,\frac{1}{2}}$ am Dreieck ABC aus. Strecke anschließend das Bilddreieck A'B'C' an Z mit $k = 4$. Du erhältst das Bild vom Bilddreieck. Findest du eine einzige zentrische Streckung, mit der du ohne Umweg direkt zur neuen Bildfigur kommst?

b) Vertausche die Reihenfolge der Streckungen in a). Vergleiche.

c) Führe $S_{Z,2}$ am Drachen ABCD aus. Die Bildfigur wird anschließend mit $S_{Z,\frac{1}{2}}$ gestreckt. Was stellst du fest?

d) Überlege: Was geschieht, wenn der Drachen zuerst mit dem Streckfaktor $k_1 = 3$, dann das Bild mit $k_2 = -2$ und das entstandene Bild erneut mit $k_3 = \frac{1}{3}$ gestreckt wird?

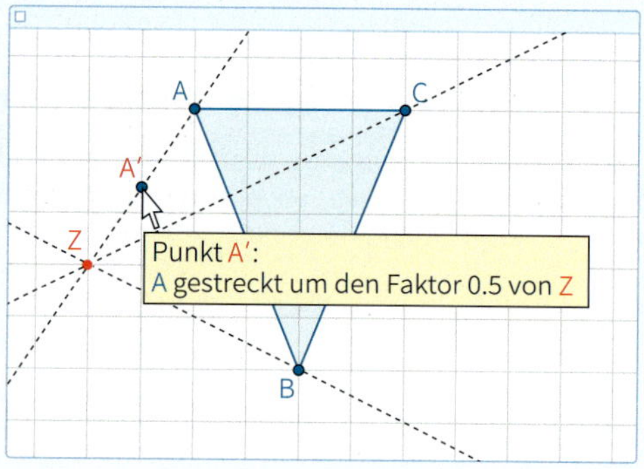

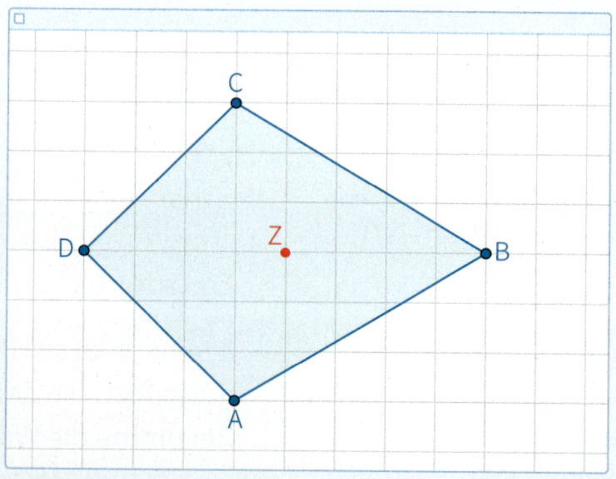

1.4 Längen, Flächen und Volumina bei ähnlichen Figuren

1 Modellauto

Das Modell eines Lastwagen ist im Maßstab 1 : 87 gebaut. Dieser Maßstab ist die gebräuchlichste Baugröße für Miniaturlandschaften bei Modelleisenbahnen.

a) Bestimme die Länge, die Breite und die Höhe des Containers im Original.

b) Schätze, wievielmal größer das Volumen des Originals gegenüber dem Volumen des Modells ist. Rechne nach.

c) Wie groß ist die Oberfläche des Containers im Original im Verhältnis zu der im Modell?

d) Vergleiche die Verhältnisse der Oberflächen und der Volumina.

Der Container hat im Modell die Maße:
Länge: 5,4 cm, Breite: 2,9 cm, Höhe: 2,8 cm

2 Fotoformate

Friederike hat mit ihrem Smartphone ein Foto gemacht und möchte ein Poster im Foto-Shop erstellen lassen. Ihr Foto liegt digital im Format 2 : 3 vor.
Was hältst du von den Angeboten?
Schreibe deine Argumente auf.

- Wird Friederikes Foto bei den angegebenen Angeboten maßstäblich vergrößert?
- Sind die Flächeninhalte entsprechend vergrößert? Findest du einen Streckfaktor?
- Sind die Preise für die großen Bilder gegenüber den kleineren gerechtfertigt?

Poster: Angebot der Woche

10 cm × 20 cm	1,99 €
20 cm × 30 cm	3,99 €
40 cm × 60 cm	11,99 €
80 cm × 120 cm	27,99 €

3 Würfelvergrößerung

Ein Würfel mit der Kantenlänge 2 cm wird vergrößert.

a) Wie lang ist die Kantenlänge des großen Würfels? Gib den Streckfaktor k an.

b) Mit welchem Faktor wurde der Oberflächeninhalt vergrößert, mit welchem das Volumen?

c) Bestimme die Faktoren für Vergrößerungen der Längen, Flächen und Volumina, wenn die Kantenlänge verdreifacht wird.

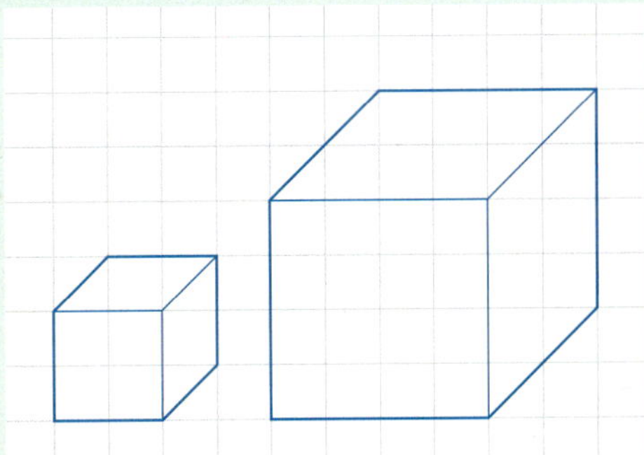

Basiswissen

Längen, Flächen und Volumina bei ähnlichen Figuren

Ähnliche Figuren werden durch zentrische Streckungen erzeugt. Bei einer zentrischen Streckung von Körpern ändern sich Längen, Flächen und Volumina mit unterschiedlichen Faktoren.

Längenvergrößerung

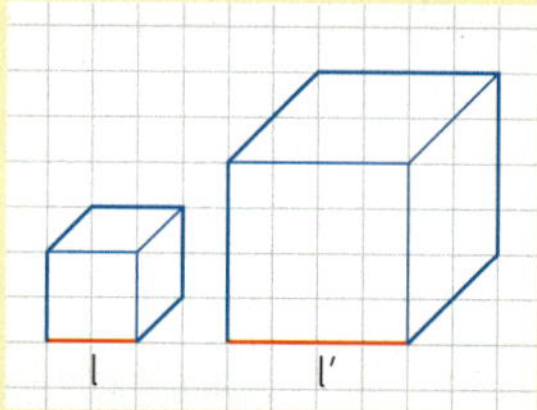

$\frac{l'}{l} = k$

Flächenvergrößerung

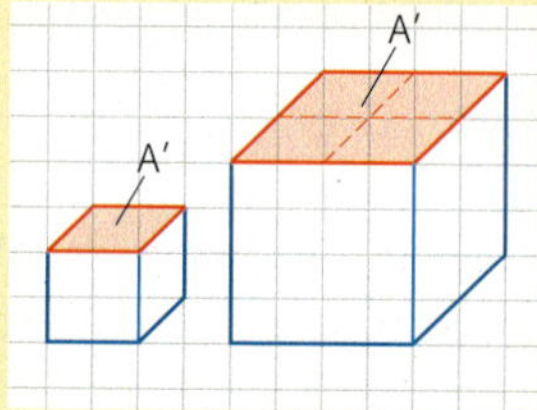

$\frac{A'}{A} = k^2$

Volumenvergrößerung

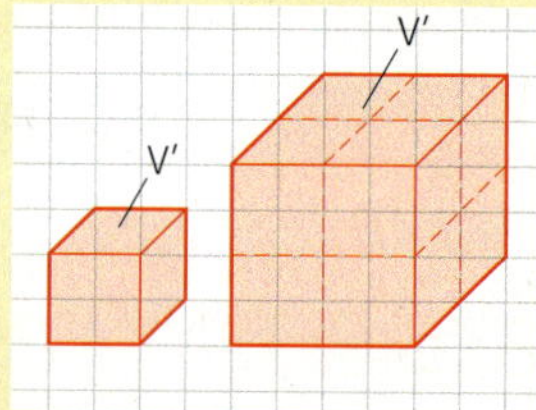

$\frac{V'}{V} = k^3$

Beispiel

A Quadervergrößerung

Der Quader soll maßstäblich mit dem Faktor 3 vergrößert werden. Berechne die Länge, die Breite, die Höhe, die Größe der Grundfläche und das Volumen des vergrößerten Quaders.

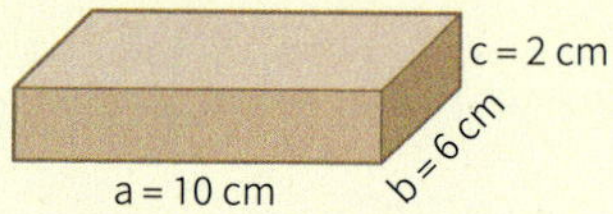

Lösung:

Kantenlängen: $a' = k \cdot a = 3 \cdot 10\,\text{cm} = 30\,\text{cm}$; $b' = k \cdot b = 3 \cdot 6\,\text{cm} = 18\,\text{cm}$; $c' = k \cdot c = 3 \cdot 2\,\text{cm} = 6\,\text{cm}$

Grundfläche: $A' = k^2 \cdot A = k^2 \cdot (a \cdot b) = 3^2 \cdot 10\,\text{cm} \cdot 6\,\text{cm} = 540\,\text{cm}^2$

Volumen: $V' = k^3 \cdot V = k^3 \cdot (a \cdot b \cdot c) = 3^3 \cdot 10\,\text{cm} \cdot 6\,\text{cm} \cdot 2\,\text{cm} = 3240\,\text{cm}^3$

Übungen

4 Vergrößertes Rechteck und Dreieck

Vergrößere die Figur maßstäblich mit dem Faktor $k = 5$ und mit $k = 1{,}5$. Berechne den Flächeninhalt und den Umfang der ursprünglichen Figur und der Vergrößerungen.

a) Rechteck ABCD mit den Seitenlängen $a = 4\,\text{cm}$ und $b = 5\,\text{cm}$

b) Dreieck ABC mit $a = 4\,\text{cm}$, $h_a = 3\,\text{cm}$ und $\beta = 50°$. Bestimme den Umfang zeichnerisch.

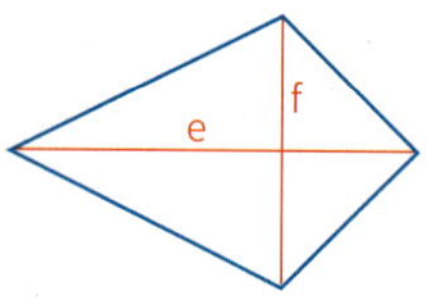

5 Vergrößerte Figuren

Die Figuren mit den angegebenen Maßen werden mit dem Faktor k vergrößert. Berechne jeweils den Flächeninhalt der ursprünglichen und der vergrößerten Figur.

a) Dreieck: $a = 3\,\text{cm}$, $h_a = 2{,}5\,\text{cm}$, $k = 2{,}5$

b) Trapez: $a = 4\,\text{cm}$, $c = 6\,\text{cm}$, $h = 3\,\text{cm}$, $k = 2$

c) Parallelogramm: $a = 8\,\text{cm}$, $h_a = 6\,\text{cm}$, $k = \frac{3}{2}$

d) Drachen: $e = 6\,\text{cm}$, $f = 4\,\text{cm}$, $k = 2$

6 Streckfaktoren angeben

Ein Grafiker in einer Werbeagentur soll die Größe eines neuen Logos abändern. Finde zu jeder Änderung den passenden Streckfaktor. Wie bist du vorgegangen?

a) „Das Logo soll doppelt so groß sein."

b) „Das Logo muss 20 % kleiner werden."

c) „Es kann so bleiben wie es ist."

d) „Vergrößern Sie das Logo um 75 %."

e) „Das Logo soll nicht 4 cm, sondern 6 cm hoch sein."

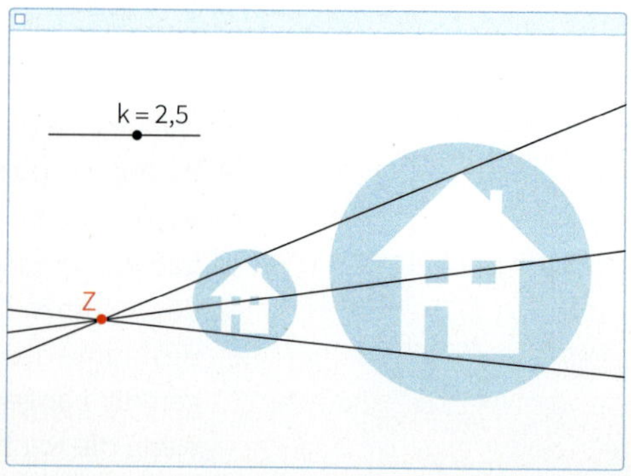

7 Packvolumen

a) Wie viele der kleinen Kartons braucht man, wenn man das gleiche Packvolumen wie bei dem großen Karton erreichen will?

b) Vergleiche die für die Kartons benötigte Menge Pappmaterial.

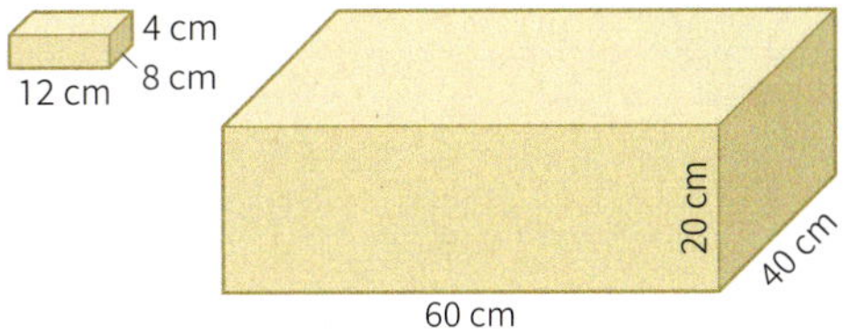

8 Froschgeschichten

Der afrikanische Goliathfrosch ist der größte bekannte Frosch: Länge 33 cm, Gewicht 3600 g. Der kubanische Zwergfrosch ist eine der kleinsten Froscharten. Er besitzt eine Länge von nur 8 mm. Wie schwer ist wohl der Zwergfrosch? Schätze, rechne, recherchiere und begründe.

„pictus": lat. „gemalt"

9 Piktogramme – genau hingeschaut

Statistische Daten werden oft in Grafiken veranschaulicht. Vermittelt die grafische Darstellung den richtigen Eindruck der jeweiligen Statistik? Begründe.

a) Die Anzahl der Personen in Deutschland, die sich vegetarisch oder vegan ernähren, ist um 25 % gestiegen.

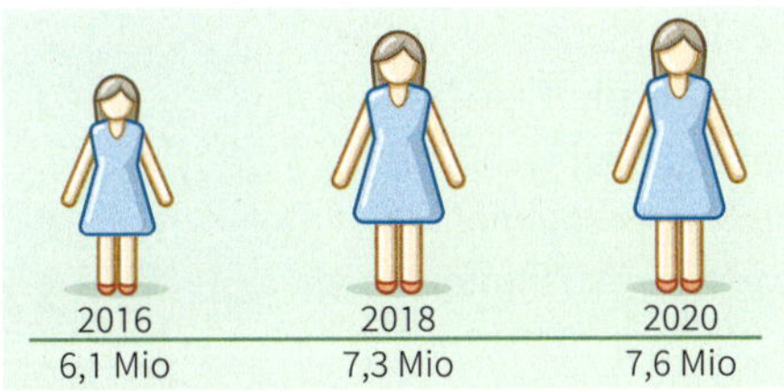

b) La Spezia hat im letzten Jahr doppelt so viel Eis wie Italia und dreimal so viel wie Adria verkauft.

10 Saal

In einem 30 m langen und 20 m breiten rechteckigen Saal können 200 Personen bequem sitzen. Im Maßstab 1 : 100 gibt es eine Karte des Saales, die 30 cm lang und 20 cm breit ist. Hat der hundertste Teil der Personen, also zwei Personen, bequem auf ihr Platz?

11 Denkmal im US Bundesstaat South Dakota

Zum Weiterdenken
Foto
Modell
Wirklichkeit

Seit 1948 wird an einem Denkmal gearbeitet. Es soll die größte von Menschen aus Stein gehauene Skulptur der Welt werden. Dargestellt ist der berühmte Häuptling Crazy Horse. Im Vordergrund steht ein Modell des Denkmals im Maßstab 1 : 34. Der Kopf des Häuptlings ist bereits aus dem Felsen gehauen und misst vom Kinn bis zur Stirn 26,67 m. Wie lang werden der Arm von der Schulter bis zur Fingerspitze des Indianers oder der Pferdekopf der fertigen Skulptur sein? Benutze das Foto und erkläre, wie du zu deinen Lösungen gekommen bist.

26,67 m entspricht 87,5 ft

Grundwissen zum Wiederholen

1 Gib ein Beispiel für die Grundseiten eines Trapezes so an, dass die Mittellinie 3 cm lang ist. Wie liegen die drei Strecken zueinander?

2 Wahr oder falsch? Der Graph einer linearen Funktion verläuft immer durch drei Quadranten.

3 Gib vier verschiedene Brüche so an, dass deren Summe $\frac{1}{2}$ ergibt.

+

12 ≡ Gullivers Reisen

Gulliver trifft in JONATHAN SWIFTS Satire „Gullivers Reisen“ im Königreich Lilliput auf Lebewesen, die dem Menschen an Gestalt und Aussehen völlig ähnlich sind, die aber nur ein Zwölftel der Länge eines normalen Menschen erreichen.

a) Berechne die mittlere Länge und das Durchschnittsgewicht eines Lilliputaners.

b) Dreihundert Schneider wurden beauftragt, passende Kleider für Gulliver zu nähen. Wenn sie mit ihren eigenen Kleidern vergleichen, wievielmal mehr Stoff benötigen sie dann? Ist es sinnvoll, den gleichen Stoff zu verwenden?

Exkurs

Zentralperspektive

In der Entwicklung der Kunst strebten Maler über Jahrhunderte danach, die Tiefe des Raumes so realistisch wie möglich auf die Leinwand zu bringen. Bei der sogenannten Zentralperspektive werden nach hinten verlaufende parallele Kanten im Bild nicht mehr parallel dargestellt, sondern sie treffen sich in einem Punkt, dem sogenannten Fluchtpunkt.

13 ≡ Zentralperspektive mit DGS

Erzeuge mithilfe der zentrischen Streckung Bilder mit räumlicher Tiefe in Zentralperspektive.

Tipps: Ein passendes Fünfeck führt rasch zu einem Haus in Zentralperspektive.
Nutze verschiedene Streckfaktoren, um die Länge von Gebäuden zu variieren.

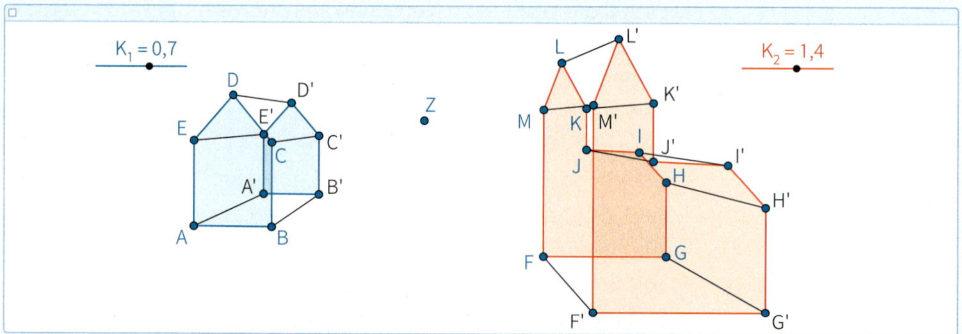

Forschungsaufträge

- Was passiert, wenn du die Lage des Streckzentrums Z veränderst?
- Wie liegt Z, wenn du wie ein Vogel über Haus und Kirche fliegst, wie wird ein Fußgänger die Szene sehen und wie ein Frosch? Lass Z auch nach links oder rechts wandern. Welche Eindrücke erhältst du dann?
- Verschiebe die Streckfiguren auf dem Zeichenblatt von links nach rechts. Was geschieht mit der Perspektive?

1.5 Bestimmen von Streckenlängen – Strahlensätze

1 Bestimmen der Turmhöhen

a) In den Planskizzen stecken genügend Informationen, um die Höhe des Turms herauszufinden. Einmal musst du konstruieren, einmal kannst du rechnen.

b) Vergleiche deine Ergebnisse bei beiden Methoden.

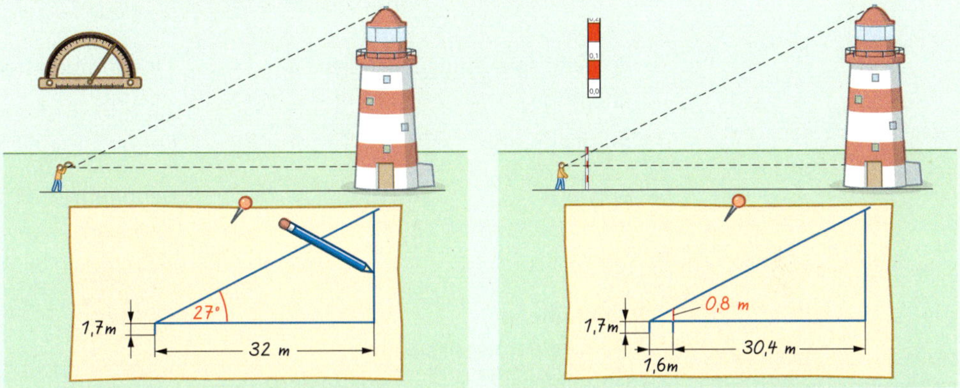

2 Daumenbreite und Daumensprung

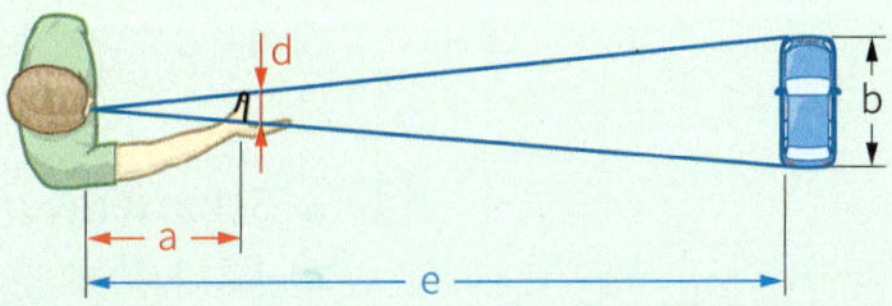

Unser eigener Daumen kann auch helfen. Man peilt einen Gegenstand bei ausgestrecktem Arm über den Daumen an. In der Entfernung e wird damit eine bestimmte Breite b abgedeckt. Das Verhältnis d : a lässt sich individuell bestimmen. Wenn man eine der Größen e oder b kennt, lässt sich die andere Größe berechnen.

Suche Dinge in deiner Umgebung und bestimme mithilfe deines Daumens deren Höhe bzw. Breite. Untersuche z. B.: Wie hoch ist deine Schule? Wie hoch ist der höchste Baum auf dem Schulhof? Wie breit ist eine Fußgängerbrücke?

3 Seebreite

Beim Vermessen lassen sich mithilfe der zentrischen Streckung auch Streckenlängen bestimmen, die mit dem Maßband nicht direkt zugänglich sind.

a) Beschreibe: Wo verbergen sich bei der Landschaftsmessung Streckfiguren? Wo steckt der Streckfaktor k? Wie lang ist die Strecke x?

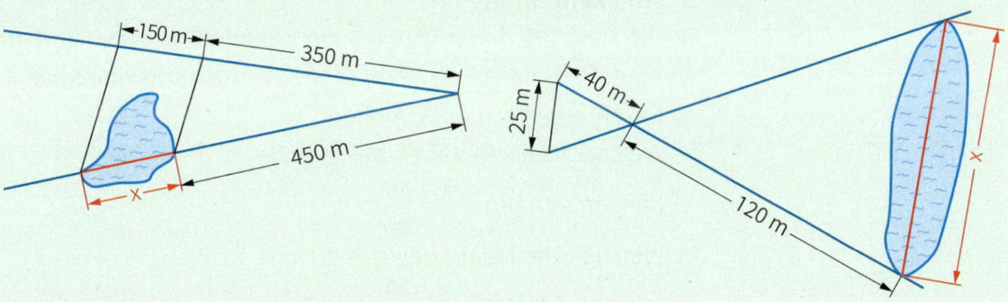

b) Der Vermesser notiert zwei Verhältnisgleichungen. Ordne zu und berechne die Seebreiten.

$\frac{25}{40} = \frac{x}{120}$ $\frac{500}{350} = \frac{x + 450}{450}$

Basiswissen

Bestimmen von Streckenlängen mit Ähnlichkeitsbeziehungen

Wie hoch ist der Baum?

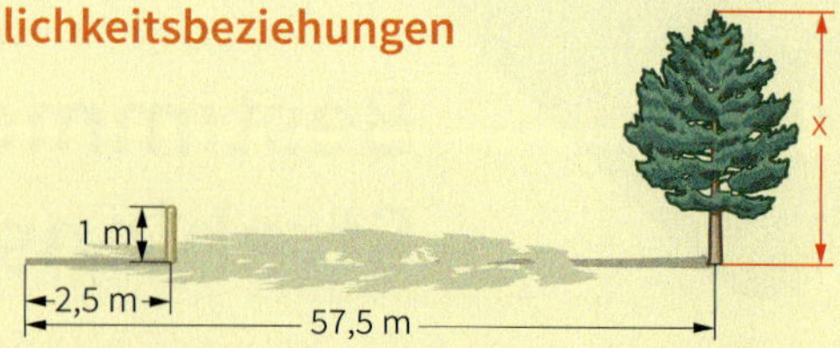

Übersetze die Angaben in eine Skizze und erkläre damit, wie die Baumlänge bestimmt werden kann.

(1) Planfigur erstellen und ähnliche Dreiecke einzeichnen

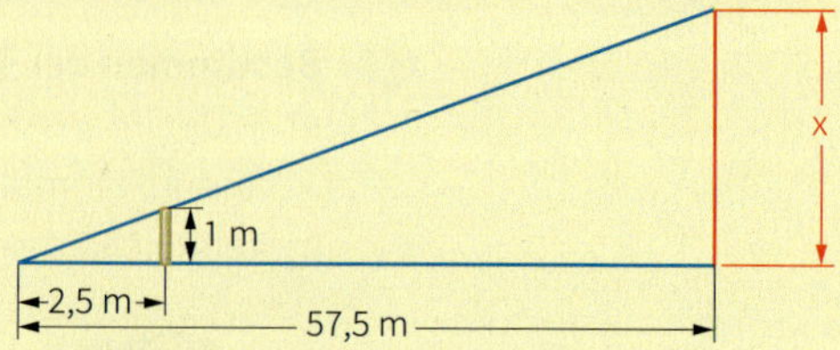

(2) Verhältnisgleichung aufstellen und lösen

$\frac{x}{1} = \frac{57{,}5}{2{,}5}$ über Kreuz multiplizieren liefert

$2{,}5 \cdot x = 1 \cdot 57{,}5 \Rightarrow x = 23$

(3) Problemprobe

Eine Höhe von 23 m ist für Bäume möglich.

(4) Antwort

Der Baum ist 23 m hoch.

Übungen

Lösen von Verhältnisgleichungen siehe auch Seite 207

4 Baumhöhe

Bestimme die Höhe des Baums.
Fertige zunächst eine Planfigur an und zeichne ähnliche Dreiecke ein.
Stelle die Verhältnisgleichung auf.

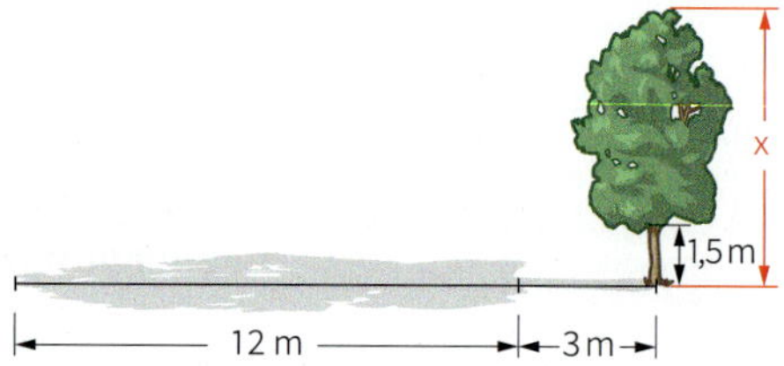

5 Schattenwurf

a) Ein 1,85 m großer Wanderer steht unter einem Baum. Sein Schatten ist 1,50 m lang, der Schatten des Baums 22 m. Berechne die Höhe des Baums.

b) Ein 30 m hoher Baum wirft einen Schatten von 25 m. Wie lang wäre der Schatten einer 1,75 m großen Wanderin, die unter dem Baum steht?

6 Turmhöhe

Um die Höhe eines Turms zu bestimmen, hat man einen 2 m langen Stab aufgestellt, der einen Schatten von 2,30 m wirft. Der Turm wirft einen Schatten von 34 m.
Wie hoch ist der Turm?

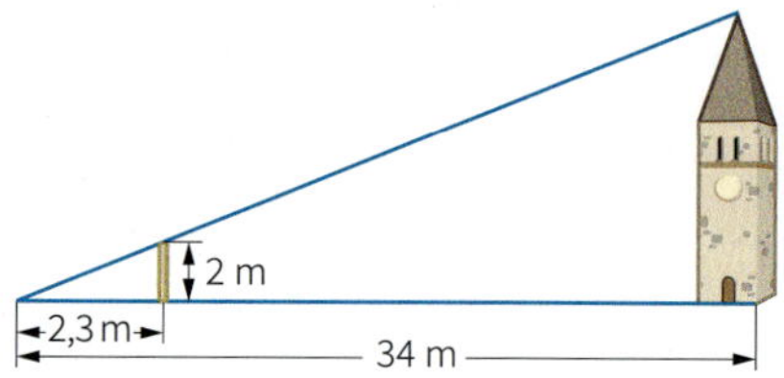

7 Streckenteilung

Die Strecke $\overline{ZB}$, deren Länge nicht bekannt ist, soll in fünf gleich lange Teilstücke geteilt werden. Geht das ohne zu messen? Emma hatte eine Idee.

a) Beschreibe Emmas Vorgehen.

b) Welche Strecken haben das gleiche Längenverhältnis wie $\frac{\overline{ZB}}{\overline{ZA}}$?

c) Welche Strecken haben das gleiche Längenverhältnis wie $\frac{\overline{ZB_1}}{\overline{ZB_2}}$?

d) Finde weitere Verhältnisse.

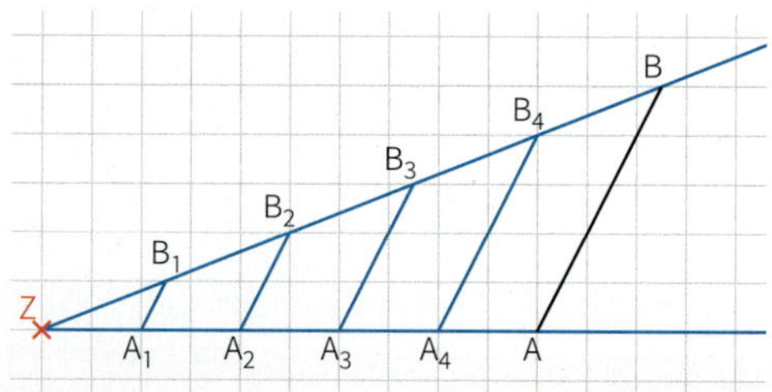

Verhältnisgleichungen – Strahlensätze

Eine Strahlensatzfigur besteht aus zwei Strahlen, die von zwei Parallelen geschnitten werden. Mithilfe von Strecken auf den Strahlen und den Parallelen kann man Verhältnisgleichungen aufstellen und unbekannte Streckenlängen bestimmen.

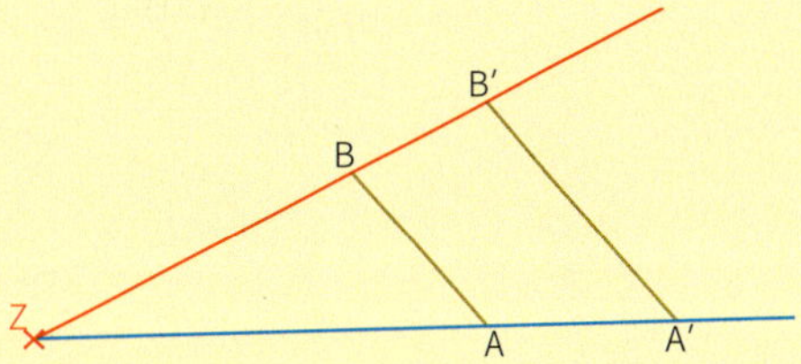

1. Strahlensatz

Entsprechende Streckenverhältnisse auf den Strahlen durch Z sind gleich.

$$\frac{\overline{ZA'}}{\overline{ZA}} = \frac{\overline{ZB'}}{\overline{ZB}} = k$$

2. Strahlensatz

Das Streckenverhältnis auf einem Strahl durch Z ist gleich dem Verhältnis der parallelen Strecken.

$$\frac{\overline{ZA'}}{\overline{ZA}} = \frac{\overline{A'B'}}{\overline{AB}} = k$$

Beispiel: Längen bestimmen

Bestimme die fehlenden Längenangaben für a und b.

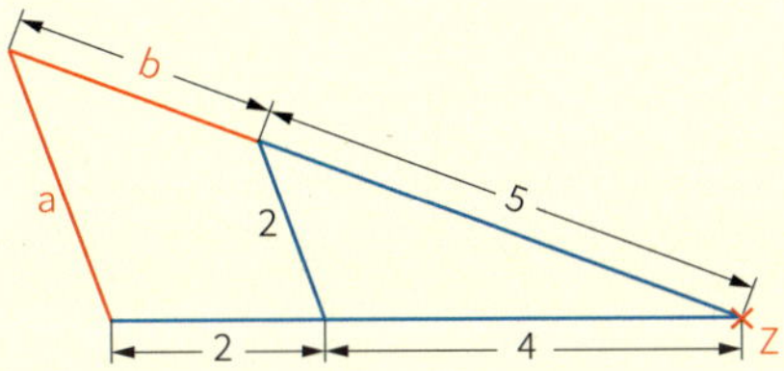

Es liegt eine Strahlensatzfigur vor.

Verhältnisgleichungen aufstellen.

2. Strahlensatz:

$\frac{a}{2} = \frac{2+4}{4} \Rightarrow a = \frac{12}{4} \Rightarrow a = 3$

1. Strahlensatz:

$\frac{b+5}{5} = \frac{2+4}{4} \Rightarrow b + 5 = \frac{30}{4} \Rightarrow b = 2{,}5$

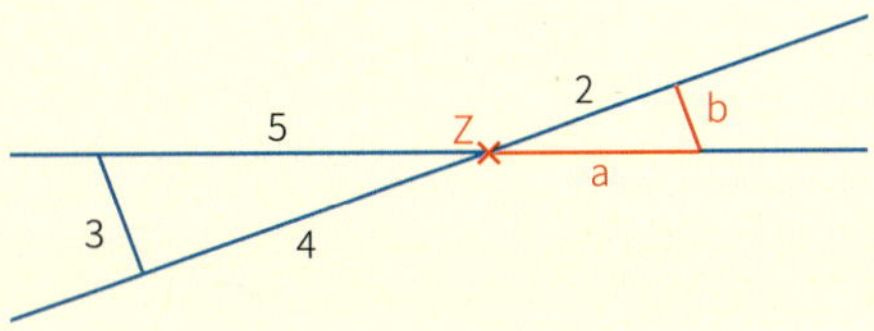

Es liegt eine Strahlensatzfigur vor.

Verhältnisgleichungen aufstellen.

1. Strahlensatz:

$\frac{a}{5} = \frac{2}{4} \Rightarrow 4 \cdot a = 10 \Rightarrow a = 2{,}5$

2. Strahlensatz:

$\frac{b}{2} = \frac{3}{4} \Rightarrow 4 \cdot b = 6 \Rightarrow b = 1{,}5$

8 Streckenlängen bestimmen

Berechne die Länge der roten Strecke (Maße in cm). Die Strahlensätze helfen dir, eine passende Verhältnisgleichung zu finden.

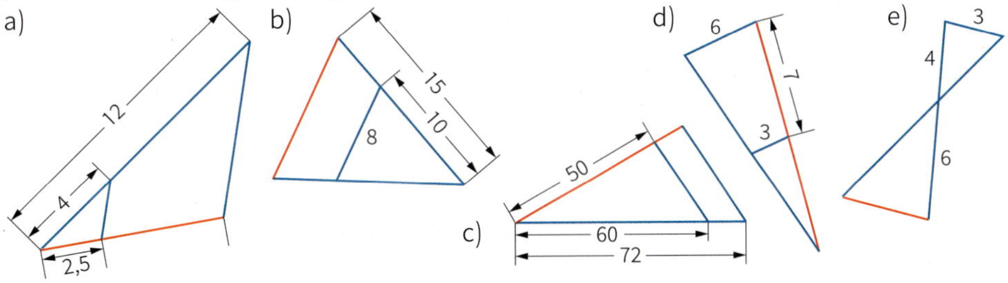

9 Strahlensätze erklären

Erkläre die Strahlensätze mit zentrischen Streckungen oder mit ähnlichen Dreiecken.

Wortliste
Verhältnisgleichung
Streckfaktor
Streckenverhältnis

10 Fehler gesucht

Welche der Verhältnisgleichungen sind richtig, welche falsch? Begründe mithilfe der Strahlensätze.

a)

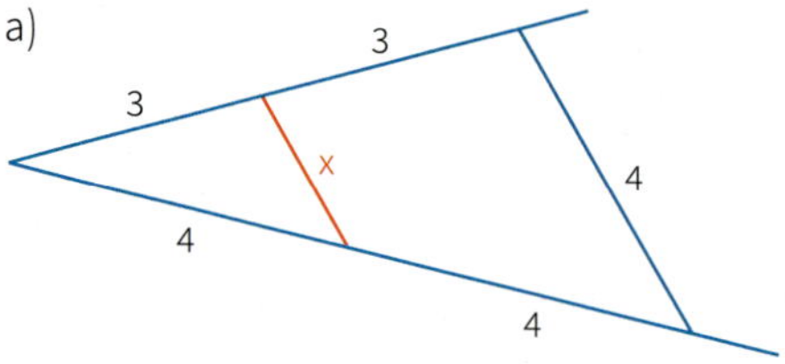

(A) $\frac{8}{4}=\frac{4}{x}$ (B) $\frac{4}{x}=\frac{3}{3}$ (C) $\frac{6}{3}=\frac{4}{x}$

b)

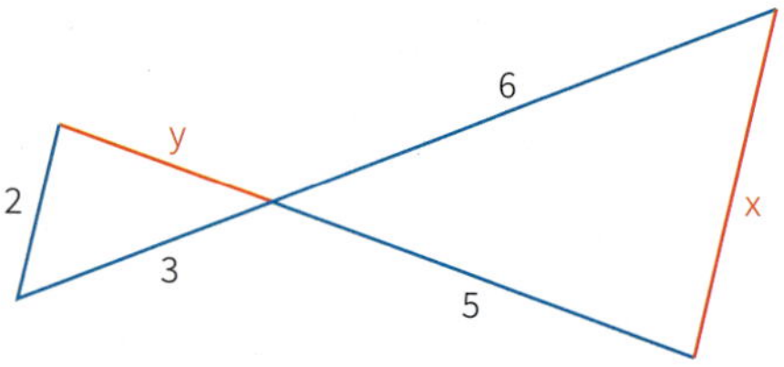

(A) $\frac{x}{2}=\frac{6}{3}$ (B) $\frac{y}{5}=\frac{6}{3}$ (C) $\frac{2}{3}=\frac{x}{5}$

11 Training

Bestimme mithilfe von Verhältnisgleichungen die Länge der gesuchten Strecken.

a)

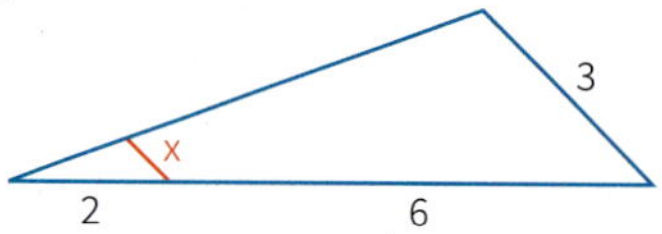

b)

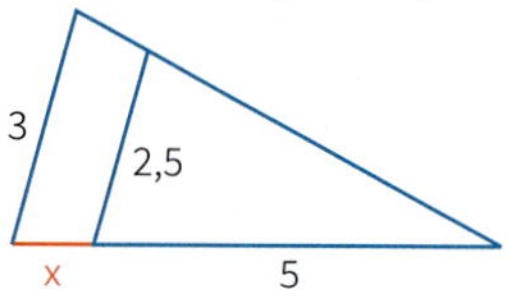

c)

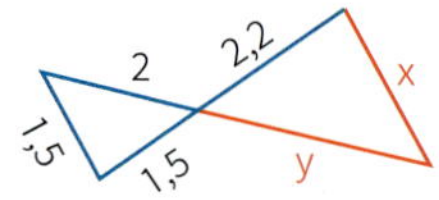

d)

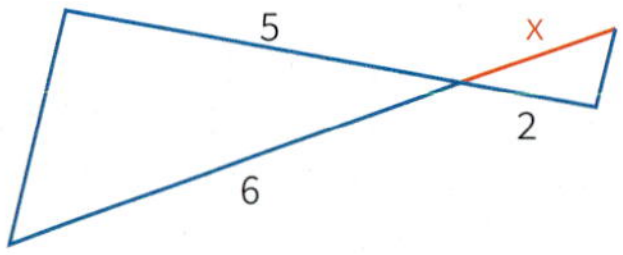

e)

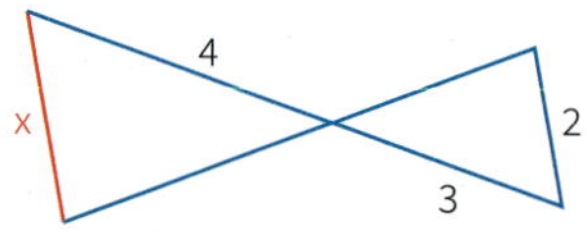

f)

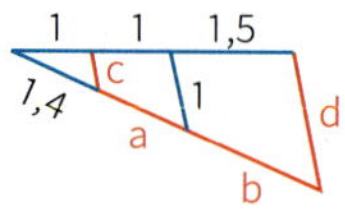

12 Seebreite

Vorgehen beschreiben siehe auch Seite 223

Drei Messtrupps erhalten die Aufgabe, die Breite eines Sees zu bestimmen. Beschreibe anhand ihrer Skizzen, wie sie vorgegangen sind. Können alle Trupps die Aufgabe lösen? Achtung: Die Skizzen sind nicht maßstabsgerecht. Alle Längenangaben sind in Meter.

①

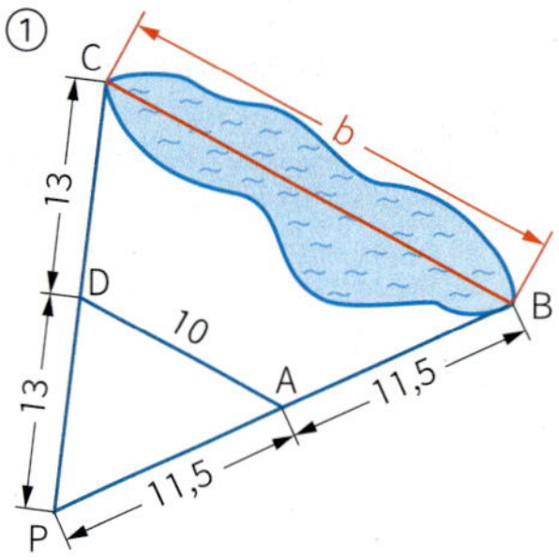

②

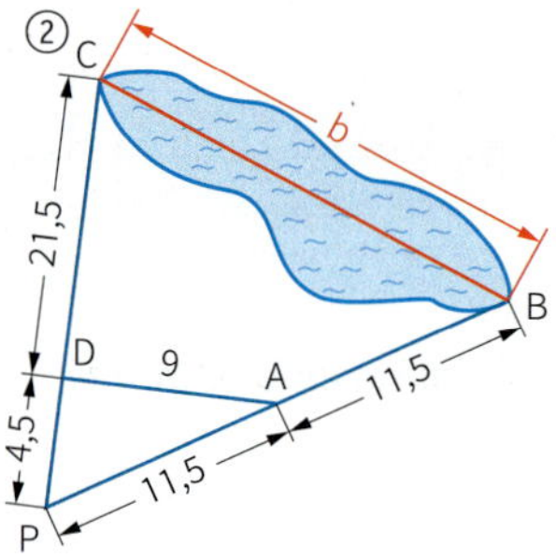

③

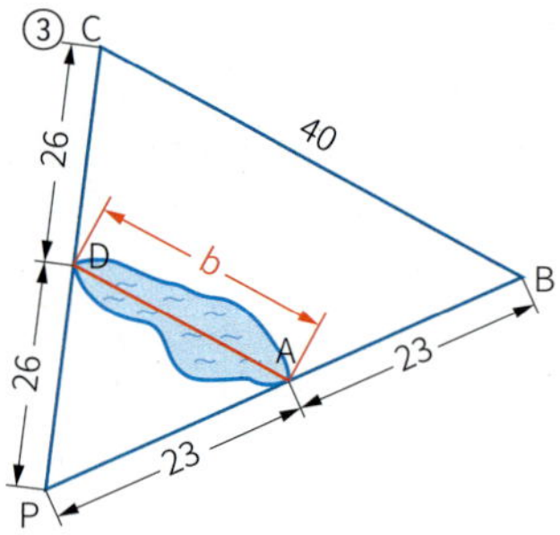

13 Streckensalat

Berechne die fehlenden Seitenlängen.

Teilaufgabe e) und f) sind Sonderfälle.

a) a = 6	b = 4	c = 2	d = ■	e = 6	f = ■
b) a = ■	b = 10	c = 5	d = 12	e = ■	f = 30
c) a = ■	b = 3	c = 2	d = 5	e = ■	f = 10
d) a = 4	b = ■	c = 8	d = 15	e = 25	f = ■
e) a = 4	b = 3	c = 8	d = ■	e = ■	f = ■
f) a = ■	b = 2	c = 5	d = ■	e = 6	f = 12

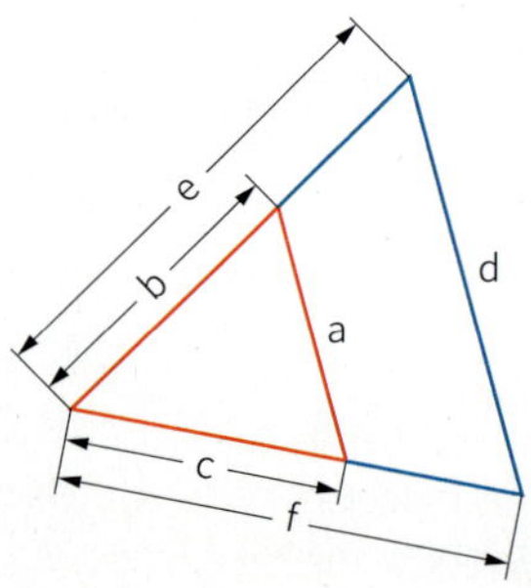

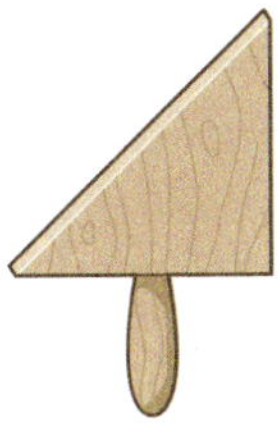

Försterdreieck

14 ≡ **Försterdreieck**

Das Försterdreieck hilft dem Förster beim Abschätzen von Baumhöhen.

a) Erkläre das Prinzip des Försterdreiecks. Warum ist ein 45°- Winkel besonders günstig?

b) Bestimme die ungefähre Höhe des Baums, wenn er aus 20 m Entfernung angepeilt wird.

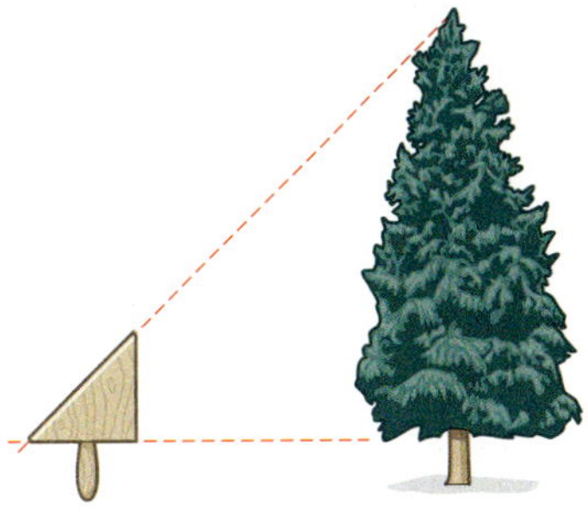

15 ≡ **Die verschwundene Fläche**

Ein Quadrat ist in vier Teilflächen zerlegt worden. Aus diesen Teilflächen setzt sich offensichtlich das abgebildete Rechteck zusammen. Berechne jeweils die Flächeninhalte der Gesamtfigur und vergleiche. Erkläre das Ergebnis.

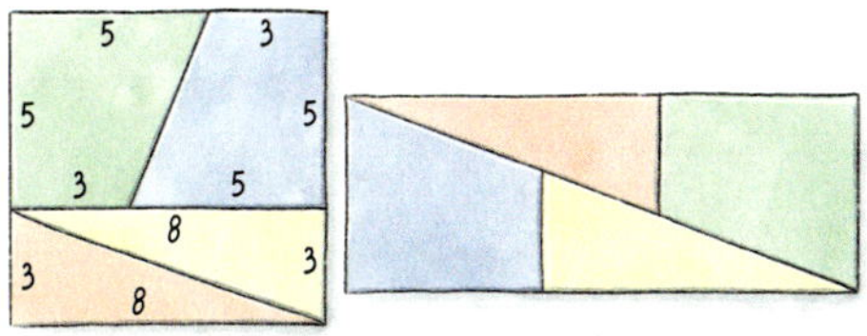

16 ≡ **Aus einer anonymen Aufgabensammlung des 15. Jahrhunderts:**

„Wenn du die Höhe eines Turmes finden willst, wie groß sie ist, so stecke ein Holz senkrecht und betrachte den von der Sonne geworfenen Schatten und miss ihn. Das senkrechte Holz ist 6 Ellen, sein Schatten 9 Ellen, der Schatten des Turmes 75 Ellen. Wenn die 9 Ellen des Schattens eine Holzhöhe von 6 Ellen geben, welche Turmhöhe werden dann die 75 Ellen Turmschatten geben?"

Fertige eine Skizze an und löse die Aufgabe mithilfe eines Strahlensatzes.

17 ≡ **Aufgabe aus dem chinesischen Rechenbuch „JIUZHANG SUANSHU" (100 v. Chr.)**

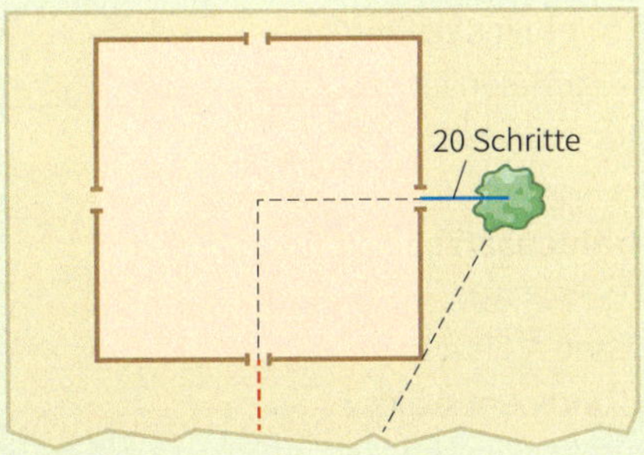

„Jetzt hat man eine Stadt (mit quadratischem Grundriss), die Quadratseite 200 Schritte. In der Mitte jeder Seite ein offenes Tor. Geht man aus dem Osttor 20 Schritte heraus, hat man einen Baum. Wie viele Schritte musst du aus dem Südtor herausschreiten, um den Baum zu sehen?"

a) Erstelle eine Skizze und trage die gesuchte Größe x ein.

b) Berechne x.

Grundwissen
zum Wiederholen

1 Zwei Personen lernen sich kennen. Wie groß ist die Wahrscheinlichkeit, dass sie beide im gleichen Monat Geburtstag haben?

2 Bestimme im regelmäßigen Fünfeck den Winkel α sowie die Innenwinkel.

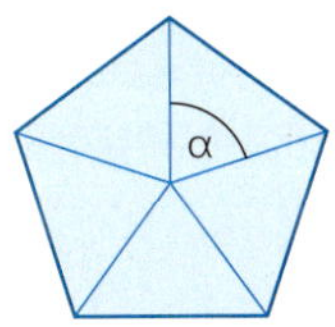

3 Nina sammelt in ihrer Klasse Wahlzettel ein. Bestimme die relativen Häufigkeiten (als Bruch und in Prozent).

A	B	C	D
5	7	6	4

Exkurs

Strahlensätze sind mathematische Sätze

Mathematische Sätze haben die Form „Wenn A, dann B". Hierbei nennt man A die Voraussetzung, B die Behauptung. Im Basiswissen stehen nur die Behauptungen. Die Voraussetzungen bestehen darin, dass die Strahlensätze nur in Konstruktionsfiguren gelten, die wie die dargestellten „Strahlensatzfiguren" beschaffen sind. Vollständig lautet der erste Strahlensatz für die abgebildete Strahlensatzfigur:

„Wenn zwei Halbgeraden mit einem gemeinsamen Anfangspunkt Z von zwei parallelen Geraden in den Punkten A, B und A′, B′ geschnitten werden, dann folgt daraus, dass $\frac{\overline{ZA'}}{\overline{ZA}} = \frac{\overline{ZB'}}{\overline{ZB}}$ *ist."*

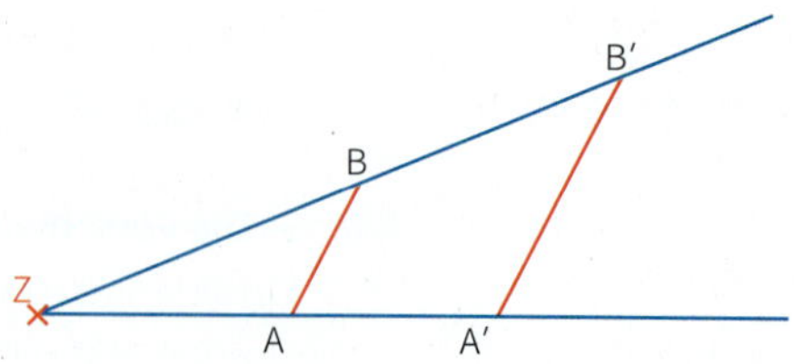

18 **Umkehrung der Strahlensätze**

Von vielen Sätzen in der Geometrie gilt die Umkehrung. Ein Beispiel dafür ist der Satz des Thales. Gilt dies auch für die Strahlensätze?

Mathematische Sätze siehe auch Seite 220

a) Gib die Strahlensätze mit Voraussetzung und Behauptung an. Formuliere dann jeweils die Umkehrung der Sätze.
b) Entscheide jeweils, ob die Umkehrsätze der Strahlensätze wahr sind. Begründe.

Tipp
Zur Begründung, dass ein Satz falsch ist, genügt ein Gegenbeispiel.

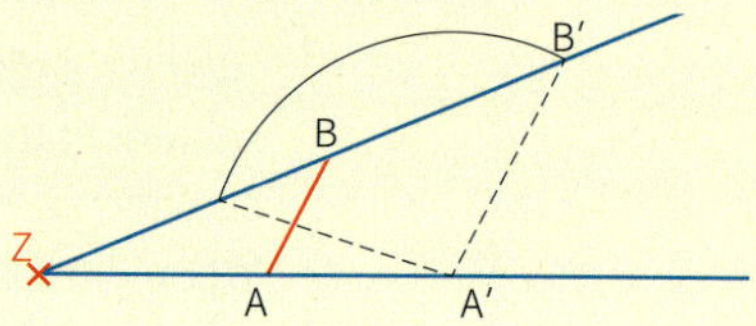

19 **Trapez**

Im Trapez ABCD sind die Diagonalen $\overline{AC}$ und $\overline{BD}$ eingezeichnet.
a) Finde im Trapez eine Strahlensatzfigur.
b) Zeige, dass sich die Diagonalen im Verhältnis der Grundseiten a und c teilen.

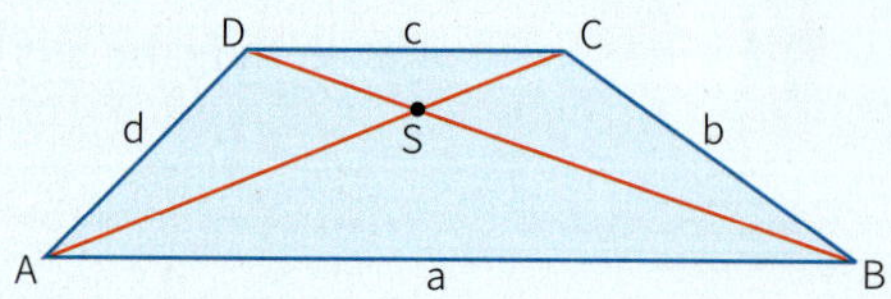

20 **Beweisen mit den Strahlensätzen**

Zeichne ein beliebiges Dreieck ABC. Verbinde den Mittelpunkt der Seite $\overline{AC}$ mit dem Mittelpunkt der Seite $\overline{BC}$ und nenne diese Strecke m.
Zeige: Die Strecke m ist halb so lang wie die Seite c und parallel zur Seite c.

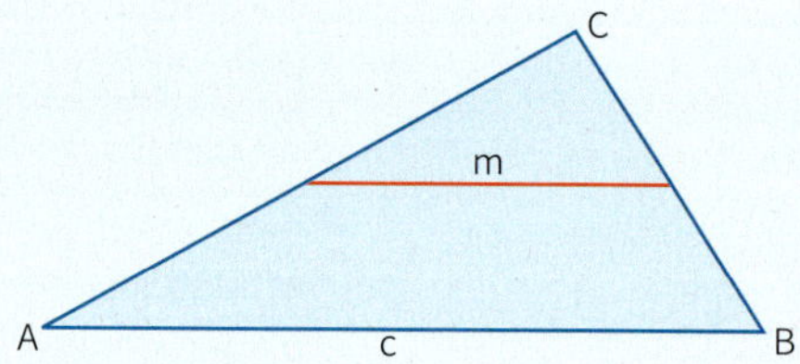

21 **Mittendreieck**

Zeichne in ein beliebiges Dreieck ABC das Mittendreieck $M_aM_bM_c$.
- Zeige, dass das Mittendreieck $M_aM_bM_c$ ähnlich zum Dreieck ABC ist.
- Sind auch die vier Innendreiecke ähnlich zueinander?

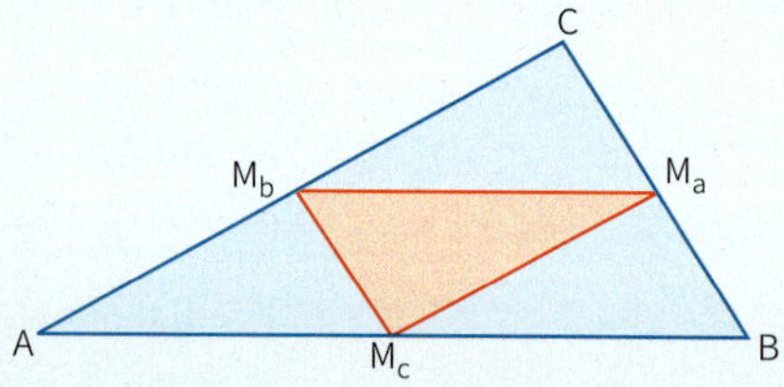

Ähnliche Figuren

Zwei Figuren heißen ähnlich, wenn sie in entsprechenden Winkeln und Seitenverhältnissen übereinstimmen.

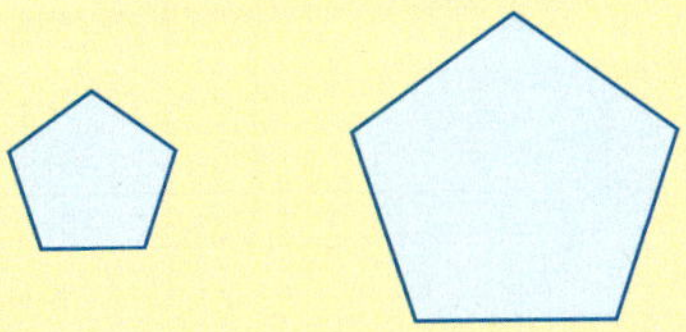

Zentrische Streckungen $S_{Z;k}$

Streckzentrum Z und Streckfaktor k

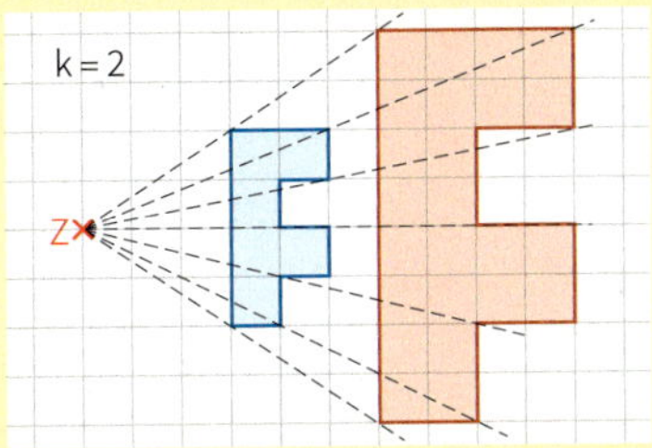

Eigenschaften:
- Ausgangs- und Bildfigur stimmen in allen Winkeln überein.
- Die Bildstrecke ist k-mal so lang wie die Ausgangsstrecke.
- Bild- und Ausgangsstrecken sind parallel.

Längen, Flächen und Volumina

- Längenveränderung auf das k-fache
- Flächenveränderungen auf das k^2-fache
- Volumenveränderungen auf das k^3-fache

Strahlensätze

1. Strahlensatz: $\frac{\overline{ZA'}}{\overline{ZA}} = \frac{\overline{ZB'}}{\overline{ZB}} = k$

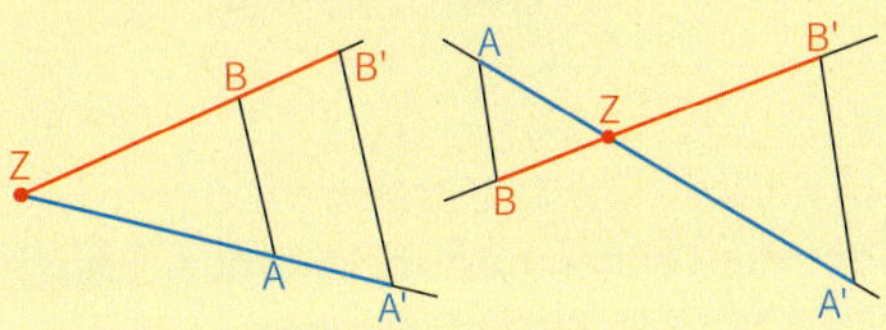

2. Strahlensatz $\frac{\overline{ZA'}}{\overline{ZA}} = \frac{\overline{A'B'}}{\overline{AB}} = k$

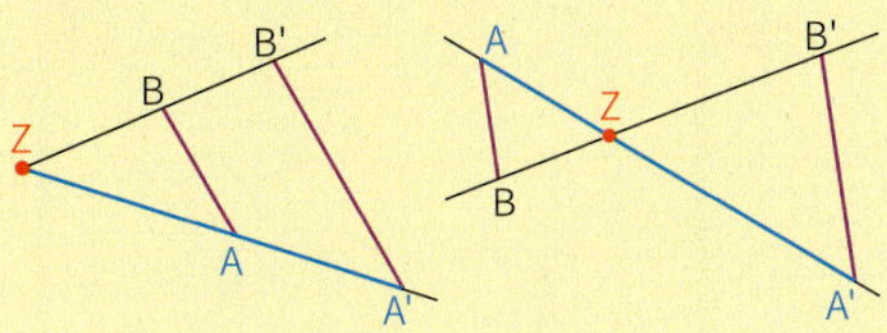

Check-up

1 Ähnliche Vierecke finden

Welche Vierecke sind zueinander ähnlich?

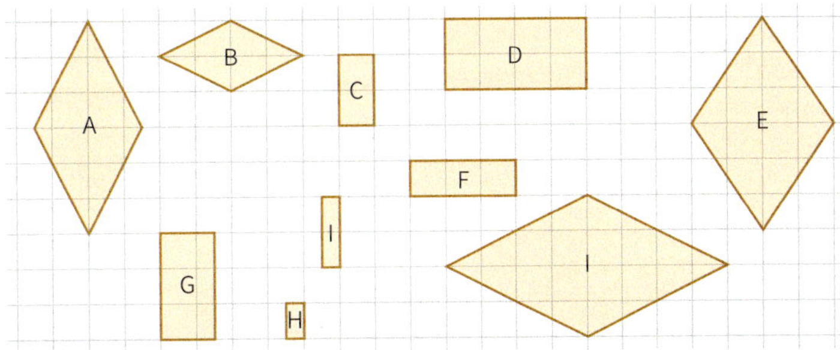

2 Zentrische Streckungen ausführen

a) Übertrage die Figur in dein Heft und beschreibe, was $S_{A;1,5}$ bedeutet.

b) Führe die folgenden zentrischen Streckungen durch.

① $S_{A;1,5}$ ② $S_{B;\frac{1}{3}}$ ③ $S_{F;-\frac{2}{3}}$
④ $S_{M;2}$ ⑤ $S_{M;-2}$ ⑥ $S_{P;\frac{1}{2}}$

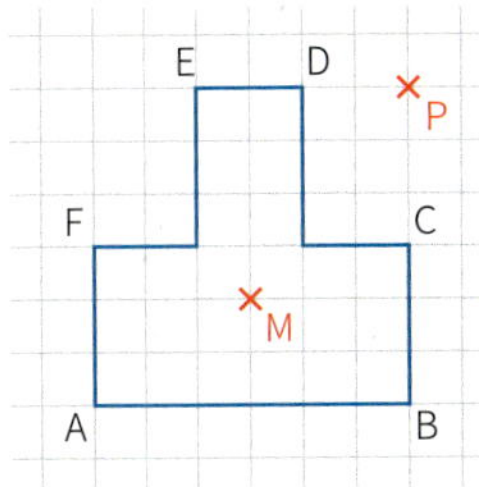

3 Muldenwagen

Der Muldenwagen der Gartenbahn im Maßstab 1:25 fasst 120 g Sand.

a) Wie viel Gramm Sand passen in das Original? Wie viel Tonnen sind das?

b) Die Originallänge beträgt 8 m. Wie lang ist das Modell?

4 Streckenlängen

Berechne die rot gekennzeichnete Streckenlänge.

a) b) c)

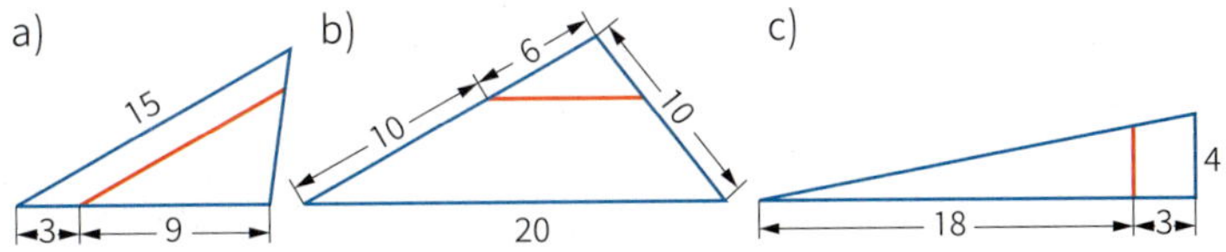

5 Messen im Gelände

Berechne die rot gekennzeichnete Streckenlänge.

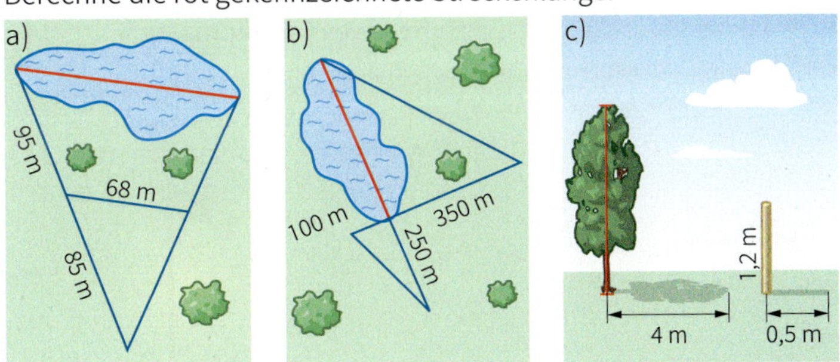

Sichern und Vernetzen

Vermischte Aufgaben zu Kapitel 1

Trainieren

1 Ähnliche Rechtecke

Welche der Rechtecke sind ähnlich zueinander? Begründe deine Entscheidung.
Nützliche Begriffe: Winkel, entsprechende Längen. entsprechende Winkel, Längenverhältnis, ähnlich zueinander

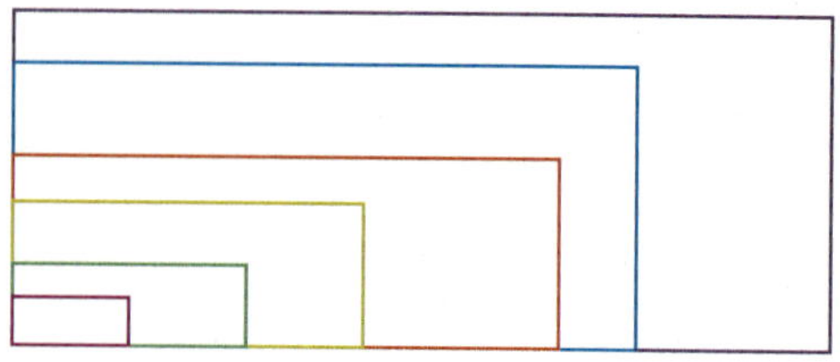

2 Zentrische Streckung

Trage die Punkte und Bildpunkte in ein Koordinatensystem ein und entscheide, ob es sich bei der Abbildung um eine zentrische Streckung handelt. Bestimme, falls möglich, das Streckzentrum und den Streckfaktor. Begründe, wenn es sich nicht um eine zentrische Streckung handelt.

a) A(−2|−3)	A′(−4|−6)	b) A(0|0)	A′(−2|0)	c) A(5|1)	A′(9|1)
B(0|−2)	B′(0|−4)	B(2|0)	B′(2|0)	B(6|2)	B′(10,5|2,5)
C(2,5|3)	C′(5|6)	C(3,5|1,5)	C′(6|4)	C(4|2)	C′(7,5|2,5)
D(−1,5|3)	D′(−3|6)	D(2,5|1,5)	D′(2|4)		

3 Ansatz finden

Bestimme x.

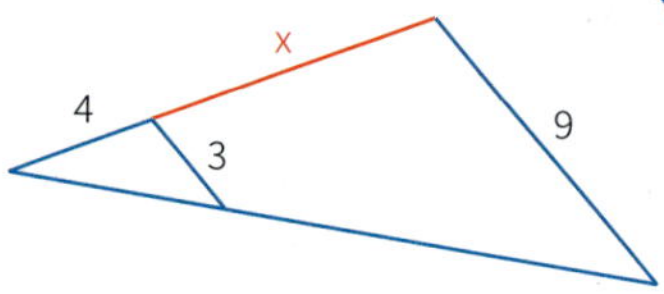

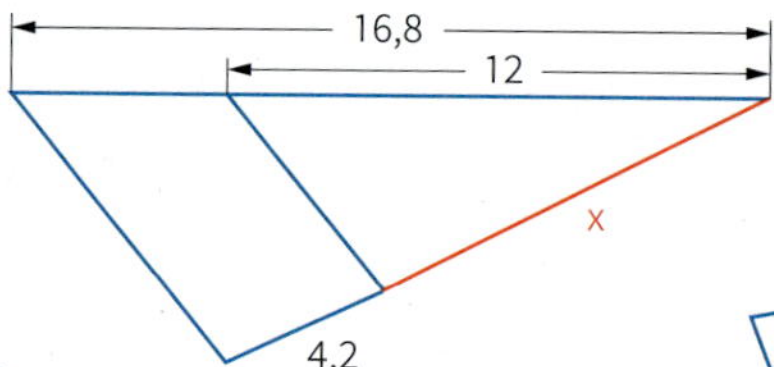

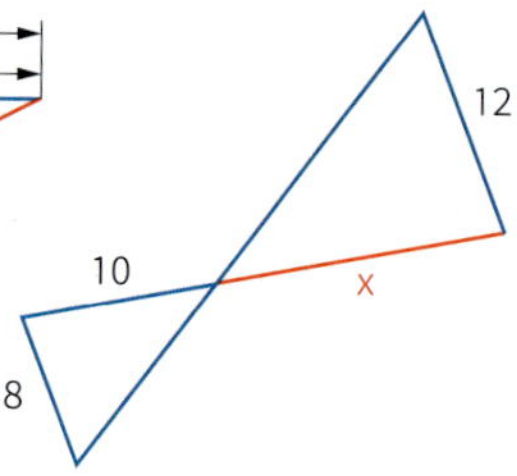

Verstehen

4 Messprobleme

Bestimme jeweils die gesuchte Streckenlänge x im Kopf. Welche Voraussetzungen müssen gegeben sein?

a)

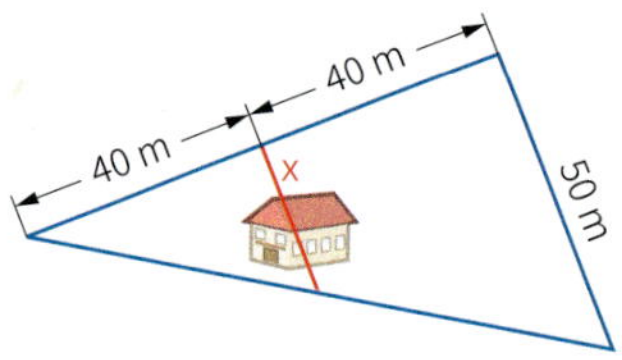

b)

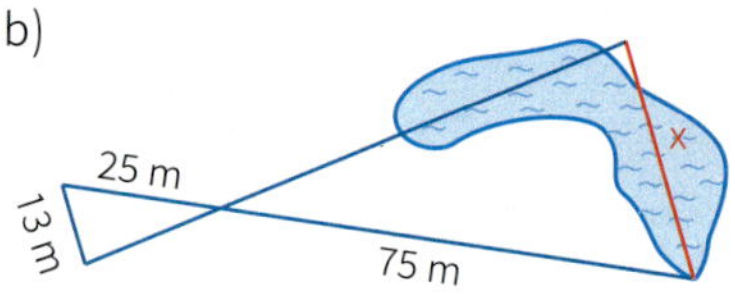

5 Höhe eines Fahnenmasts

Vorgehen beschreiben siehe auch Seite 223

a) Beschreibe die drei Methoden, mit denen die Höhe des Fahnenmasts bestimmt werden kann. Was muss jeweils gemessen werden?

b) Übertrage die Bilder in dein Heft, beschrifte sie. Notiere passende Verhältnisgleichungen.

①

②

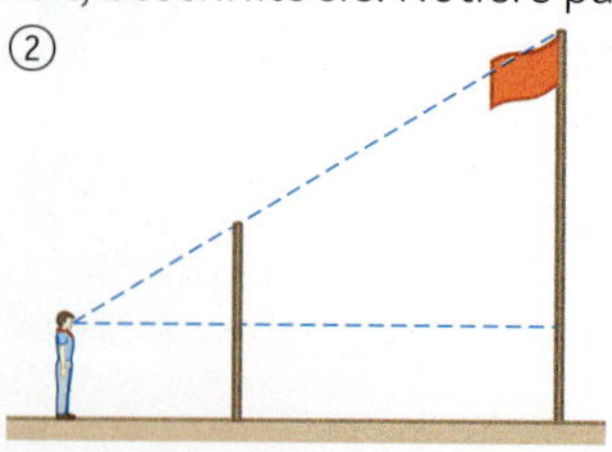

③

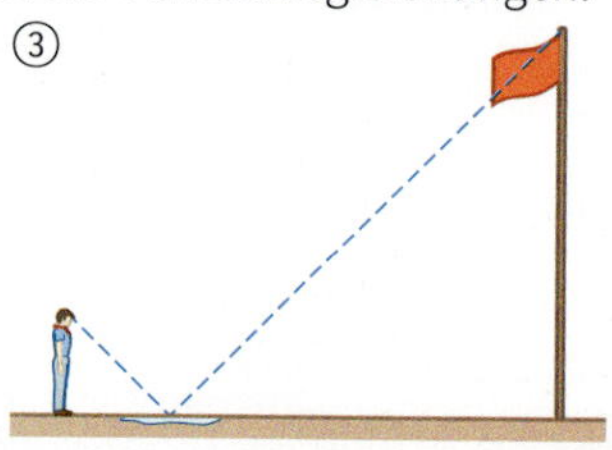

6 Ähnliche Vierecke

Ein Rechteck hat die Seitenlängen 45 cm und 36 cm.

a) Gib für drei verschiedene ähnliche Rechtecke die möglichen Seitenlängen an.

b) Gibt es ein Quadrat, das zu dem Rechteck ähnlich ist?

c) Gibt es ein Parallelogramm, das zu dem Rechteck ähnlich ist?.

7 Ähnliche Dreiecke

Welche Dreiecke sind zueinander ähnlich? Begründe oder gib ein Gegenbeispiel an.

a) gleichseitige Dreiecke b) rechtwinklige Dreiecke c) gleichschenklige Dreiecke

8 Quader und Ähnlichkeit

Sind die Quader zueinander ähnlich? Begründe.

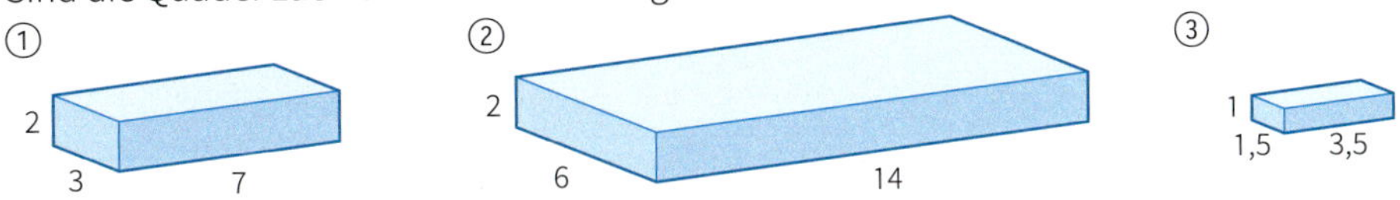

9 Wahr oder falsch?

Welche Verhältnisgleichungen sind richtig, welche sind falsch?

a)

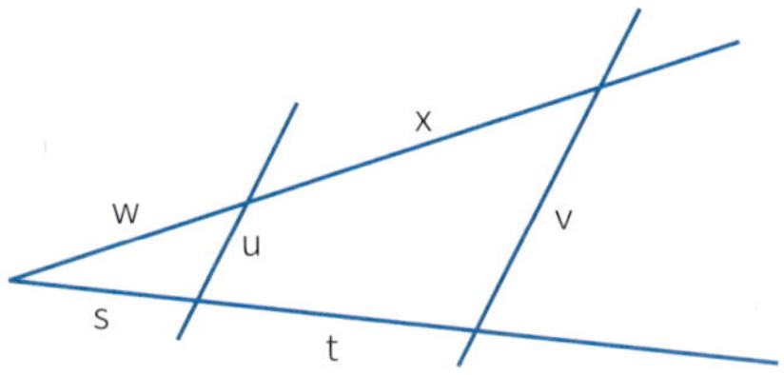

① $\frac{s+t}{s} = \frac{u}{v}$ ② $\frac{s+t}{s} = \frac{x+w}{w}$

③ $\frac{w+x}{x} = \frac{s+t}{t}$ ④ $\frac{v}{x+w} = \frac{u}{w}$

⑤ $\frac{s}{u} = \frac{t}{v}$ ⑥ $\frac{s}{s+t} = \frac{w}{w+x}$

b)

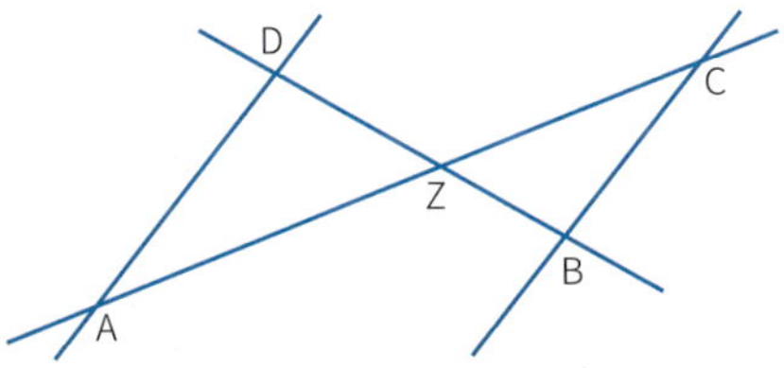

① $\frac{\overline{AZ}}{\overline{CZ}} = \frac{\overline{DZ}}{\overline{BZ}}$ ② $\frac{\overline{AD}}{\overline{BC}} = \frac{\overline{AZ}}{\overline{CZ}}$

③ $\frac{\overline{DZ}}{\overline{AD}} = \frac{\overline{BZ}}{\overline{BC}}$ ④ $\frac{\overline{AD}}{\overline{DZ}} = \frac{\overline{BC}}{\overline{CZ}}$

Anwenden

10 Vergrößerte Fotos

Elin fotografiert gern. Sie möchte für ihre Freundinnen Poster von ihren schönsten Fotos anfertigen lassen.

a) Eines ihrer Fotos ist verkleinert abgebildet. Welche der folgenden Formate könnten Elins Fotos haben?

9 × 13 10 × 15 13 × 18 15 × 21

b) Welche der angebotenen Posterformate sind für Elins Fotos geeignet?

Mini: 21 × 30 Groß: 30 × 45

Maxi: 40 × 60 Giga: 50 × 75

11 Grundstück

Auf dem Grundstück soll eine möglichst große quadratische Rasenfläche angelegt werden. Gib die Seitenlänge des Quadrates an und berechne den Flächeninhalt.

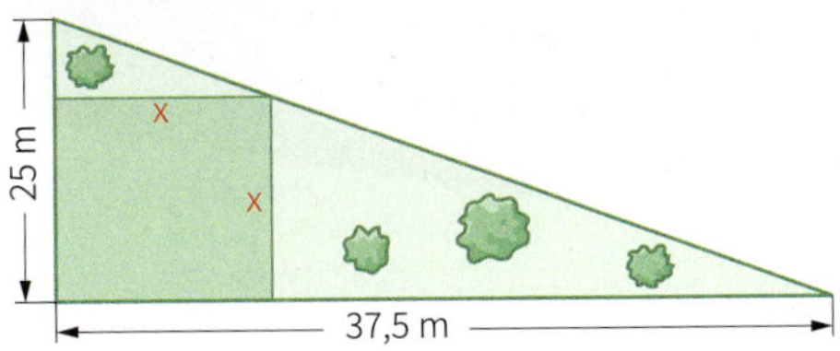

3
3,1
3,2
3,3
√11
3,4
√11
3,1
3,31
3,32
x 10
√11
3,1
3,316
3,317
x 100
√11
3,1
3,3166
3,3167
x 1000

2 Reelle Zahlen

Alle bisher aufgetretenen Zahlen sind Brüche wie $\frac{3}{4}$ oder Dezimalzahlen wie 6,74195.

Damit können viele Probleme gelöst werden.

Es gibt aber einfache geometrische Probleme, bei denen wird es schwierig, eine solche Zahl zu finden. Ein Beispiel ist das Finden der Kantenlänge eines Quadrats mit einem Flächeninhalt von $11\,cm^2$.

Man gibt der Lösung zunächst einen Namen, hier „Wurzel elf“ und schreibt $\sqrt{11}$.

Ist diese Zahl auch ein Bruch oder eine neue Zahl? Wie kann man mit ihr rechnen? Hoffentlich so wie mit $\frac{3}{4}$ und 6,74195.

2.1 Irrationale Zahlen – Neue Zahlen

① Rationale Zahlen und mehr

- Rund um rationale Zahlen
  Brüche nennt man rationale Zahlen. Jeder Bruch lässt sich als abbrechende oder als periodische Dezimalzahl darstellen.

a) Welche Zahlen liegen in der Mitte?
① zwischen 12 und 15
② zwischen 3,45 und 3,46
③ zwischen $\frac{5}{9}$ und $\frac{3}{4}$
④ zwischen $\frac{a}{b}$ und $\frac{c}{d}$

b) Seltsame Eigenschaften von Brüchen
① Gib vier Brüche an, die zwischen $\frac{1}{6}$ und $\frac{1}{5}$ liegen.
② Finde zehn weitere Zahlen zwischen $\frac{1}{6}$ und $\frac{1}{5}$
③ Was vermutest du, wie viele Brüche zwischen $\frac{1}{6}$ und $\frac{1}{5}$ liegen?

- Zahlen, die keine rationale Zahlen sind

Wortliste
„Zähler"
"Nenner "
"Quotienten"
"ℚ Menge der rationalen Zahlen"
"Stammbruch"

c) Begründe, dass 0,010 010 001 000 010 000… keine rationale Zahl ist.
Baue zwei weitere nicht rationale Zahlen.

d) Gib die Zahl, die mit sich selbst multipliziert 5 ergibt, auf
① eine ② zwei ③ drei Nachkommastellen an.
Begründe, warum die gesuchte Zahl vermutlich keine rationale Zahl ist.

② Eine Diskussion um Zahlen

Paula: „Kannst du mir eine Zahl nennen, die mit sich selbst multipliziert 9 ergibt?"
Paul: „Das ist z. B. die Zahl 3."
Paula: „Prima! Dann kannst du sicher auch eine Zahl angeben, die mit sich selbst multipliziert 10 ergibt. Um es dir einfach zu machen, schlage ich dir die Zahl 3,2 vor."
Paul: „Da muss ich nicht lange rechnen. Dein Vorschlag passt nicht. Wenn man 3,2 mit sich selbst multipliziert, kommt nie 10 heraus."

a) Wieso hat Paul Recht?
b) Wie lauten die nächsten Nachkommastellen für die gesuchte Zahl? Probiere mit deinem Taschenrechner systematisch aus: 3,1, dann 3,2, dann 3,11 … Du findest so zwei Zahlen mit drei Nachkommastellen, zwischen denen die gesuchte Zahl liegt.

③ Aus Zwei mach Eins – Quadrate führen zu einer seltsamen Entdeckung

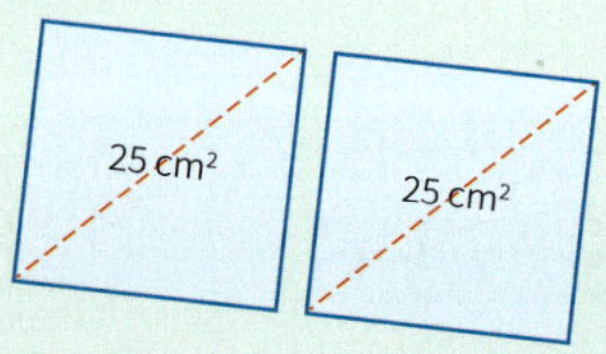

a) Zeichne zwei Quadrate mit jeweils 25 cm² Flächeninhalt und schneide sie aus. Verwandle durch Auseinanderschneiden und Zusammenlegen die beiden Quadrate in ein neues Quadrat, sodass kein Teil übrigbleibt.
b) Ermittle den Flächeninhalt des neuen Quadrats. Miss dessen Seitenlänge und überprüfe rechnerisch, ob du richtig gemessen hast.
c) Bestimme die Seitenlänge möglichst genau. Robert behauptet:
„Die gesuchte Seitenlänge des neuen Quadrats beträgt genau $\frac{283}{40}$ cm = 7,075 cm."
Begründe, ohne zu rechnen, dass dies nicht sein kann.

Basiswissen

Quadratwurzeln, – rational oder irrational

$\sqrt{x} \cdot \sqrt{x} = x$

„radicandus“ Gerundium von „radicare“: lat. „Wurzel schlagen“

Die **Quadratwurzel** von einer Zahl x mit $x \geq 0$ ist diejenige nicht negative Zahl, die mit sich selbst multipliziert x ergibt. Für die Quadratwurzel aus x schreibt man $\sqrt{x}$ und liest „Wurzel aus x“. Die Zahl oder den Term unter dem Wurzelzeichen nennt man **Radikand**.

Quadratwurzeln kommen u.a. in der Geometrie vor.

Beispiel: Ein Quadrat hat den bekannten Flächeninhalt A.
Gesucht ist die Kantenlänge a dieses Quadrats, d.h.
gesucht ist eine positive Zahl a, die mit sich selbst multipliziert A ergibt.

$\sqrt{25} \cdot \sqrt{25} =$
$5 \cdot 5 = 25$

$\sqrt{40} \cdot \sqrt{40} = 40$

Das ist bekannt

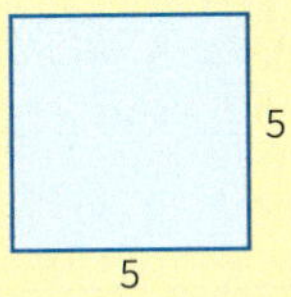

A = 25
a = ▢
$a = \sqrt{25} = 5$

Die Kantenlänge $\sqrt{25}$ ist die Zahl, die mit sich selbst multipliziert 25 ergibt. Diese Zahl ist 5.

Das ist neu

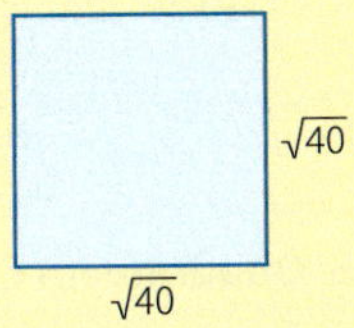

A = 40
a = ▢
$a = \sqrt{40}$

Die Kantenlänge $\sqrt{40}$ ist die Zahl, die mit sich selbst multipliziert 40 ergibt. Diese Zahl liegt zwischen 6 und 7.

„irrational“ bedeutet „nicht rational“

Irrationale Zahlen

Die Zahl $\sqrt{40}$ kann nicht als Bruch geschrieben werden und ist somit keine rationale Zahl. Zahlen mit dieser Eigenschaft heißen irrational.

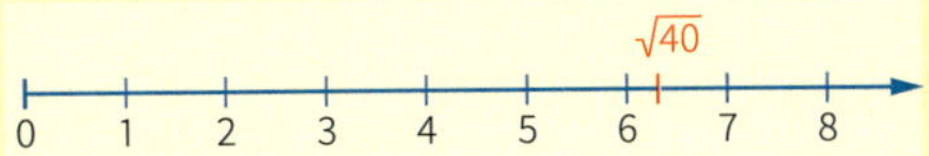

„ratio“: lat. „Berechnung“

Rationale und irrationale Zahlen im Vergleich

rationale Zahlen …	irrationale Zahlen …
• **Rationale Zahlen** lassen sich als Brüche schreiben. • **Rationale Zahlen** besitzen eine Dezimaldarstellung, die **entweder abbricht oder periodisch** ist. Beispiele: $\frac{7}{5} = \frac{14}{10} = 1{,}4$ $\frac{7}{11} = 7:11 = 0{,}6363636\ldots = 0{,}\overline{63}$	• **Irrationale Zahlen** lassen sich nicht als Brüche schreiben. • **Irrationale Zahlen** besitzen eine Dezimaldarstellung, die **nicht abbricht und nicht periodisch** ist. Beispiel: Die Zahl $\sqrt{40}$ lässt sich nicht als Bruch darstellen, sie ist irrational. • **Irrationale Zahlen** können durch rationale Zahlen nur **angenähert dargestellt** werden: $\sqrt{40} = 6{,}32455532\ldots$

Die Irrationalität einer Zahl wird in Kap 2.3 bewiesen.

Die Wurzel aus Quadratzahlen ist rational, aus allen anderen natürlichen Zahlen irrational.

rationale Zahlen: $\sqrt{1} = 1,\ \sqrt{4} = 2,\ \sqrt{9} = 3, \ldots$ irrationale Zahlen: $\sqrt{2},\ \sqrt{3},\ \sqrt{5}, \ldots$

Beispiel

A Rational oder irrational?

Entscheide, ob die folgenden Zahlen rational oder irrational sind. Begründe jeweils.

a) $\sqrt{16}$ b) $\sqrt{15}$ c) $\sqrt{\frac{4}{9}}$

Lösung:

a) $\sqrt{16} = 4$ und ist daher rational. Begründung: $4^2 = 16$

b) Die Zahl 15 ist keine Quadratzahl, daher ist $\sqrt{15}$ irrational. $\sqrt{15}$ liegt zwischen 3 und 4. Es gibt keine abbrechende oder periodische Dezimalzahl, deren Quadrat 15 ist.

c) $\sqrt{\frac{4}{9}} = \frac{2}{3}$ und ist daher rational. Begründung: $\left(\frac{2}{3}\right)^2 = \frac{2}{3} \cdot \frac{2}{3} = \frac{4}{9}$

Übungen

4 ≡ **Einschachteln mit natürlichen Zahlen**

Welche Quadratwurzel ist rational, welche irrational? Zwischen welchen aufeinanderfolgenden natürlichen Zahlen liegt sie, wenn die Zahl irrational ist?

a) $\sqrt{60}$ b) $\sqrt{28}$ c) $\sqrt{442}$ d) $\sqrt{400}$ e) $\sqrt{200}$ f) $\sqrt{841}$

5 ≡ **Rationale Lösung oder nur Näherungslösung ?**

Gesucht ist eine Zahl b, die quadriert die Zahl a ergibt. Schreibe alle natürlichen Zahlen a zwischen 0 und 400 auf für die die Zahl b rational ist.

6 ≡ **Quadratwurzeln – rational oder irrational?**

Einige der Wurzeln sind rationale, andere irrationale Zahlen. Schreibe die rationalen Wurzeln als Dezimalzahl. Gib in den anderen Fällen einen rationalen Näherungswert an.

a) $\sqrt{144}$ b) $\sqrt{400}$ c) $\sqrt{1{,}96}$ d) $\sqrt{\frac{16}{25}}$ e) $\sqrt{0{,}1}$ f) $\sqrt{30}$

g) $\sqrt{20{,}25}$ h) $\sqrt{\frac{1}{8}}$ i) $\sqrt{1{,}21}$ j) $\sqrt{\frac{25}{625}}$ k) $\sqrt{0{,}01}$ l) $\sqrt{99}$

7 ≡ **Quadrate im Quadrat**

a) Begründe, dass das äußere Quadrat in beiden Fällen den Flächeninhalt von 196 cm^2 besitzt.

b) Bestimme jeweils den Flächeninhalt und die Kantenlänge des inneren Quadrats. Welche Kantenlängen sind irrational?

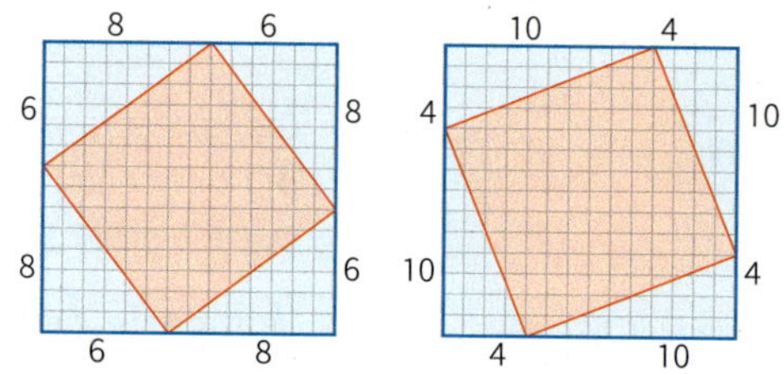

8 ≡ **Zum Nachdenken und ausprobieren**

a) Jan behauptet: „Jede Wurzel ist eine irrationale Zahl!“ Daniella widerspricht. Was meinst du?

b) Daniella sagt: „Alle Wurzeln aus Dezimalzahlen zwischen 0 und 1 mit einer Nachkommastelle sind irrational.“ Hat sie Recht? Begründe.

9 ≡ **Es gibt mehr irrationale Zahlen als du denkst**

Die Klasse 9b hat verschiedene Verfahren zusammengetragen, wie eine irrationale Zahl erzeugt werden kann.

Ⓐ Beginne mit 2 und notiere die Quadratzahlen als Nachkommastellen. 2,149162536…

Ⓑ Beginne mit 2,02. Füge in jedem Schritt eine Null mehr vor der „02“ ein. 2,020020002…

Ⓒ Beginne mit einer 1 vor dem Komma. Notiere dann die Primzahlen in ihrer Reihenfolge als Nachkommastellen. 1,235711…

Ⓓ Würfeln, würfeln, würfeln … Notiere jeweils die gewürfelte Augenzahl. Setze nach dem zweiten Wurf das Komma. 54,1432212…

Probiere die vier Methoden aus. Wie lauten jeweils die nächsten 10 Nachkommastellen auf dem Weg zu einer irrationalen Zahl?

10 ≡ **Rund um natürliche, ganze, rationale und irrationale Zahlen**

Begründe jeweils deine Antwort zu den folgenden Aussagen.

a) Gibt es Zahlen, die sowohl irrational als auch rational sind?

b) Ist $\sqrt{144}$ irrational?

c) Ist die Zahl 1,343443444… eine rationale Zahl?

d) Stimmt es, dass $\frac{14}{9} = 1{,}55555\ldots$ und damit eine irrationale Zahl ist?

Reelle Zahlen

Die reellen Zahlen bestehen aus den rationalen Zahlen und den irrationalen Zahlen. Die rationalen Zahlen lassen sich als Brüche schreiben. Sie besitzen eine Dezimaldarstellung, die entweder abbricht oder periodisch ist.
Irrationale Zahlen lassen sich nicht als Brüche schreiben. Sie haben eine unendliche, nicht periodische Dezimaldarstellung.

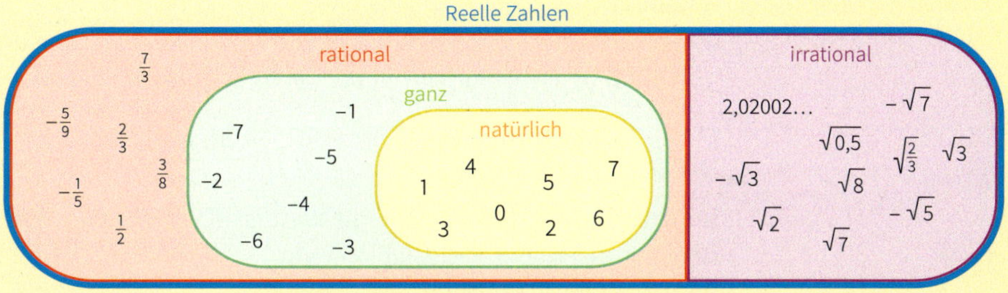

Bezeichnungen: ℕ: Natürliche Zahlen ℤ: Ganze Zahlen
ℚ: Rationale Zahlen ℝ: Reelle Zahlen

11 Natürlich, rational, irrational oder was?

Sprechweisen siehe auch Seite 220

Übertrage die Tabelle in dein Heft. Kreuze an, welche Eigenschaft die jeweilige Zahl besitzt.

	natürlich	ganz	rational	irrational	reell
$\frac{7}{3}$	–	–	✓	–	✓

Ergänze die Tabelle um die Zahlen 2; $\sqrt{2}$; $0,\overline{3} = 0,333\ldots$; -8; $\sqrt{\frac{36}{25}}$; $-\sqrt{16}$; 0,5252252225…

Wurzelziehen und Quadrieren

Die Umkehroperation zum Wurzelziehen ist das Quadrieren.

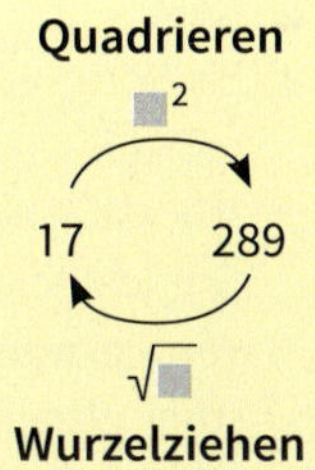

$17^2 = 289$

$\sqrt{289} = 17$

12 Umkehroperationen

Wie lautet die Umkehroperation zum ① Addieren ② Multiplizieren?
Veranschauliche deine Antwort mit je einem Beispiel.

13 Wurzelziehen, Probe durch Quadrieren

a) Überprüfe, wenn nötig mit dem Taschenrechner.

① $\sqrt{25} = 5$ ② $\sqrt{8,41} = 2,9$ ③ $\sqrt{0,1} = 0,1$ ④ $\sqrt{0,04} = 0,2$

b) Es gilt $a = \sqrt{x}$. Was kann man dann für die Zahl a folgern?

Grundwissen

1 Berechne 20 % von 40 Liter und 40 % von 20 Liter. Was fällt dir auf?

2 Finde drei verschiedene natürliche Zahlen n, sodass $2n + 5$ eine Quadratzahl ist.

3 In welchem Punkt schneidet der Graph von $f(x) = -0,5x + 12$ die x-Achse?

14 ≡ Die Kantenlänge eines Würfels

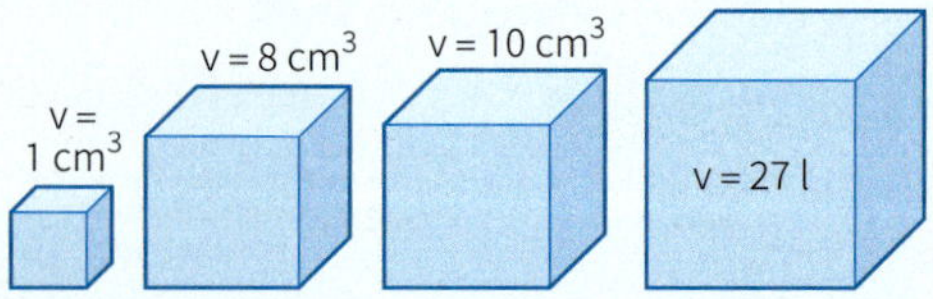

a) Berechne die Kantenlängen der Würfel. Wie kannst du überprüfen, ob du richtig gerechnet hast? Bei einem der Würfel kannst du die Kantenlänge nur näherungsweise bestimmen. Welcher ist dies? Begründe.

b) Gib zwei weitere Würfel mit ihrem Volumen so an, dass deren Kantenlänge eine rationale Zahl ist.

c) Gib aufeinanderfolgende natürliche Zahlen an, zwischen denen die Maßzahl der Länge der Kante eines Würfels mit dem Volumen von $20\,cm^3$ ($80\,cm^3$, $200\,cm^3$) liegt.

Exkurs

$\sqrt[3]{x} \cdot \sqrt[3]{x} \cdot \sqrt[3]{x} = x$

Dritte Wurzel

Die **dritte Wurzel** einer Zahl x mit $x \geq 0$ ist eine nicht negative Zahl a, deren dritte Potenz a^3 die Zahl x ergibt. Schreibweise $a = \sqrt[3]{x}$.

a ist die 3. Wurzel aus 64 $\quad a = \sqrt[3]{64} = 4 \quad a^3 = 64$

Dritte Wurzeln sind rational (z. B. $\sqrt[3]{64} = 4$) oder irrational (z. B. $\sqrt[3]{20}$).

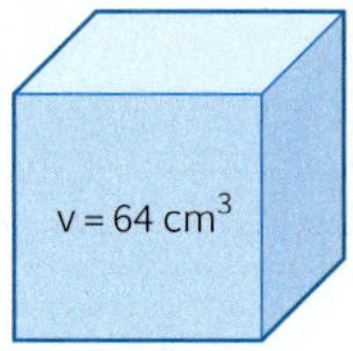

$a = \sqrt[3]{64\,cm^3} = 4\,cm$

15 ≡ Rund um den Würfel

Der Würfel ist der Körper, dessen Volumen sich am einfachsten berechnen lässt.

a) Wie viel Liter Wasser passen in einen Würfel mit der Kantenlänge 2 m?

b) Gesucht ist die Kantenlänge eines Würfels mit einem Volumen von 8000 l (27 000 l).

16 ≡ Straßenreinigung

In der Stadtverwaltung wird überlegt, wie man die Straßenreinigungskosten fair berechnet.

a) Ein Vorschlag ist, dass man die Straßenreinigung nach der Größe der Grundstücksflächen berechnet. Für das große Grundstück sind 200 € jährlich zu zahlen. Wie viel müsste für das kleinere Grundstück gezahlt werden? Ist das fair?

b) Die Reinigungskosten werden berechnet nach der Grundstückslänge sollen nach der Grundstückslänge berechnet werden. Pro Meter werden 6 € erhoben. Wie viel ist für jedes der beiden Grundstücke zu zahlen?

c) Vergleiche die beiden Vorschläge.

17 ≡ Wo einem Wurzeln begegnen

a) Begründe , dass die Länge der roten Seite $\sqrt{5}$ cm beträgt.

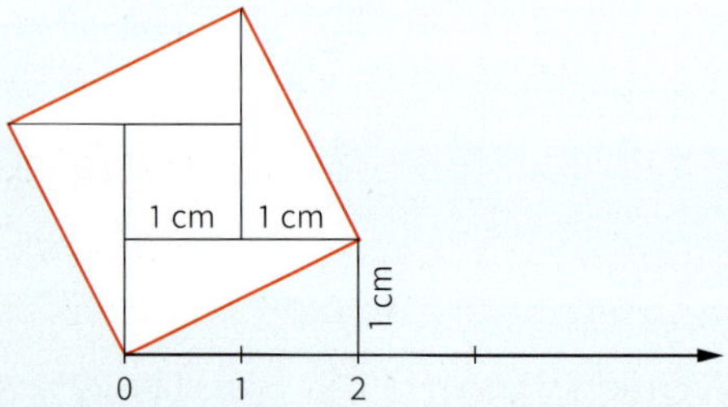

b) Konstruiere ein Viereck nach der folgenden Vorschrift:
- Zeichne zwei Strecken der Länge 5 cm, die einander halbieren und aufeinander senkrecht stehen.
- Verbinde die Endpunkte der Strecken.

Begründe, warum es sich bei dem konstruierten Viereck um ein Quadrat handelt, und bestimme dessen Kantenlänge.

2.2 Näherungsverfahren für Wurzeln

Iteration

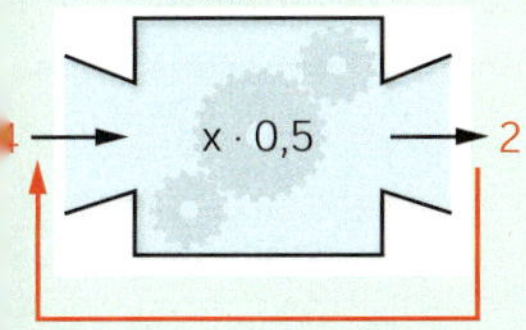

Eingabe   Ausgabe als neue Eingabe verwenden

Wurzeln können irrational sein. Als die Mathematiker dies erkannten, suchten sie nach Verfahren, um Wurzeln durch rationale Zahlen anzunähern – immer genauer und falls möglich immer schneller. Die hier vorgestellten Verfahren nennen die Mathematiker Iterationen (von iterare (lat.): wiederholen). Das Bild zeigt worum es geht: Mit einem Startwert geht es los. Dasselbe Rechenverfahren wird immer wieder auf den zuvor berechneten Wert angewendet, um den Näherungswert zu verbessern.

1 Stellenjäger

Die Seitenlänge a eines Quadrats mit dem Flächeninhalt $A = 9\,\text{cm}^2$ ist einfach zu finden: Sie beträgt $a = 3\,\text{cm}$, denn $3 \cdot 3 = 9$. Doch bei einem Quadrat mit dem Flächeninhalt $A = 8\,\text{cm}^2$ ist das nicht mehr so einfach. Es gelingt näherungsweise mit rationalen Zahlen, zum Beispiel durch systematisches Einschachteln in immer kleinere Intervalle.

Mit Intervall bezeichnet man die Menge aller Zahlen, die zwischen einer unteren Grenze und einer oberen Grenze liegen.

Einschachtelung der Seitenlänge a	Probe durch Quadrieren	Intervallschachtelung
$2 < a < 3$	$2^2 = 4 < 8 < 3^2 = 9$	
$2{,}8 < a < 2{,}9$	$2{,}8^2 = 7{,}84 < 8 < 2{,}9^2 = 8{,}41$	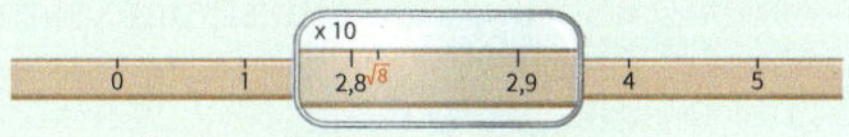
$2{,}82 < a < 2{,}83$	$2{,}82^2 = ■ < 8 < 2{,}83^2 = ■$	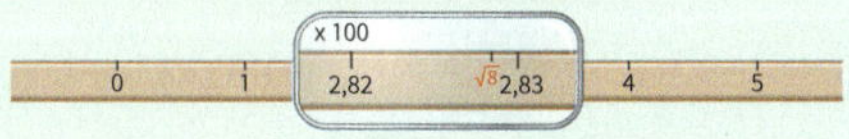

a) Setze die näherungsweise Berechnung von a für die beiden nächsten Stellen hinter dem Komma fort. Erkläre: Warum kann die gesuchte Zahl a weder eine Dezimalzahl mit drei, vier noch einer anderen endlichen Anzahl von Nachkommastellen sein?

b) Ermittle auf die gleiche Art einen Näherungswert für die Seitenlänge a eines Quadrats mit dem Flächeninhalt $A = 90\,\text{m}^2$ auf drei Nachkommastellen genau an.

2 Zahlen ermitteln mit Intervallhalbierungen

Ziel: Errate mit möglichst wenigen Fragen eine natürliche Zahl.
Ablauf: Es wird partnerweise gespielt. Spieler A denkt sich eine natürliche Zahl zwischen 0 und 999 und notiert diese verdeckt auf einem Zettel. Spieler B stellt Fragen, welche Spieler A nur mit JA oder NEIN beantwortet. Gewonnen hat, wer die wenigsten Fragen braucht, um die Zahl zu erraten.

a) Ben hat sich eine „Ratestrategie" ausgedacht.
Wie wird Ben weiterfragen?
Probiert Bens Ratestrategie in der Klasse aus.

b) Bens Verfahren nennt man „**Intervallhalbierungsverfahren**".
Woher hat das Verfahren wohl seinen Namen?

c) Näherungsweise Bestimmung von $\sqrt{20}$ durch Intervallhalbierung

Linke Intervallgrenze x	Rechte Intervallgrenze y	Mittelwert aus x und y	Wo liegt $\sqrt{20}$ bezüglich des Mittelwertes?	
4	5	4,5	20,25 > 20	links
4	4,5	4,25	18,0625 < 20	rechts

Erkläre, wie die Tabelle zustande gekommen ist. Setze sie drei weitere Schritte fort.

Basiswissen

Verfahren zur näherungsweisen Bestimmung einer Wurzel

Bei einer **Intervallschachtelung** zur näherungsweisen Berechnung einer Wurzel wird die Wurzel mit immer kleiner werdenden Intervallen eingeschachtelt. Es gibt verschiedene Verfahren der Intervallschachtelung. Ein besonders einfaches, wenn auch „langsames“, Verfahren ist das **Intervallhalbierungsverfahren**.

Am Beispiel von $\sqrt{12}$ werden vier aufeinanderfolgende Näherungswerte berechnet:

1. Suche ein Intervall, in dem $\sqrt{12}$ liegt, zum Beispiel $3 < \sqrt{12} < 4$.
2. Halbiere das Intervall und entscheide mit dem Quadrat der neuen Intervallgrenzen, in welchem der beiden Teilintervalle $\sqrt{12}$ liegt.
3. Arbeite mit diesem Teilintervall weiter wie in Punkt 2.

Linke Intervallgrenze x	Rechte Intervallgrenze y	Mittelwert aus x und y	Wo liegt $\sqrt{12}$ bezüglich des Mittelwertes?	
3	4	3,5	$3{,}5^2 = 12{,}25$	links
3	3,5	3,25	$3{,}25^2 = 10{,}56...$	rechts
3,25	3,5	3,375	$2{,}375^2 = 11{,}39...$	rechts
3,375	3,5	3,4375	$3{,}4375^2 = 11{,}81...$	rechts

Übungen

1 ☰ **Intervallhalbierung im Einsatz**

Bestimme mithilfe der Intervallhalbierung weitere Näherungswerte für $\sqrt{28}$.
Übertrage dazu die Tabelle in dein Heft und setze sie um weitere vier Zeilen fort.

Linke Intervallgrenze x	Rechte Intervallgrenze y	Mittelwert aus x und y	Wo liegt $\sqrt{28}$ bezüglich des Mittelwertes?	
5	6	■	■	■
■	■	■	■	■

2 ☰ **Intervallhalbierung – etwas zum Nachdenken**

Angenommen, du startest bei der näherungsweisen Bestimmung mit einem Intervall der Länge 1. Gib die Länge des Intervalls nach 5 (bzw. 10) Halbierungsschritten an.

3 **Eine Rechteckverwandlung**

a) Verwandle das Rechteck jeweils in ein neues flächeninhaltsgleiches Rechteck. Dabei soll die eine neue Seitenlänge der Mittelwert der Seitenlängen des vorhergehenden Rechtecks sein. Fülle die Tabelle aus.
- Welcher Figur nähern sich die Rechtecke mehr und mehr an? Begründe.
- Welchem Wert nähern sich die Länge und Breite dieser Rechtecke an?

b) Führe die Berechnungen wie in Aufgabe a) bei einem „Anfangsrechteck“ mit der Länge 6 cm und der Breite 2 cm durch. Welchem Wert werden sich Länge und Breite dieser Rechtecke annähern?

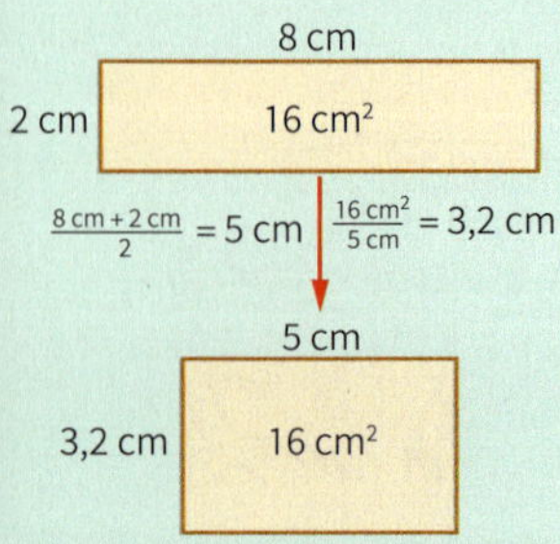

n	Breite x_n	Länge y_n
0	$x_0 = 2$	$y_0 = 8$
1	$x_1 = \frac{2+8}{2} = 5$	$y_1 = \frac{16}{5} = 3{,}2$
2	$x_2 =$ ■	$y_2 =$ ■
3	■	■
...	...	...
n	$x_n = \frac{x_{n-1} + y_{n-1}}{2}$	$y_n = \frac{16}{x_n}$

c) Zeige, dass man mit der Formel $x_n = \frac{1}{2} \cdot \left(x_{n-1} + \frac{16}{x_{n-1}}\right)$ die neue Breite x_n aus der vorherigen Breite x_{n-1} für das Rechteck in Teilaufgabe a) berechnen kann.
Wie lautet die entsprechende Formel in Teilaufgabe b)?

Basiswissen

Das Heron-Verfahren zur näherungsweisen Bestimmung von $\sqrt{x}$

Das bekannteste Verfahren zur näherungsweisen Berechnung von Wurzeln ist das Heron-Verfahren. Das Verfahren geht zurück auf HERON VON ALEXANDRIA, einem griechischen Mathematiker, der wahrscheinlich im 1. Jahrhundert in Alexandria gelebt hat.

Grundidee des Heron-Verfahrens
Zur näherungsweisen Berechnung von $\sqrt{x}$ wird ein Rechteck mit dem Flächeninhalt $x\,cm^2$ schrittweise zu immer „quadratischeren" Rechtecken von gleichem Flächeninhalt verwandelt. Dazu wird jeweils der Mittelwert der Seitenlängen des vorherigen Rechtecks berechnet und als eine neue Seitenlänge verwendet.

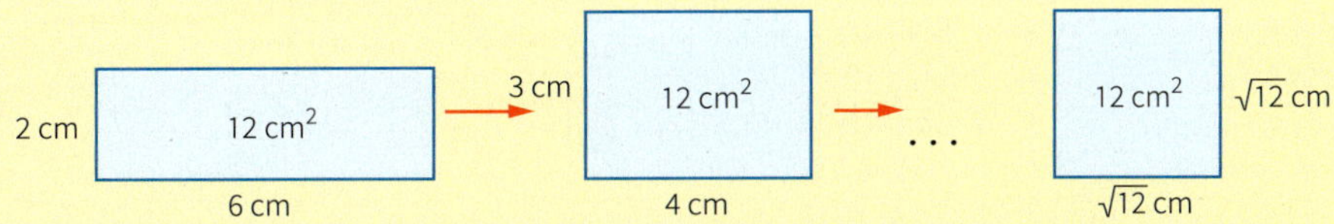

Die Rechtecke werden immer „quadratischer", aber nie genau ein Quadrat.
Die Länge und Breite nähert sich immer mehr $\sqrt{12}$.

Berechnung der Länge des nächsten Rechtecks als Mittelwert aus der Länge und Breite des vorigen Rechtecks:

x_0 Startwert
x_n Nachfolger von x_{n-1}
x_{n-1} Vorgänger von x_n

$$x_n = \frac{1}{2} \cdot \left(\underbrace{x_{n-1}}_{\text{Länge}} + \underbrace{\frac{12}{x_{n-1}}}_{\text{Breite}}\right)$$

Mittelwert aus Länge und Breite des vorigen Rechtecks

Der Startwert $x_0 = 2$ ist eine Seitenlänge des Anfangsrechtecks. Die Breite ist dann $\frac{12}{x_n} = 6$.

n	Seitenlänge x_n
0	2
1	4
2	3,5
3	3,4642857143
...	...

Die neuen Seitenlängen werden stets nach dem gleichen Rechenverfahren aus der Seitenlänge des vorherigen Rechtecks berechnet.

Übungen

4 **Das Heron-Verfahren**
Setze das Heron-Verfahren aus dem Basiswissen zwei weitere Schritte fort. Vergleiche deine Ergebnisse mit dem Näherungswert, den dein Taschenrechner für $\sqrt{12}$ anzeigt.

5 **Das Heron-Verfahren anwenden**
Bestimme mit dem Heron-Verfahren a) $\sqrt{30}$ b) $\sqrt{400}$ auf vier Nachkommastellen genau.
Hinweis „Auf vier Nachkommastellen genau " bedeutet, dass sich die Näherungswerte bei der nächsten Berechnung auf den ersten vier Nachkommastellen nicht mehr ändert.

6 **Heron-Verfahren mit dem DGS**
Mit einem DGS kann das Heron – Verfahren „auf Knopfdruck" durchgeführt werden. Dazu gibt man die Formel als Funktion f(x) ein. Anschließend werden mit dem Befehl ITERATIONSLISTE (<Funktion>, <Startwert>, <Anzahl>) die passenden Werte gewählt und die Liste erzeugt.
- Erhöhe die Anzahl n der Berechnungen
- Verändere den Startwert

Was beobachtest du? Führe die Untersuchung auch für andere Wurzeln durch.

$f(x) = 0.5 \cdot \left(x + \frac{12}{x}\right)$

l1 = Iterationsliste (f, 4, 5)
{4, 3.5, 3.4642857143, 3.46410162, 3.4641016151, 3.4641016151}

Exkurs

Iterationen

Viele Prozesse, z. B. Wachstumsprozesse, Annäherungsprozesse usw., die auf ein bestimmtes grundlegendes sich wiederholendes Verfahren zurückzuführen sind, lassen sich mit Iterationen besonders einfach beschreiben. Bei Iterationen tut man wiederholt dasselbe, daher sind Iterationen ein besonders schönes Anwendungsfeld für digitale Werkzeuge

„iteratio“:
lat. „Wiederholung“

Index (pl. Indizes)
in kleinerer Schrift angehängte Zahlen oder Buchstaben, zum Unterscheiden von Variablen, usw.

Iterationen beschreibt man mit Variablen mit Indizes.
Beispiel: Heron-Verfahren zur Berechnung von $\sqrt{56}$

Iterationsvorschrift: $x_n = 0{,}5 \cdot \left(x_{n-1} + \frac{56}{x_{n-1}}\right)$

Index

1. Schritt: $x_1 = 0{,}5 \cdot \left(x_0 + \frac{56}{x_0}\right) = 0{,}5 \cdot \left(1 + \frac{56}{1}\right) = 28{,}5$

2. Schritt: $x_2 = 0{,}5 \cdot \left(x_1 + \frac{56}{x_1}\right) = \ldots$

Man kann Iterationen mithilfe einer Maschine veranschaulichen.
Ein Wert ($x_0 = 1$) wird eingeben. Die Ausgabe ($x_1 = 28{,}5$) wird als neue Eingabe verwendet und erneut bearbeitet, usw.

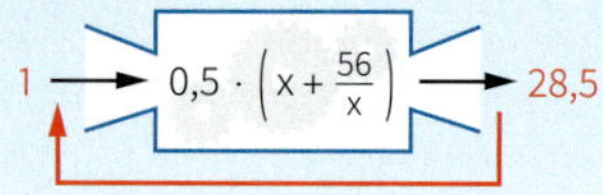

7 Heron-Verfahren mit Tabellenkalkulation

In dieser Aufgabe wirst du erleben, wie schnell das Heron-Verfahren mit dem Computer gute rationale Näherungswerten für Quadratwurzeln liefert. Berechne näherungsweise $\sqrt{56}$.

Absoluter Bezug
Das Zeichen „$“ **verhindert**, dass sich „A2“ beim Kopieren an die Zeilenzahl anpasst.

1. Übertrage den „Tabellenkopf“ wie in der Vorlage in die Tabellenkalkulation.
2. Trage in die Zelle A2 den Radikanden, in die Zelle B2 die 0, in C2 den Startwert ein.
3. Trage in die Zelle C3 die Berechnungsformel des Heron-Verfahrens ein.

	A	B	C
1	Radikand	n	Näherungswert
2	56	0	1
3		=B2+1	=0,5*(C2+$A$2/C2)
4		=B3+1	=0,5*(C3+$A$2/C3)
5		=B4+1	=0,5*(C4+$A$2/C4)
6		=B5+1	=0,5*(C5+$A$2/C5)

Relativer Bezug
Beim Kopieren werden die **Formeln automatisch angepasst**. So wird z. B. aus „B2“ eine Zeile darunter „B3“

4. Vervollständige anschließend die Tabelle, indem du jeweils die eingetragenen Formeln aus B3 und C3 in die folgenden Zeilen kopierst.
5. Kopiere die Formeln solange, bis sich die Näherungswerte nicht mehr unterscheiden.

	A	B	B
1	Radikand	n	Näherungswert
2	56	0	1
3		1	28,5
4		2	15,23245614
5		3	9,454408318
6		4	7,688785578

Aufträge zum Weiterarbeiten:

- Wie viele Iterationsschritte benötigt mit dem Startwert 1, um $\sqrt{90}$ auf sechs Nachkommastellen genau zu berechnen?
- Rolle des Startwertes beim Heronverfahren: Berechne $\sqrt{75}$ einmal mit dem Startwert 1 und dann mit dem Startwert 8. Was kannst du hinsichtlich der Rolle des Startwertes vermuten?
- Wie verhält sich die Tabellenkalkulation für Quadratzahlen, z. B. bei $\sqrt{100}$?
- Nochmals Startwert: Was passiert, wenn man als Startwert eine negative Zahl eingibt.

Grundwissen

1 Kevin trainiert viermal in der Woche. Er notiert: Mo: 55 min, Mi: 50 min, Fr: 1 h 5 min.
Wie lange muss er am Sonntag trainieren, damit seine Trainingeinheiten in dieser Woche im Durchschnitt eine Stunde lang sind.

2 Wie groß ist die Summe der Innenwinkel eines Fünfecks?

2.3 Begründen und Beweisen

Beweise

Lange Zeit nutzten die Völker der Antike die Mathematik nur für praktische Anwendungen wie Handel, Landvermessung, Architektur usw.
Erst im 5. Jahrhundert vor unserer Zeitrechnung kam das Beweisen von Aussagen auf. Die Griechen erkannten, dass man in der Mathematik Aussagen findet, die als unumstößliche Wahrheiten für alle Zeiten Geltung besitzen. Davon waren sie fasziniert. So ist zum Beispiel die Aussage „Alle Winkel im Halbkreisbogen sind rechte Winkel“ unabhängig von Zeit und Raum immer wahr. Sie ist als Satz des Thales berühmt geworden.
Doch wie beweist man eine Aussage eigentlich? Darum geht es auf den nächsten Seiten. Du wirst wichtige Beweistechniken wie den „direkten“ und den „indirekten“ Beweis (auch Widerspruchsbeweis genannt) kennenlernen.

1 Begründen und Beweisen in der Geometrie

Mathematische Sätze siehe auch Seite 220

Du kennst sicher den Satz: „Die Summe der Innenwinkel eines beliebigen Dreiecks ist 180°.“ Louis und Noé haben diesen Satz auf unterschiedliche Weise begründet.

Louis:

Ich habe die Winkel von verschiedenen Dreiecken sorgfältig gemessen und eine Tabelle erstellt.

Es ergibt sich immer 180°, wenn man die Winkel addiert.

α	β	γ	Summe
110°	34°	36°	180°
95°	43°	42°	180°
35°	72°	73°	180°
10°	27°	143°	180°

Noé:

Ich habe eine Gerade parallel zu der Grundseite des Dreiecks gezeichnet.

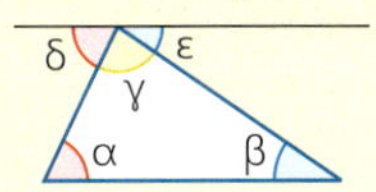

Aussage	*Begründung*
$\delta = \alpha$	*Wechselwinkel*
$\varepsilon = \beta$	*Wechselwinkel*
$\delta + \varepsilon + \gamma = 180°$	
$\alpha + \beta + \gamma = 180°.$	

Wortliste
„Winkelsumme“
„Gestreckter Winkel“
„Wechselwinkel“
„Schnitte an parallelen Geraden“

a) Warum handelt es sich bei der Begründung von Louis nicht um einen Beweis?
b) Noé hat einen typischen mathematischen Beweis geführt.
- Was ist die „zündende“ Idee von Noés Beweis?
- Noés Beweis ist „schrittweise“ aufgebaut. Ergänze die fehlenden Begründungen zu den letzten beiden Schritten von Noés Beweis.

2 Beweisen in der Algebra

Begründungen der Aussage: „Das Produkt zweier gerader Zahlen ist gerade.“

Begründung 1
$2 \cdot 2 = 4$
$2 \cdot 4 = 8$
$2 \cdot 6 = 12$

Begründung 2
Ich habe kein Gegenbeispiel gefunden.

Begründung 3
a gerade $\Rightarrow$ $a = 2n$; b gerade $\Rightarrow$ $b = 2m$
$a \cdot b = 2n \cdot 2m = 4m \cdot n$ ist durch 2 teilbar.
Das Produkt ist eine gerade Zahl.

a) Welcher Begründung vertraust du mehr? Welche Begründung hältst du für einen Beweis und warum?
b) Beweise: „Das Produkt zweier ungerader Zahlen ist ungerade.“
c) Beweise: „Die Differenz zweier ungerader Zahlen ist gerade.“

Basiswissen

„⇒“ bedeutet „daraus folgt“

Binomische Formel

Der direkte Beweis

Wie in der Geometrie will man auch in der Algebra Aussagen beweisen. Es gibt verschiedene Techniken. Ein weit verbreitetes Verfahren ist der *„direkte Beweis“*.
Man stellt zum Beispiel Terme und Gleichungen auf und beweist mithilfe bereits bekannter Tatsachen und Regeln (z. B. Termumformungen), dass die Aussage wahr ist.

Aussage formulieren Das Quadrat einer ungeraden Zahl ist ungerade.

1. Wenn-dann-Aussage Wenn a ungerade ist, dann ist a^2 ungerade.
Voraussetzung ⇒ Behauptung

2. Zündende Idee Für jede natürliche Zahl n ist der Term $2n + 1$ immer ungerade.

3. Beweis a ist ungerade ⇒ $a = 2n + 1$
$\Rightarrow a^2 = (2n+1)^2 = (2n)^2 + 2 \cdot 2n \cdot 1 + 1^2 = 4n^2 + 4n + 1$
$4n^2$ und $4n$ sind gerade Zahlen, da sie durch 2 teilbar sind.
Die Summe zweier gerader Zahlen plus 1 ist ungerade.
⇒ a^2 ist eine ungerade Zahl.
Damit ist die Aussage bewiesen.

Übungen

Mathematische Sätze siehe auch Seite 220

3 ≡ **Beweis-Puzzle**
Die Aussage „Das Produkt einer geraden und einer ungeraden Zahl ist immer gerade“ soll bewiesen werden. Auf den Kärtchen sind die einzelnen Beweisschritte notiert. Bringe sie in richtige Reihenfolge und notiere den Beweis wie im Basiswissen.

Ⓐ $a \cdot b = 2n \cdot (2m + 1) = 4nm + 2n$

Ⓑ *Die Summe von zwei geraden Zahlen ist gerade.*

Ⓒ *Schreibe a als 2n und b als 2m + 1*

Ⓓ *4nm und 2n sind gerade Zahlen.*

Ⓔ *Wenn a gerade und b ungerade ist, dann ist a · b gerade.*

4 ≡ **Beweis einer Aussage**
Beweise die Aussage: „Das Quadrat einer geraden Zahl ist gerade.“
Orientiere dich am Beweis im Basiswissen.

5 ≡ **Beweisen üben**

Wortliste
„ℕ Menge der natürlichen Zahlen“
„gerade Zahl 2n“
„ungerade Zahl 2n+1“
„Teiler“

① Die Summe zweier ungerader Zahlen ist gerade.

② Wenn man eine ungerade Zahl quadriert und vom Ergebnis 1 subtrahiert, so erhält man eine durch 4 teilbare Zahl.

③ Die Summe von einer geraden und einer ungeraden Zahl ist ungerade.

④ Das Produkt einer geraden Zahl und jeder natürlichen Zahl ist gerade.

⑤ Die Summe von drei aufeinanderfolgenden natürlichen Zahlen ist durch drei teilbar.

⑥ Die Zahl n ist eine natürliche Zahl. Wenn 10 Teiler von n ist, dann ist 100 ein Teiler von n^2.

6 ≡ **Vertiefende Übungen**
Beweise die folgenden Aussagen.
a) Die Summe von fünf aufeinanderfolgenden natürlichen Zahlen ist durch fünf teilbar.
b) a, b und c sind natürliche Zahlen und a teilt b und b teilt c. Dann teilt a auch c.

7 Widerspruchsbeweis

Eine besondere Beweistechnik ist der Beweis durch Widerspruch. Dabei nimmt man das Gegenteil der zu beweisenden Aussage an und beweist, dass diese nicht zutreffen kann.

Aussage: Es gibt keine kleinste positive rationale Zahl, die größer als 0 ist.

Beweis:

Annahme des Gegenteils:
Es gibt eine kleinste positive rationale Zahl a, die größer als 0 ist.

Folgerungen: Betrachte die Zahl $\frac{a}{2}$.
Die Zahl $\frac{a}{2}$ kleiner als die Zahl a, aber immer noch größer als 0.
Dies ist ein **Widerspruch** zur Annahme, dass Zahl a die kleinste positive rationale Zahl ist, die größer als 0 ist.

Die Annahme des Gegenteils ist falsch. Die ursprüngliche Aussage somit richtig.

Beweise die folgende Aussage: „Es gibt keine größte natürliche Zahl."
Orientiere dich am Beweis im Beispiel. Beginne mit der Annahme des Gegenteils der Aussage und ziehe dann die entsprechenden Folgerungen.

Basiswissen

Der Widerspruchsbeweis (indirekter Beweis)

Beim Widerspruchsbeweis nimmt man zunächst einmal das Gegenteil von dem an, was man beweisen möchte. Durch logisches Schließen gelangt man zu einem Widerspruch zu bekannten Tatsachen oder in eine Situation, die offensichtlich unmöglich ist.

1. Aussage $\sqrt{10}$ ist nicht rational

Zündende Idee

2. Annahme des Gegenteils $\sqrt{10}$ ist rational

3. Folgerungen

$\sqrt{10} = \frac{a}{b}$ und $\frac{a}{b}$ ist ein gekürzter Bruch.

$\Rightarrow\ 10 = \frac{a^2}{b^2}\ \Rightarrow\ 10 \cdot b^2 = a^2$

Idee: Betrachte die Anzahl der „Endnullen" der Zahlen a und b.

10 hat eine „Endnull", 10^2 zwei „Endnullen"
100 hat zwei „Endnullen", 100^2 hat vier „Endnullen".

- Wenn die letzten Ziffern von a Nullen sind, dann hat a^2 doppelt so viele Endnullen, also eine gerade Anzahl von Endnullen.
- Wenn die letzte Ziffer von a keine Null ist, dann ist die letzte Ziffer von a^2 auch keine Null.
- Für b^2 gilt dasselbe wie für a^2.
- Die Multiplikation mit 10 führt zu einer weiteren Endnull.
  Somit hat $10 \cdot b^2$ eine ungerade Anzahl von Endnullen.

$10 \cdot b^2$	a^2
ungerade Anzahl Endnullen	keine oder gerade Anzahl Endnullen

Widerspruch: Die Anzahl der Nullen stimmt nicht überein.

Annahme des Gegenteils ist falsch, somit ist $\sqrt{10}$ irrational.

Übungen

8 Irrationalität beweisen

a) Beweise, dass $\sqrt{1000}$ irrational ist. Führe den Beweis analog zum Beweis im Basiswissen.
b) Zeige, warum man die Irrationalität von $\sqrt{2}$ mithilfe von „Endnullen" nicht beweisen kann.

9 ☰ Auf dem Weg zur Irrationalität von $\sqrt{2}$

Beweise die Aussage von Lasse mithilfe eines Widerspruchbeweises.

Lasse: „$\sqrt{2}$ kann keine endliche Dezimaldarstellung haben.“

10 ☰ Irrationalität von $\sqrt{2}$

Es gibt verschiedene Irrationaltitätsbeweise. Der folgende indirekte Beweis benutzt die zwei Aussagen (A) und (B).

(A) Jede natürliche Zahl ist auf genau eine Weise in Primfaktoren zerlegbar.
Beispiele: $28 = 2 \cdot 2 \cdot 7$ oder $150 = 2 \cdot 3 \cdot 5 \cdot 5$

(B) Jede Primfaktorzerlegung einer Quadratzahl a^2 enthält eine gerade Anzahl von Primfaktoren.
Beispiele: $784 = 28^2 = 28 \cdot 28 = (2 \cdot 2 \cdot 7) \cdot (2 \cdot 2 \cdot 7)$ 6 Primfaktoren
$9 = 3^2 = 3 \cdot 3$ 2 Primfaktoren

Übertrage die Tabelle in dein Heft und ergänze die fehlenden Begründungen.

Folgerungen		Erklärung
(1)	Angenommen, $\sqrt{2}$ ist rational.	Annahme des Gegenteils
(2)	$\sqrt{2} = \frac{a}{b}$	Man kann $\sqrt{2}$ als Bruch $\frac{a}{b}$ darstellen.
(3)	$2 = \frac{a^2}{b^2}$	Gleichung (2) wird quadriert …
(4)	$a^2 = 2 \cdot b^2$	… und nach a^2 aufgelöst.
(5)	a^2 und b^2 sind Quadratzahlen….	■
(6)	a^2 und $2\,b^2$ sind zwar gleich,…	■
(7)	Daher ist die Annahme falsch…	Die Behauptung ist bewiesen, denn…

b) Beweise auf dieselbe Weise, dass $\sqrt{3}$ und $\sqrt{20}$ irrational sind.

c) • Begründe:
(1) Wurzeln aus Primzahlen sind irrational.
(2) Das Verfahren funktioniert nicht für $\sqrt{10}$.

• Bei welchen der angegebenen Wurzeln kannst du schnell sagen, dass sie irrational sind? Formuliere ein allgemeines Kriterium.

$\sqrt{12}$ $\sqrt{91}$ $\sqrt{1000}$ $\sqrt{60}$ $\sqrt{50}$ $\sqrt{32}$

Wortliste
„Teiler“
„Primfaktoren“
„Primfaktor-zerlegung“

11 ☰ Verschiedene Beweise für die Irrationalität von $\sqrt{2}$

Recherchiere im Internet nach weiteren Beweisen für die Irrationalität von $\sqrt{2}$.

12 ☰ Noch ein indirekter Beweis

Behauptung:
„Man kann das Schachbrett, von dem zwei weiße Eckfelder entfernt sind, nicht mit Dominosteinen überdecken, die zwei Felder groß sind.“

Grundwissen

1 An welchen Stellen schneidet der Graph der Funktion $f(x) = -0{,}5\,x + 3$ die Koordinatenachsen?

2 Wie groß ist die Gesamtfläche, wenn 15 % der Fläche 6 m^2 ausmachen?

3 Berechne das arithmetische Mittel aus den 7 kg, 8 kg, 11 kg, 16 kg und 18 kg.

2.4 Rechnen mit Wurzeln

Die Griechen haben vor mehr als 2000 Jahren irrationale Zahlen zwar entdeckt, diese aber nicht als Zahlen anerkannt, und daher nicht mit ihnen gerechnet. Mit geeigneten Rechenregeln kann man jedoch mit irrationalen Zahlen, also auch mit Wurzeln, rechnen, so wie man es von anderen Zahlen kennt.

1 Rechenregeln mit Wurzeln entdecken und überprüfen

Alisa hat mehrere Rechnungen mit Wurzeln ausgeführt.

a) Welche von Alisas Regeln könnten passen, welche sind auf jeden Fall falsch? Überprüfe nötigenfalls mit dem Taschenrechner.

(A) $\sqrt{9}+\sqrt{16}=\sqrt{25}$ (B) $2\cdot\sqrt{6}+8\cdot\sqrt{6}=10\sqrt{6}$ (C) $\sqrt{2}\cdot\sqrt{8}=\sqrt{16}$

(D) $3\cdot\sqrt{5}=\sqrt{45}$ (E) $\left(\sqrt{28}-\sqrt{7}\right):\sqrt{7}=1$

b) In einem Mathematiklexikon steht das Gesetz:
„Vielfache von Wurzeln mit gleichen Radikanden kann man addieren bzw. subtrahieren.“
Zu welcher Rechnung von (A) – (E) passt dieses Gesetz? Kannst du es als Formel mit Variablen aufschreiben?

2 Teilweises Wurzelziehen – Quadrate im Quadrat finden

a) Erkläre, was in den beiden Abbildungen dargestellt ist. Erkläre, warum so gezeigt wird, dass $\sqrt{45}=3\cdot\sqrt{5}$ ist.

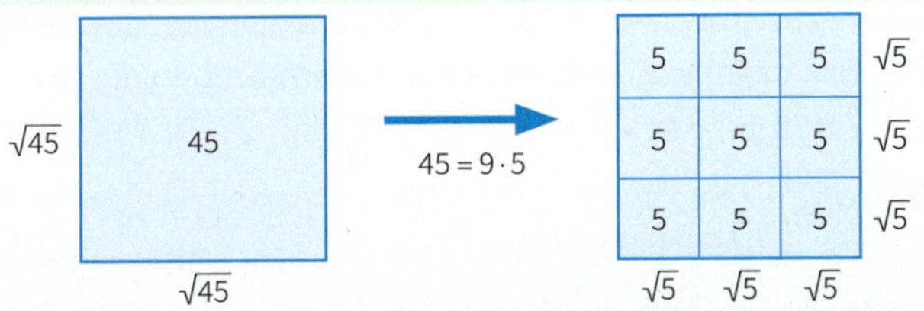

$A = 45 = 9\cdot 5$

$a=\sqrt{45}=3\cdot\sqrt{5}$

b) Zeichne eine passende Abbildung, mit der du zeigst, dass $\sqrt{12}=2\cdot\sqrt{3}$ ist.

c) Vielleicht kannst du folgende Wurzeln bereits jetzt vereinfachen, man spricht auch vom Vereinfachen durch teilweises Wurzelziehen.

① $\sqrt{40}$ ② $\sqrt{72}$ ③ $\sqrt{98}$ ④ $\sqrt{1000}$

d) Welche besondere Eigenschaft muss der Radikand besitzen, damit das teilweise Wurzelziehen funktioniert?

3 Welche Gesetze gelten beim Rechnen mit Wurzeln?

a) Berechne auf zwei verschiedene Weisen: $\sqrt{9\cdot16}=\sqrt{144}=\ldots$ und $\sqrt{9\cdot16}=\sqrt{9}\cdot\sqrt{16}=\ldots$
Gib drei weitere Beispiele an, die bestätigen, dass die Regel $\sqrt{a}\cdot\sqrt{b}=\sqrt{a\cdot b}$ gilt.

b) Untersuche mithilfe der Beispiele $\sqrt{\frac{25}{9}}$, $\frac{\sqrt{8}}{\sqrt{2}}$, $\frac{\sqrt{9}}{\sqrt{0{,}25}}$, ob auch gilt: $\sqrt{\frac{a}{b}}=\frac{\sqrt{a}}{\sqrt{b}}$.
Nutze deinen Taschenrechner.

c) Per und Jule versuchen Wurzeln zu addieren. Sie rechnen $\sqrt{7}+\sqrt{3}=\sqrt{10}$. Wie könnte ihr Rechengesetz lauten? Überprüfe mit dem Tachenrechner, ob dieses Rechengesetz gilt.

d) Teilweise Wurzel ziehen: $\sqrt{45}=\sqrt{9\cdot5}=\sqrt{9}\cdot\sqrt{5}=3\cdot\sqrt{5}$
Schreibe 50 als Produkt mit einer Quadratzahl und ziehe teilweise die Wurzel aus $\sqrt{50}$.

Basiswissen

Radikand:
diejenige Zahl, aus der die Wurzel gezogen wird
$\sqrt{x}$: Radikand x
Der Radikand x muss positiv ($x \geq 0$) sein, damit $\sqrt{x}$ eine reelle Zahl ist.

Rechnen mit Wurzeln – Wurzelgesetze

Wurzeln addieren oder subtrahieren

- Wurzeln mit **gleichem Radikanden** lassen sich **addieren/subtrahieren**

$a \cdot \sqrt{x} + b \cdot \sqrt{x} = (a+b) \cdot \sqrt{x}$ $\qquad$ $2 \cdot \sqrt{7} + 8 \cdot \sqrt{7} = (2+8) \cdot \sqrt{7} = 10 \cdot \sqrt{7}$

- Wurzeln mit **verschiedenen Radikanden** lassen sich **nicht** addieren/subtrahieren

$\sqrt{x} + \sqrt{y} \neq \sqrt{x+y}$ $\qquad$ $\sqrt{9} + \sqrt{16} \neq \sqrt{25}$ $\qquad$ denn $3 + 4 \neq 5$

Wurzeln miteinander multiplizieren

- Produkte von Wurzeltermen kann man umformen, indem man die Radikanden miteinander multipliziert und die Wurzel aus dem Produkt zieht.

$\sqrt{x} \cdot \sqrt{y} = \sqrt{x \cdot y}$ $\qquad$ $\sqrt{3} \cdot \sqrt{5} = \sqrt{3 \cdot 5} = \sqrt{15}$

Wurzeln dividieren

- Wenn man Wurzeln dividiert, kann man die Radikanden dividieren und anschließend die Wurzel aus dem Quotienten ziehen.

$\frac{\sqrt{x}}{\sqrt{y}} = \sqrt{\frac{x}{y}} \quad y \neq 0$ $\qquad$ $\frac{\sqrt{10}}{\sqrt{5}} = \sqrt{\frac{10}{5}} = \sqrt{2}$

Wurzelterm vereinfachen – Teilweises Wurzelziehen

Strategie: Schreibe, falls möglich, den Radikanden als Produkt mit einer möglichst großen Quadratzahl. $\quad \sqrt{72} = \sqrt{36 \cdot 2} = \sqrt{36} \cdot \sqrt{2} = 6 \cdot \sqrt{2}$

Beispiel

A Wurzelterme vereinfachen durch Anwendung der Wurzelgesetze

Vereinfache so gut wie möglich. Vielleicht hilft auch das teilweise Wurzelziehen.
Tipp: Bei Aufgabe b) an das teilweise Wurzelziehen denken.

a) $3 \cdot \sqrt{6} - 4 \cdot \sqrt{3} + 5 \cdot \sqrt{2} \cdot \sqrt{3} + 5 \cdot \sqrt{3}$ $\qquad$ b) $3 \cdot \sqrt{5} - 6 \cdot \sqrt{20}$

Lösung:

a) $3 \cdot \sqrt{6} - 4 \cdot \sqrt{3} + 5 \cdot \sqrt{2} \cdot \sqrt{3} + 5 \cdot \sqrt{3}$
$= 3 \cdot \sqrt{6} - 4 \cdot \sqrt{3} + 5 \cdot \sqrt{6} + 5 \cdot \sqrt{3}$
$= 3 \cdot \sqrt{6} + 5 \cdot \sqrt{6} - 4 \cdot \sqrt{3} + 5 \cdot \sqrt{3}$
$= 8 \cdot \sqrt{6} + \sqrt{3}$

b) $3 \cdot \sqrt{5} - 6 \cdot \sqrt{20}$
$= 3 \cdot \sqrt{5} - 6 \cdot \sqrt{4 \cdot 5}$
$= 3 \cdot \sqrt{5} - 6 \cdot \sqrt{4} \cdot \sqrt{5}$
$= 3 \cdot \sqrt{5} - 6 \cdot 2 \cdot \sqrt{5}$
$= -9 \cdot \sqrt{5}$

Übungen

4 Summen und Differenzen vereinfachen

a) $5 \cdot \sqrt{11} - 3 \cdot \sqrt{11}$ $\quad$ b) $6 \cdot \sqrt{21} + 4 \cdot \sqrt{21}$ $\quad$ c) $6 \cdot \sqrt{5} - 5 \cdot \sqrt{5}$ $\quad$ d) $3 \cdot \sqrt{7} - 2 \cdot \sqrt{5}$

Welcher Term lässt sich nicht vereinfachen? Begründe.

5 Wurzel aus einer Summe – Vorsicht, häufiger Fehler

Jana versucht $\sqrt{10}$ zu bestimmen.

- Stimmt das Ergebnis?
- Was folgerst du für die Terme $\sqrt{x+y}$ und $\sqrt{x} + \sqrt{y}$?

Jana rechnet:
$\sqrt{10} = \sqrt{9+1}$
$= \sqrt{9} + \sqrt{1} = 3 + 1 = 4$

6 Durch geschicktes Ordnen und Zusammenfassen vereinfachen

Auch ohne Malpunkte: $5\sqrt{2}$ kurz für $5 \cdot \sqrt{2}$

a) $8 - 5\sqrt{2} - 3 + 9\sqrt{2}$ $\quad$ b) $5\sqrt{6} + \sqrt{10} - 7\sqrt{6} + \sqrt{10}$ $\quad$ c) $8\sqrt{7} - 6\sqrt{6} + 8\sqrt{6} - 5\sqrt{7}$

d) $14 - \sqrt{a} + 5\sqrt{a} - 2$ $\quad$ e) $4\sqrt{7} - 5\sqrt{11} - 4\sqrt{7} + 6\sqrt{11}$ $\quad$ f) $5\sqrt{3} + 4\sqrt{10} - 5\sqrt{6} + 4\sqrt{11}$

7 **Produkte umformen**

a) $\sqrt{3}\cdot\sqrt{10}$ b) $5\cdot\sqrt{2}\cdot\sqrt{7}$ c) $\sqrt{11}\cdot 3\cdot\sqrt{3}$ d) $(\sqrt{13})^2$

e) $(3\cdot\sqrt{2})^2$ f) $(-5\cdot\sqrt{10})^2$ g) $\sqrt{2}\cdot(2+\sqrt{3})$ h) $\sqrt{3}\cdot(\sqrt{3}-5)$

Tipp
$a\cdot b + a\cdot c = a\cdot(b+c)$

8 **Distributivgesetz nutzen**

Vereinfache die Wurzelterme mithilfe des Distributivgesetzes.

a) $\sqrt{2}\cdot(\sqrt{3}+5)$ b) $(\sqrt{14}+\sqrt{11})\cdot\sqrt{3}$ c) $(\sqrt{7}+6)\cdot(\sqrt{2}-1)$ d) $(\sqrt{11}-3)\cdot(\sqrt{11}+3)$

Tipp
$\sqrt{8}=\sqrt{4\cdot 2}=\sqrt{4}\cdot\sqrt{2}$
$=2\cdot\sqrt{2}$

9 **Wurzel aus einem Produkt**

Vereinfache durch teilweises Wurzelziehen. Verwende die Regel zum Multiplizieren: „Die Wurzel aus einem Produkt ist das Produkt der Wurzeln“: $\sqrt{x\cdot y}=\sqrt{x}\cdot\sqrt{y}$

a) $\sqrt{27}$ b) $\sqrt{200}$ c) $\sqrt{15}$ d) $\sqrt{\frac{32}{125}}$ e) $\sqrt{\frac{30}{7}}$ f) $\sqrt{0{,}02}$

Tipp
$3\sqrt{2}=\sqrt{9\cdot 3}=\sqrt{27}$

10 **Teilweises Wurzelziehen rückgängig**

Bringe den Faktor vor der Wurzel in den Radikanden.

a) $3\cdot\sqrt{7}$ b) $2\cdot\sqrt{2}$ c) $6\cdot\sqrt{\frac{1}{6}}$ d) $0{,}5\cdot\sqrt{2}$ e) $\frac{3}{4}\cdot\sqrt{\frac{8}{15}}$ f) $0{,}1\cdot\sqrt{0{,}1}$

11 **Term ohne Wurzel schreiben**

Schreibe die jeweiligen Terme ohne Wurzel. Achtung, das geht nicht immer!

a) $\sqrt{20}\cdot\sqrt{5}$ b) $\sqrt{\frac{3}{20}}\cdot\sqrt{15}$ c) $\sqrt{0{,}2}\cdot\sqrt{0{,}8}$ d) $\frac{\sqrt{800}}{\sqrt{200}}$ e) $\sqrt{0{,}1}\cdot\sqrt{1000}$ f) $\frac{\sqrt{32}}{\sqrt{72}}$

12 **„Irrational · irrational = rational“, geht das?**

Erfinde verschiedene Produktterme mit je zwei verschiedenen irrationalen Faktoren, deren Produkt rational ist.

13 **Rechenmauern**

a) Additionsmauer

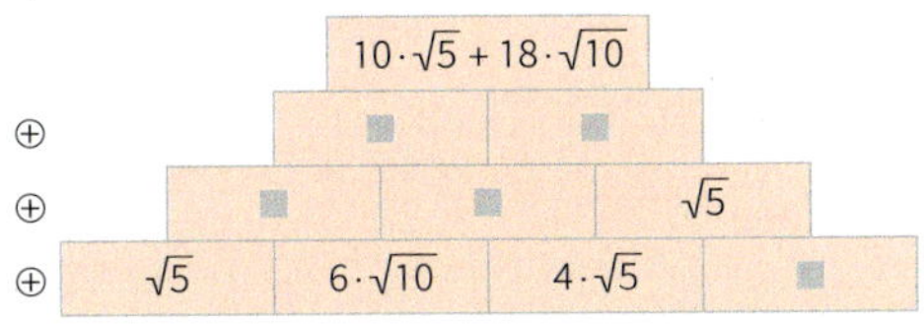

b) Multiplikationsmauer

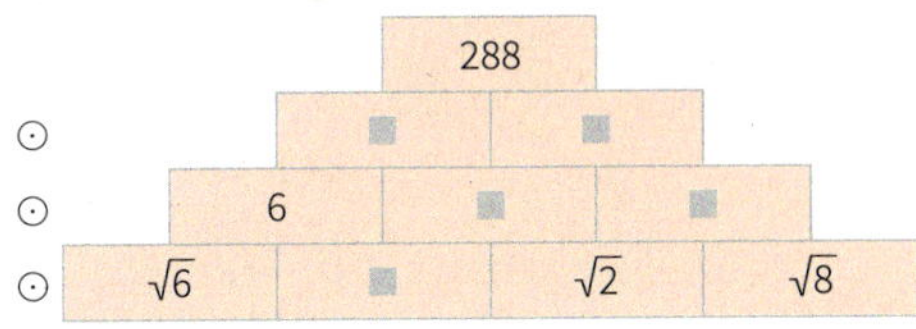

Proben

14 **Komplizierter Term – schönes Ergebnis, erstaunlich, oder?**

$$(\sqrt{2}+\sqrt{8})^2=(\sqrt{2})^2+2\cdot\sqrt{2}\cdot\sqrt{8}+(\sqrt{8})^2$$
$$=2+2\cdot\sqrt{16}+8$$
$$=2+8+8=18$$

$$(\sqrt{2}+\sqrt{8})^2=(\sqrt{2}+\sqrt{2\cdot 4})^2$$
$$=(\sqrt{2}+2\cdot\sqrt{2})^2$$
$$=(3\cdot\sqrt{2})^2=9\cdot 2=18$$

Rechne jeweils auf zwei verschiedene Arten.

a) $(\sqrt{8}-\sqrt{2})^2$ b) $(\sqrt{20}+\sqrt{45})^2$ c) $(\sqrt{75}+\sqrt{12})\cdot(\sqrt{75}-\sqrt{12})$

15 **Etwas zum Nachdenken**

„Wird der Radikand vervierfacht (verneunfacht), so wird die Wurzel verdoppelt (verdreifacht)“. Stimmt das? Begründe.

16 **Abschlusstraining zum Rechnen mit Wurzeln**

a) $10+2\cdot\sqrt{5}-\sqrt{5}-12$ b) $4+2\cdot\sqrt{3}-\sqrt{18}-4$ c) $\sqrt{\frac{1}{2}}-\sqrt{\frac{49}{2}}$ d) $\sqrt{\frac{34}{136}}$

e) $\sqrt{2}\cdot\sqrt{8}-\sqrt{32}$ f) $(1+\sqrt{7})\cdot(1-\sqrt{7})$ g) $\sqrt{12}+2\cdot\sqrt{75}$ h) $\sqrt{0{,}01\cdot 144}$

17 **Was ist da falsch?**

Christoph: „Ich kann beweisen, dass $2 = 4$ ist.
Und das geht so: Du wirst doch sicher zugeben, dass $4 = 1 + 1 + 1 + 1$ ist.
Dann gilt: $\sqrt{4} = \sqrt{1+1+1+1} = \sqrt{1} + \sqrt{1} + \sqrt{1} + \sqrt{1} = 1 + 1 + 1 + 1 = 4$
Aber $\sqrt{4} = 2$. Also ist $2 = 4$."

Was meinst du? Erkennst du einen Fehler?

18 **Teste dein Wissen**

Partnerarbeit

In den folgenden Rechnungen sind Fehler versteckt. Spüre sie auf. Arbeitet zusammen und korrigiert die Fehler.

① $\sqrt{32} = \sqrt{16 + 16} = \sqrt{16} + \sqrt{16} = 4 + 4 = 8$

② $(\sqrt{5} + \sqrt{7})^2 = (\sqrt{5})^2 + (\sqrt{7})^2 = 5 + 7 = 12$

③ $(3\sqrt{3}) = 3 \cdot 3 = 9$

④ $2\sqrt{5} + 2\sqrt{10} = 2\sqrt{5} + \sqrt{10} = 2\sqrt{15}$

19 **Vereinfachen durch geschicktes Ordnen und Zusammenfassen**

a) $3 \cdot \sqrt{a} - 5 \cdot \sqrt{b} + 7 \cdot \sqrt{a} + 5 \cdot \sqrt{b} - \sqrt{a}$
b) $\sqrt{x} - 3 \cdot \sqrt{y} + 4 \cdot \sqrt{x} + 3 \cdot \sqrt{y} - \sqrt{z}$
c) $2a \cdot \sqrt{x} - b \cdot \sqrt{y} + b \cdot \sqrt{x} + a \cdot \sqrt{y}$
d) $1{,}6 \cdot \sqrt{c} + 0{,}7 \cdot \sqrt{d} - 0{,}3 \cdot \sqrt{d} + \sqrt{c} + 0{,}6 \cdot \sqrt{d}$

20 **Wurzel beseitigen**

Welche Terme kann man ohne Wurzel schreiben? Rechne.

a) $\sqrt{a} \cdot \sqrt{a}$ b) $\sqrt{b^3} \cdot \sqrt{b}$ c) $\sqrt{b^2} \cdot \sqrt{b}$ d) $\sqrt{25a}$ e) $\sqrt{\frac{16}{x}} \cdot \sqrt{x^3}$ f) $\sqrt{2b} \cdot \sqrt{8b}$

21 **Vereinfachen, u. U. durch teilweises Wurzelziehen**

Alle Variablen sind nicht negativ. Vereinfache.

a) $\sqrt{a} \cdot \sqrt{b}$ b) $\sqrt{b^3 \cdot a}$ c) $\sqrt{b^3 \cdot a^2}$ d) $\sqrt{\frac{b^2}{a^3}}$

Tipp: $\sqrt{b^3} = \sqrt{b^2 \cdot b} = b \cdot \sqrt{b}$

22 **Vereinfache durch Ausmultiplizieren**

a) $\sqrt{2a} \cdot (\sqrt{8a} - \sqrt{32a})$
b) $\sqrt{3d} \cdot (\sqrt{27d \cdot e} + 2\sqrt{d})$
c) $\left(\sqrt{x} + \frac{1}{\sqrt{x}}\right) \cdot \sqrt{x}$
d) $(\sqrt{a} + \sqrt{b})^2$
e) $(\sqrt{a} + \sqrt{2b}) \cdot (\sqrt{a} - \sqrt{2b})$
f) $(a + \sqrt{b}) \cdot (a - \sqrt{b})$

23 **Training für „Fortgeschrittene"**

Vereinfache soweit wie möglich. Wende alle Tricks an, die du kennst.

a) $\sqrt{12x^2y^4}$
b) $\sqrt{8xy} \cdot \sqrt{12y^2}$
c) $\sqrt{abc} \cdot \frac{\sqrt{ab}}{ab}$
d) $\sqrt{\frac{x^2}{2y}} \cdot \sqrt{\frac{8y}{x}}$
e) $\sqrt{\frac{6}{a}} \cdot \sqrt{\frac{a^2}{24}}$
f) $\sqrt{8b} \cdot \sqrt{32b}$

24 **Wer hätte das gedacht?**

Stimmt es, dass $m^2 \cdot n \cdot \sqrt{\frac{1}{4}m^2 \cdot n^3} + m^3 \cdot \sqrt{\frac{1}{16}n^5} - \frac{1}{4}m^2 \cdot n \cdot \sqrt{9m^2 \cdot n^3} = 0$ ist? Rechne nach.

25 **Begründen**

Gegeben sind zwei rationale Zahlen x und y, die beide nicht negativ sind.
Dann ist das Produkt $(\sqrt{x} + \sqrt{y}) \cdot (\sqrt{x} - \sqrt{y})$ immer rational. Begründe.

Grundwissen

1 Bestimme den Winkel α.

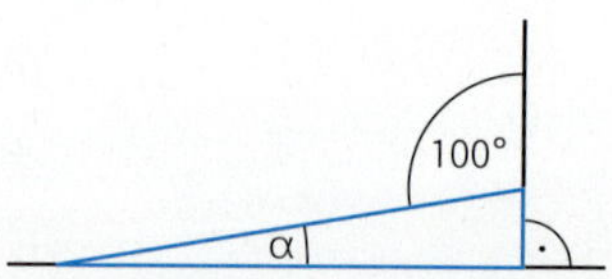

2 Fünf Brötchen und drei Croissants kosten 4,40 €.
Zwei Brötchen und ein Croissant 1,60 €.
Bestimme den Stückpreis für Brötchen und Croissant.

Exkurs

Der goldene Schnitt

Als goldenen Schnitt bezeichnet man in der Mathematik und in der Kunst ein besonderes Teilungsverhältnis. In der Kunst wird dieses Verhältnis als besonders gefällig und harmonisch angesehen – und tatsächlich: Architekten wie LeCorbusier, Komponisten wie Bela Bartok oder Maler wie Pablo Picasso und viele mehr verwendeten den goldenen Schnitt in ihren Werken.

Mathematische Beschreibung

Zwei Teilstrecke a und b einer Strecke s sind dann im Verhältnis des goldenen Schnitts geteilt, wenn die längere Teilstrecke a zur kürzeren Teilstrecke b im gleichen Verhältnis steht wie die Gesamtstrecke a + b zur längeren Teilstrecke a.

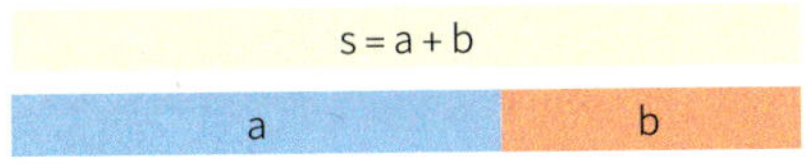

Goldener Schnitt: $\frac{a}{b} = \frac{a+b}{a}$

Dieses Teilungsverhältnis ist $\frac{1+\sqrt{5}}{2} \approx 1{,}618$ (siehe Kapitel 4).

26 Das goldene Verhältnis in der Natur

Wissenschaftler behaupten, dass man das „goldene Verhältnis" angenähert in den menschlichen Proportionen finden kann. Kannst du diese Behauptung durch Nachmessen bestätigen?

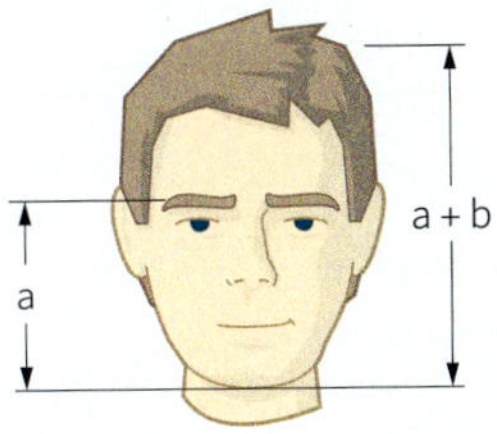

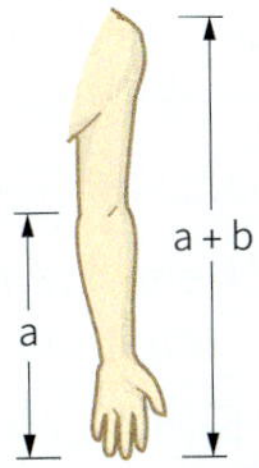

27 Anwendungen des goldenen Schnitts

Der goldene Schnitt wird auch als „Proportio divina" oder „göttliche Proportion" bezeichnet und lässt sich bei Rechtecken als Verhältnis von Länge und Breite entdecken.

a) Welche der folgenden Rechtecke sind (in etwa) goldene Rechtecke?

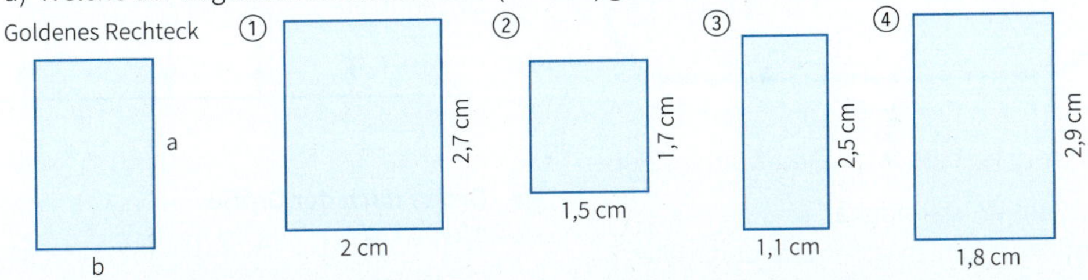

b) Zeichne die Rechtecke aus Aufgabe a) in Originalgröße. Frage möglichst viele verschiedene Personen, welches der Rechtecke ihnen von der Form her am besten gefällt. Haben die meisten das „goldene Rechteck" gewählt?

Psychologen wollen herausgefunden haben, dass Kunden unbewusst Produkte bevorzugen, deren Verpackungen an ein goldenes Rechteck erinnern.
Findest du solche Verpackungen?

c) Überprüfe, ob der goldene Schnitt auch beim Bau des Parthenon (5. Jahrhundert v. Chr.) auf der Akropolis in Athen möglicherweise verwendet wurde. Miss dazu auf dem Foto die Höhe b des Dachs und die Länge a der Säulen mit dem Unterbau. Berechne dann, in welchem Verhältnis die beiden Längen zueinander stehen.

Quadratwurzeln rational oder irrational

Die Quadratwurzel von einer Zahl $x \geq 0$, geschrieben $\sqrt{x}$, ist diejenige nicht negative Zahl, die mit sich selbst multipliziert x ergibt.

$$\sqrt{x} \cdot \sqrt{x} = x$$

Die Zahl $\sqrt{x}$ ist entweder
- rational, d. h. eine Bruchzahl, oder
- irrational, d. h. keine Bruchzahl.

Die Wurzel aus einer Quadratzahl ist rational, aus allen anderen natürlichen Zahlen ist die Wurzel irrational.

Reelle Zahlen

Die Menge der reellen Zahlen $\mathbb{R}$ umfasst die natürlichen Zahlen $\mathbb{N}$, die ganzen Zahlen $\mathbb{Z}$, die rationalen Zahlen $\mathbb{Q}$ und die irrationalen Zahlen.

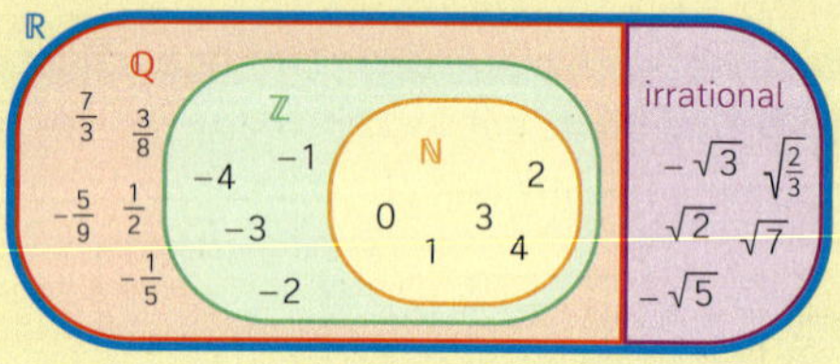

Wissenswertes über Quadratwurzeln

Die Zahl $\sqrt{8}$ ist irrational.
Irrationale Zahlen lassen sich durch eine Intervallschachtelung darstellen.

$2 < \sqrt{8} < 3$
$2{,}8 < \sqrt{8} < 2{,}9$
$2{,}82 < \sqrt{8} < 2{,}83$
$2{,}828 < \sqrt{8} < 2{,}829$

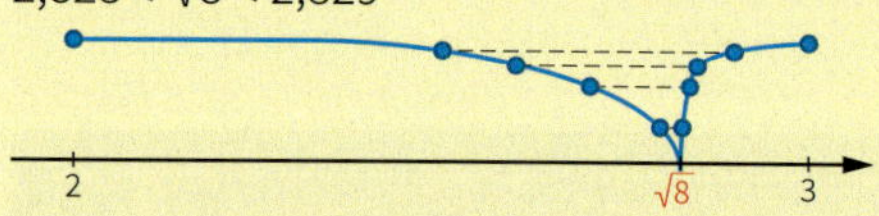

Die Länge der Intervalle wird immer kleiner. Die Zahl $\sqrt{8}$ liegt in jedem der Intervalle.

Die **Umkehroperation** zum Ziehen der (Quadrat)wurzel ist das Quadrieren.

Wurzelziehen	$\sqrt{169} = 13$	$\sqrt{50}$
Quadrieren	$13^2 = 169$	$(\sqrt{50})^2 = 50$

Check-up

1 Zahlen und ihre Eigenschaften
Übertrage die Tabelle in dein Heft und kreuze an, welche Eigenschaft die jeweilige reelle Zahl besitzt.

	natürlich	ganz	rational	irrational
2015	■	■	■	■
$\frac{3}{4}$	■	■	■	■
$-\sqrt{25}$	■	■	■	■
$\sqrt{8}$	■	■	■	■
$\sqrt{99}$	■	■	■	■
0,83333 …	■	■	■	■

2 Entscheide
Entscheide, ob die Seitenlänge des farbigen Quadrates eine rationale Zahl ist.

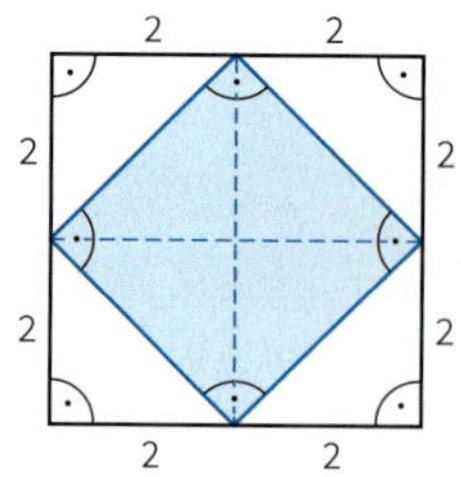

3 Wurzelbestimmen im Kopf
a) $\sqrt{121}$ b) $\sqrt{1600}$ c) $\sqrt{1{,}96}$
d) $\sqrt{225}$ e) $\sqrt{0{,}09}$ f) $\sqrt{0{,}25}$
g) $\sqrt{\frac{4}{81}}$ h) $\sqrt{\frac{25}{169}}$ i) $\sqrt{\frac{50}{72}}$

4 Ordnung auf der Zahlengeraden
Ordne die Zahlen $\sqrt{4}$ $\frac{4}{3}$ $-\sqrt{1}$ $-\frac{3}{2}$ $\sqrt{0{,}09}$ $-\sqrt{\frac{1}{4}}$ den Punkten auf der Zahlengeraden zu, ohne den Taschenrechner zu benutzen.

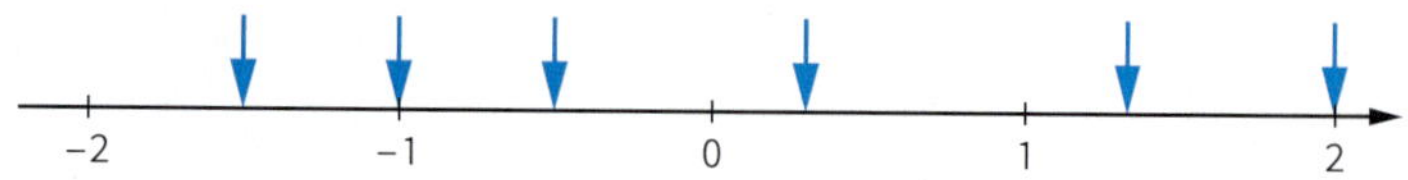

5 Ordne nach der Größe
3,47 $\sqrt{12}$ 3,45 $\sqrt{10}$ 3,1 $\frac{7}{2}$ 4

6 Vom Flächeninhalt zur Seitenlänge
Gib die Seitenlänge des Quadrates mit folgendem Flächeninhalt an.
a) $81\,cm^2$ b) $144\,m^2$ c) $20{,}25\,m^2$ d) $30\,m^2$
e) 1 a f) $1{,}21\,km^2$ g) 20 ha h) $24\,mm^2$

7 Irrationale Zahlen erzeugen
a) Überlege, wie man mit dem wiederholten Wurf einer Münze eine irrationale Zahl mit den Ziffern 0 und 1 erzeugen kann.
b) Setze die Zahl 0,102003 fort, sodass die erzeugte Zahl irrational ist.
c) Die Zahl 0,343434… ist nicht irrational. Begründe.

8 Probe durch Quadrieren
Überprüfe die Berechnungen durch Quadrieren.
a) $\sqrt{361} = 19$ b) $\sqrt{100\,000} = 1000$ c) $\sqrt{0{,}01} = 0{,}1$

Verfahren zur näherungsweisen Bestimmung von Wurzeln

Intervallschachtelung
Zur näherungsweisen Berechnung einer Wurzel wird diese mit immer kleineren Intervallen eingeschachtelt
Das Intervallhalbierungsverfahren ist ein Beispiel für eine Intervallschachtelung

Das Heron-Verfahren
Das Heron-Verfahren ist ein Iterationsverfahren zur näherungsweisen Bestimmung von $\sqrt{a}$.
Startwert: $x_0 = a$
Iteration: $x_n = \frac{1}{2} \cdot \left(x_{n-1} + \frac{a}{x_{n-1}} \right)$

Zwei Beweisverfahren

Direkter Beweis
1. Aussage als Wenn-dann-Aussage formulieren
2. „Zündende“ Idee
3. Beweis

Widerspruchsbeweis (indirekter Beweis)
1. Aussage
2. Annahme des Gegenteils
3. Durch Folgerungen zum Widerspruch führen. Damit ist die Aussage beweisen.

Rechnen mit Wurzeln – Wurzelgesetze

Summen und Wurzeln
Zusammenfassen bei gleichen Radikanden

$a \cdot \sqrt{x} + b \cdot \sqrt{x} = (a+b) \cdot \sqrt{x}$

$2 \cdot \sqrt{7} + 8 \cdot \sqrt{7} = (2+8) \cdot \sqrt{7} = 10 \cdot \sqrt{7}$

Produkte und Quotienten von Wurzeln

$\sqrt{x} \cdot \sqrt{y} = \sqrt{x \cdot y}$ $\quad \sqrt{3} \cdot \sqrt{5} = \sqrt{3 \cdot 5} = \sqrt{15}$

$\frac{\sqrt{x}}{\sqrt{y}} = \sqrt{\frac{x}{y}} \quad y \neq 0$ $\quad \frac{\sqrt{10}}{\sqrt{5}} = \sqrt{\frac{10}{5}} = \sqrt{2}$

Teilweises Wurzelziehen

$\sqrt{a^2 \cdot x} = a \cdot \sqrt{x}$ $\quad \sqrt{36 \cdot 2} = 6 \cdot \sqrt{2}$

Strategie: Radikanden als Produkt mit einer möglichst großen Quadratzahl schreiben.

9 Intervallhalbierungsverfahren
Die irrationale Zahl $\sqrt{10}$ liegt zwischen 3 und 4. Setze das begonnene Intervallhalbierungsverfahren (Tabelle) zur näherungsweise Bestimmung von $\sqrt{10}$ zwei weitere Schritte fort.

Linke Intervallgrenze	Rechte Intervallgrenze	Mittelwert der Intervallgrenzen	Wo liegt $\sqrt{10}$ bezüglich des Mittelwerts?
3	4	3,5	$3{,}5^2 = 12{,}25$ links
3	3,5	3,25	$3{,}25^2 = 10{,}5625$ links
3	3,25	…	…

10 Vom Rechteck zum Quadrat
Verwandle ein Rechteck mithilfe des Heron-Verfahrens immer mehr in ein flächeninhaltsgleiches Quadrat. Führe vier Schritte durch.
a) $x = 4\,cm$ und $y = 10\,cm$ b) $x = 3\,cm$ und $y = 12\,cm$
Welche Kantenlänge hat jeweils das entsprechende flächeninhaltsgleiche Quadrat? Tipp: siehe Seite 44.

11 Heron-Verfahren anwenden
Bestimme $\sqrt{90}$ auf drei Stellen nach dem Komma genau mit dem Heron-Verfahren.

12 Wahr oder falsch
Begründe und beachte, dass zum Widerlegen einer Behauptung ein Gegenspiel genügt.
a) Alle natürlichen Zahlen sind rationale Zahlen.
b) Die Wurzel aus einer Zahl ist immer kleiner als der Radikand.
c) Die Wurzel aus einer Zahl ist immer eine irrationale Zahl.

13 Beweisverfahren
a) Beweise direkt: „Die Summe sieben aufeinanderfolgender Zahlen ist durch 7 teilbar.“
b) Beweise indirekt: „Das Doppelte von $\sqrt{2}$ ist irrational.“

14 Finde die Fehler
a) $3 \cdot \sqrt{8} + 7 \cdot \sqrt{8} = 21 \cdot \sqrt{8}$ b) $\sqrt{9} + \sqrt{16} = \sqrt{25}$
c) $\sqrt{7^2} = 49$ d) $\sqrt{288} = 12 \cdot \sqrt{2}$
e) $\sqrt{289} = 17$ f) $\frac{\sqrt{49}}{\sqrt{4}} = 14$

15 Wurzelterme vereinfachen
Vereinfache.
a) $2 \cdot \sqrt{2} - 2 \cdot \sqrt{3} - 5 \cdot \sqrt{3} + 3 \cdot \sqrt{2}$ b) $\sqrt{2} \cdot (\sqrt{8} + \sqrt{18})$
c) $5 \cdot \sqrt{a} - (6 \cdot \sqrt{x} - 5 \cdot \sqrt{a}) + 5 \cdot \sqrt{x}$ d) $(\sqrt{8} - \sqrt{2}) : 2 \cdot \sqrt{2}$

16 Teilweises Wurzelziehen
a) $\sqrt{54}$ b) $\sqrt{250}$ c) $\sqrt{\frac{8}{25}}$ d) $\sqrt{9a}$ e) $\sqrt{5x^2}$

17 Wurzeln ohne Taschenrechner bestimmen
Nutze die Rechenregeln, um die Wurzeln zu berechnen.
Es hilft dir dabei $\sqrt{10} \approx 3{,}1623$.
a) $\sqrt{1000}$ b) $\sqrt{0{,}1}$ c) $\sqrt{40}$ d) $\sqrt{10\,000\,000}$

Sichern und Vernetzen

Vermischte Aufgaben zu Kapitel 2

Trainieren

Bearbeite die Aufgaben 1 bis 4 ohne TR.

1 Wo liegt eine Zahl auf der Zahlengeraden?

Welcher der Punkte auf der Zahlengeraden stellt den Bruch $\frac{6}{4}$ dar? Wo liegt $-\sqrt{0{,}1}$?

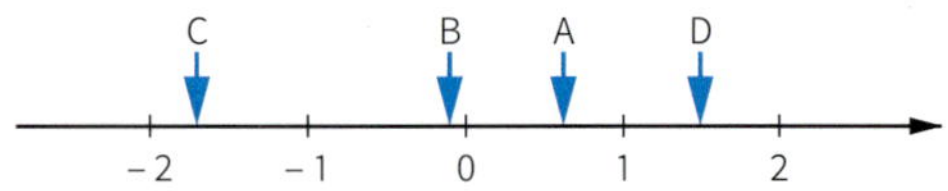

2 Irrational?

Welche der folgenden Zahlen ist irrational?

a) $\frac{4}{9}$ b) $\sqrt{24}$ c) $\sqrt{169}$ d) $\sqrt{2{,}5}$ e) $\sqrt{250}$ f) $2{,}555\ldots$

3 Welche Art von Zahl ist es nun?

Welche Zahl ist gleichzeitig eine ganze, eine natürliche und eine rationale Zahl?

a) -13 b) $-9{,}5$ c) $\frac{5}{7}$ d) $\sqrt{36}$ e) $\sqrt{50}$ f) $\sqrt{\frac{9}{4}}$

4 Rational oder irrational

Finde die rationalen Zahlen.

a) $\sqrt{18}$ b) $\sqrt{121}$ c) $\sqrt{51}$ d) $\sqrt{0{,}4}$ e) $\sqrt{10\,000}$ f) $\sqrt{1\,000\,000}$

5 Quadrieren und Wurzelziehen

Das kannst du im Kopf. Bei Aufgabe e) und f) bitte genau hinschauen.

a) $(\sqrt{3})^2$ b) $\sqrt{5^2}$ c) $\frac{\sqrt{2^2}}{9^2}$ d) $\sqrt{5^2}\cdot\sqrt{5^2}$ e) $\sqrt{-(6)^2}$ f) $\sqrt{5^2-4^2}$

6 Wurzeln addieren und subtrahieren

Welche Terme lassen sich vereinfachen? Gib den vereinfachten Term an.

a) $3\cdot\sqrt{11}-2\cdot\sqrt{11}$ b) $3\sqrt{7}-2\sqrt{9}-2\sqrt{7}$ c) $4\cdot\sqrt{4}+2\cdot\sqrt{8}$ d) $6\cdot\sqrt{5}-\sqrt{180}$

7 Wurzeln multiplizieren

Vereinfache.

a) $\sqrt{3}\cdot\sqrt{12}$ b) $\sqrt{10}\cdot\sqrt{14{,}4}$ c) $\sqrt{0{,}1}\cdot\sqrt{10}$ d) $\sqrt{\frac{4}{9}}\cdot\sqrt{\frac{36}{4}}$ e) $\sqrt{\frac{3}{7}}\cdot\sqrt{\frac{28}{3}}$ f) $9\cdot\sqrt{\frac{1}{9}}$

8 Teilweises Wurzelziehen

Ziehe teilweise die Wurzel. Überprüfe dazu, ob eine Quadratzahl als Faktor auftritt.

a) $\sqrt{12}$ b) $\sqrt{75}$ c) $\sqrt{1000}$ d) $\sqrt{\frac{15}{9}}$ e) $\sqrt{800}$ f) $\sqrt{\frac{4}{10}}$

9 Wurzeln mit Variablen

a) Ziehe teilweise die Wurzel.
① $\sqrt{16\cdot a}$ ② $\sqrt{5\cdot a^2}$ ③ $\sqrt{50\cdot b^2}$ ④ $\sqrt{b^3}$

b) Fasse zusammen und vereinfache so weit wie möglich.
① $8x\cdot\sqrt{5}-2x\cdot\sqrt{3}-7x\cdot\sqrt{5}+x\cdot\sqrt{6}$ ② $\sqrt{\frac{5}{6x}}\cdot\sqrt{30x}$ mit $x>0$

c) Löse die Klammern auf und vereinfache so weit wie möglich.
① $\sqrt{4b}\cdot(\sqrt{a}+\sqrt{b})$ ② $(5-\sqrt{b})^2$ ③ $(5\cdot\sqrt{x}+6\cdot\sqrt{y})\cdot(5\cdot\sqrt{x}-6\cdot\sqrt{y})$

Verstehen

10 Multiple Choice – mehrfach-Auswahl-Antworten

Zwei Antworten sind richtig. Finde sie. Die rationalen Zahlen sind genau jene,

a) die nicht ganz sind,
b) die nicht irrational sind,
c) deren Dezimaldarstellung abbricht,
d) die keine Wurzeln sind,
e) die als Brüche aus zwei ganzen Zahlen darstellbar sind.

11 **Rechenoperationen und Geometrie**

Welche Rechenoperationen sind „geometrisch“ dargestellt?

a)

b)

12 **Indirekter Beweis**

Beweise die Aussage mittels Widerspruchsbeweis.
„Wenn x eine irrationale Zahl ist, dann ist auch $-x$ irrational.“

13 **Besondere Radikanden**

a) Begründe, warum $\sqrt{-100}$ keine reelle Zahl ist.
b) Berechne ohne digitale Hilfsmittel $\sqrt{0}$, $\sqrt{1}$ und $\sqrt{0{,}01}$. Überprüfe deine Ergebnisse.

14 **Irrationale Zahlen und GTR**

a) Du möchtest $\sqrt{a}$ berechnen. Angenommen, der Radikand hat zwei Stellen nach dem Komma. Mit wie vielen Nachkommastellen rechnest du, wenn du annimmst, dass $\sqrt{a}$ rational ist?
b) Warum kann man mit dem TR nicht entscheiden, ob eine Zahl irrational ist oder nicht? Verwende zu deiner Antwort die Aussage, dass die Dezimalzahldarstellung von $\frac{58}{59}$ eine periodische Dezimalzahl ist, die sich erst nach 58 Nachkommastellen wiederholt.

15 **Verrücktes zu Zahlen**

Kann das Produkt zweier irrationaler Zahlen rational sein?
Pascal meint: „Das ist unmöglich, denn die Dezimaldarstellung von irrationalen Zahlen ist nicht periodisch und auch nicht abbrechend. Wenn man solche Zahlen miteinander multipliziert, dann können sich doch diese vielen Nachkommastellen nicht einfach auflösen.“
Eva stellt fest: „Ich sage nur 1,414… mal 1,414…“.
Pascal sagt: „Aha, da habe ich doch unrecht gehabt.“ Erkläre, was Pascal meint.

Anwenden

16 **Heron-Verfahren**

Berechne mit dem TR fünf Schritte des Heron-Verfahrens zur Berechnung von $\sqrt{444}$.
Formel für das Heron-Verfahren: $x_n = 0{,}5 \cdot \left(x_{n-1} + \frac{444}{x_{n-1}}\right)$
Verwende als Startwert $x_0 = 20$ und für eine weitere Näherungsrechnung $x_0 = 444$. Vergleiche.

17 **Oberfläche, Kantenlänge, Volumen eines Würfels**

Ein Würfel hat den Oberflächeninhalt von 600 cm². Berechne das Volumen des Würfels.

18 **Tsunami**

„Tsunami“: jap. „Hafenwelle“

Tsunami sind ein schreckliches Naturereignis. Es handelt sich dabei um Wellen, die z.B. von Seebeben ausgelöst werden. Treffen sie auf Land können sie verheerende Wirkung entfalten. Der schlimmste Tsunami in den vergangenen Jahrzehnten ereignete sich 2004 im Indischen Ozean und kostete ca. 230 000 Menschenleben.
Tsunami breiten sich mit großer Geschwindigkeit aus. Diese hängt von der Wassertiefe ab. Mit der folgenden Faustregel kann man die Geschwindigkeit v in km/h in Abhängigkeit von der Wassertiefe w in Meter berechnen: $v = \sqrt{127 \cdot w}$
Erstelle eine Tabelle, in der man ablesen kann, wie groß die Geschwindigkeit eines Tsunamis bei Wassertiefen von 50 m, 75 m, 100 m, 500 m, 1000 m, 2000 m, 5000 m und 8000 m ist.

3 Der Satz des Pythagoras

Einer der bekanntesten Sätze in der Mathematik ist der Satz des Pythagoras.
Er beschreibt den Zusammenhang der Längen der Seiten eines rechtwinkligen Dreiecks. Mit dem Satz des Pythagoras können Längen berechnet werden, die sonst nur konstruiert werden können. Damit kann der Satz vielfältig angewendet werden. Es sind aber nicht nur die Anwendungen, die den Satz bedeutsam machen, es gibt für diesen Satz zahlreiche, ganz unterschiedliche Beweise, von denen einige im Folgenden behandelt werden. Der Satz ist bereits lange vor PYTHAGORAS den Babyloniern, Chinesen und Hindus bekannt gewesen, er wurde später zu Ehren des berühmten griechischen Philosophen und Mathematikers PYTHAGORAS nach diesem benannt.

3.1 Satz des Pythagoras

19 Streckenlängen

a) Gib alle Streckenlängen an. Welche kannst du direkt aus der Zeichnung ablesen, bei welchen musst du messen?

In den nächsten Teilaufgaben wirst du entdecken, wie man Längen von Strecken berechnen kann.

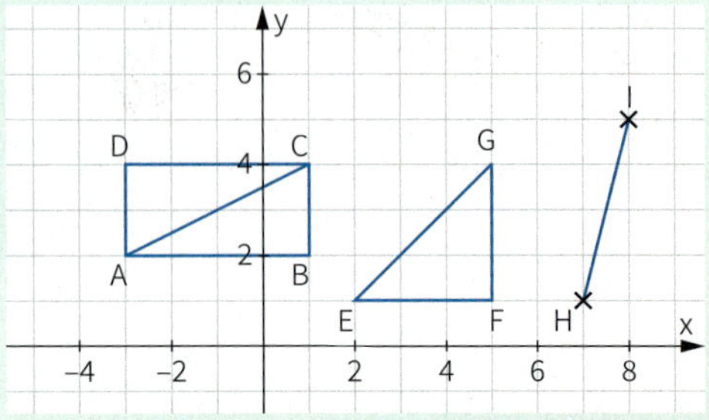

b) Vier Quadrate mit der Kantenlänge a werden wie abgebildet zu einem großen Quadrat zusammengesetzt.
Rechne zunächst mit $a = 2\,cm$.

- Welchen Flächeninhalt hat das gelbe Quadrat?
- Wie groß ist die Diagonale des gelben Quadrates?
Rechne jetzt mit einem beliebigen a.
- Wie lang ist die Diagonale c eines Quadrates mit der Seitenlänge a?

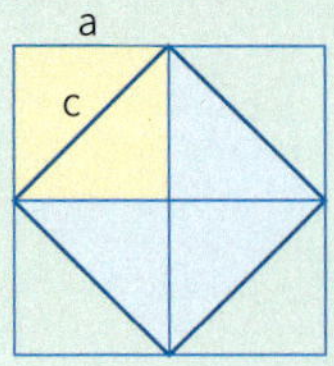

c) Vier Rechtecke mit den Seitenlängen a und b werden wie abgebildet zu einem großen Quadrat zusammengesetzt.

- Welchen Flächeninhalt hat das große blaue Quadrat? Gib den Inhalt in Abhängigkeit von a und b an.
- Wie groß ist die Seitenlänge des großen blauen Quadrates und somit die Diagonale c eines Rechtecks mit den Seitenlängen a und b?

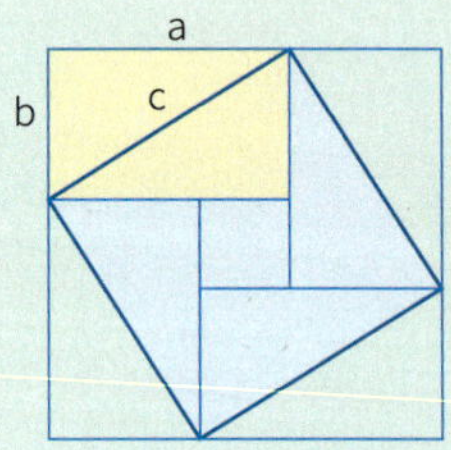

d) Berechne mit der Formel aus Teilaufgabe c) die Längen der Strecken aus Teilaufgabe a), die du bisher nur messen konntest.

e) Zeige, dass man die Formel für die Diagonale c aus Teilaufgabe c) umformen kann zu $a^2 + b^2 = c^2$.
Veranschauliche die Formel am rechtwinkligen Dreieck und formuliere sie als Aussage über Flächen.

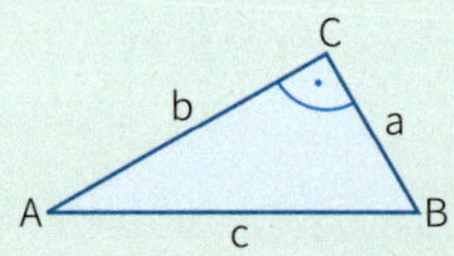

20 Ein Zusammenhang zwischen Quadraten

Mit vier kongruenten rechtwinkligen Dreiecken mit $a = 3\,cm$ und $b = 4\,cm$ werden Muster in ein Ausgangsquadrat gelegt. Es bleiben die gelben Restflächen.

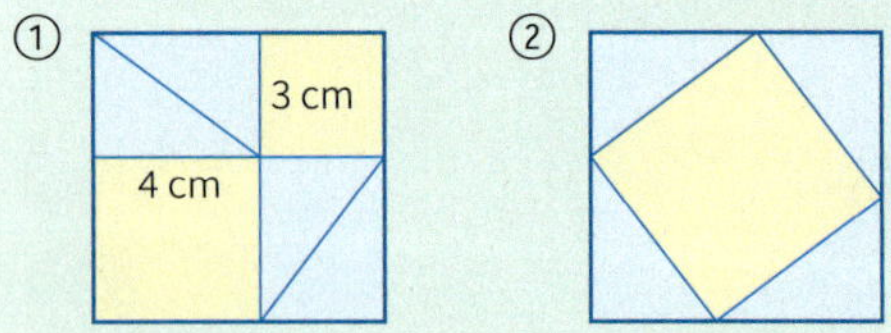

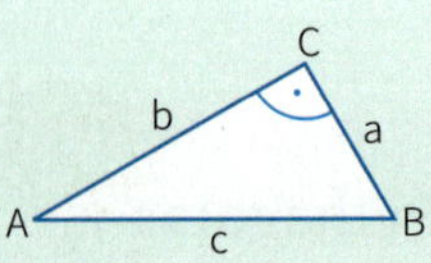

a) • Gib die Flächeninhalte der gelben Quadrate an.
• Wie lang ist die längste Seite der blauen Dreiecke? Bestimme sie ohne zu messen.

b) Aus der Flächeninhaltsgleichheit der gelben Flächen in ① und ② kann man eine Entdeckung über die Seiten rechtwinkliger Dreiecke vermuten. Formuliere in Worten und als Formel mit a, b und c.

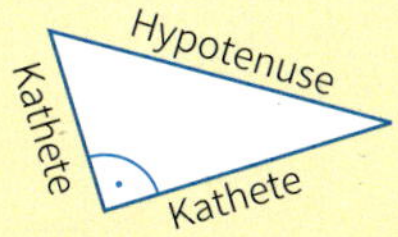

Kathetenquadrat
+ Kathetenquadrat
= Hypotenusenquadrat

Satz des Pythagoras

Wenn ein Dreieck ABC rechtwinklig ist, dann gilt:
Die Quadrate über den Katheten haben zusammen denselben Flächeninhalt wie das Quadrat über der Hypotenuse.

Voraussetzung:		Behauptung:
Ein Dreieck ABC ist rechtwinklig mit rechtem Winkel bei C.	$\Rightarrow$	$a^2 + b^2 = c^2$

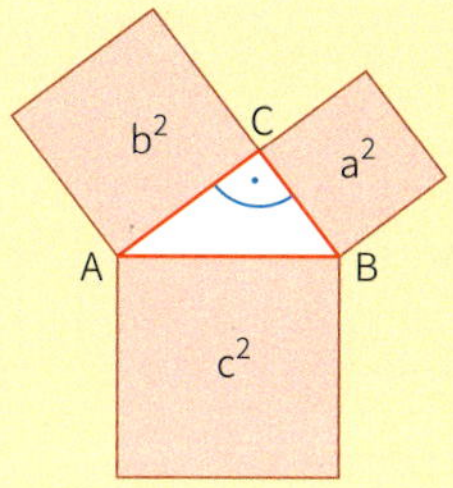

Beispiel

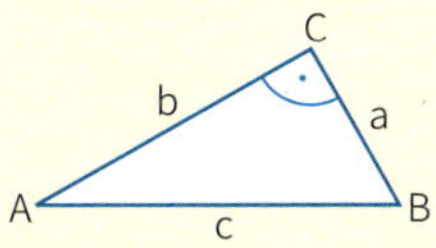

A Seitenlängen im Dreieck bestimmen

Berechne die Länge der fehlenden Seite im rechtwinkligen Dreieck ABC.

a) a = 5 cm; b = 9 cm

b) b = 4 cm; c = 12 cm

Lösung:

a) Gegeben: Katheten a = 5 cm und b = 9 cm
Gesucht: Hypotenuse c
$c^2 = 5^2 + 9^2$
$= 25 + 81$
$= 106$
$\Rightarrow c = \sqrt{106} \approx 10{,}2956$
c ist ca. 10,3 cm lang.

b) Gegeben: Kathete b = 4 cm, Hypotenuse c = 12 cm
Gesucht: Kathete a
$a^2 + 4^2 = 12^2$
$a^2 + 16 = 144$
$a^2 = 128$
$\Rightarrow a = \sqrt{128} \approx 11{,}3137$
a ist ca. 11,3 cm lang.

Übungen

1 Länge gesucht

Berechne die Länge der rot eingezeichneten Strecke:

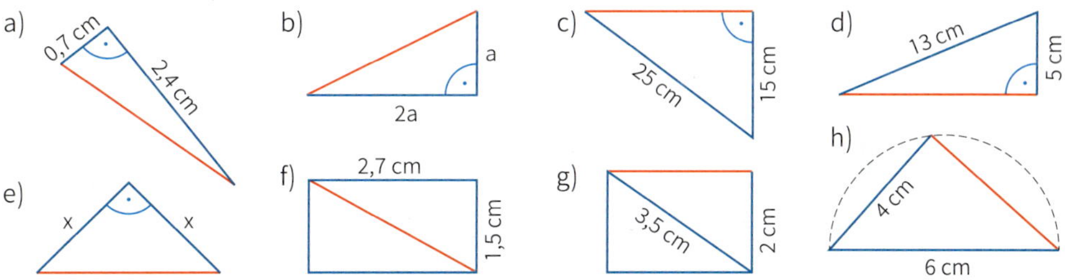

2 Pythagoras mit unterschiedlichen Variablen

Formuliere mithilfe des Satzes von Pythagoras die Beziehungen zwischen den Seiten der dargestellten Dreiecke.

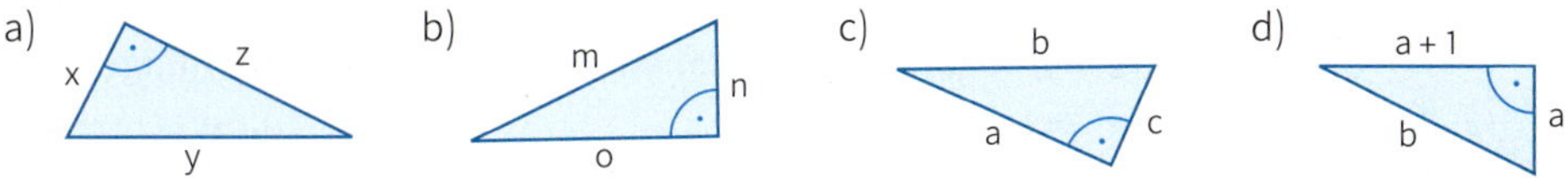

Exkurs

Pythagoras

Der Satz des Pythagoras ist einer der bekanntesten Sätze der Mathematik und mit dem Namen des griechischen Philosophen PYTHAGORAS VON SAMOS (ca. 570–510 v. Chr.) verbunden. PYTHAGORAS gilt traditionell als der Entdecker des Satzes, obgleich dieser schon lange vor PYTHAGORAS den Ägyptern und Babyloniern bekannt war. Ob sie einen Beweis für den Satz kannten, ist unklar.

3 Längen und Flächen

Bestimme die Länge und den Flächeninhalt.

a)

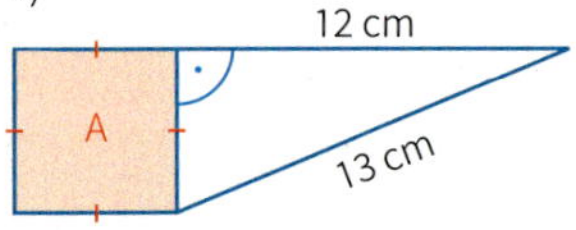

b)

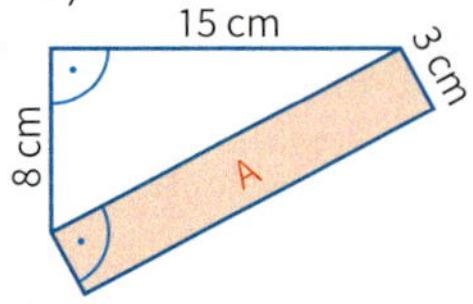

c)

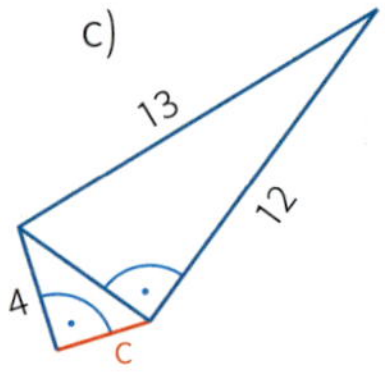

d)

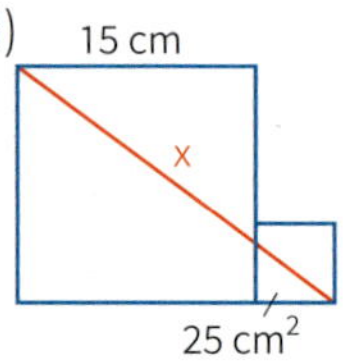

4 Tabelle vervollständigen

Berechne für die rechtwinkligen Dreiecke jeweils die fehlenden Einträge.

Kathete a	5 cm	6 cm	■	15 cm	7 cm	■
Kathete b	12 cm	■	3,6 cm	8 cm	■	12 cm
Hypotenuse c	■	10 cm	3,9 cm	■	■	■
Flächeninhalt A	■	■	■	■	$84\ m^2$	$96\ m^2$

5 Pythagoras in Figuren

Suche in den Figuren rechtwinklige Dreiecke und formuliere für diese Dreiecke den Satz des Pythagoras.

a)

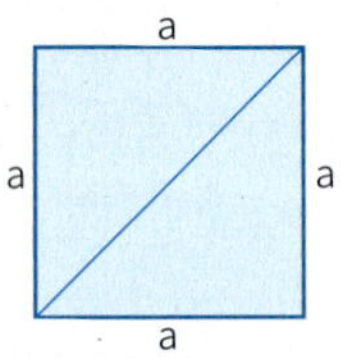

Quadrat

b)

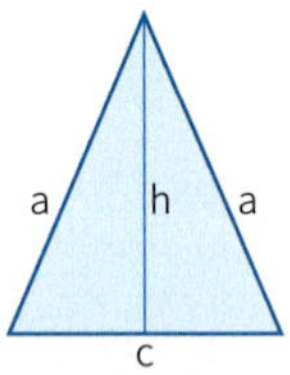

gleichschenkliges Dreieck

c)

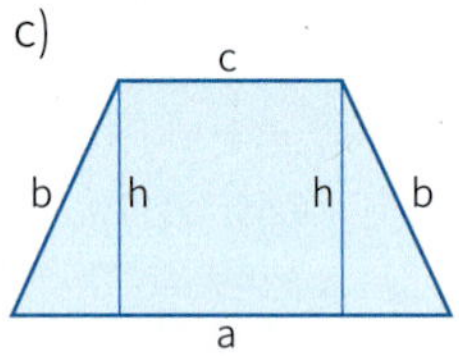

symmetrisches Trapez

d)

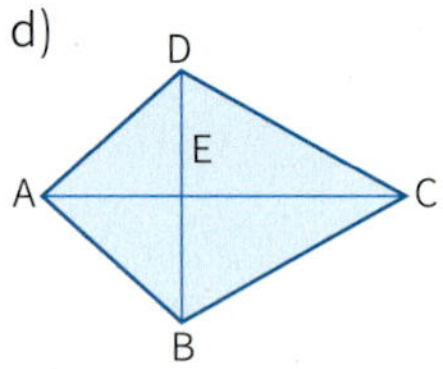

symmetrischer Drachen

6 Pythagoras im „Alltag“

Wie weit fährt die Seilbahn in horizontaler Richtung?

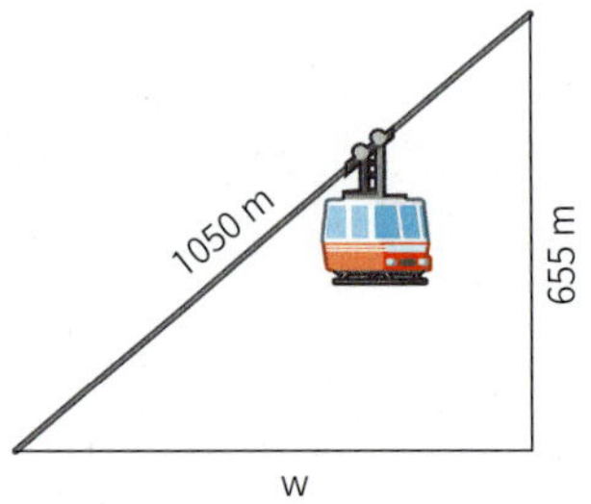

Wie hoch fliegt der Drachen?

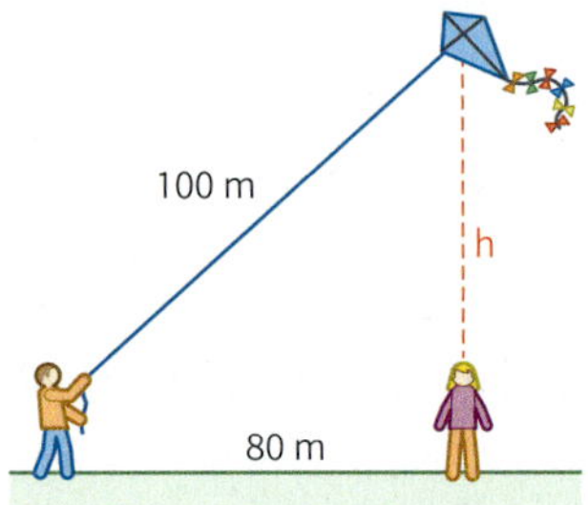

Wie hoch war die Fichte vor dem Sturm?

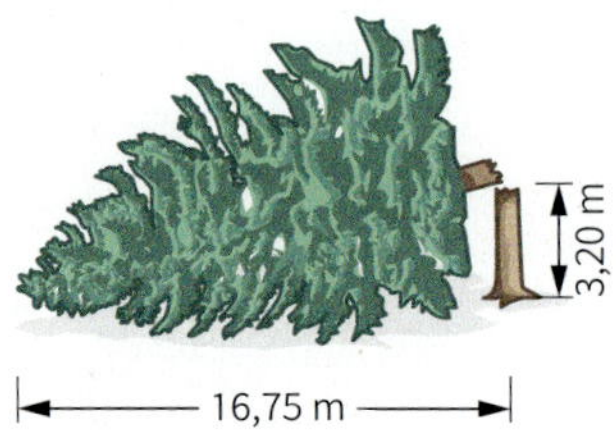

7 Pythagoras in Dachkonstruktionen – gleichschenklige Dreiecke 1

a) Berechne b.

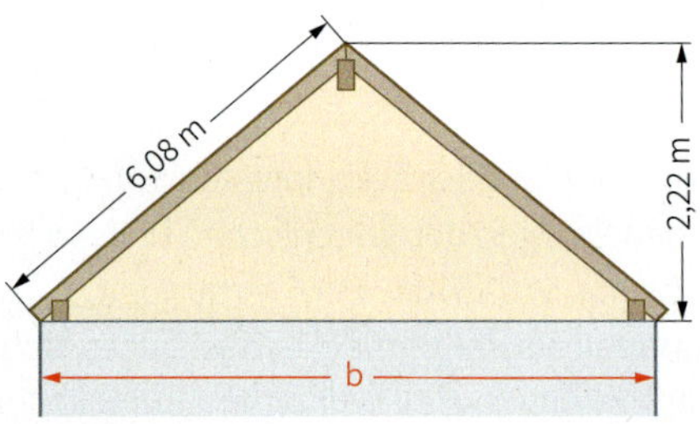

b) Berechne s und α.

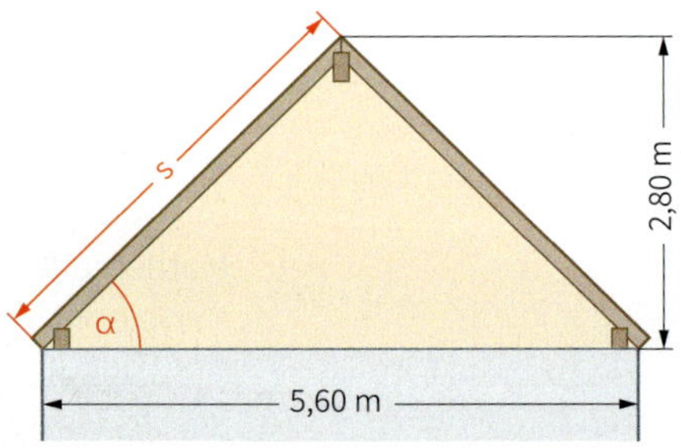

8 ≡ Pythagoras in Dachkonstruktionen – gleichschenklige Dreiecke 2

Berechne die Gesamtlänge der Holzsparren.
Hinweis: Man benötigt auch Ähnlichkeitsbeziehungen (Strahlensätze)

a)

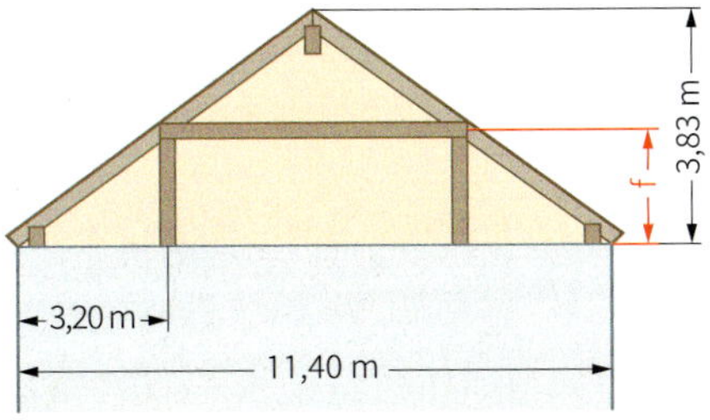

b)

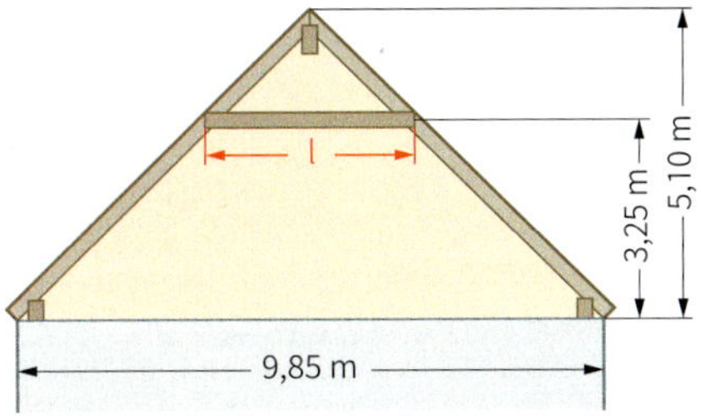

9 ≡ Abstände von Punkten berechnen

Mit dem Satz des Pythagoras können Abstände zweier Punkte P und Q im Koordinatensystem berechnet werden.

a) Zeichne die Punkte P(3|2) und Q(7|5) in ein Koordinatensystem. Ergänze einen Punkt R so, dass PQR ein rechtwinkliges Dreieck mit Hypotenuse $\overline{PQ}$ wird.
Bestimme dann rechnerisch die Länge der Strecke. Begründe dein Vorgehen.

b) Gehe vor wie in a) für P(−2|6) und Q(3|−1).

c) Begründe die Abstandsformel auf der gelben Karte.

Abstand zweier Punkte im Koordinatensystem

$P(x_P|y_P)$ und $Q(x_Q|y_Q)$ sind zwei Punkte.
Dann gilt für den Abstand der beiden Punkte:

$\overline{PQ} = d(P, Q) = \sqrt{(x_Q - x_P)^2 + (y_Q - y_P)^2}$

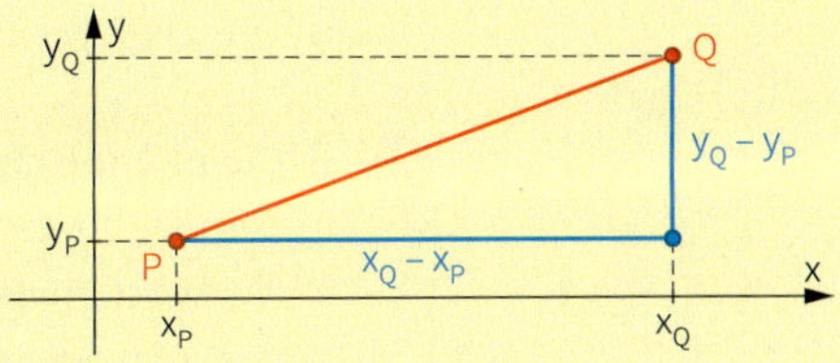

10 ≡ Abstandsbestimmung

Bestimme den Abstand zwischen den Punkten:

a) A(10|20); B(13|16) b) C(8|15); D(−7|23) c) E(−5|−8); F(3|7)

11 ≡ Berechnungen am Dreieck

a) Berechne den Umfang des Dreiecks ABC mit A(2|4), B(8|12) und C(24|0).

b) Entscheide ohne zu zeichnen, ob das Dreieck PQR mit P(2|6), Q(18|2) und R(12|12) gleichschenklig oder gleichseitig ist.

Grundwissen
zum Wiederholen

1 Gib alle ganzen Zahlen an, die auf der Zahlengeraden zwischen $\frac{29}{7}$ und $\frac{25}{3}$ liegen.

2 Berechne.
a) $-2 - 3 \cdot (-7)$ b) $-20 + 52 : (-4)$ c) $(3 - 15) : (-6)$ d) $-24 : 12 - (-11)$

3 Wandle in die angegebene Einheit um:
a) 1 km = ■ m b) 1 h = ■ s c) 1 km/h = ■ m/s d) 1 kg = ■ g

4 Bei einem Rechteck ist eine Seite zehnmal so lang wie die andere. Bestimme den Term für den Umfang und für den Flächeninhalt dieses Rechtecks.

5 Du wirfst 150-mal einen Spielwürfel. Wie viele Quadratzahlen kannst du erwarten?

6 Setze die Beschreibung fort: „Der Graph einer proportionalen Zuordnung ist immer…“

12 **Pythagoras und Kreise**

a) Zeichne im Koordinatensystem einen Kreis um M (0 | 0) durch den Punkt P (3 | 4). Welchen Radius hat dieser Kreis? Berechne den Radius mithilfe von P.

b) Findest du weitere Gitterpunkte, die auf dem Kreis liegen? Berechne für diese Punkte jeweils die Summe $x^2 + y^2$. Was stellst du fest?

c) Berechne die fehlende Koordinate für die Kreispunkte R (1 | y), S (x | 2) und T (−2 | y). Überprüfe in der Zeichnung.

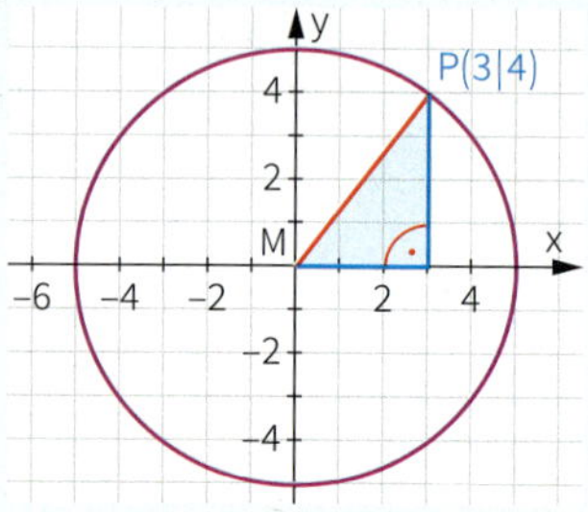

Kreise im Koordinatensystem

Der Satz des Pythagoras macht es möglich, Kreise im Koordinatensystem durch eine Gleichung zu beschreiben. Für die Koordinaten (x | y) jedes Punktes auf dem Kreis mit dem Mittelpunkt M (0 | 0) und dem Radius r gilt:

$x^2 + y^2 = r^2$

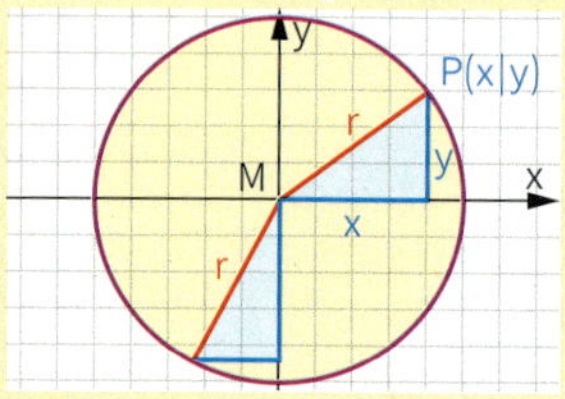

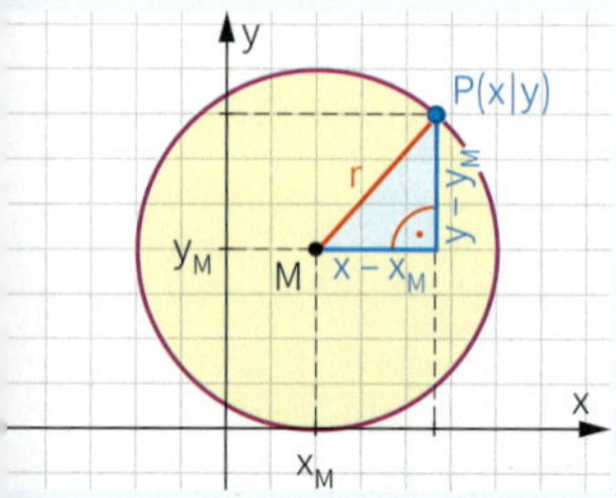

13 **Kreise im Koordinatensystem**

Zeige zunächst, dass $(x - x_M)^2 + (y - y_M)^2 = r^2$ die Gleichung eines Kreises mit Mittelpunkt $M (x_M | y_M)$ ist. Zeichne dann die Kreise.

a) $x^2 + y^2 = 16$
b) $x^2 + (y - 2)^2 = 3^2$
c) $(x - 1)^2 + y^2 = 9$
d) $(x - 2)^2 + (y - 3)^2 = 3{,}5^2$
e) $(x - 1)^2 + (y + 1{,}5)^2 = 2{,}25$
f) $(x + 2)^2 + (y + 2)^2 = 8$

14 **Die olympischen Ringe**

In dem Bild sind die fünf olympischen Ringe in ein Koordinatensystem gezeichnet. Gib die Gleichungen der Kreise an.

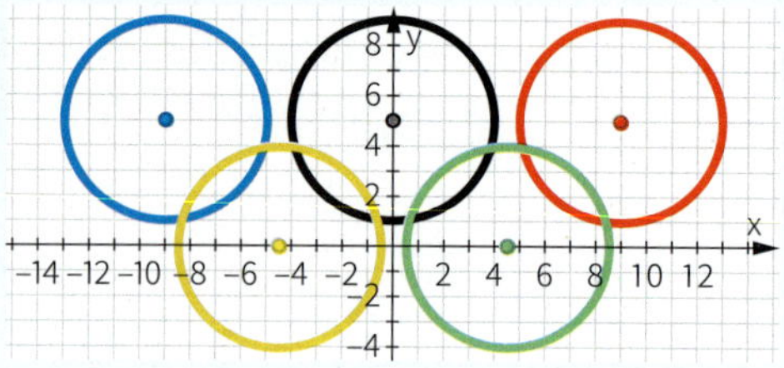

Exkurs

Pythagoras-Denkmal auf Samos

Pythagoras und die Pythagoreer

Über Pythagoras gibt es wenig gesichertes Wissen und viele Legenden. Er wurde um 570 v. Chr. auf der griechischen Insel Samos geboren. Um 540 v. Chr. gründete er in Kroton (heute Crotone) eine Art Geheimbund. Die Pythagoreer hatten das Motto „Alles ist Zahl". Das Pentagramm (regelmäßiges Fünfeck) war ihr Wahrzeichen. Ihre strengen Verhaltensregeln forderten Geheimhaltung und eine vegetarische Ernährung. Pythagoras soll „seinen" Lehrsatz auf Reisen nach Ägypten und Babylonien kennengelernt haben. Bewiesen wurde der Satz erst 250 Jahre später von Euklid. Da man das Pentagramm in einem Zug zeichnen kann und am Schluss wieder zum Anfang gelangt, galt es auch als Zeichen für den Kreislauf des Lebens. Mit „Alles ist Zahl" war nur das Verhältnis natürlicher Zahlen gemeint. Für die Pythagoreer gab es also nur die rationalen Zahlen ℚ. Hippasos von Metapont entdeckte aber am Pentagramm, dass die Strecken kein gemeinsames Maß besitzen:

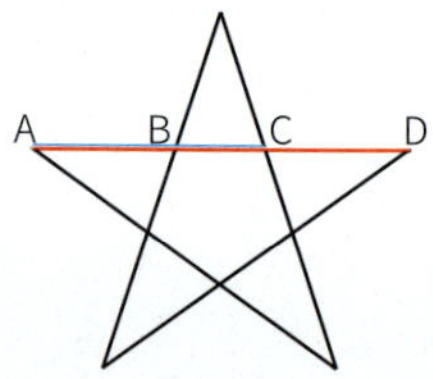

Es gilt: $\frac{\overline{AD}}{\overline{AC}} = \frac{\overline{AC}}{\overline{AB}} = \frac{\overline{AB}}{\overline{BC}} = \frac{1 + \sqrt{5}}{2} = 1{,}618...$ Dieses Verhältnis beschreibt auch den goldenen Schnitt. Hippasos von Metapont soll zur Strafe für diese Entdeckung von den Göttern im Meer versenkt worden sein. Ohne Strafe hast du Beweise zur Irrationalität einer Zahl kennengelernt (siehe Kapitel 2.3).

3.2 Die Umkehrung des Satzes von Pythagoras

1 Seilspanner in Ägypten

Die Konstruktion rechter Winkel war für die Menschen in den alten Kulturen sehr wichtig. So musste nach jedem Nilhochwasser das Land neu verteilt werden. Der Grieche HERODOT (490–425 v. Chr.) berichtet, dass die ägyptischen Feldmesser (Harpedonapten, Seilspanner) mithilfe von Knotenseilen rechte Winkel konstruierten.

Landvermesser beim Vermessen eines Kornfeldes

Gruppenarbeit

Markiert jeweils auf einer Paketschnur 12, 30 oder 40 gleich lange Abschnitte.

a) Probiert aus, ob die ägyptischen Gelehrten in der Abbildung ein rechtwinkliges Dreieck erzeugt haben.

b) Füllt die Tabelle aus. Findet ihr weitere Möglichkeiten?

Anzahl der Knoten	Dreicksseiten		
	a	b	c
12			
30			
40			
...	...	...	...

2 Quadratfiguren

Es sollen Figuren gelegt werden, bei denen drei Quadrate ein Dreieck einschließen.

Mit Hand:
Schneide verschiedene Quadrate aus, lege das Dreieck und miss den Winkel bei C.

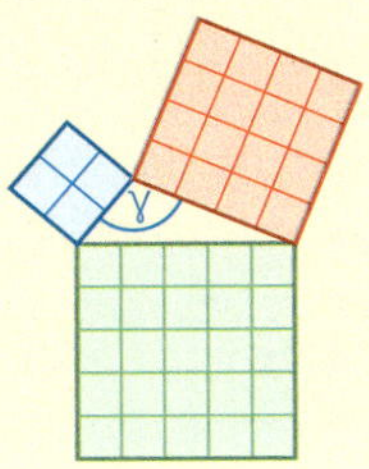

Mit DGS:
Konstruiere: c = 5; C freier Punkt.
Ziehe an C.

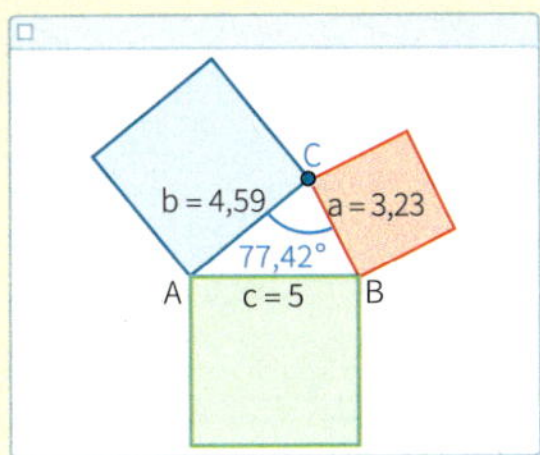

Kongruenzsatz SSS siehe Seite 212

Mathematische Sätze siehe auch Seite 220

Konstruiere die in der Tabelle angegebenen Dreiecke. Bestimme die Flächeninhalte und miss den Winkel γ bei C. Vergleiche bei jeder Figur die Flächeninhalte der drei Quadrate. Fülle die Tabelle mit weiteren Beispielen auf. Fällt dir etwas auf? Formuliere deine Vermutung als „Wenn – dann“-Satz.

Seitenlängen			Flächeninhalte			Winkel bei C
a	b	c	a^2	b^2	c^2	
2	4	5				
3	4	5				
4	5	6				
...	...	...	...	...	...	...

Basiswissen

Die Umkehrung des Satzes von Pythagoras

Wenn für die drei Seitenlängen a, b und c eines Dreiecks $a^2 + b^2 = c^2$ gilt, ist das Dreieck ABC rechtwinklig mit dem rechten Winkel gegenüber der Seite c.

Voraussetzung:		Behauptung:
Im Dreieck ABC gilt $a^2 + b^2 = c^2$	$\Rightarrow$	Das Dreieck ist rechtwinklig.

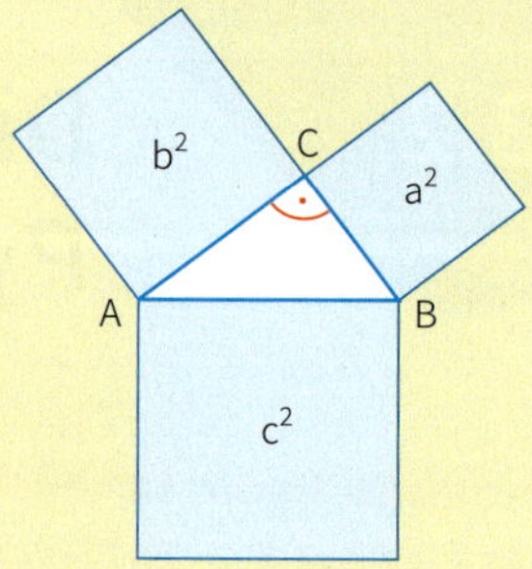

Beispiel

A Überprüfung auf Rechtwinkligkeit

Zeige, dass das Dreieck ABC mit a = 21 cm; b = 20 cm; c = 29 cm rechtwinklig ist.

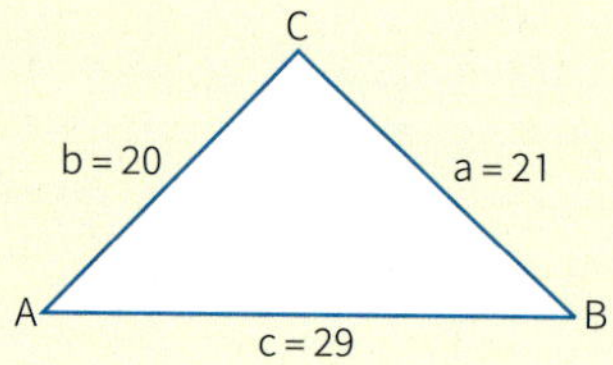

Lösung:

$a^2 + b^2 = 21^2 + 20^2 = 441 + 400 = 841$

$c^2 = 29^2 = 841$

also gilt: $a^2 + b^2 = c^2$, also ist ABC rechtwinklig.

Übungen

3 Dreiecke aufspannen

Mit welchen Schnüren lässt sich ein rechtwinkliges Dreieck aufspannen?

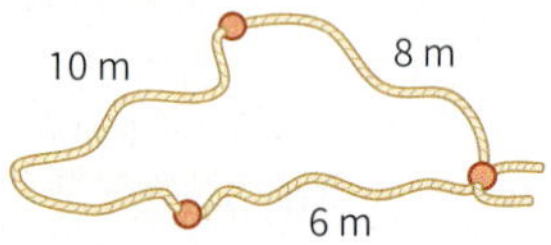

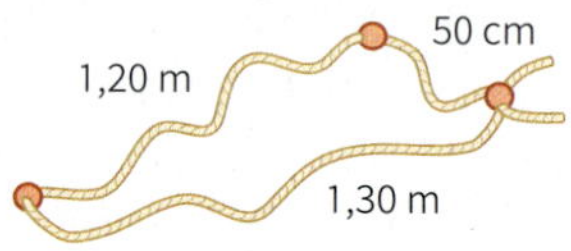

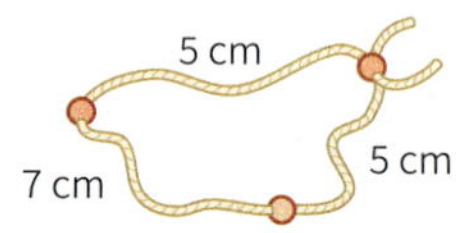

4 Segel

Für einige Segel des Schoners sind die Maße angegeben. Welche sind rechtwinklig?

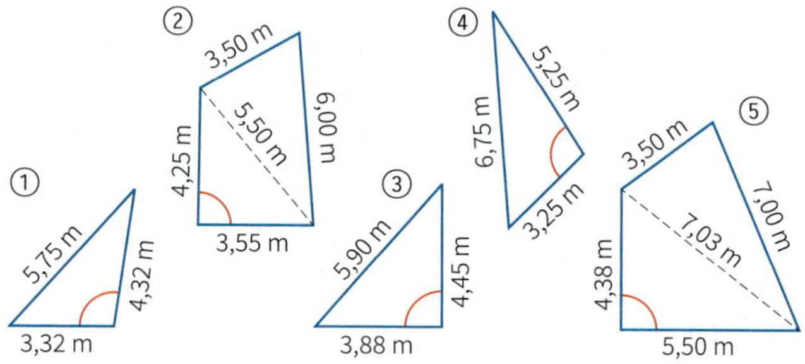

5 Die Umkehrung im Alltag

a) Ist das abgesteckte Grundstück an der markierten Stelle rechtwinklig?

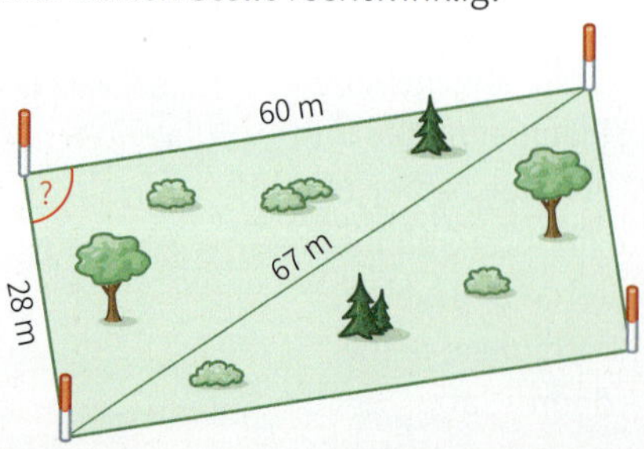

b) Passen die Zeltmaße?

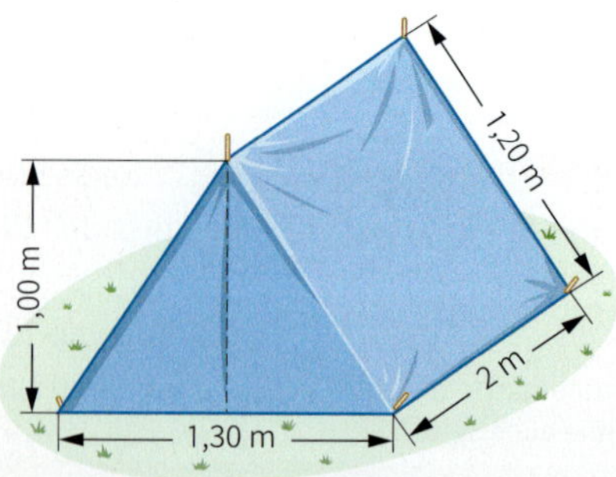

6 **Rechter Winkel mit Zollstock**

Ein Tipp aus dem Internet:

Rechten Winkel mit Zollstock abmessen

Klappe deinen Zollstock drei Glieder weit auf. Knicke die ersten beiden Glieder so, dass das erste Glied auf 67,7 cm zeigt. Achte darauf dass die Spitze des Metallgliedes auf die 67,7 cm zeigt und nicht die Holzspitze.

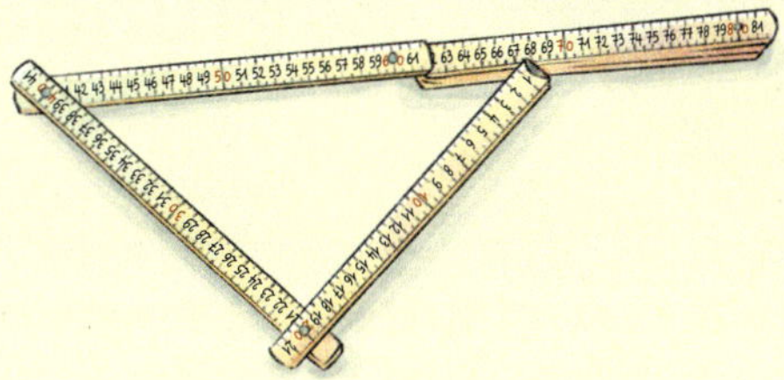

Baue das Dreieck mit dem Zollstock nach, miss und begründe.

DGS

Zusammenhänge beschreiben siehe auch Seite 222

7 **Spitz- oder stumpfwinklig?**

Der Punkt C bewegt sich auf der gestrichelten Linie. Das Dreieck ABC kann spitz- oder stumpfwinklig sein. Beschreibe den Zusammenhang mit den Seiten a, b und c.

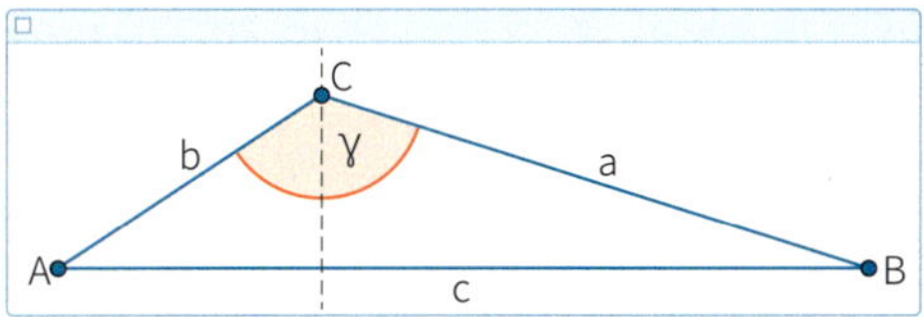

8 **Pythagoreische Tripel**

Pythagoreische Tripel (a, b, c) sind natürliche Zahlen a, b und c, die als Seitenlängen eines rechtwinkligen Dreiecks in Frage kommen, für die also gilt: $a^2 + b^2 = c^2$. Schon ca. 1800 Jahre vor unserer Zeitrechnung schrieben Mathematiker in Babylon pythagoreische Zahlentripel auf Tontäfelchen auf.

a) Zeige, dass (3, 4, 5) und auch (5, 12, 13) pythagoreische Zahlentripel sind.

b) Lukas entdeckt: (6, 8, 10) und (9, 12, 15) sind auch pythagoreische Zahlentripel. Betätige die Entdeckung von Lukas. Entdeckst du einen Zusammenhang mit dem Tripel (3, 4, 5) aus a)? Finde weitere Tripel. Übertrage das Muster für die Tripel auf (5, 12, 13).

c) Weise nach, dass für alle natürlichen Zahlen k (3k, 4k, 5k) ein pythagoreisches Zahlentripel ist. Gib eine weitere Familie pythagoreischer Tripel an.

Zum Weiterdenken

d) Es gibt verschiedene Möglichkeiten pythagoreische Zahlentripel systematisch zu erzeugen.

① Die Formeln $x = u^2 - v^2$; $y = 2uv$; $z = u^2 + v^2$ liefern für jede natürliche Zahl u und v mit $u > 0$ das pythagoreische Tripel (x, y, z).

② Man sucht unter den ungeraden Zahlen $2n + 1$ die Quadratzahlen. Dann ist $\left(\sqrt{2n+1},\ n,\ n+1\right)$ ein pythagoreisches Tripel.

Für Termexperten

- Erzeuge mit den beiden Verfahren pythagoreische Zahlentripel.
- Beweise die Verfahren allgemein für u, v und n.

Grundwissen
zum Wiederholen

1 Notiere das Ergebnis als Dezimalzahl: a) 2 geteilt durch 10 b) 3 geteilt durch 20

2 Wahr oder falsch? „Wenn zwei Quadrate gleichen Umfang haben, dann sind sie kongruent."

3 Löse die Gleichung. a) $0{,}8 \cdot p = 0{,}2$ b) $\frac{1}{4}t = \frac{1}{8}$ c) $-0{,}25q = 4$

4 Wie viel fehlt bis zu einem ganzen Liter? a) $V = 95\,ml$ b) $V = 125\,cm^3$

3.3 Begründen des Satzes von Pythagoras

Variationen zu Beweisen rund um den Satz des Pythagoras
PYTHAGORAS gilt traditionell als der Entdecker des Satzes, obgleich dieser schon lange vor PYTHAGORAS den Ägyptern und Babyloniern bekannt war. Ob sie aber einen Beweis für den Satz kannten, ist unklar. Es gibt mittlerweile sehr viele Beweise. Zu Beginn des 20. Jahrhunderts veröffentlichte ELISHA SCOTT LOOMIS ein Buch mit einer Sammlung von 367 Beweisen zum Lehrsatz des Pythagoras. Bis zum heutigen Tag knobeln viele Hobbymathematiker noch sehr gerne an solchen Beweisen, wobei sich Puzzle-Beweise besonderer Beliebtheit erfreuen.

1 **Falten – Schneiden – Puzzeln**
Zeichne ein rechtwinkliges Dreieck mit den drei Seitenquadraten. Schneide die „Pythagorasfigur" aus und schraffiere die Kathetenquadrate von beiden Seiten. Klappe das Hypotenusenquadrat nach hinten und das kleinere Kathetenquadrat nach vorne um. Schneide die drei überstehenden Dreiecke ab. Gelingt dir der Beweis?

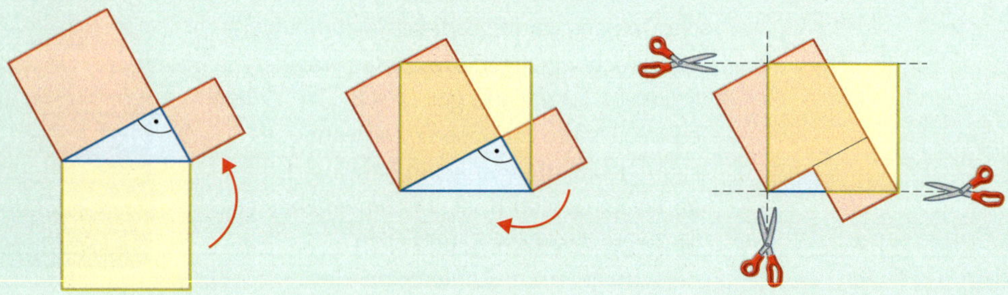

2 **Ein Beweis im Parkett**
Ohne Worte.

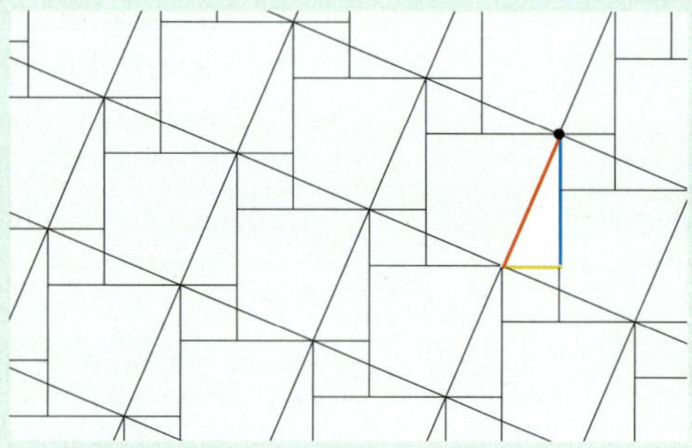

Tipp:
Wie passen die beiden kleinen Quadrate in das „schräge" Quadrat?

3 **Ein Zerlegungsbeweis**
Schneide aus Pappe vier gleiche rechtwinklige Dreiecke mit den Katheten a und b aus. Zeichne in dein Heft ein Quadrat mit der Seitenlänge a + b.

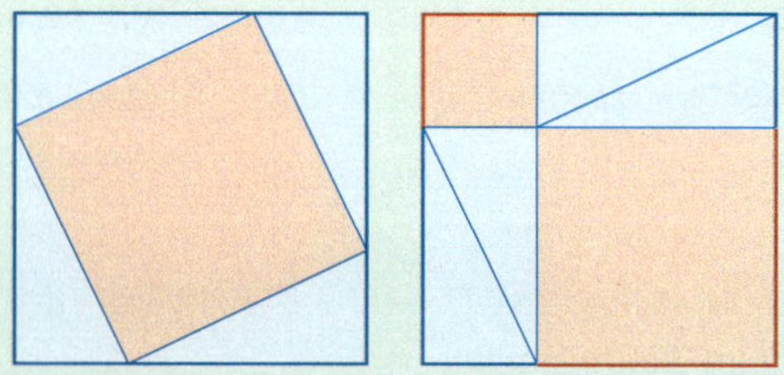

a) Puzzelt man die vier Dreiecke in den quadratischen Rahmen, so entstehen zwei unterschiedliche Restflächen.
Erkläre, wie sich daraus der Satz des Pythagoras ergibt.
b) Überlege, an welchen Stellen du die Rechtwinkligkeit der Dreiecke benötigt hast.
c) Führe auch einen algebraischen Beweis, in dem du die Seiten mit a, b und c bezeichnest und bekannte Flächenformeln anwendest.

Basiswissen

Ein Beweis des Satzes von Pythagoras

Eine Besonderheit der Mathematik besteht darin, dass Aussagen durch logisches Denken bewiesen werden können. Dabei kann für jeden Schritt eine Begründung angegeben werden. Solche Beweise mathematischer Sätze sind von Euklid schon im 4. Jh. v. Chr. formuliert worden.

Aussage formulieren
In rechtwinkligen Dreiecken gilt: $a^2 + b^2 = c^2$

Aussage begründen
1. Schritt: Voraussetzung – Behauptung

Voraussetzungen: • Rechtwinkliges Dreieck mit den Katheten a und b und der Hypotenuse c. Der rechte Winkel liegt gegenüber der Hypotenuse.

Behauptung: • Für die Seitenlängen gilt: $a^2 + b^2 = c^2$

Der Beweis tritt schon bei den Indern auf (BHASKARA, 12. Jhd.), wird dort aber nicht algebraisch bewiesen, sondern durch „Siehe“.

2. Schritt: Zündende Idee und Strategie
- Das gegebene Dreieck so mit drei kongruenten Dreiecken ergänzen, dass eine symmetrische Figur entsteht.
- Flächen der einzelnen Figuren berechnen und vergleichen.
  $A_{\square} = A_{\square} + 4 \cdot A_{\triangle}$

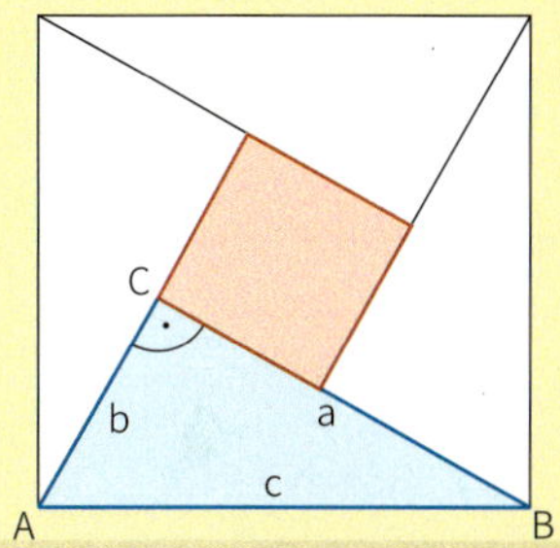

3. Schritt: Beweis aufschreiben
Die Darstellung in Tabellenform dient der besseren Übersicht.

Beweisschritt	Begründung
① Großes Quadrat: $A_{\square} = c^2$	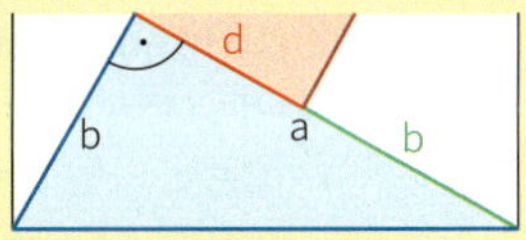
② rotes Quadrat: $d = a - b$; $A_{\square} = (a-b)^2$	
③ blaues Dreieck: $A_{\triangle} = \frac{1}{2}ab$	
④ $c^2 = (a-b)^2 + 4 \cdot \frac{1}{2} \cdot a \cdot b$ $= a^2 - 2ab + b^2 + 2ab$ $= a^2 + b^2$	Binomische Formeln Termumformungen

Übungen

DGS

4 **Die Voraussetzung für den Beweis**
Erläutere mithilfe der Abbildungen, dass der Beweis aus dem Basiswissen nur mit rechtwinkligen Dreiecken funktioniert.

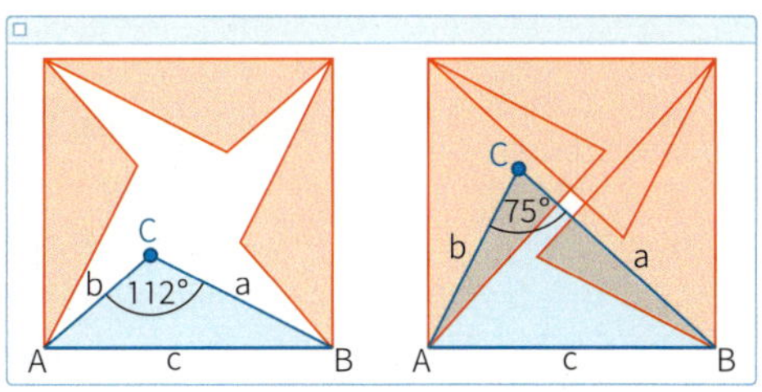

5 **GARFIELD-Beweis**
Der spätere amerikanische Präsident JAMES E. GARFIELD (1831–1881) entdeckte als Student einen Beweis mit dieser Figur.
Vergleiche den Flächeninhalt des Trapezes mit der Summe der Teilflächen und vereinfache die Gleichung.

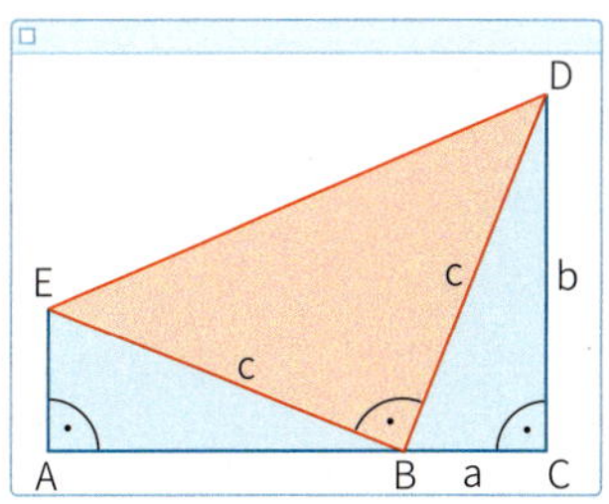

Beweise des Satzes von Pythagoras

Wenn ein Satz mathematisch bewiesen ist, gilt er als sicher. Trotzdem werden in der Mathematik immer wieder andere und neue Beweise für denselben Satz gesucht. Ein Grund hierfür liegt sicher in der Freude, Zusammenhänge selber zu entdecken, ein anderer darin, dass Beweise Einblicke in mathematische Zusammenhänge ermöglichen. Bei Beweisen werden Kombinationen aus verschiedenen Ideen, Strategien und Techniken angewendet. In den Aufgaben treten auf:

- Zeichnen einer geschickten Figur und „Hinsehen" (siehe Aufgabe 2)
- geschicktes Zerlegen und Umlegen (siehe Aufgabe 3, 6)
- geschicktes Umformen von Flächen (Aufgabe 6, 7)
- geschicktes Ergänzen und Berechnen von Teilflächen (Basiswissen)
- Ausnutzen von Kongruenz oder Ähnlichkeit (Aufgabe 8)
- Benutzen bekannter Sätze (Aufgabe 9)
- algebraische Überlegungen (Rechnen) (Basiswissen, Aufgabe 3, 5, 9)

Stuhl der Braut

6 **Beweis mit Gelenkpuzzle – zerlegen und umlegen**

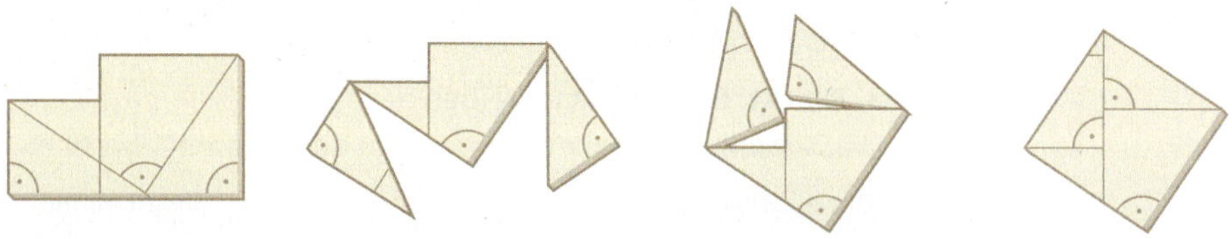

Erstelle aus Pappe ein entsprechendes Puzzle mit drei Teilen und beschrifte passend. Die beiden Dreiecke sind kongruent.

- Begründe, dass der von den Seiten c eingeschlossene Winkel ein rechter Winkel ist.
- Mit der Ausgangs- und Endfigur erhältst du den Satz des Pythagoras. Beschreibe.

7 **Beweis mit Veränderung von Flächen**

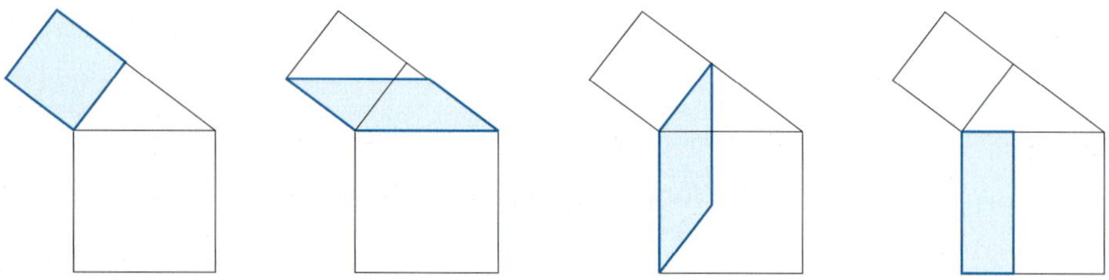

Tipp zu Schritt 1: Vergleiche Grundseite und Höhe.

- Begründe, warum sich der Flächeninhalt des blauen Vierecks bei den einzelnen Flächenveränderungen in den einzelnen Bildern nicht ändert.
- Führe in gleicher Weise einen Nachweis für das andere Kathetenquadrat und vervollständige den Beweis.

8 **Beweis mit Ähnlichkeit**

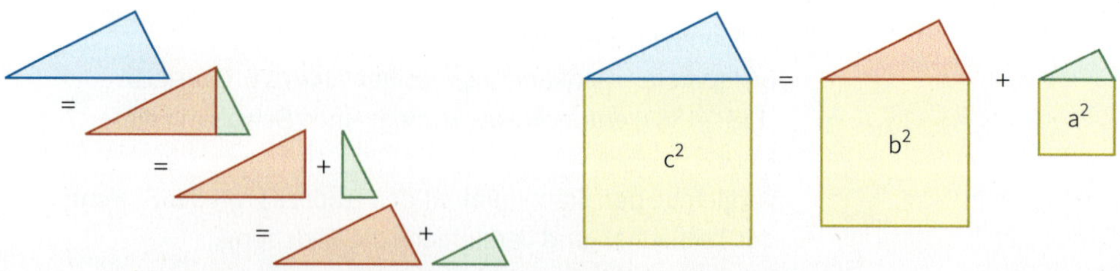

Warum „funktioniert" der Beweis nur für rechtwinklige Dreiecke?

9 Beweis mit dem Satz des Thales

Siehe Seite 209

- Begründe, dass das Dreieck DEB rechtwinklig ist.
- Bestimme jeweils einen Term für die Steigung der Gerade g_{BD} und g_{BE}.
- Es gilt: Sind zwei Geraden g_1 und g_2 senkrecht zueinander, dann gilt für die Steigungen: $m_1 \cdot m_2 = -1$
  Setze für m_1 und m_2 die gefundenen Terme ein und zeige damit, wie aus dem Satz des Thales der Satz des Pythagoras gefolgert werden kann.

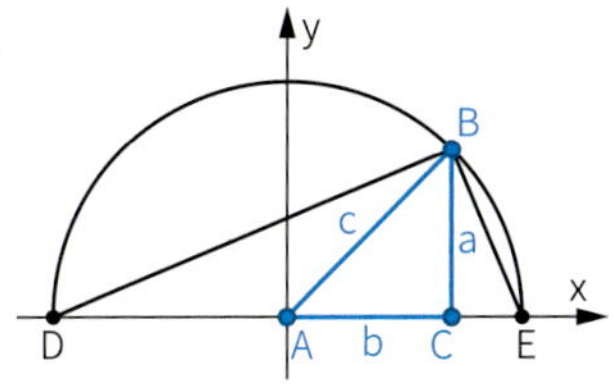

10 Beweis der Umkehrung des Satzes von Pythagoras

Mathematische Sätze siehe auch Seite 220

Es muss gezeigt werden:
Gilt für die drei Seiten eines Dreiecks $a^2 + b^2 = c^2$, so ist das Dreieck rechtwinklig.
Für das Dreieck ABC gilt $a^2 + b^2 = c^2$.
Ziel: $\gamma = 90°$
Das Dreieck A′B′C′ ist rechtwinklig mit den beiden Katheten a und b.

- Zeige, dass gilt: $c' = c$
- Begründe damit, dass die Dreiecke ABC und A′B′C′ kongruent sind.
- Zeige damit: $\gamma = 90°$

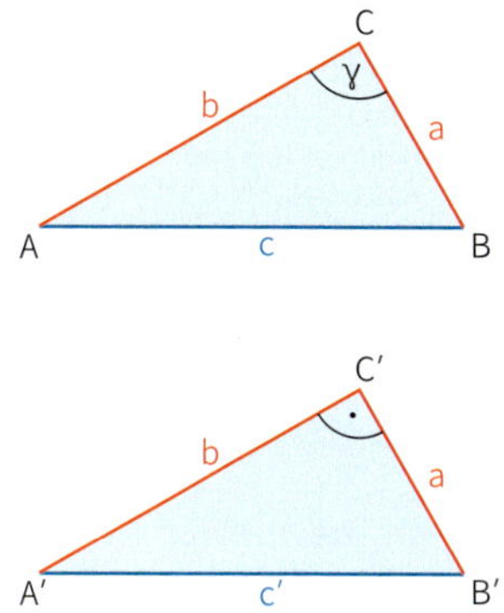

11 Wurzelspirale

Wie können Strecken mit irrationalen Längen konstruiert werden? $\sqrt{2}$ ist die Länge der Diagonale im Quadrat mit der Kantenlänge 1. Mit dieser Konstruktionsidee und dem Satz des Pythagoras können Strecken mit irrationaler Länge konstruiert werden.

a) Die Abbildung zeigt den Anfang der Wurzelspirale. Übertrage in dein Heft und setze die Spirale fort.

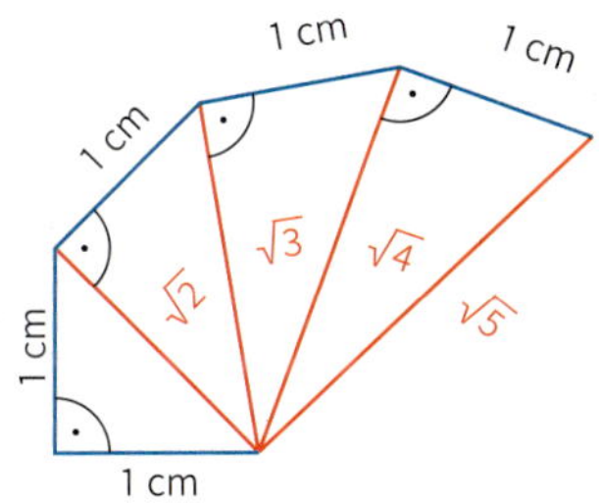

b) Mit der Wurzelspirale lassen sich (theoretisch) die Quadratwurzeln aller natürlichen Zahlen zeichnerisch darstellen. Begründe mit dem Satz des Pythagoras.

Forschungsaufgabe

c) Wenn du mit der Spirale allerdings $\sqrt{29}$ konstruieren willst, wird das sehr aufwändig. Aber auch hier hilft der Satz des Pythagoras: Man zerlegt den Radikand in die Summe von Quadraten:
$\sqrt{29} = \sqrt{25 + 4} = \sqrt{5^2 + 2^2}$

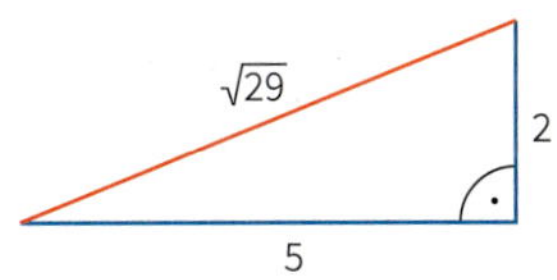

Nicht alle natürlichen Zahlen lassen sich in die Summe zweier Quadrate zerlegen. Aber es ist erstaunlich, Mathematiker haben bewiesen, dass man nie mehr als vier Quadrate benötigt! Konstruiere geschickt:

① $\sqrt{13}$ ② $\sqrt{24}$ ③ $\sqrt{23}$ ④ $\sqrt{42}$

Grundwissen
zum Wiederholen

1 Entscheide: Bei welchen Funktionen handelt es sich um eine lineare Funktion? Schreibe sie in der Form $y = m \cdot x + b$.
(A) $f(x) = -x$ (B) $f(x) = \frac{x}{4}$ (C) $f(x) = (x + 1)^2$ (D) $f(x) = -2 \cdot (1 - x)$

2 Bienenwaben sind besonders stabil. Mit nur 40 g Wachs können sie 2 kg Honig halten. Gib den Term der Zuordnung „Wachsmenge x in g → Honigmenge y in kg“ an.

3 Gib eine Formel für Flächeninhalt eines Parallogramms an.

Rund um den Satz des Pythagoras – Variieren und Entdecken
Man kann beim Satz des Pythagoras durch Variieren der Bedingungen zu neuartigen Fragen kommen. Beim Beantworten entdeckt man interessante Zusammenhänge.

Beispiele:
- eine Seite des Rechtecks ist jeweils doppelt so lang (halb so lang) wie die andere
- eine Seite des Rechtecks ist um jeweils 2 cm länger (kürzer) als die andere Seite

12 ≡ Variieren: Pythagoras mit Rechtecken und Dreiecken

Was passiert, wenn man über den Seiten eines rechtwinkligen Dreiecks anstelle der Quadrate Rechtecke errichtet?

a) Probiere mit verschiedenen Rechtecktypen.
Berechne jeweils die Flächeninhalte der Rechtecke über den Katheten und über der Hypotenuse. Was beobachtest du? Diskutiert eure Ergebnisse in der Klasse.

b) Pia vermutet: „Der Satz des Pythagoras ist immer dann auf Rechtecke übertragbar, wenn die Rechtecke zueinander ähnlich sind.“ Hat sie Recht? Überprüfe an deinen Beispielen aus a).
Findest du eine Begründung?

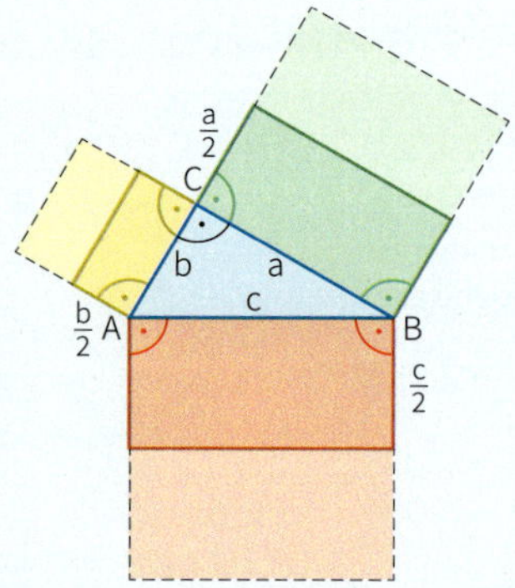

c) Ersetze in der Pythagorasfigur die Quadrate durch gleichseitige Dreiecke. Was stellst du fest? Experimentiere auch mit gleichschenkligen und rechtwinkligen Dreiecken.

13 ≡ Variieren: Tripel mit $a^3 + b^3 = c^3$

Bei der Suche nach pythagoreischen Zahlentripeln gibt es die anschauliche Hilfe: Suche nach zwei Quadraten, die zusammengelegt ein drittes Quadrat ergeben.
Bei $a^3 + b^3 = c^3$ werden aus den Quadraten Würfel.
Schreibe die ersten 20 Kubikzahlen in einer Tabelle auf und versuche es mit den Differenzen solcher Zahlen. Im Beispiel ist es fast gelungen, leider fehlt ein einziger Baustein. Findest du ähnlich knappe Ergebnisse?

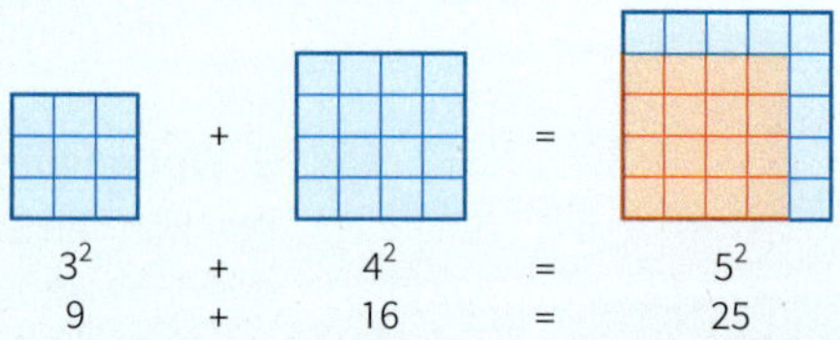

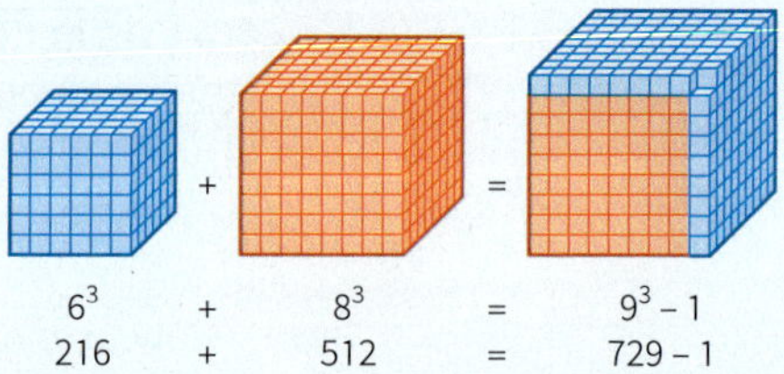

Exkurs

Großer Fermat'scher Satz

Fermat beschäftigte sich im 17. Jahrhundert mit dem Satz des Pythagoras und behauptete 1653, dass es für die Gleichung $x^n + y^n = z^n$ (Fermat'sches Tripel) keine ganzzahlige Lösung für n größer als 2 gebe. „Ich habe hierfür einen wahrhaft wunderbaren Beweis, doch ist der Rand hier zu schmal, um ihn zu fassen.“, notierte er dazu. Nach diesem Beweis suchten seitdem viele Generationen von Mathematikern erfolglos. Auch zahllose Laien haben sich an diesem Problem versucht. 325 Jahre nach Fermat hat Andrew Wiles 1995 den Satz nach siebenjähriger Arbeit mit großem Aufwand beweisen können. Das war in der mathematischen Welt eine Sensation.

14 ≡ Variieren: Pythagoreische „Quadrupel“

vgl. 3.2 Aufgabe 8

a) Was passiert, wenn man an Stelle der Tripel nun vier Zahlen a, b, c, d mit der Eigenschaft $a^2 + b^2 + c^2 = d^2$ oder $a^2 + b^2 = c^2 + d^2$ sucht? Findest du solche „Quadrupel“?

b) Kannst du diese Gleichungen auch als Vergleich von Quadratflächen einer geometrischen Figur interpretieren? Zeichne entsprechende Bilder.

3.4 Problemlösen und Modellieren mit dem Satz des Pythagoras

1 Pyramide

Im Innenhof des Louvre in Paris stehen eine große Glaspyramide und zwei kleine mit jeweils quadratischem Boden. Sie wurden von dem chinesisch-amerikanischen Architekten IEOH MING PEI entworfen und 1989 eröffnet. Sie dienen als Haupteingang in das Museum.

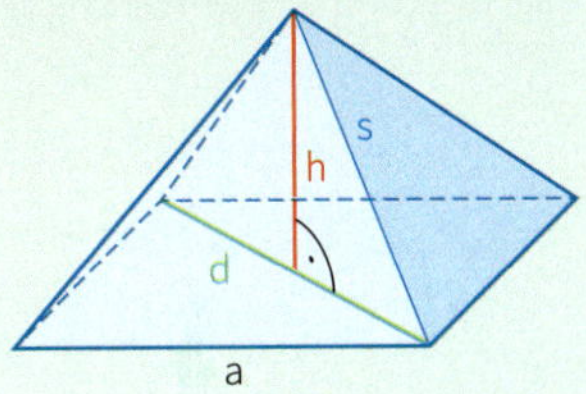

a) Die große Pyramide ist 21,65 m hoch und 35,42 m breit. Wie lang ist die Seitenkante?
b) Die kleine Pyramide ist 7,60 Meter breit. Die Glasrauten haben 1,8 m lange Seiten. Wie hoch ist die Pyramide?
c) Untersuche mithilfe der Strecken d und h, ob die beiden Pyramiden zueinander ähnlich sind.
d) Welche Aspekte der Realität bleiben unberücksichtigt?

2 Echolot

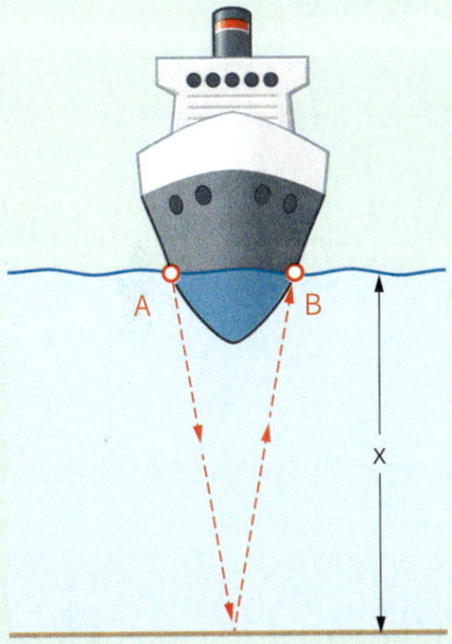

Bei der Schifffahrt benutzt man das Echolot, um die Meerestiefe zu bestimmen. Dazu sendet man vom Punkt A des Schiffes ein Schallsignal aus. Der Schall wird am Meeresboden reflektiert und auf den Punkt B des Schiffes zurückgeworfen. Aus der Zeit, die der Schall von A nach B benötigt (Schalldifferenz) und der Breite des Schiffes kann man die Meerestiefe berechnen. Der Schall legt im Wasser in einer Sekunde 1510 m zurück.

a) Ein an der Wasseroberfläche 18 m breites Schiff misst an einem Punkt eine Schalldifferenz von 0,5 Sekunden. Wie tief ist das Meer an dieser Stelle?

Zum Weiterdenken
Zusammenhänge beschreiben siehe auch Seite 222

b) Häufig kann folgende Faustregel sinnvoll genutzt werden: „Tiefe gleich Zeit in Sekunden mal 1510“. Beschreibe, wann dies der Fall ist und wann nicht.

3 Auf Umwegen zur Lösung

a) „Finde x.“

> Tipp
> Rechtwinklige Dreiecke suchen.
> Dazu eventuell Hilfslinien einzeichnen.

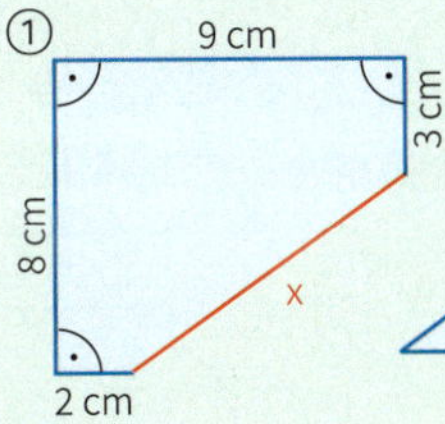

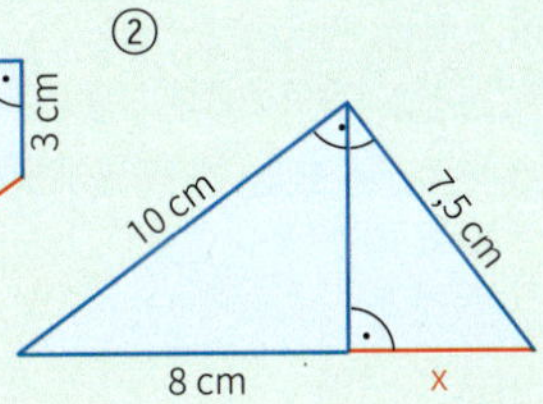

Zum Weiterdenken

b) Mia hat bei ② folgenden Ansatz gewählt: $10^2 + 7{,}5^2 = (8 + x)^2$.
Begründe den Ansatz. Beim Berechnen von x stößt Mia auf ein Problem …

Basiswissen

Problemlösen mit dem Satz des Pythagoras

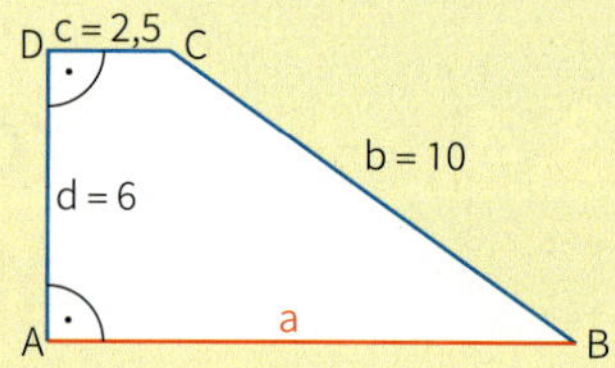

Problem:
- Gegeben ist das Trapez ABCD. (Längen in cm)
- Bestimme die Länge der Seite a.

Strategien:
(1) Planskizze anfertigen. Wenn es keine rechtwinkligen Dreiecke gibt, dann Hilfslinien einzeichnen, sodass rechtwinklige Dreiecke und einfache Figuren entstehen.
(2) • Unmittelbar erschließbare Längen angeben.
• Fehlende Längen mithilfe bekannter Sätze berechnen.

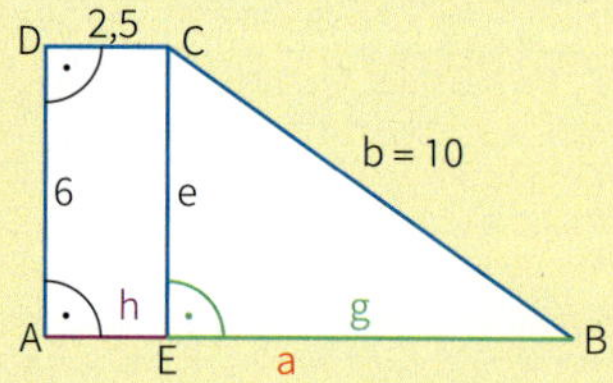

(1) Hilfslinie e einzeichnen. Es entstehen das Rechteck AECD und das rechtwinklige Dreieck EBC.
(2) • $h = 2{,}5\,\text{cm}$; $e = 6\,\text{cm}$
• Satz des Pythagoras im Dreieck EBC: $e^2 + g^2 = 10^2$

$36 + g^2 = 100$

$g^2 = 64$

$\Rightarrow g = 8$

$a = h + g = 2{,}5 + 8 = 10{,}5$; $a = 10{,}5\,\text{cm}$

Anschauliche Probe: a ist etwas länger als $\overline{BC}$.

Beispiel

A Raumdiagonale im Quader
Wie lang ist die Raumdiagonale d im Quader mit den Seitenlängen a, b und c?

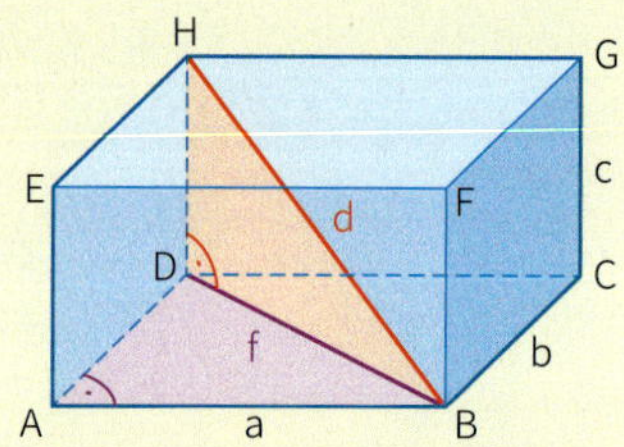

Lösung:
(1) Hilfslinie f (Flächendiagonale) einzeichnen. d ist die Hypotenuse des rechtwinkligen Dreiecks BHD.
Gleichung I $d^2 = f^2 + c^2$
(2) f kann mit dem rechtwinkligen Dreieck ABD berechnet werden, in dem die beiden Katheten bekannt sind (Seitenkanten a und b).
Gleichung II $f^2 = a^2 + b^2$
(II) in (I) einsetzen: $d^2 = a^2 + b^2 + c^2$ und dann wurzelziehen ergibt $d = \sqrt{a^2 + b^2 + c^2}$

Übungen

4 Berechnungen von Größen in geometrischen Figuren
Berechne jeweils die rot gezeichneten Größen:

a)
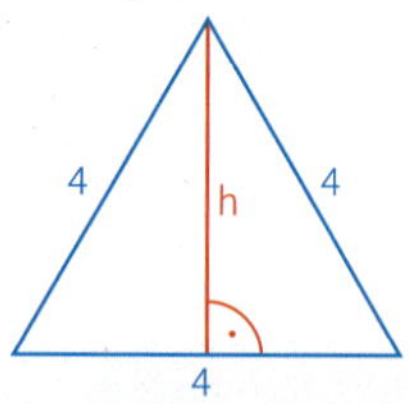

b)
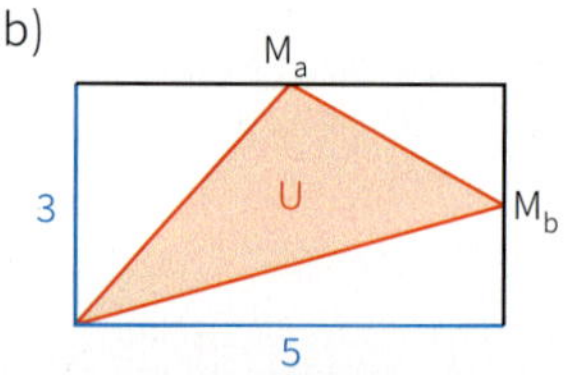

c)
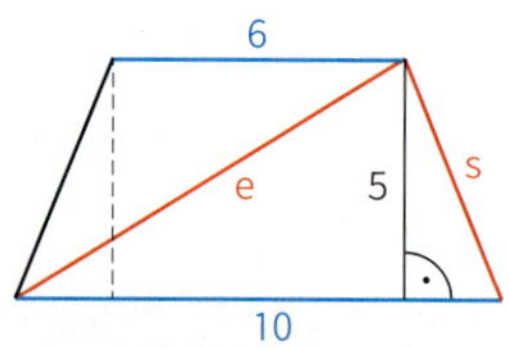

d)
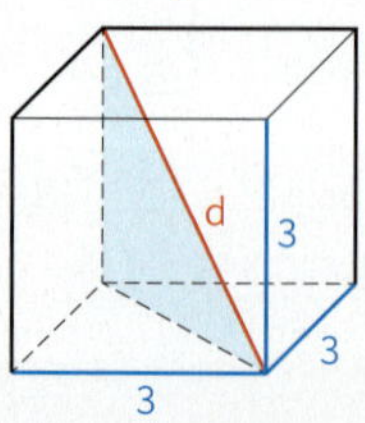

e)
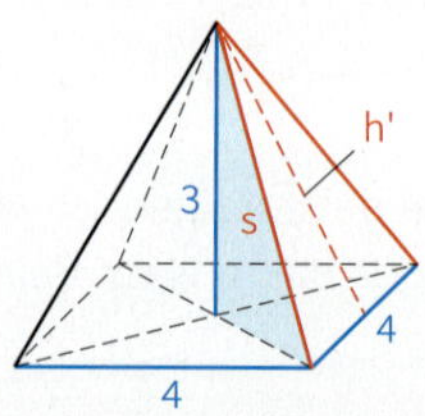

f)
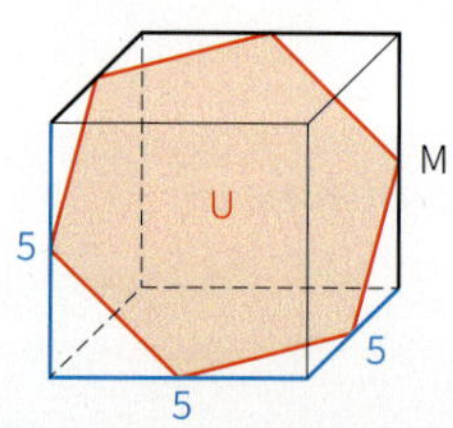

5 **Tangram**

Bestimme die Seitenlängen und Flächeninhalte aller Tangramteile eines Spiels, bei dem das kleine Quadrat den Flächeninhalt 4 cm² hat.

6 **Dachbalken**

Bei den abgebildeten Gebäuden sollen die Dachbalken jeweils 50 cm überstehen. Berechne für jedes Haus die Länge der Dachsparren.

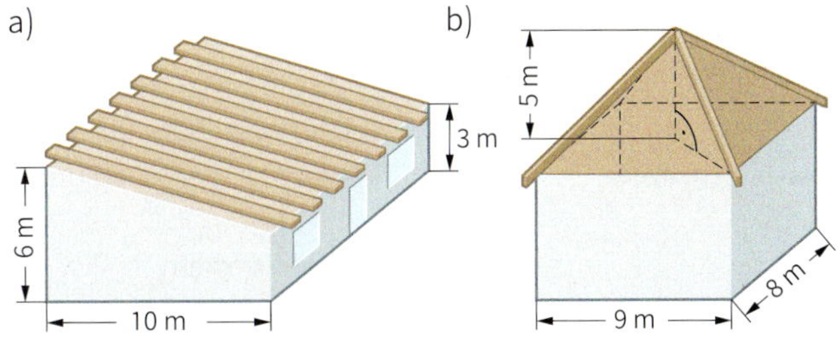

7 **Zelterneuerung**

Das 2 m hohe Zelt soll einen neuen Reißverschluss bekommen und imprägniert werden.

a) Es gibt Reißverschlüsse folgender Längen zu kaufen: 2,00 m; 2,10 m; 2,20 m; 2,30 m. Welcher ist für das Zelt geeignet?

b) Eine Dose Imprägnierspray reicht für 4 m² Zeltstoff. Wie viele Dosen werden benötigt?

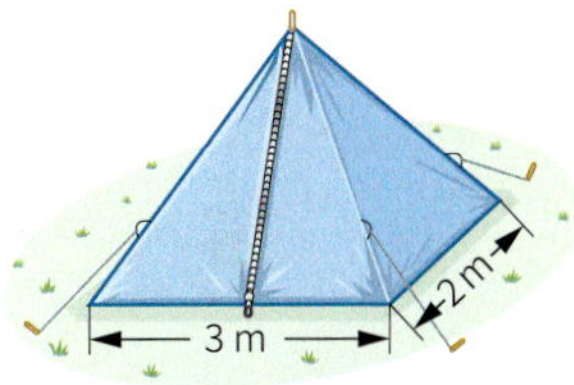

8 **Straßensteigungen**

a) Auf einem Straßenschild ist die Länge s der Straße mit 7 km und die Steigung m mit 9 % angegeben. Wie groß sind der Höhenunterschied h und die horizontale Entfernung a?

b) Wie lang ist eine Straße, die bei einer Steigung von 6 % eine horizontale Entfernung a von 12 km überwindet?

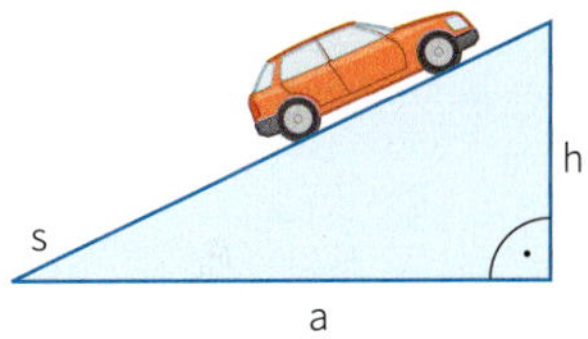

9 **Behindertenrampen**

Behindertenrampen dürfen höchstens eine Steigung von 6 % aufweisen, da sie sonst von einem Rollstuhlfahrer nur schwer bewältigt werden können.

a) Entspricht die Rampe dieser Vorschrift?

b) Wie lang muss eine Rampe mindestens sein, um einen Höhenunterschied von 1,20 m zu überwinden?

c) Findest du einen Term, mit dem man die Mindestlänge in Abhängigkeit vom Höhenunterschied h ausdrücken kann?

d) Ist deine Schule rollstuhlgerecht? Gibt es Stellen mit besonders langer Rampe?

10 **Die große Olympiasprungschanze in Garmisch Partenkirchen**

Die Anlauflänge der Schanze beträgt 103,5 m, der Neigungswinkel 35°. Wie hoch muss der Sprungturm mindestens sein? Fertige eine Zeichnung an. Warum kannst du die Höhe nicht berechnen?

Informiere dich im Internet über die technischen Daten der Sprungschanze.

11 Rettungsleiter

Im 4. Stock des Hauses muss eine Person gerettet werden. Wird die 20 m lange Leiter des Feuerwehrwagens reichen?

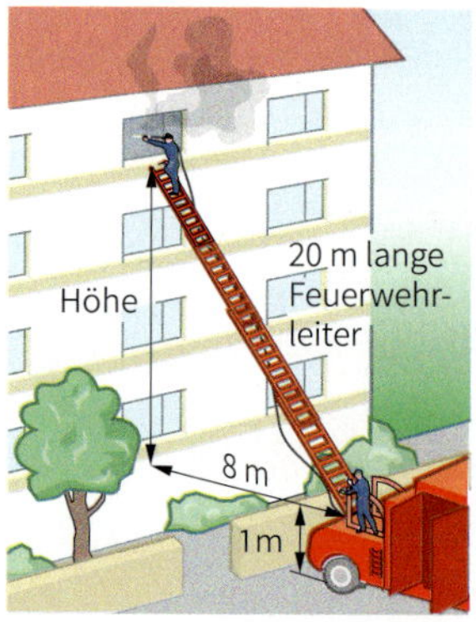

a) Wie hoch reicht die Leiter, wenn sie 8 m vom Haus entfernt steht?

b) Was passiert, wenn der Leiterwagen nicht näher als 11 m an das Gebäude heranfahren kann?

Zum Weiterdenken Funktionenplotter

c) $h(x) = \sqrt{400 - x^2}$ ist die Funktion, die die Höhe der Leiter in Abhängigkeit des Abstands von dem Haus angibt.

- Leite die Funktionsgleichung her, skizziere den Graphen und interpretiere den Graphenverlauf im Sachkontext.

Forschungsaufgabe

- Wann stimmen Abstand und Höhe überein?

12 Nützliche Formeln

Formeln sind nützlich. Wenn man eine Formel für eine gesuchte Größe hat, muss man nur noch die gegebenen Werte einsetzen, um ein Ergebnis zu bekommen, man muss nicht mehr für jede Aufgabe Gleichungen umformen. Erstelle Formeln:

Zusammenhänge beschreiben siehe auch Seite 222

① Diagonale im Quadrat

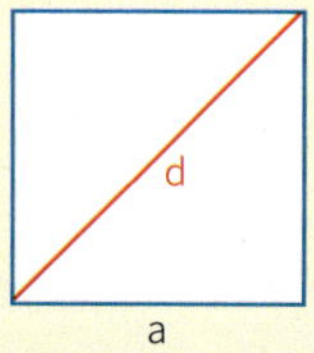

② Höhe und Fläche eines gleichseitigen Dreiecks

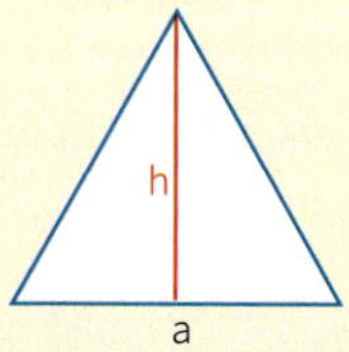

③ Raumdiagonale im Würfel

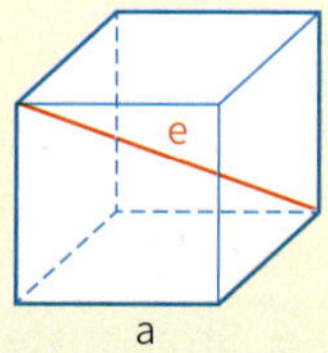

④ Höhe einer quadratischen Pyramide

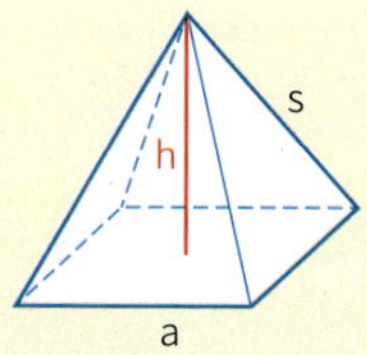

Zum Weiterdenken

Zu ②
Formel für a in Abhängigkeit von h

Zu ④
- *Formel für a in Abhängigkeit von h und s*
- *Formel für s in Abhängigkeit von a und h*

Forschungsaufgabe

Leite die Formeln her.

Raute

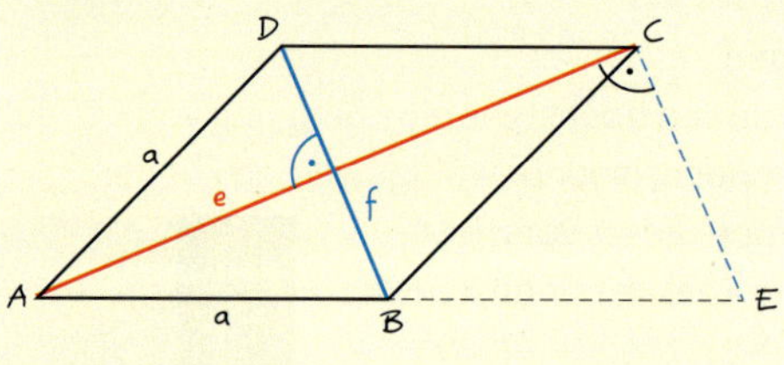

$e^2 + f^2 = 4a^2$

Parallelogramm

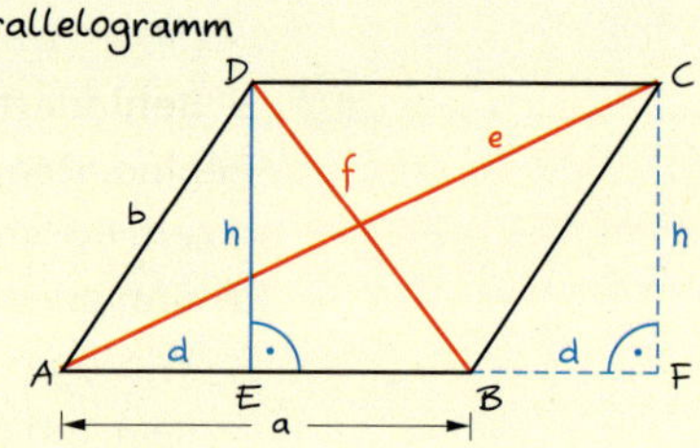

$e^2 + f^2 = 2 \cdot (a^2 + b^2)$

13 Telefonkabel

Ein Telefonkabel ist von Punkt A aus zum Haus wie in der Abbildung dargestellt, verlegt. Es soll ein neues Kabel verlegt werden. Finde verschiedene Möglichkeiten.

- Welche Annahmen müssen gemacht werden?
- Welche Aspekte der Realität bleiben unberücksichtigt?

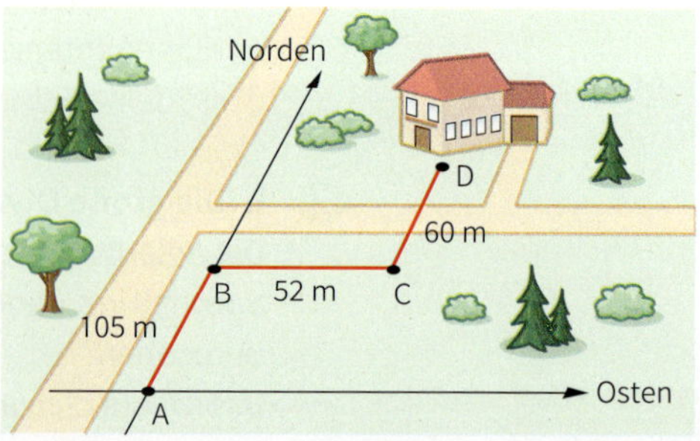

Modellieren mit rechtwinkligen Dreiecken

Reale Probleme sind oft komplex. Meist interessieren aber auch nur ausgewählte Aspekte. Deshalb werden Annahmen gemacht, mit denen die Situation viel einfacher wird. Erst dann wird es möglich, ein mathematisches Modell zu erstellen und damit zu rechnen. Die Ergebnisse müssen dann in der Realität überprüft werden.

Realität

Zugeparkt?

Autolänge: 4,80 m
Parklücke: 5,40 m

Annahmen:

- Fahrer(in) kann parken.
- Lenkeinschlag möglich
- Bordstein nicht berücksichtigt.
- Autoform rechteckig

Mathematisches Modell

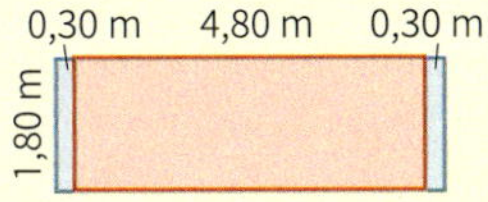

Modell auswerten und mathematisch lösen

Die Länge der Diagonalen des Autos bestimmen.

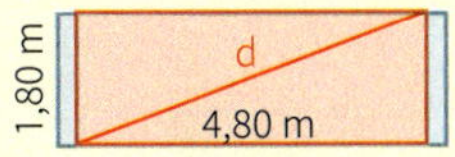

$d^2 = 4{,}80^2 + 1{,}80^2 = 26{,}28$

$\Rightarrow d = \sqrt{26{,}28} \approx 5{,}13$

Mathematische Lösung in der Realität interpretieren

Die Diagonale des Autos ist ca. 25 cm kleiner als die Parklücke, es müsste daher passen.

Lösung in der Realität überprüfen

Ein Auto entsprechend parken. Prüfen, ob sich das Auto ausparken lässt.

Gruppenarbeit

14 Der Weg zur Arbeit

Frau Müller fährt mit dem Auto zur Arbeit. Dabei kann sie entweder über die beiden Landstraßen fahren oder durch das Wohngebiet.

Was ist die „günstigste“ Route?

a) Nach welchen Kriterien kann Frau Müller die Route wählen?

b) Hier sind einige Informationen.

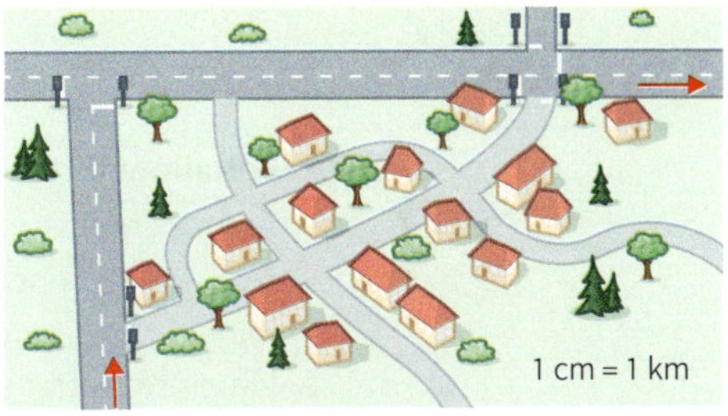

Ampelschaltung:	Vorfahrtregelung:
Rot: 40 s/min	Wohngebiet: rechts vor links
Grün: 20 s/min	Landstraße: Vorfahrtstraße

Findet Modelle nach unterschiedlichen Kriterien. Gebt eine Empfehlung.

Grundwissen
zum Wiederholen

1 Gib den Winkeltyp von α ohne Messung an. Begründe.

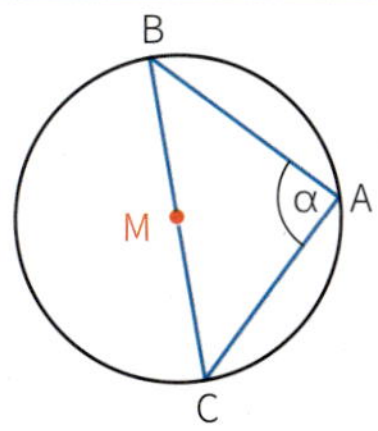

2 Größer, kleiner, gleich? Entscheide ohne Taschenrechner.

a) $\sqrt{8} + \sqrt{2}$ ■ 3 b) $\sqrt{20} + \sqrt{5}$ ■ 5

3 Löse die Gleichung: $-5 + (3 - 2 \cdot x) = 4 \cdot (x - 1)$

4 Gib alle ganzen Zahlen x an, für die gilt: $-\frac{23}{4} < x < -\frac{5}{2}$

5 Bestimme alle Teiler von 75.

Experiment

15 ≡ Etwas zum Staunen

Markiere zwei Punkte im Abstand von 2 m. Eine Schnur, die länger ist als 2 m, kann in der Mitte angehoben werden, wenn sie in A und B befestigt ist.

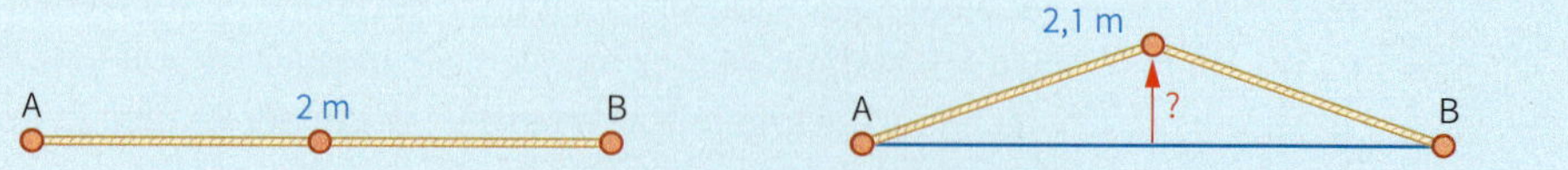

a) Was schätzt du: Wie hoch kann die Schnur angehoben werden, wenn sie 2,1 m lang ist? Probiere aus. Berechne dann. Führe das Experiment für verschiedene Schnurlängen durch. Schätze immer zuerst und rechne dann. Vergleiche Schätzungen und Rechnungen.

b) Verallgemeinerung: Die Schnur wird jetzt x Meter verlängert.
Begründe, dass jetzt gilt: $1^2 + h^2 = \left(1 + \frac{x}{2}\right)^2$
Leite damit die Formel für die Höhe h in Abhängigkeit der Verlängerung x her:
$h(x) = \sqrt{\frac{1}{4}x^2 + x}$. In der Abbildung ist der Graph von h skizziert.
Beschreibe damit, wie die Höhe von der Verlängerung der Schnur abhängt.

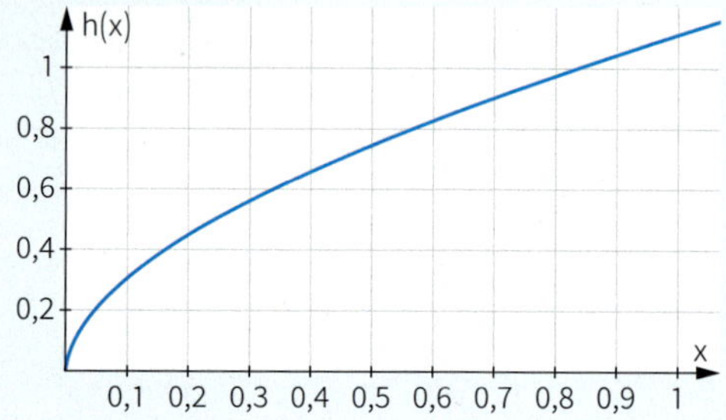

Zusammenhänge beschreiben
siehe auch Seite 222

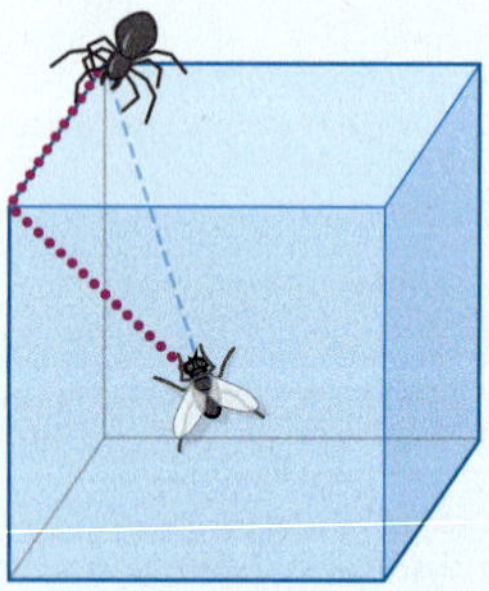

16 ≡ „Fliegen oder Laufen“

Eine Fliege sitzt in der Mitte der Vorderfläche einer würfelförmigen Schachtel mit der Kantenlänge 50 cm. Sie kann zu einer Spinne, die in der gegenüberliegenden Ecke sitzt, entweder krabbeln oder fliegen.

a) Ermittle die Länge der roten Laufstrecke und blauen Flugstrecke.

b) Welches ist die kürzeste Strecke, auf der die Fliege zur Spinne krabbeln kann? Berechne.

Tipp zu a) und b)
Zeichne ein Netz des Würfels und markiere Fliege und Spinne mit Punkten.

17 ≡ Ballonfahrt

Aus einem Ballon in 120 m Höhe hat man einen wunderschönen Blick auf die Landschaft. Leider kann man selbst bei klarstem Wetter und mit Fernglas wegen der Erdkrümmung (r = 6370 km) nur bis zum Horizont sehen. Dieser rückt allerdings umso weiter weg, je höher man steigt.

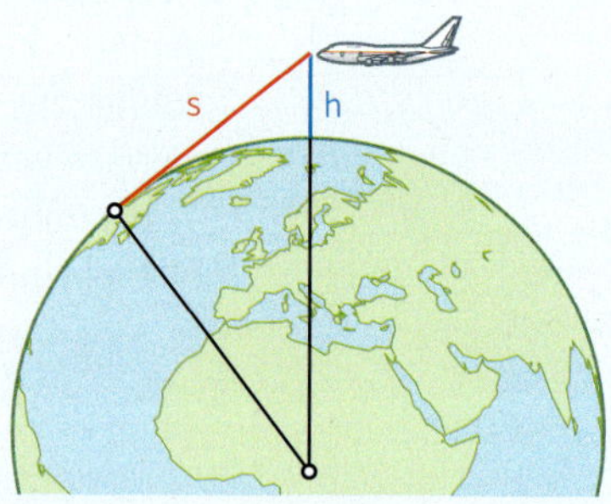

a) Es gibt eine Faustformel, mit der man die Sichtweite s in Abhängigkeit von der Höhe h berechnen kann:
$s = \sqrt{12\,740 \cdot h}$ (alle Größen in km). Stelle mit dieser Formel eine Tabelle für die Sichtweite aus verschiedenen Höhen auf (Augenhöhe, Burgturm, Fernsehturm, Ballon, Flugzeug, Satellit, …).

b) Die genaue Formel lautet: $s = \sqrt{h^2 + 12\,740 \cdot h}$.
Leite die Formel selbst her. Vergleiche die Werte der Tabelle aus a) mit den Werten dieser Formel. Bis zu welcher Höhe kann die Faustformel ohne Bedenken benutzt werden?

c) Was hältst du von der Behauptung des Jungen auf dem Turm? Begründe.

3.5 Kathetensatz und Höhensatz

Der Satz des Pythagoras steht nicht alleine. Er gehört zu der Familie der „Flächensätze am rechtwinkligen Dreieck“. Mit ihnen hat sich bereits vor mehr als 2000 Jahren der bedeutende griechische Mathematiker EUKLID befasst. Mithilfe dieser Sätze können alle Seitenlängen in rechtwinkligen Dreiecken berechnet werden, wenn nur solche Seitenlängen gegeben sind, die zur geometrischen Konstruktion notwendig sind.

1 Weitere Zusammenhänge in rechtwinkligen Dreiecken entdecken

Im rechtwinkligen Dreieck teilt die Höhe auf der Hypotenuse diese in zwei Hypotenusenabschnitte p und q.

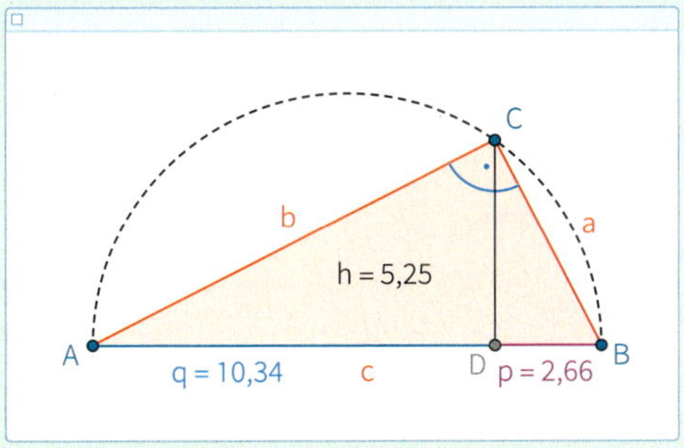

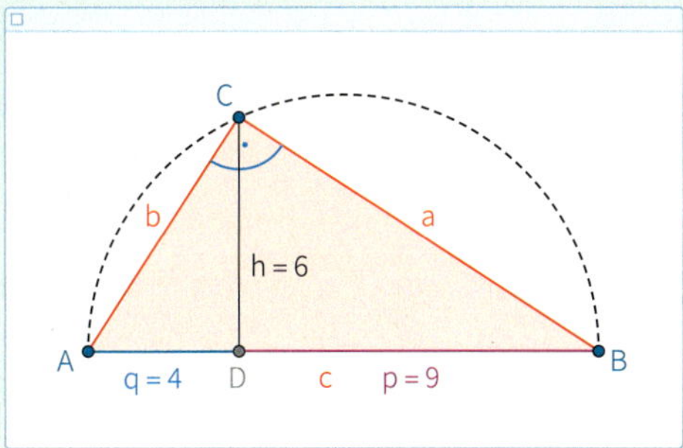

a) Zeichne die Strecke $\overline{AB} = c = 13\,cm$ und jeweils über ihr ein rechtwinkliges Dreieck mit den angegebenen Werten für q. Hinweis: Der Thaleskreis hilft. Fülle die Tabelle durch Messen der zugehörigen Werte aus.

a	■	■	■	■	■	■
b	■	■	■	■	■	■
c	13	13	13	13	13	13
q	1	2	3	4	5	6
p	■	■	■	■	■	■
h	■	■	■	■	■	■

Zusammenhänge beschreiben siehe auch Seite 222

b) Beschreibe für $q = 4$ den Zusammenhang zwischen p, q und h. Leite daraus eine Berechnungsformel für h ab.

c) Auch zwischen a, p und c sowie b, q und c gibt es Zusammenhänge. Betrachte dazu die Produkte $p \cdot c$ und $q \cdot c$ in der Tabelle. Formuliere als Formel. Veranschauliche die Formeln durch Flächen am rechtwinkligen Dreieck.

Zum Weiterdenken

d) Warum muss die Tabelle nicht für $q = 7$, $q = 8$, ... weitergeführt werden? Gelingt dir auch eine Erklärung mithilfe der Formel aus b)? Mit der Entdeckung aus Teilaufgabe c) kann man auch den Satz des Pythagoras herleiten. Begründe.

2 Weitere Zusammenhänge in rechtwinkligen Dreiecken

Es gibt weitere Zusammenhänge in rechtwinkligen Dreiecken.

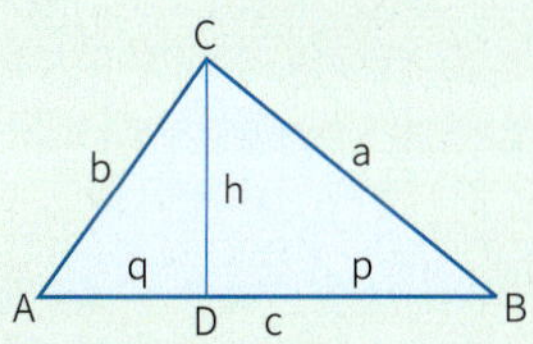

① $a^2 = p \cdot c$ ② $b^2 = q \cdot c$ ③ $h^2 = p \cdot q$

a) Konstruiere ein rechtwinkliges Dreieck mit $a = 6\,cm$, $b = 8\,cm$ und $c = 10\,cm$ mit der Höhe zu C. Überprüfe die Formeln durch Messung und Rechnung.

b) Veranschauliche die Formeln durch Flächen am rechtwinkligen Dreieck.

c) Zeige anschaulich und durch Termumformung: Mit ① und ② kann man auch den Satz des Pythagoras herleiten.

Basiswissen

Kathetensatz

Ein Dreieck ABC ist rechtwinklig mit den Hypotenusenabschnitten p und q.
$\Rightarrow\; b^2 = q \cdot c$ und $a^2 = p \cdot c$

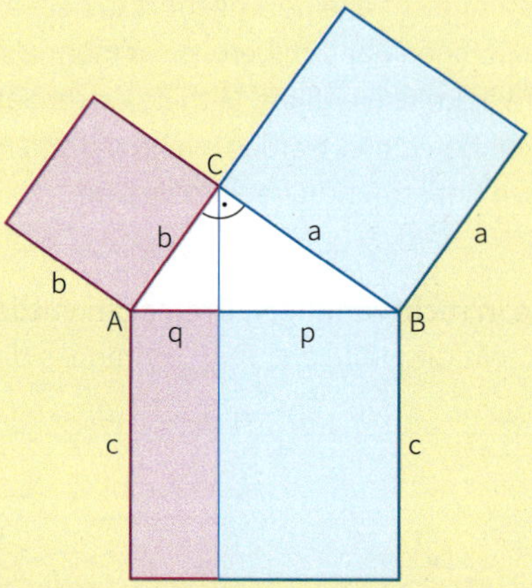

Im rechtwinkligen Dreieck ist das Quadrat über einer Kathete flächeninhaltsgleich mit dem Rechteck, dessen Seiten so lang sind wie die Hypotenuse und der anliegende Hypotenusenabschnitt.

Höhensatz

Ein Dreieck ABC ist rechtwinklig mit den Hypotenusenabschnitten p und q.
$\Rightarrow\; h^2 = p \cdot q$

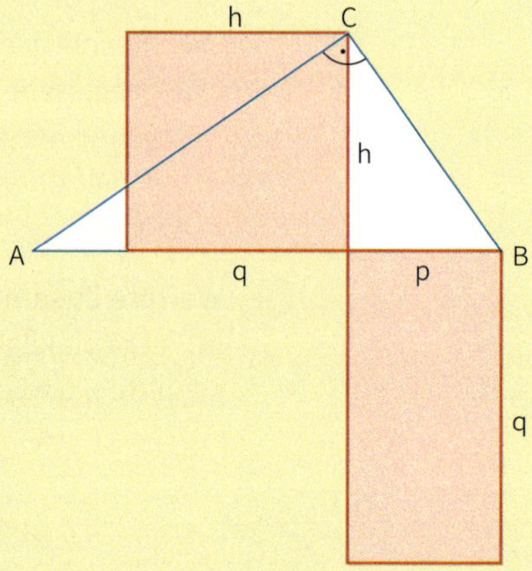

Im rechtwinkligen Dreieck ist das Quadrat über der Höhe flächeninhaltsgleich mit dem Rechteck, dessen Seiten so lang sind wie die beiden Hypotenusenabschnitte.

Beispiel

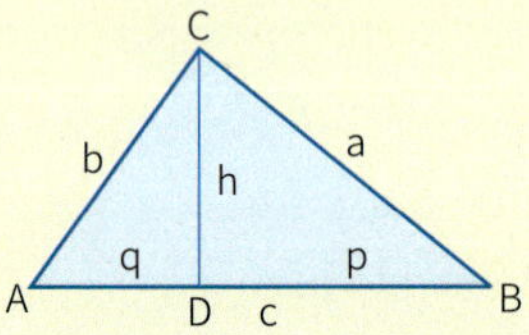

A Fehlende Stücke bestimmen

In einem rechtwinkligen Dreieck sind die Hypotenusenabschnitte $p = 9\,\text{cm}$ und $q = 4\,\text{cm}$ gegeben.

a) Bestimme die fehlenden Stücke a, b, c und h des Dreiecks ABC.

b) Konstruiere das Dreieck ohne Rechnung.

Lösung:

Strategie:

(1) Planskizze mit allen Größen erstellen.

(2) Direkt ablesbare Größen bestimmen.

(3) Einen passenden geometrischen Satz suchen, bei dem nur eine unbekannte Größe auftritt. Die Gleichung nach dieser Variablen auflösen.

(4) Eine nächste Beziehung in der gleichen Weise suchen.

- 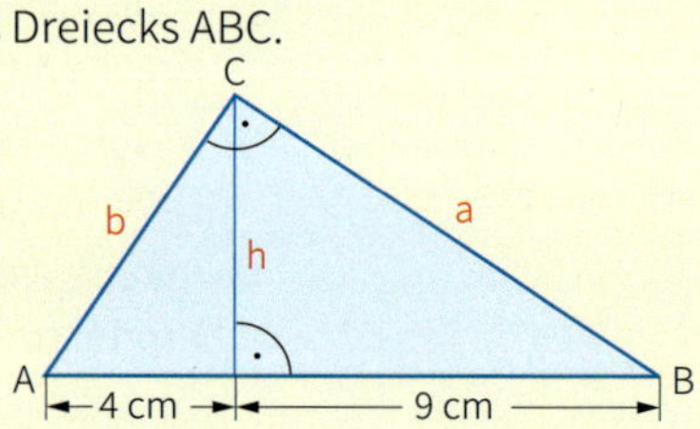

- $c = 13\,\text{cm}$ kann direkt abgelesen werden.
- Höhensatz: $h^2 = 9 \cdot 4 = 36 \;\Rightarrow\; h = \sqrt{36} = 6$
- Kathetensatz: $a^2 = 9 \cdot 13 = 117$
  $\Rightarrow\; a = \sqrt{117} \approx 10{,}82$
- Kathetensatz: $b^2 = 4 \cdot 13 = 52$
  $\Rightarrow\; b = \sqrt{52} \approx 7{,}21$
  $h = 6\,\text{cm};\; a \approx 10{,}82\,\text{cm};\; b \approx 7{,}21\,\text{cm}$

b) Bei der Konstruktion des rechten Winkels hilft der Satz des Thales.

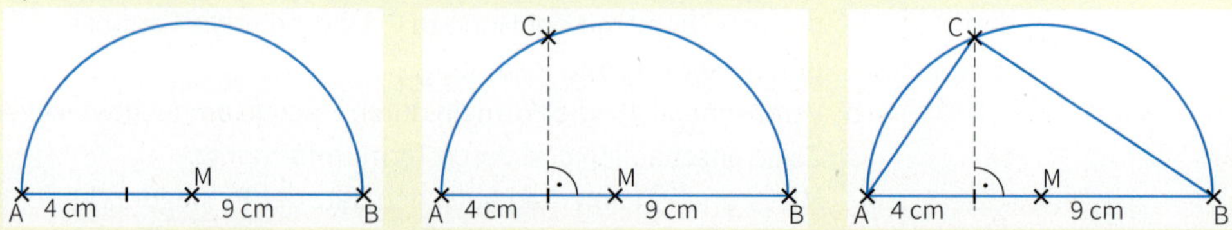

Übungen

3 Rechnen ohne zu konstruieren

Berechne die fehlenden Größen im rechtwinkligen Dreieck ABC mit $\gamma = 90°$.

a) $p = 4\,cm$; $q = 9\,cm$
b) $p = 2{,}4\,cm$; $h = 6\,cm$
c) $b = 6\,cm$; $q = 4\,cm$
d) $p = 5\,cm$; $h = 7\,cm$
e) $q = 16\,cm$; $h = 20\,cm$
f) $a = 7\,cm$; $p = 3{,}6\,cm$

4 Konstruieren ohne zu rechnen

Konstruiere mit den gegebenen Größen das rechtwinklige Dreieck ABC mit $\gamma = 90°$.

a) $b = 4\,cm$; $c = 10\,cm$
b) $h = 4\,cm$; $a = 6\,cm$
c) $q = 3\,cm$; $b = 6\,cm$

5 Training mit unterschiedlichen Bezeichnungen

Berechne für die Dreiecke die fehlenden Stücke.

①
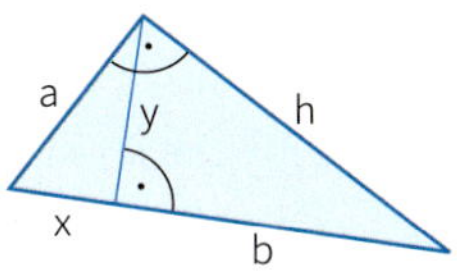

$x = 3\,cm$; $b = 6\,cm$

②
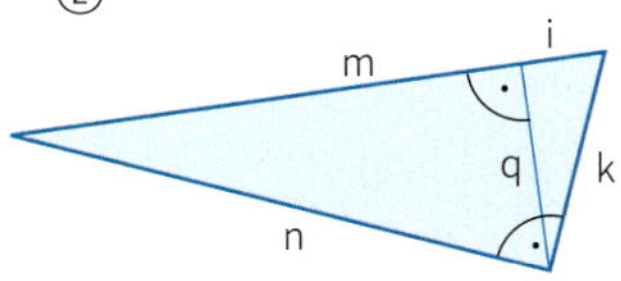

$q = 2{,}5\,cm$; $n = 7\,cm$

③
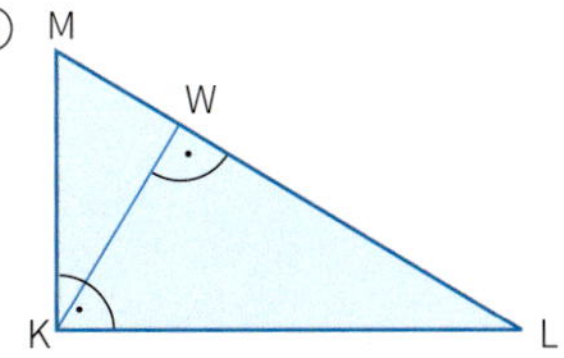

$\overline{ML} = 13\,cm$; $\overline{KL} = 12\,cm$

6 Seitenlängen berechnen

a) Ein rechtwinkliges Dreieck ABC mit $b = 5\,cm$ und $q = 4\,cm$ soll in ein Quadrat mit gleichem Flächeninhalt umgewandelt werden. Bestimme die Seitenlänge des Quadrats.

b) In einem rechtwinkligen Dreieck ABC ist die eine Kathete halb so lang wie die Hypotenuse. Wie lang ist die andere Kathete?

7 Ein Dreieck und ein Halbkreis

a) Wie lang sind die Seiten des Rechtecks?

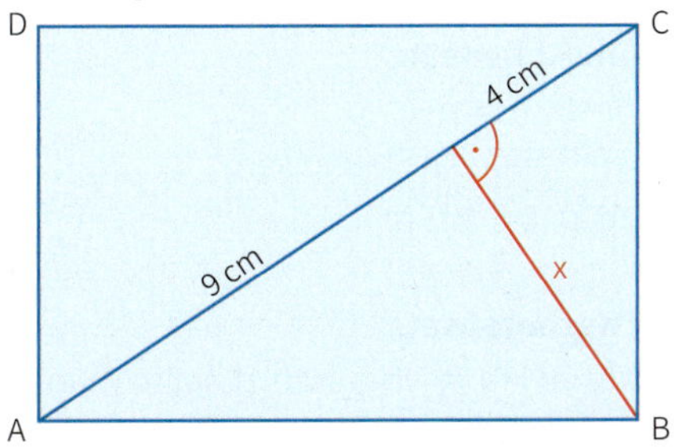

b) Wie groß ist der Abstand der Kreispunkte A bis D vom Durchmesser des Kreises?

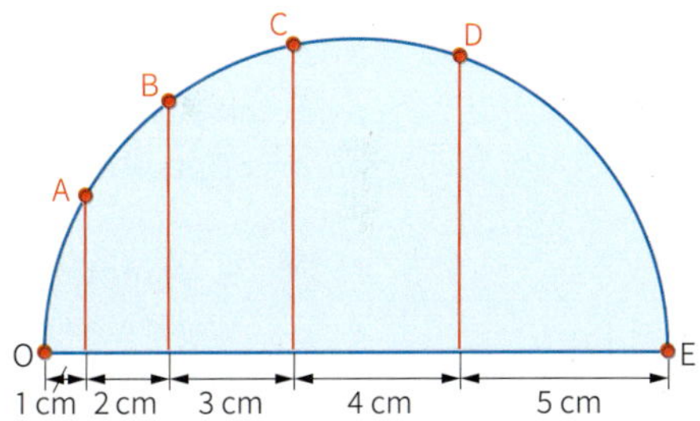

8 Ein Tunnel

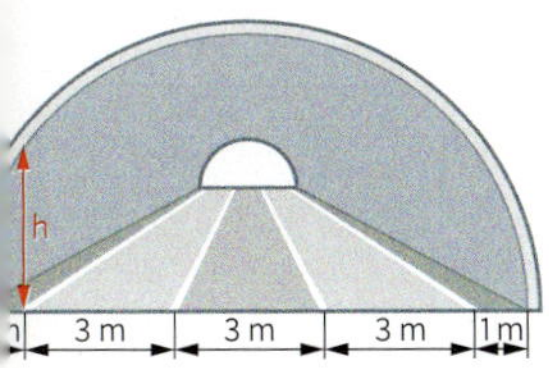

Ein halbkreisförmiger Tunnel besitzt auf beiden Seiten einen 1 m breiten, nicht befahrbaren Seitenstreifen und drei 3 m breite Fahrbahnen, von denen die mittlere je nach Bedarf für beide Fahrtrichtungen freigegeben werden kann.

a) Welche maximale Höhe darf ein Lastwagen haben, der auf der rechten Fahrbahn den Tunnel passieren will? Beachte den notwendigen Sicherheitsabstand zur Tunneldecke.

b) Für einen Sondertransporter wird der mittlere Fahrstreifen freigehalten. Welche Höhe darf er haben?

Grundwissen
zum Wiederholen

1 Berechne. a) $0{,}075 : (-3)$ b) $\frac{3}{2} : 5$ c) $5 : \frac{1}{2}$

2 Bestimme die Zahl, die auf der Zahlengeraden in der Mitte zwischen $\frac{4}{7}$ und $\frac{5}{7}$ liegt.

3 Ergänze die Wertetabelle einer linearen Funktion und gib die Funktionsgleichung an.

x	−2	−1	0	1	2
y	5	3	■	■	■

Die Gleichungen (I) bis (IV) können bei den Aufgaben 9–12 benutzt werden.

Strategie beim algebraischen Beweisen

- Bekannte Beziehungen in rechtwinkligen Dreiecken:
  (I) $a^2 + b^2 = c^2$ (Dreieck ABC)
  (II) $h^2 + p^2 = a^2$ (Dreieck DBC)
  (III) $q^2 + h^2 = b^2$ (Dreieck ADC)
  (IV) $c = p + q$
- Beziehungen ausnutzen um eine Gleichung zu erzeugen, die nur die gewünschten Variablen enthält.

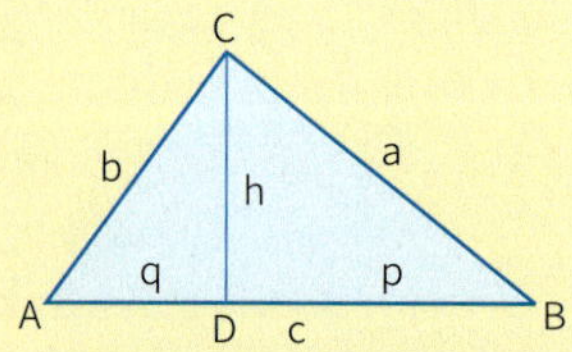

Beispiel: Beweis des Kathetensatz $b^2 = q \cdot c$ mithilfe des Satzes von Pythagoras.
Gleichung (II) und (III) nach h^2 auflösen: (II) $h^2 = a^2 - p^2$ und (III) $h^2 = b^2 - q^2$
(II) und (III) gleichsetzen

$\Rightarrow b^2 - q^2 = a^2 - p^2$	Gleichung (IV) umformen und für p einsetzen: $p = q - c$
$\Rightarrow b^2 - q^2 = a^2 - (q - c)^2$	Gleichung (I) umformen und für a^2 einsetzen: $a^2 = c^2 - b^2$
$\Rightarrow b^2 - q^2 = c^2 - b^2 - (q - c)^2$	ausmultiplizieren, Minusklammer auflösen
$\Rightarrow b^2 - q^2 = c^2 - b^2 - q^2 + 2q \cdot c - c^2$	vereinfachen
$\Rightarrow 2b^2 = 2q \cdot c$	geteilt durch 2
$\Rightarrow b^2 = q \cdot c$ q.e.d.	quod erat demonstrandum (lat. für „was zu beweisen war")

9 **Kathetensatz, der andere Teil**
Beweise den anderen Teil des Kathetensatz $a^2 = p \cdot c$ in gleicher Weise wie im Beispiel.

10 **Vom Satz des Pythagoras zum Höhensatz**
Beweise den Höhensatz mithilfe des Satzes von Pythagoras.

Tipps zu Aufgabe 10:
Beginne mit (I) und ersetze dort a^2, b^2 und c^2 durch die entsprechenden Ausdrücke in (II), (III) und (IV).
Diese Gleichung mit p, q und h nun zum Höhensatz umformen.

11 **Vom Kathetensatz zum Höhensatz**
Wenn man den Kathetensatz $a^2 = p \cdot c$ voraussetzt, kann man damit auch den Höhensatz beweisen.
Tipp: Mit Gleichung (II) zu $p \cdot c = h^2 + p^2$ ...

12 **Vom Höhensatz zum Kathetensatz**
Wenn man den Höhensatz $h^2 = p \cdot q$ voraussetzt, kann man damit auch den Kathetensatz beweisen. Tipp: Mit Gleichung (III) starten, Höhensatz benutzen und ausklammern ...

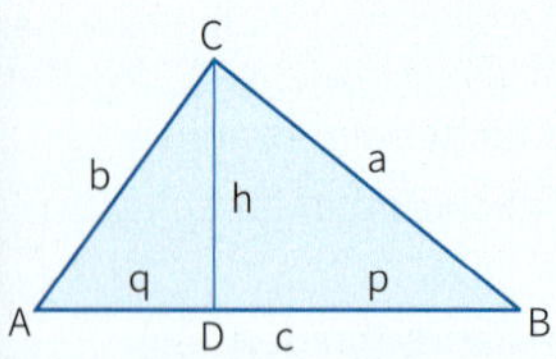

13 **Mit Ähnlichkeit zu den Flächensätzen**
Begründe, dass die Dreiecke ABC, BCD und ADC ähnlich sind.
Welche Seiten entsprechen sich in den Dreiecken?
Stelle Verhältnisgleichungen mit den Längenverhältnissen entsprechender Seiten auf. Forme die Verhältnisgleichungen jeweils so um, dass du die Flächensätze am rechtwinkligen Dreieck erhältst.

ABC	BCD	ADC
a	▪	▪
b	▪	▪
c	▪	▪

Die Satzgruppe des Pythagoras – „Kennst du einen, kennst du alle"

Der Satz des Pythagoras, der Kathetensatz und der Höhensatz sind enge Verwandte und bilden zusammen die Satzgruppe des Pythagoras. Jeder Satz der Gruppe lässt sich aus den jeweils anderen folgern und somit herleiten, sodass man immer über Umwege ans Ziel kommen kann und sich nicht alle drei Sätze merken muss. Wegen der Einprägsamkeit von Formel und Figur ist der Satz des Pythagoras der berühmteste von den dreien. Er ist der vielleicht bekannteste Satz in der Mathematik.

Satz des Pythagoras

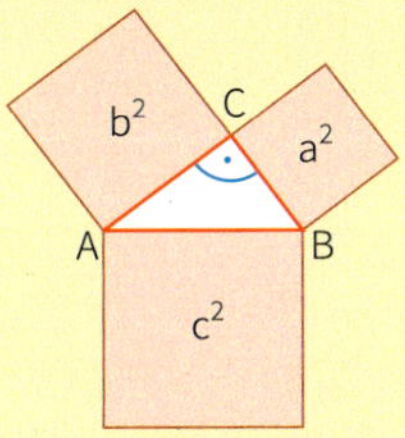

ABC ist rechtwinkliges Dreieck mit rechtem Winkel bei C.
$\Rightarrow a^2 + b^2 = c^2$

Abstand zweier Punkte im Koordinatensystem

$\overline{PQ} = d(P; Q) = \sqrt{(x_Q - x_P)^2 + (y_Q - y_P)^2}$

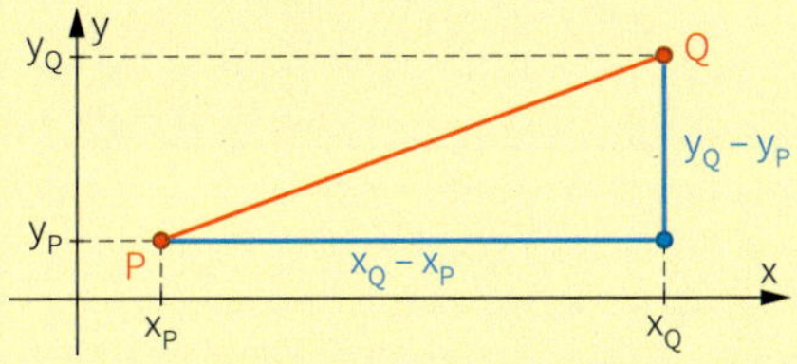

Umkehrung des Satzes von Pythagoras

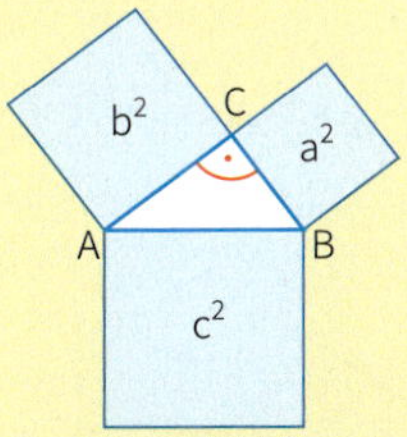

Im Dreieck ABC gilt $a^2 + b^2 = c^2$
$\Rightarrow$ Das Dreieck ABC ist rechtwinklig.

Vorgehen beim Beweisen

1. Schritt: Voraussetzung – Behauptung
2. Schritt: Idee und Strategie
3. Schritt: Beweis Schritt für Schritt mit Begründungen aufschreiben

Strategie beim Problemlösen

(1) Rechtwinklige Dreiecke suchen, in denen möglichst die gesuchte Seite vorkommt.
(2) Hilfslinien zeichnen, sodass weitere rechtwinklige Dreiecke entstehen.
(3) Andere Größen als Zwischenergebnisse berechnen.

Check-up

1 Längenberechnung

Berechne die Längen der roten Strecken. Runde auf mm.

a)
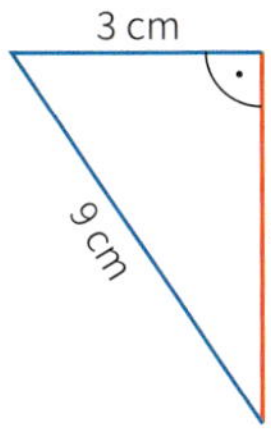

b)
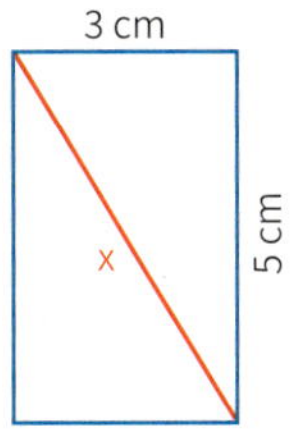

c)
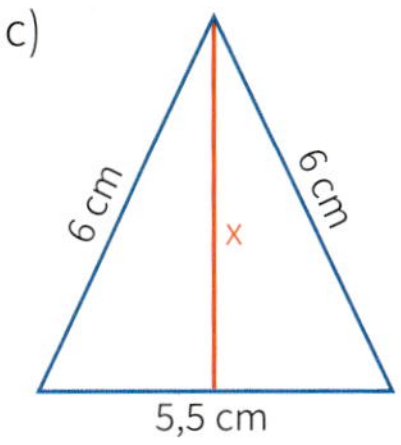

2 Tiefseetaucher

Bei der Erforschung der Tiefsee müssen die Forschungs-U-Boote oft in Unterwasserhöhlen navigieren ohne mit der Felswand zu kollidieren. Welche Strecke muss ein U-Boot vom Startpunkt A bis zum Beobachtungspunkt B zurücklegen? 1 Kästchenlänge entspricht 100 m.

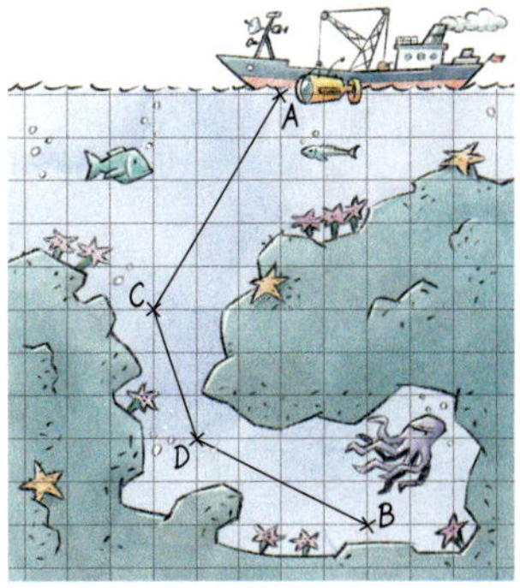

3 Viereck

Zeige, dass die Seiten des Vierecks ABCD mit A(3|1), B(0|2), C(−1|−1) und D(2|−2) alle gleich lang sind. Damit ist ABCD eine Raute, aber ist es auch ein Quadrat?

4 Dreieck

a) Zeige ohne zu zeichnen: Das Dreieck ABC mit A(6|−3), B(−4|2) und C(2|−6) ist rechtwinklig.
b) Zeige: Der Punkt D(1|−0,5) ist Mittelpunkt des Umkreises des Dreiecks ABC.

5 Beweisen mit Ähnlichkeit und Algebra

- Begründe, dass die Dreiecke ADE und ABC ähnlich sind.
- Leite die beiden Gleichungen $\frac{x}{c-a} = \frac{a}{b}$ und $\frac{b-x}{c-a} = \frac{c}{b}$ her.
- Forme beide Gleichungen nach $b \cdot x$ um.
  Tipp: „über Kreuz multiplizieren".
- Worin liegt bei diesem Beweis die Idee und was ist die Strategie?

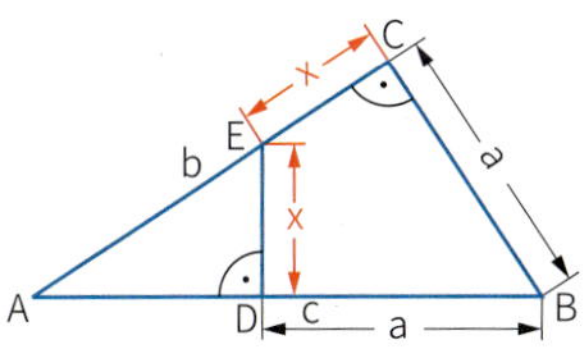

6 Gleichschenklige Trapeze

Berechne x.

a)
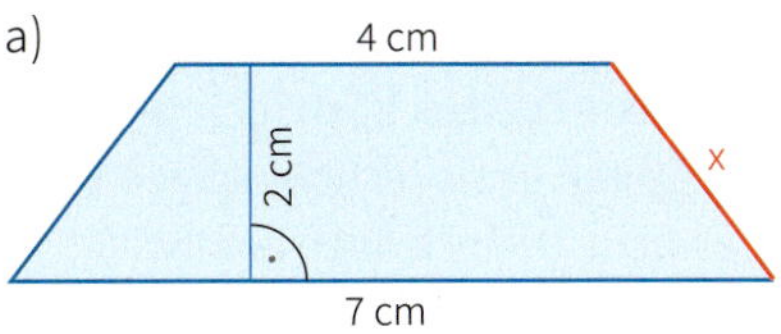

b)
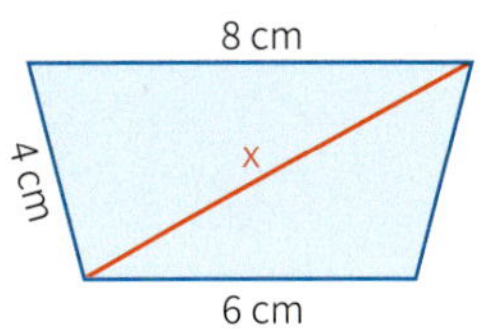

Sichern und Vernetzen

Vermischte Aufgaben zu Kapitel 3

Trainieren

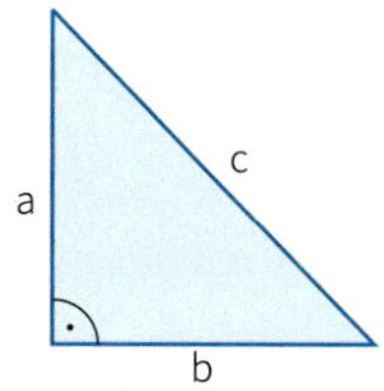

1 Fehlende Seite berechnen

a) a = 9 cm; b = 12 cm b) b = 12 cm; c = 13 cm
c) a = 7 cm; c = 25 cm d) a = 28 cm; c = 53 cm

2 Berechnung an Dreiecken

Ermittle die fehlenden Seitenlängen. Falls dir manches nicht möglich erscheint, untersuche, warum dies so ist. Versuche auch die Dreiecke zu konstruieren. Gibt es rechtwinklige Dreiecke ABC?

	①	②	③	④	⑤
a	4	■	■	3	■
b	6	5	5	■	■
c	■	8	12	6	■
h	■	2	■	■	2
p	2	■	9	■	1
q	■	■	■	2	4

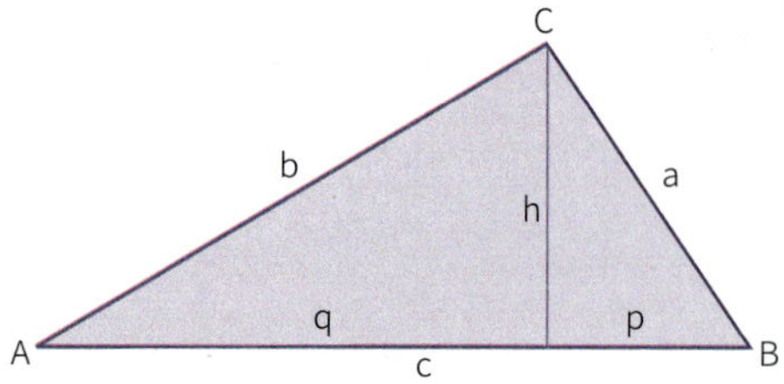

3 Abstände berechnen

Gegeben sind die Eckpunkte eines Dreiecks ABC mit A(1 | 2), B(3 | −1) und C(−5 | −2).

a) Berechne die Längen der Dreieckseiten.

b) Finde rechnerisch heraus, ob es sich um ein rechtwinkliges Dreieck handelt.

4 Seitenlänge im Trapez

Bestimme jeweils die Länge x der gekennzeichneten Seite.

a)

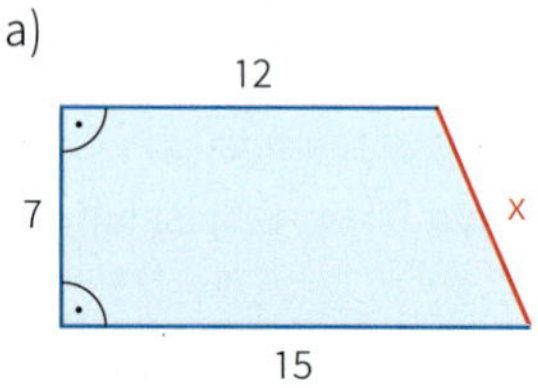

b)

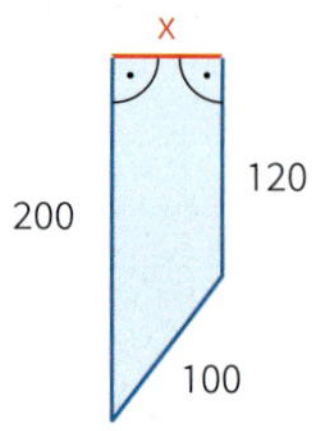

c)

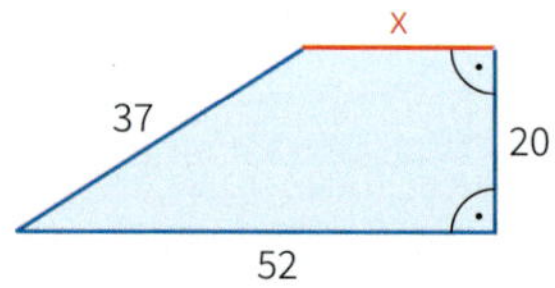

5 Längen im Dreieck

Bestimme die beiden Längen x und y.

a)

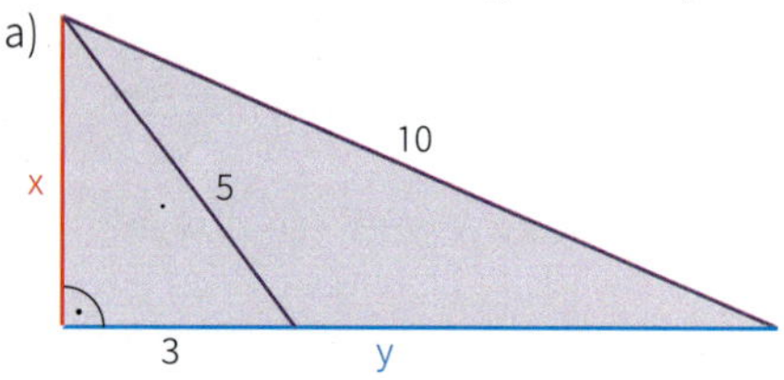

b)

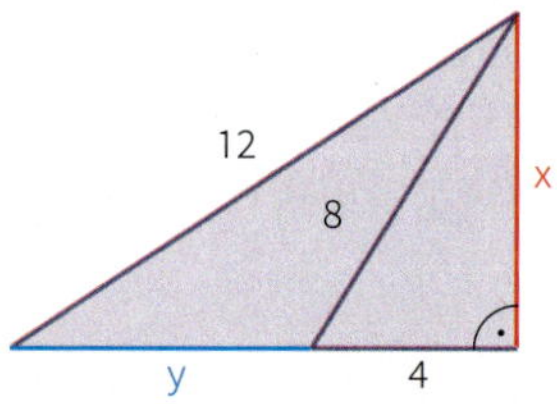

Verstehen

6 Rechtwinkliges Dreieck

a) Die Seiten eines rechtwinkligen Dreiecks werden je um die gleiche Größe verlängert. Ist das neue Dreieck auch rechtwinklig?

b) Die Seiten eines rechtwinkligen Dreiecks werden je um den gleichen Faktor verändert. Ist das neue Dreieck auch rechtwinklig?

7 **Problemlösen am Trapez und Sechseck**

a) Bestimme die Länge der Strecke $\overline{AB}$ in dem Trapez.
Alle Angaben sind in Meter.

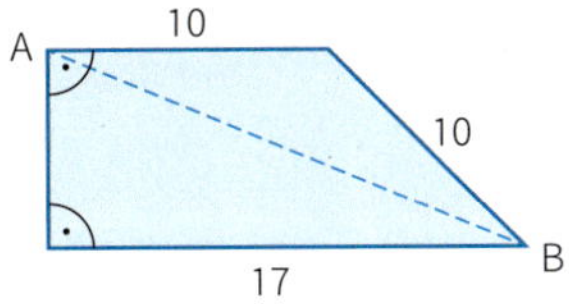

b) Ermittle den Flächeninhalt eines regelmäßigen Sechsecks für
① a = 5 cm ② beliebiges a

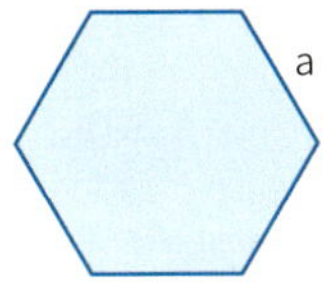

Anwenden

8 **Tor für ein Grundstück**

In der Abbildung ist ein rechteckiges Tor mit den Außenmaßen von 3,2 m und 1,60 m abgebildet. Jeder Sektor des Tores ist mit Diagonalen verstärkt. Alle Teile sind aus Holz. Wie viel Meter Holz werden für das Tor benötigt?

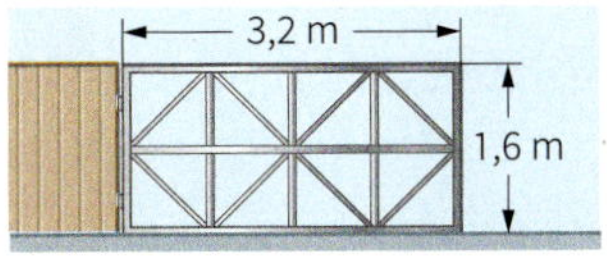

9 **Straßenlaterne**

In der Mitte zwischen zwei gegenüberliegenden Masten ist eine Straßenlaterne befestigt. Der Abstand der Masten beträgt 16 m. Das Seil, an dem die Laterne hängt, ist 16,5 m lang. Wie weit hängt das Seil durch? Welche Modellannahmen hast du hier gemacht?

10 **Kirchturm**

In der nebenstehenden Abbildung ist der obere Teil eines Kirchturms dargestellt.

a) Wie hoch ist der gesamte Kirchturm?
b) Die Seitenflächen der Kirchturmspitze (die Pyramide) werden mit Schiefer gedeckt. Wie groß ist diese Fläche?

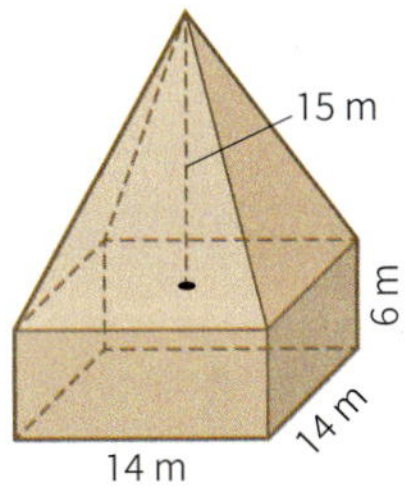

11 **Pyramiden aus Draht**

Für eine Ausstellung werden Kantenmodelle von Pyramiden aus Draht gebastelt. Die Pyramiden sollen alle dieselbe quadratische Grundfläche von 49 cm^2 haben, aber unterschiedliche Höhen.
Wie viel Draht benötigt man für eine 4 cm (20 cm) hohe Pyramide? Finde einen Term für die Drahtlänge in Abhängigkeit von der Pyramidenhöhe h.

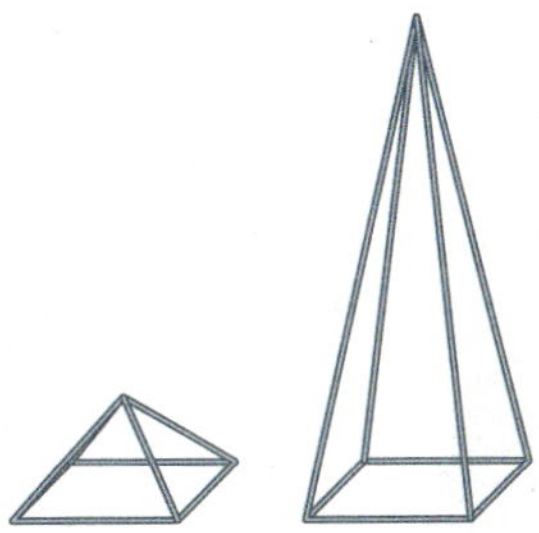

12 **Suchen in der Wüste**

Ein Forscher hat sich in der Wüste mit seinem Geländewagen verirrt. Das Benzin ist ausgegangen, der Wind hat die Reifenspuren verwischt. Irgendwo, in nicht allzu weiter Entfernung vermutet er eine Oase.
Er macht einen Plan, der ihm helfen soll, die Oase sicher zu finden. Von seinem Standort aus geht er zunächst 1 km nach Norden, dann 2 km nach Osten, 3 km nach Süden, 4 km nach Norden usw.

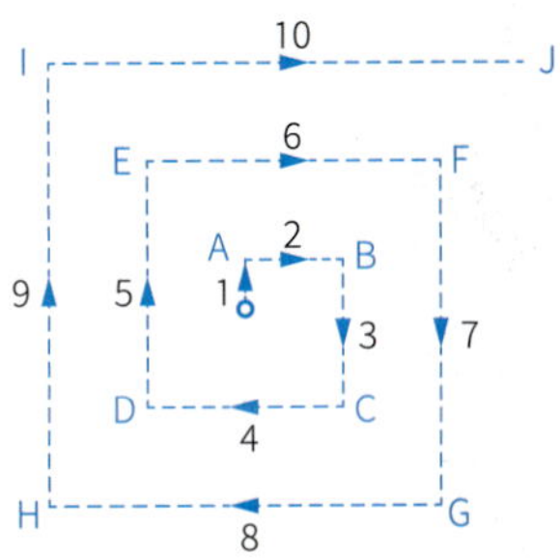

a) Welche Strecke ist er bis zum Punkt A, B, C, D gelaufen? Wie weit ist er jeweils von seinem Wagen entfernt?
b) Wie lang ist der Weg bis zum Punkt J? Wie weit ist es auf geradem Weg vom Punkt J zurück zu seinem Auto?

4 Quadratische Funktionen und Gleichungen

Der Flug eines Fußballs, Wasserstrahlen von Brunnen, aber auch Brücken und Gebäude haben ein ähnliches bogenförmiges Aussehen. Mit quadratischen Funktionen gelingen oft gute Beschreibungen. Diese Funktionen treten auch in ganz anderen Zusammenhängen auf, bei der Modellierung von Brems- und Anhalteweg, bei der Kalkulation von Theateraufführungen oder bei der Suche nach einem flächengrößten Rechteck. Man sieht: Quadratische Funktionen sind überall.
Zur genaueren Berechnung von gewünschten Werten muss man wieder Gleichungen lösen. Dabei zeigt sich, dass einerseits bekannte Lösungsverfahren helfen, aber auch neue gefunden werden müssen.

4.1 Quadratische Zusammenhänge

1 Brems- und Anhalteweg

Der Anhalteweg eines Autos ist die zurückgelegte Strecke von dem Moment, an dem der Fahrer eine Gefahr bemerkt, bis zu dem Zeitpunkt, an dem das Auto steht. Er setzt sich aus dem Reaktionsweg (Weg vom Bemerken der Gefahr zum Tritt auf Bremse) und dem Bremsweg zusammen.

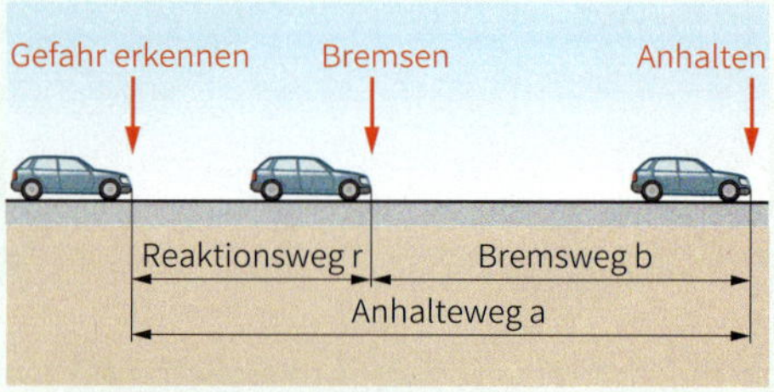

Einheiten:
- Wege in Meter
- Geschwindigkeit in Kilometer pro Stunde

Der Reaktionsweg wird mit $r(v) = 0{,}3 \cdot v$, der Bremsweg mit $b(v) = 0{,}01 \cdot v^2$ modelliert.

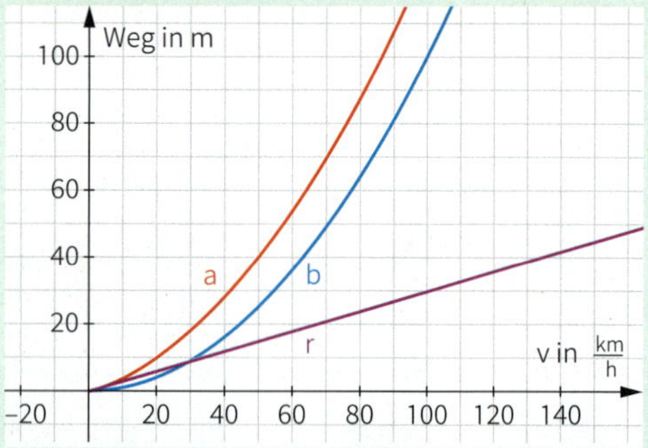

a) Gib die Funktionsgleichung für den Anhalteweg a (v) an und erstelle eine Wertetabelle für $v = 20, 40, 60, \dots$

Zusammenhänge beschreiben siehe auch Seite 222

b) Wie lang ist der Bremsweg b bei einer Geschwindigkeit von 30 km/h, wie lang bei der doppelten (dreifachen) Geschwindigkeit? Beantworte die Frage mithilfe der Grafik.

c) Ein Auto wird mit einer Vollbremsung zum Stand gebracht. Aus der Länge der Bremsspur von 32 m kann man die Geschwindigkeit des Autos abschätzen.

d) Beschreibe die unterschiedliche Entwicklung des Reaktionsweges im Vergleich zum Brems- und Anhalteweg in Abhängigkeit von der Geschwindigkeit.

2 Schultheater

Im vergangenen Jahr kosteten die Eintrittskarten für die Theateraufführung der Lutherschule 5 €. Es kamen 300 Besucher. In diesem Jahr möchte die Schule einen größeren Gewinn erzielen und beabsichtigt, die Eintrittspreise zu verändern. Man vermutet, dass bei einer Erhöhung des Preises um je 1 € ungefähr 30 Besucher weniger kommen, bei einer Preissenkung um je 1 € ungefähr 30 Besucher mehr.

a) Ergänze die Tabelle in deinem Heft. In der letzten Zeile der Tabelle stehen die Terme, mit denen man zu jeder Preisänderung x den Eintrittspreis und die Besucherzahl berechnen kann.

Preisänderung x	Eintrittspreis P (x)	Besucherzahl B (x)	Einnahmen E (x)
–2	■	■	■
–1	■	■	■
0	5	300	1500
1	6	270	1620
2	7	240	■
3	8	■	■
4	■	■	■
x	5 + x	300 – 30 x	■

b)
- Gib den Funktionsterm E (x) für die Einnahmen an und skizziere den Graphen für $-2 \le x \le 6$.
- Beschreibe die Entwicklung der Einnahmen. Vergleiche mit der Entwicklung der Eintrittspreise und der Besucherzahl in Abhängigkeit von der Preisänderung. Für welche Preisänderung x erhält man die größten Einnahmen?
- Zeige, dass $E(x) = -30x^2 + 150x + 1500$ gilt. Vergleiche E (x) mit P (x) und B (x).

Entwicklungen beschreiben siehe auch Seite 223

c) Die Nachfrage nach Eintrittskarten hängt hier allein vom Preis ab. Warum gilt dies für eine Aufführung des Schultheaters nur bedingt?

Basiswissen

Die quadratische Funktion

Eine Funktion mit der Funktionsgleichung $f(x) = a x^2 + b x + c$, wobei $a \neq 0$ ist, nennt man **quadratische Funktion.** a, b und c heißen **Koeffizienten.**
Situation: Die Flugbahn einer Kugel beim Kugelstoßen kann man mit einer quadratischen Funktion modellieren.

Funktion: *Weite x in m vom Abstoß einer Kugel → Höhe h in m*

Funktionsgleichung
$h(x) = -0{,}05x^2 + 0{,}5x + 2$

Funktionsterm
$-0{,}05x^2 + 0{,}5x + 2$

Der Graph einer quadratischen Funktion ist eine **Parabel**.

Tabelle

Weite x in m	Höhe h (x) in m
0	2
4	3,2
6	3,2
9	2,45
12	0,8
x	$-0{,}05x^2 + 0{,}5x + 2$

Graph

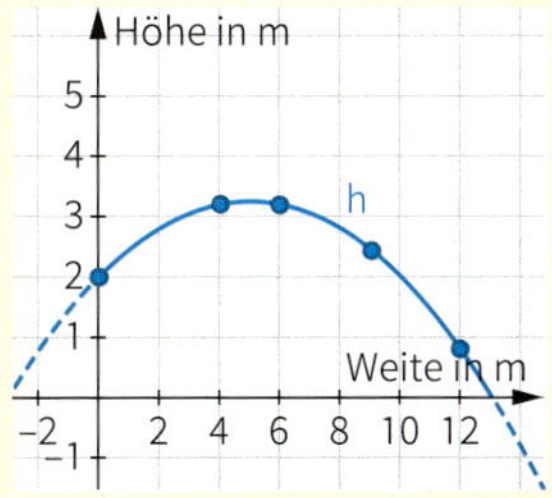

Die Normalparabel

Grundfunktion („Mutter“)
$f(x) = x^2$

Der Graph von $f(x) = x^2$ heißt **Normalparabel**.

x	f(x)
−2	4
−1	1
0	0
1	1
2	4
x	x^2

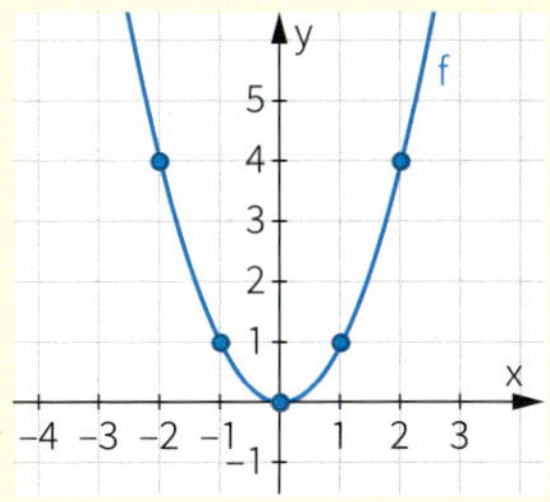

Beispiele

A Quadrat: Umfang und Flächeninhalt eines Quadrates
Gib den Umfang und den Flächeninhalt eines Quadrates als Funktion der Kantenlänge x an. Erstelle eine Wertetabelle und skizziere die Graphen. Beschreibe die unterschiedliche Entwicklung von Umfang und Flächeninhalt in Abhängigkeit der Kantenlänge x.

Lösung: $u(x) = 4x$; $A(x) = x^2$

x	u(x)	A(x)
1	4	1
2	8	4
3	12	9
5	20	25
10	40	100

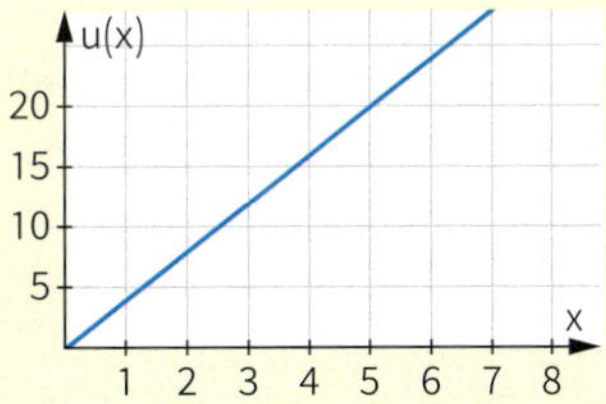

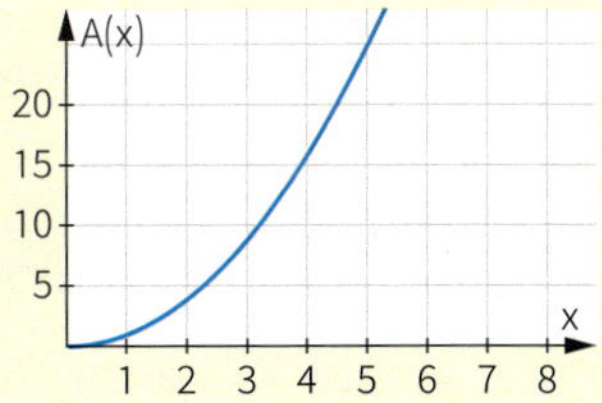

Der Umfang u ist proportional zur Kantenlänge x. Wächst x um 1, steigt der Umfang konstant an, der Flächeninhalt wächst dagegen immer stärker.

B Quadratische Funktion – ja oder nein?
Überprüfe, ob es sich bei den Funktionen um eine quadratische Funktion handelt.
a) $f(x) = (x-2) \cdot (x-1)$
b) $g(x) = \frac{8}{x^2}$

Lösung:
a) $f(x) = (x-2) \cdot (x-1) = x^2 - 2x - x + 2$
$= x^2 - 3x + 2$
$a = 1$; $b = -3$; $c = 2$
f ist eine quadratische Funktion.

b) x^2 steht im Nenner eines Bruchterms, das passt nicht zur Form $a x^2 + b x + c$
g ist keine quadratische Funktion.

Übungen

3 **Gewinn und Verlust – Arbeiten mit dem Graphen**

Das Fitnessstudio SunFit möchte seinen Gewinn vergrößern. Es beauftragt eine Unternehmensberaterin zu einer Marktanalyse. Sie hat festgestellt, dass der monatliche Gewinn G in Abhängigkeit des Abopreises p durch eine quadratische Funktion mit dem abgebildeten Graphen dargestellt werden kann.

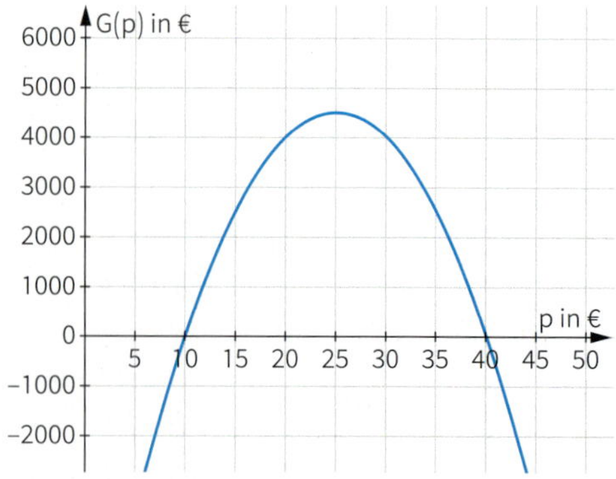

a) Was sollte ein Monatsabo kosten, um einen möglichst großen Gewinn zu erzeugen? Wie groß ist der Gewinn dann?

Entwicklungen beschreiben siehe auch Seite 223

b) Beschreibe die Gewinnentwicklung. Welchen Gewinn erzielt das Studio bei einem Abopreis von 15 €, welchen bei 30 €?

c) Bei welchem Preis macht das Studio keinen Gewinn, aber auch keinen Verlust?

4 **Freier Fall – Arbeiten mit Funktionsgleichungen**

Mithilfe eines physikalischen Gesetzes kann man beim freien Fall den Weg s (in m) in Abhängigkeit der Zeit t (in s) berechnen: $s = 5t^2$

Stelle eine Wertetabelle für $0 \le t \le 5$ auf. Beschreibe die Entwicklung des Fallweges in Abhängigkeit der Zeit. Stell dir vor, das Gesetz lautet $s = 5t$. Was wäre jetzt anders?

5 **Rechteckzahlen – quadratische Funktion entdecken**

Die Abbildungen zeigen zwei verschiedene Darstellungen der Rechteckzahlen

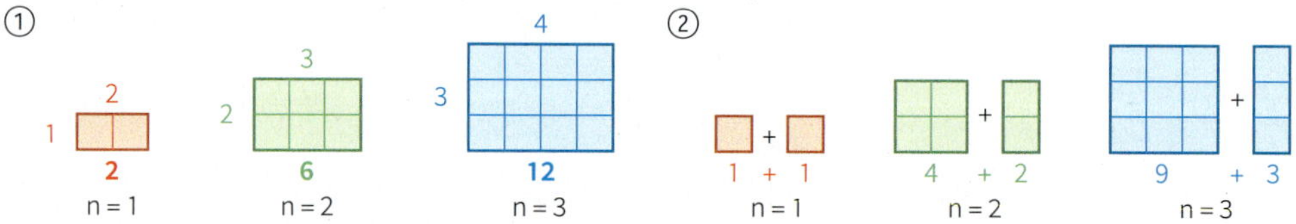

a) „Zeichne“ die nächsten zwei Rechteckszahlen. Erkennst du das Muster in den Zahlen? Schreibe die ersten zehn Rechteckszahlen auf.

b) Gib jeweils eine Formel für die n-te Rechteckzahl an. Zeige, dass es sich um eine quadratische Funktion handelt.

6 **Rechteck verwandeln – quadratische Funktion bei Flächen**

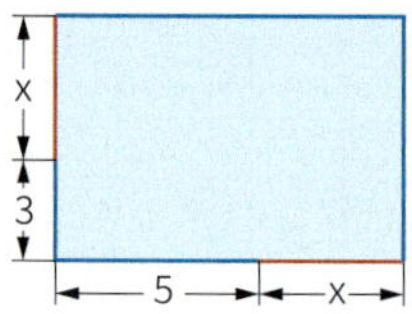

Ein Rechteck mit der Länge 5 cm und der Breite 3 cm wird in Länge und Breite um x vergrößert.

a) Bestimme die Funktionsgleichungen für die Funktionen
① $x \to$ Umfang $u(x)$
② $x \to$ Flächeninhalt $A(x)$

Zusammenhänge beschreiben siehe auch Seite 222

b) Erstelle eine Wertetabelle und skizziere die Graphen.

c) Beschreibe die Entwicklung von Umfang und Flächeninhalt in Abhängigkeit von x.

7 **Quadratisch, linear oder keins von beiden**

Gib die Koeffizienten an, wenn es sich um eine quadratische Funktion handelt.

a) $y = 2x^2 - 3x + 5$ b) $y = 2x - 4$ c) $y = x$ d) $y = x^2$

e) $y = x^2 + \frac{1}{x}$ f) $y = \frac{2}{3}x^2$ g) $y = x \cdot (x - 2)$ h) $y = \sqrt{x}$

i) $y = (x + 1) \cdot (x - 5)$ j) $y = \frac{x^2}{8}$ k) $y = (x - 2)^2$ l) $y = -2 - x - x^2$

8 Parabeln in vielen Situationen

Parabeln treten in unterschiedlichen Situationen auf und haben vielfältige Gesichter. Was haben sie gemeinsam, worin unterscheiden sie sich?

Basiswissen

Parabeln – Graphen von quadratischen Funktionen

- Es gibt nach **unten geöffnete** und **nach oben geöffnete** Parabeln.
- Die Parabeln besitzen eine **Symmetrieachse** parallel zur y-Achse.
- Der **Scheitelpunkt** ist der höchste Punkt (**Hochpunkt**, y-Koordinate ist **Maximum**) oder der tiefste Punkt (**Tiefpunkt**, y-Koordinate ist **Minimum**) des Graphen. Die Symmetrieachse verläuft durch den Scheitelpunkt der Parabel.
- Die Graphen wechseln vom **Steigen** zum **Fallen** oder umgekehrt.

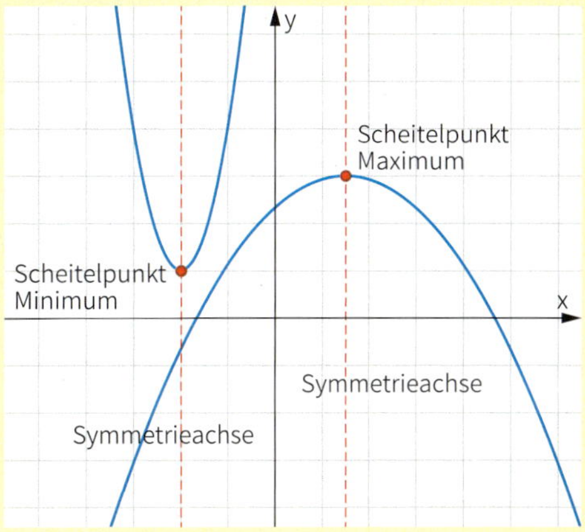

Beispiel

A x-Koordinate des Scheitelpunkts finden

Von einer quadratischen Funktion f ist bekannt, dass $f(2) = f(6)$ ist. Welche x-Koordinate hat der Scheitelpunkt der zugehörigen Parabel?

Lösung:

Zu $x = 2$ und $x = 6$ gehört dieselbe y-Koordinate. Daher verläuft die Symmetrieachse genau in der Mitte, also durch $x = 4$. Der Scheitelpunkt hat also die x-Koordinate 4.

9 Parabelpunkte finden

Von einer Parabel ist der Scheitelpunkt S und ein weiterer Punkt P gegeben. Bestimme einen weiteren Punkt. Ist die Parabel nach unten oder nach oben geöffnet?

a) $S(4|2)$; $P(1|5)$ b) $S(0|2)$; $P(3|-2)$ c) $S(-3|0)$; $P(4|6)$

Grundwissen zum Wiederholen

1 Für welche Figur(en) trifft die Aussage zu: „Bei diesem Viereck halbieren sich die Diagonalen gegenseitig."

2 Ergänze: $(4x + 9y)^2 = ■ \cdot x^2 + ■ \cdot xy + ■ \cdot y^2$

3 Ergänze: Die Drahtlänge L ist ...-mal so lang wie $\overline{AB}$.

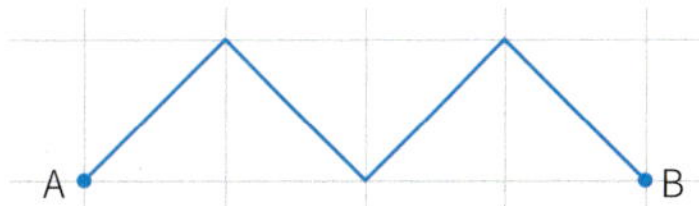

4 Schreibe die Zahl (−64) als Potenz einer ganzen Zahl.

4.2 Entdeckungen an Graphen und Tabellen

Gruppenarbeit
DGS

Zusammenhänge beschreiben
siehe auch Seite 222

1 Funktionenlabor

Aus der Normalparabel $f(x) = x^2$ kann man neue Funktionen erzeugen. Untersucht die neuen Funktionen mit einem DGS. Benutzt Graphen und Tabellen.

① $f(x) = a \cdot x^2$.
Was ändert sich am Graphen, wenn man a variiert?
Wie zeigt sich das in den Tabellen?
Welche geometrische Bedeutung hat der Parameter a?
Gib den Scheitelpunkt an.

$f(x) = a\,x^2$	Aussehen der Parabel
$a > 1$	■
$a = 1$	Normalparabel
$0 < a < 1$	■
…	■

② $f(x) = x^2 + e$.
Was ändert sich am Graphen, wenn man e variiert?
Wie zeigt sich das in den Tabellen?
Welche geometrische Bedeutung hat der Parameter e?
Gib den Scheitelpunkt an.

$f(x) = x^2 + e$	Aussehen der Parabel
$e > 0$	■
$e = 0$	Normalparabel
$e < 0$	■

③ $f(x) = (x - d)^2$.
Was ändert sich am Graphen, wenn man d variiert?
Wie zeigt sich das in den Tabellen?
Welche geometrische Bedeutung hat der Parameter d?
Gib den Scheitelpunkt an.

$f(x) = (x - d)^2$	Aussehen der Parabel
$d > 0$	■
$d = 0$	Normalparabel
$d < 0$	■

Tragt die Ergebnisse in eurer Klasse zusammen. Erstellt ein Plakat, auf dem dargestellt ist, was a, d und e mit $f(x) = a \cdot (x - d)^2 + e$ machen und verdeutlicht dies an Grafiken.

Zum Weiterdenken

Skizziere die Parabeln ohne ein digitales Werkzeug. Überprüfe mit dem Werkzeug.

$f_1(x) = 2x^2 - 3$ $\quad f_2(x) = (x - 4)^2 + 1$ $\quad f_3(x) = -0{,}5x^2 + 4$ $\quad f_4(x) = 2 \cdot (x + 3)^2 - 1$

Werkzeuge

Die Anzahl der Stellen hinter dem Kommen wird in „Runden" eingestellt

Schieberegler für Parameter

Mit einem DGS können Graphen von Funktionen gezeichnet und auch Wertetabellen erstellt werden. Mithilfe von Schiebereglern für Parameter können Bewegungen von Graphen veranschaulicht und untersucht werden.

- Graphen zeichnen
  - $f(x) = x^2$
  - $g(x) = 0{,}5x + 1$
  - $h(x) = 2x + 1$
- Punkt auf Graphen bewegen und Koordinaten ablesen: („Punkt auf Objekt")
- Graphen bewegen $f(x) = m \cdot x + 1$
  - Funktion
    - $f(x) = 0{,}5x + 1$
  - Zahl
    - $m = 0{,}5$

	A	B	C	D
1	−3	9	2,5	−5
2	−2	4	2	−3
3	−1	1	1,5	−1
4	0	0	1	1
5	1	1	0,5	3
6	2	4	0	5
7	3	9	−0,5	7
8	4	16	−1	9

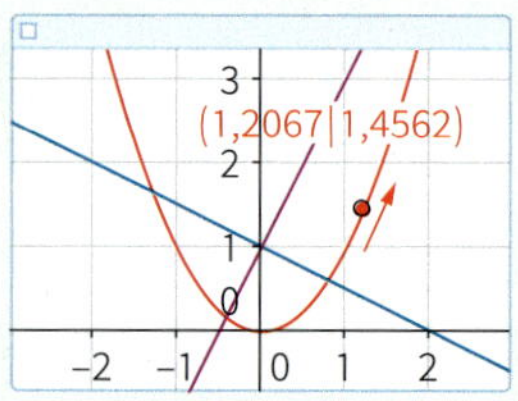

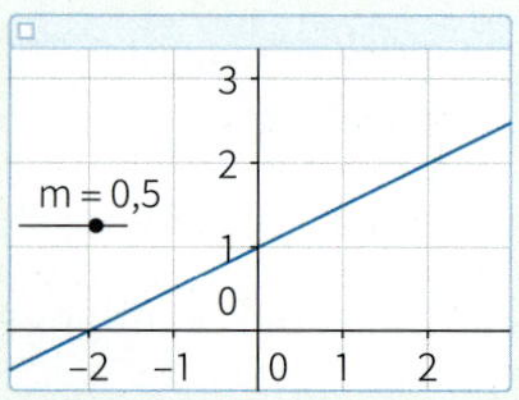

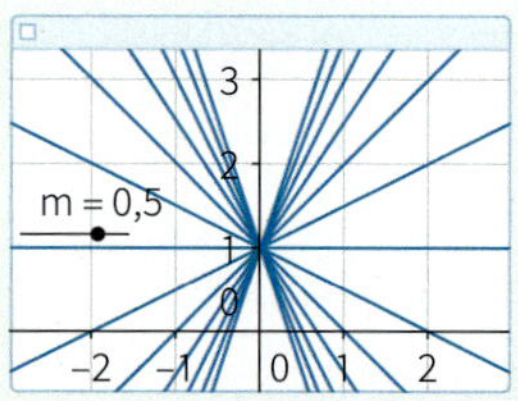

Wortliste
siehe Mathematische Sprechweisen (S. 220):
„Graphen beschreiben"
- besondere Punkte
- Schnittpunkte mit Achsen

2 Quadratische und lineare Funktionen im Vergleich

Wie unterscheiden sich die Funktionsgleichungen, Graphen und Tabellen einer linearen Funktion und einer quadratischen Funktion? Verwende zur Beantwortung die Funktionenpaare. Erstelle Wertetabellen für $-3 \le x \le 3$ und der Schrittweite 1.

① $f(x) = 2x$; $g(x) = x^2$

② $f(x) = 2x - 1$; $g(x) = 2 \cdot (x-1)^2$

③ $f(x) = -\frac{1}{2}x + 1$; $g(x) = -\frac{1}{2}x^2 + 1$

④ $f(x) = \frac{1}{2}x - 1$; $g(x) = \frac{1}{2}x^2 - 1$

3 Muster aus Tabellen

ohne digitale Werkzeuge

x	$y = x^2$	①	②	③	④
−4	16	13	36	32	−8
−3	9	6	25	18	−4,5
−2	4	1	16	8	−2
−1	1	−2	9	2	−0,5
0	0	−3	4	0	0
1	1	−2	1	2	−0,5
2	4	1	0	8	−2
3	9	6	1	18	−4,5
4	16	13	4	32	−8

a)
- Skizziere mithilfe der Tabelle die Normalparabel und die Graphen der Funktionen ①, ②, ③ und ④.
- Was haben alle Parabeln gemeinsam, worin unterscheiden sie sich? Wie gelangt man geometrisch von der Normalparabel zu den Parabeln ①, ②, ③ und ④?
- Beschreibe den Zusammenhang mit den Mustern in der Tabelle.

Zusammenhänge beschreiben siehe auch Seite 222

b) Ordne den Parabeln ①, ②, ③ und ④ die passende Funktionsgleichung zu.
(A) $f(x) = 2x^2$ (B) $f(x) = x^2 - 3$ (C) $f(x) = -\frac{1}{2}x^2$ (D) $f(x) = (x-2)^2$

Zum Weiterdenken

c) Skizziere die Parabeln. Versuche es zunächst ohne eine Wertetabelle. Überprüfe dann mit einer Wertetabelle.
$f_1(x) = 2x^2 - 3$ $f_2(x) = (x-4)^2 + 1$ $f_3(x) = -0{,}5x^2 + 4$ $f_4(x) = 2 \cdot (x+3)^2 - 1$

4 Muster aus Graphen

Alle abgebildeten Graphen gehören zu quadratischen Funktionen. Es sind Parabeln. In rot ist die Normalparabel gezeichnet.
- Was haben die Parabeln in den Abbildungen gemeinsam, worin unterscheiden sie sich? Wie muss die Normalparabel verschoben oder gestreckt werden, um die Parabeln zu erhalten?
- Ordne die Funktionsgleichungen richtig zu.

a) $f(x) = \frac{1}{3}x^2$; $g(x) = -x^2$; $h(x) = 2x^2$; $k(x) = -0{,}25x^2$

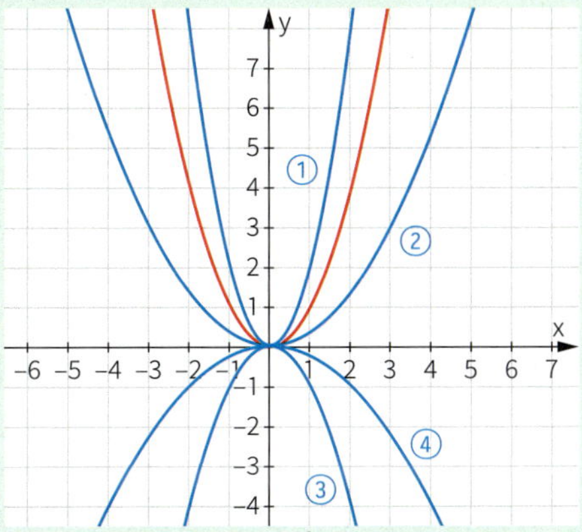

b) $f(x) = (x-3)^2$; $g(x) = x^2 - 4$; $h(x) = (x+4)^2$; $k(x) = x^2 + 3$

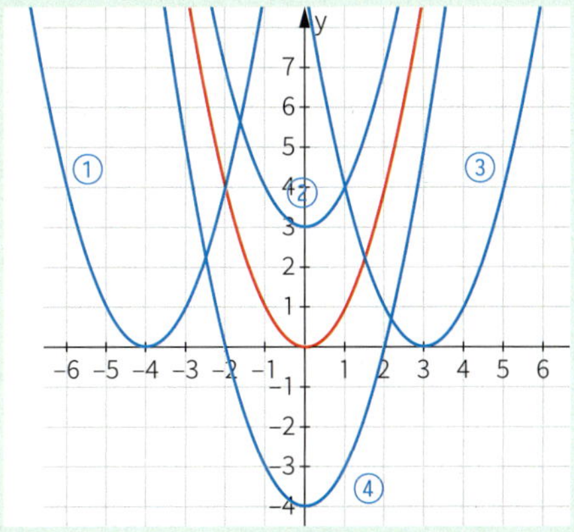

Überprüfe deine Zuordnungen, indem du Punkte der Parabel abliest und diese in die Funktionsgleichung einsetzt.

Zum Weiterdenken

c) Skizziere die Parabeln. Versuche es zunächst ohne eine Wertetabelle. Überprüfe dann mit einer Wertetabelle.
$f_1(x) = 2x^2 - 3$ $f_2(x) = (x-4)^2 + 1$ $f_3(x) = -0{,}5x^2 + 4$ $f_4(x) = 2 \cdot (x+3)^2 - 1$

Basiswissen

Parabeln verschieben, strecken und spiegeln

Bei quadratischen Funktionen kann man wie bei linearen Funktionen aus der Funktionsgleichung viele Informationen über die Lage und Form des zugehörigen Graphen erhalten.

Streckung und Spiegelung

$f(x) = a\,x^2$

- $a > 0$: Die Parabel ist nach oben geöffnet
  $a < 0$: Die Parabel ist nach unten geöffnet.
- Die Normalparabel wird in y-Richtung gestreckt.
  a heißt **Streckfaktor**.
  - $a > 1$: Die Parabel ist enger als die Normalparabel.
  - $0 < a < 1$: Die Parabel ist weiter als die Normalparabel. Diese Streckung heißt auch Stauchung.
  - $a < 0$: Zusätzlich **Spiegelung** an x-Achse
- Scheitelpunkt $S(0\,|\,0)$

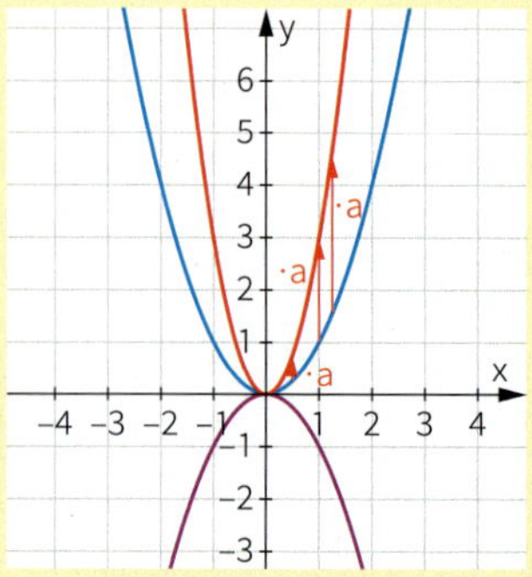

Verschiebung in y-Richtung

$f(x) = x^2 + e$

- Die Parabel wird in y-Richtung verschoben
  - $e > 0$: Verschiebung nach oben
  - $e < 0$: Verschiebung nach unten
- Scheitelpunkt $S(0\,|\,e)$

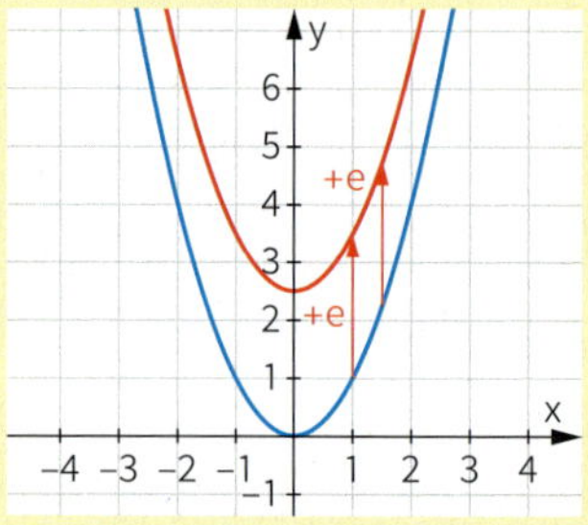

Verschiebung in x-Richtung

$f(x) = (x - d)^2$

- Die Parabel wird in x-Richtung verschoben
  - $d > 0$: Verschiebung nach rechts
  - $d < 0$: Verschiebung nach links
- Scheitelpunkt $S(d\,|\,0)$

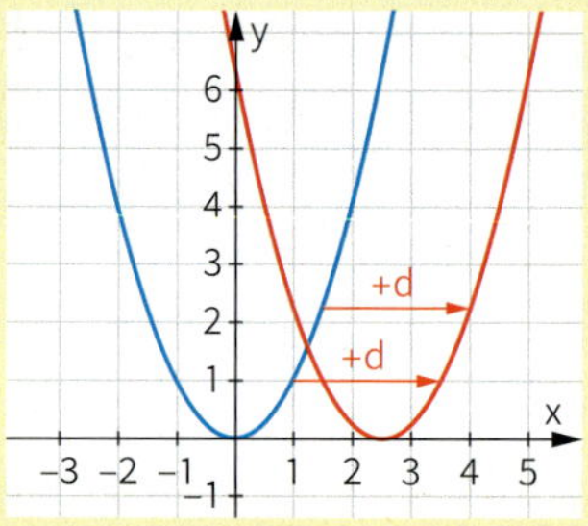

$\mathbf{f(x) = a \cdot (x - d)^2 + e}$ heißt **Scheitelpunktform** einer quadratischen Funktion.

- Scheitelpunkt $S(d\,|\,e)$

Beispiele

A Parameterwerte aus Graphen ablesen

Mit der Scheitelpunktform können Parabeln gut gezeichnet werden.

a) Veranschauliche die Parameter der Gleichung $f(x) = a \cdot (x - d)^2 + e$ am Graphen.

b) Beschreibe wie man aus der Normalparabel $y = x^2$ die Parabel zu f erhält.

Lösung:

a)

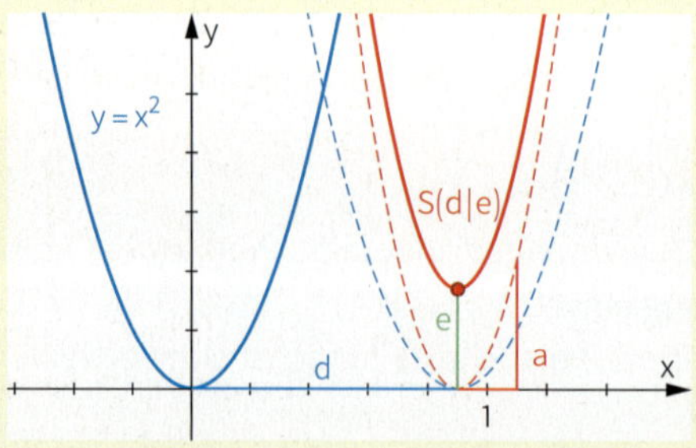

b)
- Zuerst Verschiebung um d nach rechts ($d > 0$)
- Dann Streckung in y-Richtung um a
- Dann Verschiebung um e nach oben ($e > 0$)
- Scheitelpunkt $S(d\,|\,e)$

B **Passende Parabel gesucht**

Welche Lage und welches Aussehen hat die Parabel zu der quadratischen Funktion?

a) $f(x) = x^2 - 2$ b) $g(x) = (x + 3)^2$ c) $h(x) = -0{,}5x^2$

Lösung:

a) Normalparabel, die um 2 Einheiten nach unten verschoben ist. Scheitelpunkt: $S(0|-2)$.

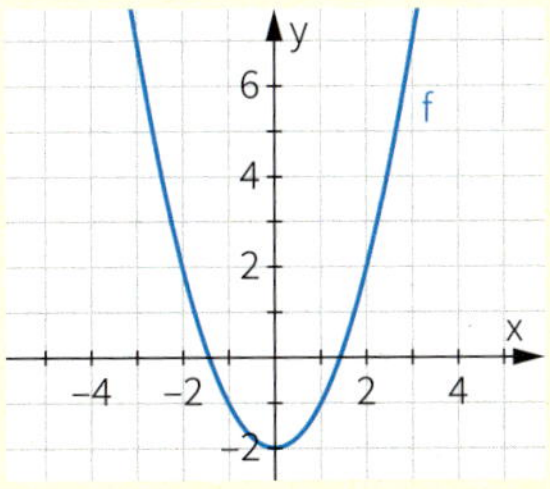

b) $g(x) = (x - (-3))^2$ Normalparabel, um 3 nach links verschoben. Scheitelpunkt: $S(-3|0)$.

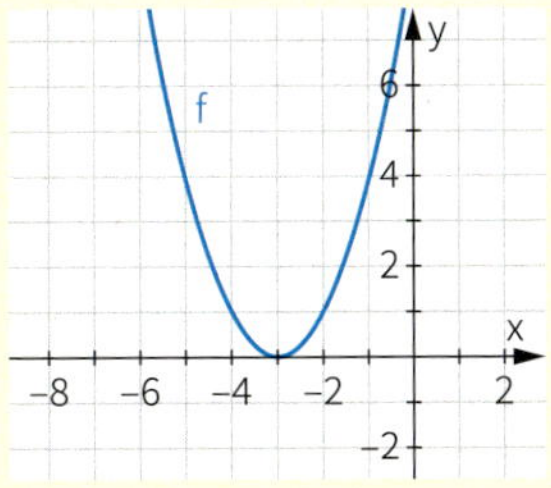

c) Mit dem Faktor 0,5 gestauchte nach unten geöffnete Parabel. Scheitelpunkt: $S(0|0)$.

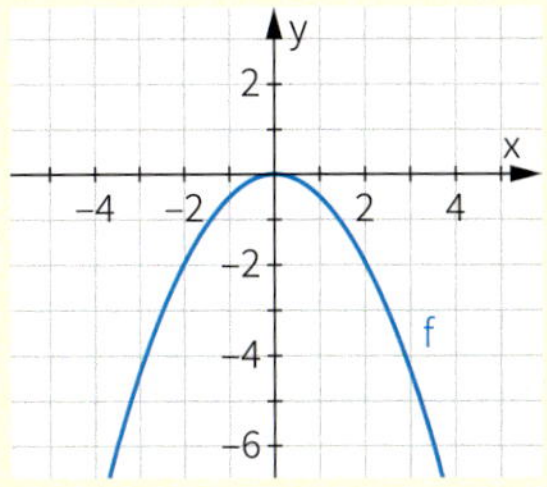

C **Informationen aus der Scheitelpunktform**

Lies aus der Funktionsgleichung so viele Informationen wie möglich ab: $f(x) = 2 \cdot (x - 1)^2 - 3$

Lösung:

Der Scheitelpunkt der Parabel liegt bei $(1|-3)$; sie ist nach oben geöffnet und mit dem Faktor 2 in y-Richtung gestreckt.

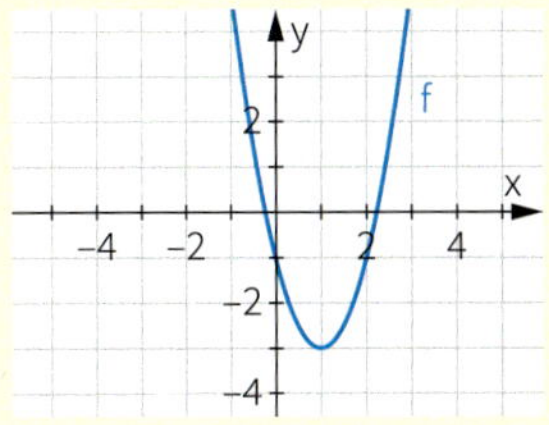

Übungen

Sprechweisen siehe auch Seite 220

5 **Parabeln aus Funktionsgleichung zeichnen**

Zeichne die Parabeln zu den Funktionsgleichungen.

a) $f_1(x) = 2x^2 - 4$ b) $f_2(x) = \frac{1}{2} \cdot (x + 1)^2$ c) $f_3(x) = (x - 2)^2 + 1$
d) $f_4(x) = (x + 4)^2 - 3$ e) $f_5(x) = -(x + 4)^2 + 1$ f) $f_6(x) = 1{,}5 \cdot (x + 2)^2 + 3$
g) $f_7(x) = -3 \cdot (x - 3)^2 - 2$ h) $f_8(x) = -(x - 2)^2 + 1$ i) $f_9(x) = 2 \cdot (3 - x)^2 + 1$

6 **Normalparabeln verschieben**

Gib jeweils die zugehörige Funktionsgleichung in Scheitelpunktform der verschobenen Normalparabel mit dem Scheitelpunkt S an.

a) $S(2|4)$ b) $S(-2|1)$ c) $S(3|-1)$ d) $S(-1|-4)$

7 **Gestreckte und gestauchte Parabeln**

a) Gib die Scheitelpunktform zu den Parabeln an und zeichne die Parabeln. Bestimme für die Zeichnung zunächst weitere Punkte der Parabel.
① $a = 2$; $S(0|-2)$ ② $a = -1$; $S(2|3)$ ③ $a = \frac{1}{4}$; $S(-2|0)$ ④ $a = -\frac{3}{2}$; $S(1|1)$

b) Zeichne einige Parabeln mithilfe der Angaben. Gib eine Funktionsgleichung an.
① $S(3|1)$ ② $a = 1$; $S(3|k)$ ③ $a = -1$; $S(k|4)$ ④ $a = \frac{1}{2}$; $S(0|k)$

8 **Parabeln spiegeln und drehen**

Zeichne die Parabel zu $f(x) = (x - 3)^2 + 1$.

a) Spiegele die Parabel an der x-Achse und gib die Funktionsgleichung an.
b) Spiegele die Parabel an der y-Achse und gib die Funktionsgleichung an.
c) Drehe die Parabel um 180° um den Ursprung.
d) Führe a), b) und c) mit Parabeln aus Aufgabe 4 durch.

9 Funktionsgleichungen aufstellen

Skizziere die Normalparabel. Führe dann die Verschiebungen, Streckungen und Spiegelungen aus und zeichne die Parabel, die du erhältst. Gib eine Funktionsgleichung an.

a) ① Verschieben um 3 Einheiten nach rechts
② Strecken in y-Richtung um 0,5
③ Verschieben um 2 Einheiten nach unten

b) ① Spiegeln an der x-Achse
② Verschieben um 4 Einheiten nach links
③ Verschieben um 1 Einheit nach oben

c) ① Strecken in y-Richtung um -2
② Verschieben um 4 Einheiten nach oben
③ Verschieben um 2 Einheiten nach rechts

d) ① Verschieben um 4 Einheiten nach unten
② Strecken in y-Richtung um 1,5.
③ Verschieben um 5 Einheiten nach links

Zum Weiterdenken

Ändere die Reihenfolge der Abbildungen in a) und b). Vergleiche. Was fällt dir auf?

10 Quadratische Funktionen – Änderungsverhalten

Lineare Funktionen haben eine konstante Änderungsrate – und quadratische?

Zusammenhänge beschreiben siehe auch Seite 222

a) Begründe nach Anschauung, dass quadratische Funktionen keine konstante Änderungsrate haben.

Die Differenz der y-Werte wird mit Δy bezeichnet.

x	–2		–1		0		1		2		3		4		5
y = 2x + 1	■		■		■		■		■		■		■		■
Differenz der y-Werte		■		2		■		■		■		■		■	

x	–2		–1		0		1		2		3		4		5
$y = x^2 - 1$	3		0		■		■		■		■		■		■
Differenz der y-Werte		–3		■		■		■		■		■		■	

b) Übertrage die Tabelle und fülle sie aus.
Verfahre ebenso mit den Funktionen $f(x) = 2x^2$ und $g(x) = -0{,}5 \cdot (x-2)^2$.
Beschreibe die Änderung der y-Werte bei der quadratischen Funktion.

Änderungsrate bei quadratischen Funktionen

Lineare Funktionen haben eine konstante Änderungsrate.
Die Steigung quadratischer Funktionen ist nicht konstant. Quadratische Funktionen haben deswegen auch keine konstante Änderungsrate.
Wenn sich der x-Wert um 1 ändert, ändert sich die Differenz der y-Werte Δy gleichmäßig wie eine lineare Funktion.

Beispiel: $f(x) = x^2 + 1$

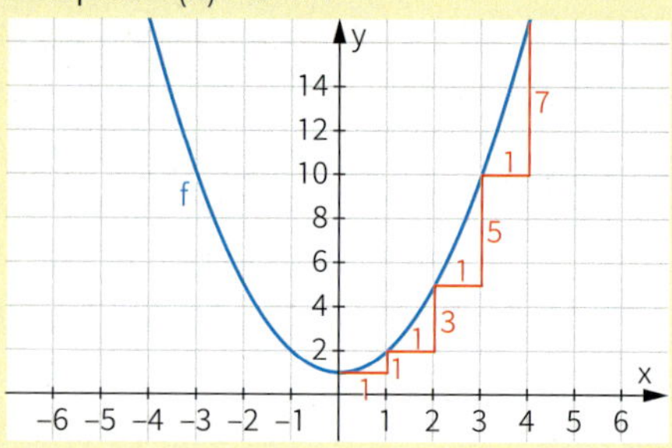

Grundwissen
zum Wiederholen

1 Bei einer Verkehrszählung wurden 140 Fahrzeuge gezählt, davon waren 42 Elektrofahrzeuge. Berechne die relative Häufigkeit (als gekürzter Bruch und als %-Angabe).

2 Eine Pflanze ist zu Beginn 3 cm groß und wächst um 5 cm pro Woche. Gib den Term der Zuordnung an. Wann ist die Pflanze 30 cm groß?

4.3

Darstellungsformen der Funktionsgleichung einer Parabel

1 Parabeln: Schnittpunkt mit der y-Achse

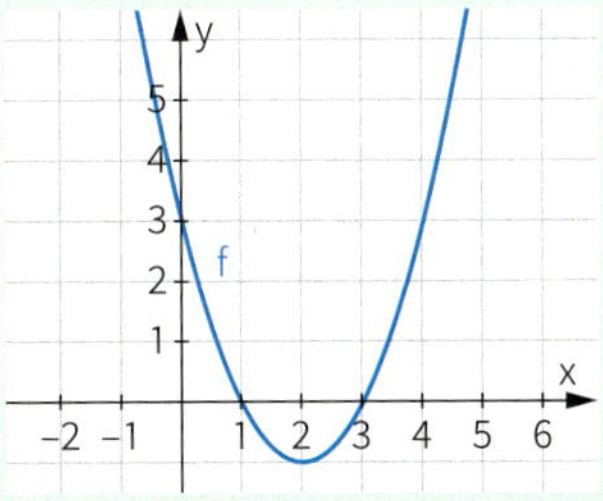

a) Alle Parabeln besitzen einen Schnittpunkt (0 | y) mit der y-Achse.

- Begründe, dass (0 | 3) der Schnittpunkt von $f(x) = x^2 - 4x + 3$ mit der y-Achse ist.
- Gib die Schnittpunkte mit der y-Achse an.
  ① $g(x) = x^2 - 4x - 2$ ② $h(x) = -x^2 + 6x - 1$
  Manchmal muss man etwas rechnen.
  ③ $i(x) = (x - 2)^2 - 6$ ④ $k(x) = (x - 1) \cdot (x - 5)$

b) Gib mithilfe der Abbildung die Gleichung von f in Scheitelpunktform an und zeige, dass sie mit der angegebenen Darstellung übereinstimmt.

Zum Weiterdenken

c) Ermittle die Scheitelpunktform von g, h und k. Tipp: Skizziere die Parabeln.

2 Parabeln: Der Streckfaktor „a"

Gehe vom Scheitelpunkt aus eine Einheit nach rechts. „a" gibt dann an, wie viele Einheiten du nach oben oder nach unten gehen musst.

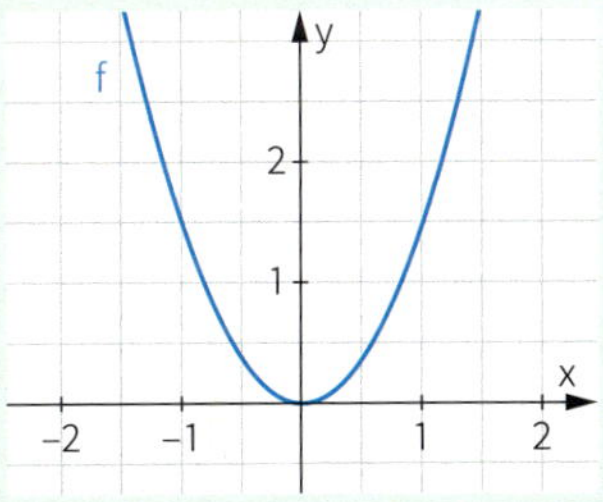

Wie kann man aus einer Grafik den Streckfaktor a ablesen? Ben kennt ein Verfahren:

a) Wende das Verfahren auf die abgebildete Parabel an, bestimme die Funktionsgleichung und überprüfe mit anderen x-Werten.

b) Skizziere die Parabeln; benutze „a" und den Scheitelpunkt.
① $f(x) = -2{,}5x^2 + 4$ ② $f(x) = 0{,}5 \cdot (x - 2)^2$
③ $f(x) = 3 \cdot (x + 4)^2 - 2$ ④ $f(x) = -2 \cdot (x + 1{,}5)^2 + 1$

c) Nina meint: *„Kann ich nicht auch nach links gehen oder von einem beliebigen Punkt der Parabel aus starten?"* Was meinst du dazu?

d) Ermittle zu den Funktionen aus b) die allgemeine Form $f(x) = ax^2 + bx + c$

3 Parabeln: Schnittpunkte mit der x-Achse

a) Gib zu den Parabeln die Funktionsgleichung in Scheitelpunktform an.

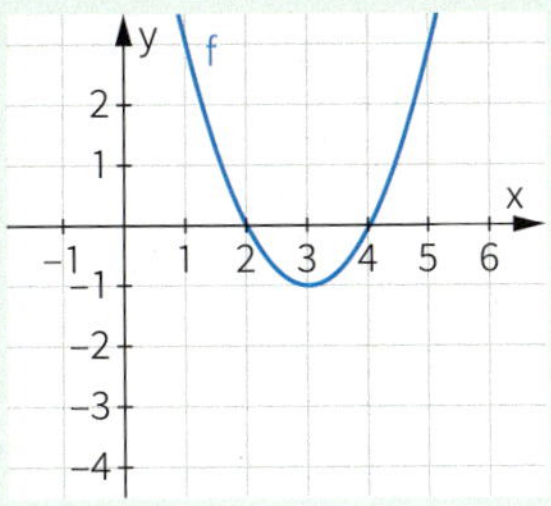

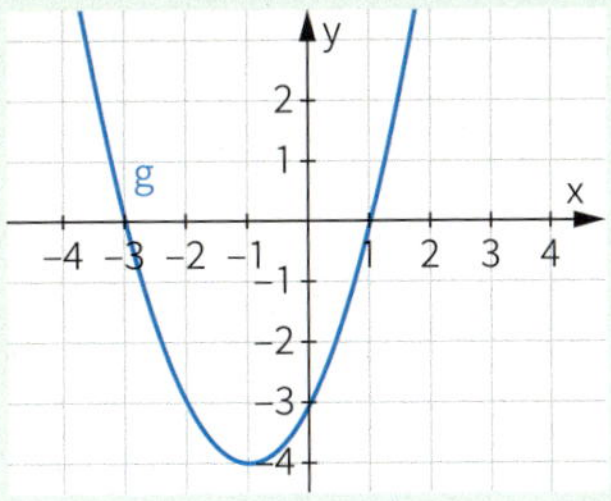

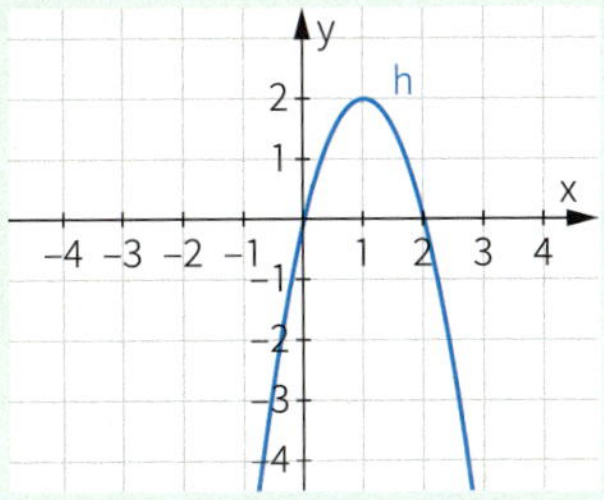

b) Lars behauptet, dass man die Funktionsgleichungen auch wie folgt aufschreiben kann:
① $f(x) = (x - 4) \cdot (x - 2)$ ② $g(x) = (x - 1) \cdot (x + 3)$ ③ $h(x) = -2x \cdot (x - 2)$

- Wie kann Lars ausgehend von den Graphen auf die Gleichungen gekommen sein?
- Zeige durch Termumformungen, dass die Gleichungen aus a) und b) äquivalent sind.

c) Skizziere die Parabel zu $k(x) = 0{,}5 \cdot (x + 2) \cdot (x - 4)$ mithilfe der Nullstellen und des Scheitelpunkts.

Basiswissen

Eine Parabel, drei Darstellungen – jede hat ihre Vorteile.

Darstellungsformen der Funktionsgleichung einer Parabel

	Scheitelpunktform	allgemeine Form	faktorisierte Form
Funktionsgleichung	$f(x) = a \cdot (x-d)^2 + e$	$f(x) = ax^2 + bx + c$	$f(x) = a \cdot (x - x_1) \cdot (x - x_2)$
	↓	↓	↓
direkt abzulesen	**Streckfaktor** a **Scheitelpunkt** (d|e)	**Streckfaktor** a **Schnittpunkt mit y-Achse** (0|c)	**Streckfaktor** a **Nullstellen** x_1 und x_2

- Hat eine Parabel zwei Nullstellen, dann liegt aus Symmetriegründen der Scheitelpunkt in der Mitte zwischen den beiden Nullstellen.
- Wenn eine Parabel keine Schnittpunkte mit der x-Achse (Nullstellen) hat, existiert die faktorisierte Form nicht.

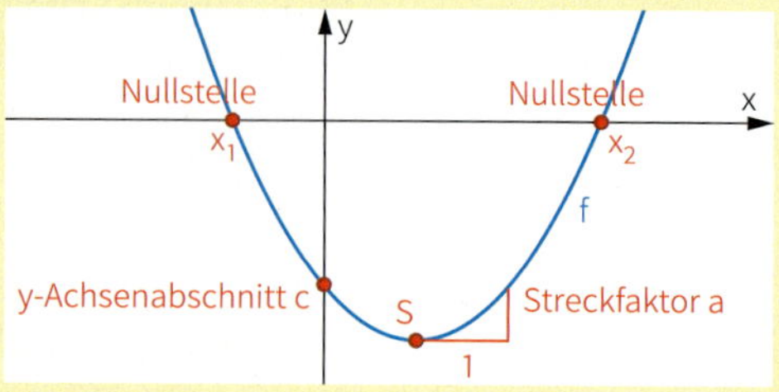

Beispiele

A **Nullstellen und Scheitelpunkt aus Funktionsgleichung bestimmen**

a) Ermittle die allgemeine Form von $f(x) = 0{,}5 \cdot (x-6) \cdot (x+2)$.

b) Bestimme den Streckfaktor, die Nullstellen, den Scheitelpunkt und den Schnittpunkt mit der y-Achse. Zeichne die Parabel.

Lösung:

a) Allgemeine Form: $f(x) = 0{,}5 \cdot (x-6) \cdot (x+2)$ | Ausmultiplizieren

$= 0{,}5 \cdot (x^2 - 6x + 2x - 12)$

$= 0{,}5 \cdot (x^2 - 4x - 12)$

$= 0{,}5 \cdot x^2 - 2x - 6$

b) Schnittpunkt mit y-Achse: $(0|-6)$

Streckfaktor: 0,5

Nullstellen: $f(x) = 0$

$0{,}5 \cdot (x-6) \cdot (x+2) = 0$

$x_1 = -2;\ x_2 = 6$

Ein Produkt ist 0, wenn einer der Faktoren 0 ist.

Scheitelpunkt: $x_S = 2$ (Mitte von 6 und −2),

$y_S = f(2) = 0{,}5 \cdot (2-6) \cdot (2+2) = -8$,

$S(2|-8)$.

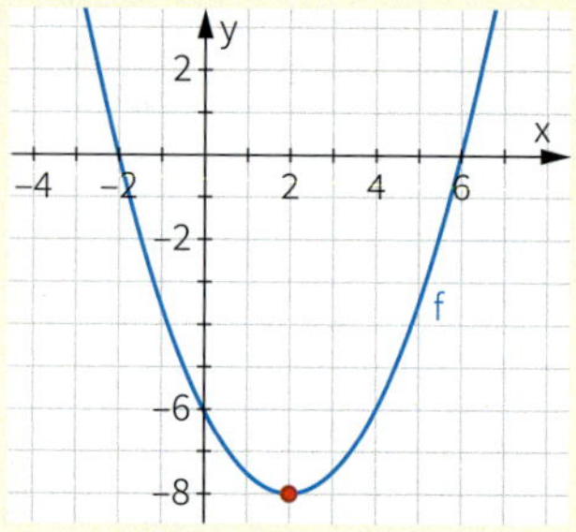

B **Funktionsgleichung aus Parabel**

- Bestimme auf zwei Arten eine Funktionsgleichung der abgebildeten Parabel.
- Zeige, dass beide Funktionsterme äquivalent sind.
- Wie lautet die allgemeine Form?

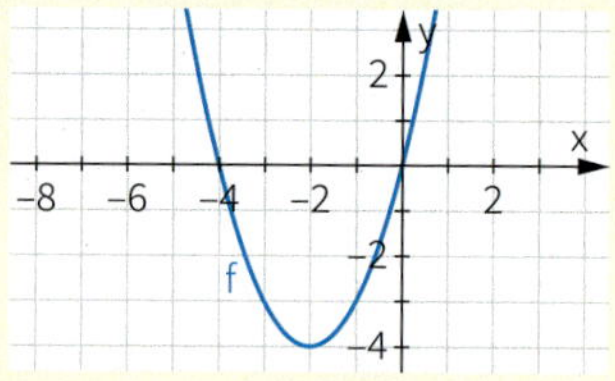

Lösung:

(1) Scheitelpunktform: $f(x) = a \cdot (x-d)^2 + e$

Normalparabel: $a = 1$

Scheitelpunkt $(-2|-4)$; $d = -2$; $e = -4$

$f(x) = (x+2)^2 - 4$

(2) faktorisierte Form: $f(x) = a \cdot (x - x_1) \cdot (x - x_2)$

Normalparabel: $a = 1$

Nullstellen: $x_1 = 0$; $x_2 = -4$

$f(x) = x \cdot (x+4)$

- Funktionsterme auf Äquivalenz prüfen

$f(x) = (x+2)^2 - 4$ | Ausmultiplizieren

$= x^2 + 4x + 4 - 4$ | Zusammenfassen

$= x^2 + 4x$ | Ausklammern

$= x \cdot (x+4)$

- Allgemeine Form:

$f(x) = x^2 + 4x$

Übungen

4 **Von der Scheitelpunktform zur allgemeinen Form**

Zeichne die Parabeln. Bestimme die allgemeine Form, gib den Schnittpunkt mit der y-Achse an.

a) $f(x) = (x-2)^2 - 7$ b) $f(x) = -2 \cdot (x+3)^2 + 1$ c) $f(x) = \frac{1}{3} \cdot (x-6)^2 - 3$

5 **Mit der faktorisierten Form zu Nullstellen und Scheitelpunkt**

- Bestimme jeweils die Nullstellen, den Scheitelpunkt und den Streckfaktor. Zeichne damit die Parabeln.
- Bestimme die allgemeine Form. Gib den Schnittpunkt mit der y-Achse an und überprüfe die Zeichnungen.

a) $y = x \cdot \left(x - \frac{3}{4}\right)$ b) $y = \left(x - \frac{2}{5}\right) \cdot \left(x + \frac{2}{5}\right)$ c) $y = -2 \cdot (x+1) \cdot (x+4)$

d) $y = \left(x + \frac{3}{2}\right)^2$ e) $y = -2 \cdot (x - 1{,}75)^2$ f) $y = (2-x)^2$

6 **Eine Parabel – drei Funktionsgleichungen**

	Scheitelpunktform	allgemeine Form	faktorisierte Form
①	$y = (x-0{,}5)^2 - 2{,}25$	$y = x^2 - x - 2$	$y = (x-2) \cdot (x+1)$
②	$y = -\left(x - \frac{1}{2}\right)^2 + 2{,}25$	$y = -x^2 + x + 2$	$y = -(x+1) \cdot (x-2)$
③	$y = 2 \cdot \left(x + \frac{3}{2}\right)^2 - \frac{9}{2}$	$y = 2x^2 + 6x$	$y = 2x \cdot (x+3)$

a) Weise nach, dass es sich jeweils um dieselbe Funktion handelt.
b) Zeichne die Parabeln möglichst geschickt.
c) Welche Informationen kann man an den einzelnen Formen direkt ablesen?

7 **Funktionsgleichungen aus Nullstellen**

Gib die Gleichung von jeweils zwei Parabeln an, die folgende Nullstellen haben.

a) $x_1 = 1;\ x_2 = 3$ b) $x_1 = -4;\ x_2 = 1{,}5$ c) $x_1 = -2{,}7;\ x_2 = \frac{1}{2}$ d) $x_1 = 2$

Für Termexperten

e) Zeige, dass $f(x) = a \cdot (x - x_1) \cdot (x - x_2)$ den Scheitelpunkt $S\left(\frac{x_1 + x_2}{2} \middle| -\frac{a}{4} \cdot (x_1 - x_2)^2\right)$ hat.

8 **Funktionen ohne Nullstellen**

Gib die Gleichung von je zwei Parabeln an, die folgenden Scheitelpunkt und keine Nullstellen haben.

a) $S(0|2)$ b) $S(-3|4)$ c) $S(5|-1)$ d) $S(-4|-4)$

9 **Parabelzoo**

Bestimme zu den Parabeln eine passende Funktionsgleichung.

a)
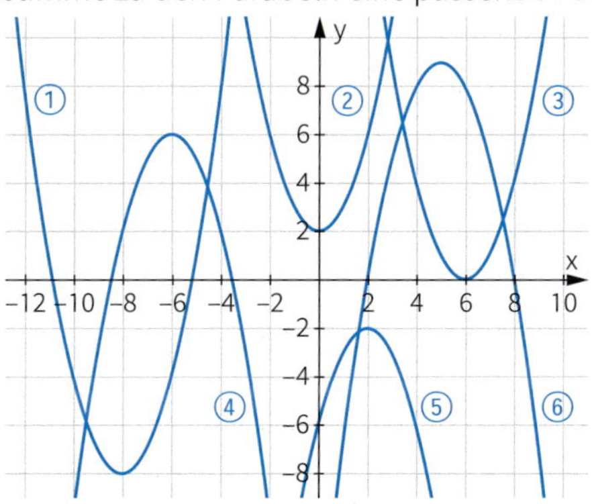

b)
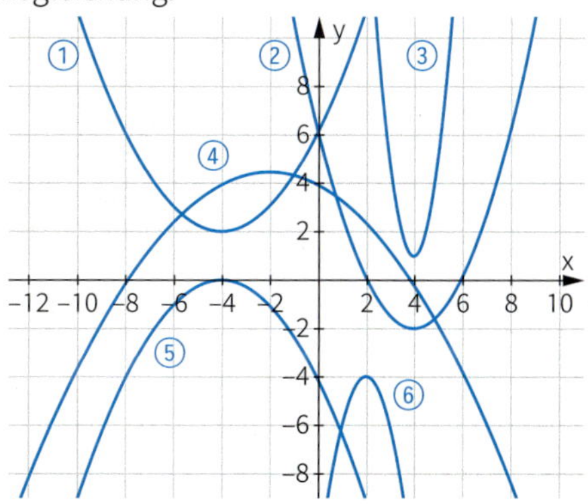

- „Im Parabelzoo a) lebt nur eine Gattung von Parabeln."
- Arbeite mit Scheitelpunkten und Schnittpunkten mit den Koordinatenachsen.
- Überprüfe mit einem zusätzlich abgelesenen Punkt oder einem digitalen Werkzeug.

10 Quadratische Funktionen und binomische Formeln

a) In den Funktionsgleichungen verstecken sich die binomischen Formeln. Erläutere. Ordne die Funktionen den passenden Formeln zu. Zwei Funktionen passen nicht.

① $f_1(x) = (x-2)^2$ ② $f_2(x) = x^2 - 4$ ③ $f_3(x) = x^2 - 4x + 4$

④ $f_4(x) = x^2 + 4x - 4$ ⑤ $f_5(x) = x^2 + 4x + 4$ ⑥ $f_6(x) = x^2 + 4$

Graphen beschreiben siehe auch Seite 222

b) Beschreibe die besondere Lage der Scheitelpunkte der Parabeln, deren Funktionsterm eine binomische Formel ist.

Normalform: $f(x) = x^2 + px + q$

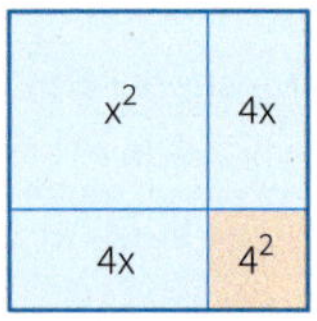

Quadratische Ergänzung – von Normalform zur Scheitelpunktform

In der Scheitelpunktform treten binomische Formeln auf. Wenn man von der Normalform zur Scheitelpunktform möchte, muss man ein Binom erzeugen.
Das Verfahren dazu heißt **quadratische Ergänzung**.

Beispiel: $f(x) = x^2 + 8x + 7$

1. Addiere die quadratische Ergänzung („*Hälfte das Faktors vor x zum Quadrat*") $\left(\frac{8}{2}\right)^2 = 16$ und subtrahiere sie dann gleich wieder, damit der Term nicht verändert wird.
2. Wende die binomische Formel an und fasse zusammen.

$x^2 + 8x + 7$
$= x^2 + 8x + 16 - 16 + 7$
$= (x^2 + 8x + 16) - 16 + 7$
$= (x+4)^2 - 9$

11 Von $x^2 + px + q$ zur Scheitelpunktform

Bestimme die Scheitelpunktform. Überprüfe dein Ergebnis durch Ausmultiplizieren.

a) $f(x) = x^2 - 10x + 15$ b) $f(x) = x^2 + 2x - 3$ c) $f(x) = x^2 + 3x - 2$

d) $f(x) = x^2 - 9x$ e) $f(x) = x^2 - 6x + 9$ f) $f(x) = x^2 - x + 2$

g) $f(x) = x^2 - 2x + \frac{1}{4}$ h) $f(x) = x^2 - \frac{1}{2}x - \frac{3}{4}$ i) $f(x) = x^2 + \frac{2}{3}x + \frac{1}{3}$

12 Von der allgemeinen Form zur Scheitelpunktform

a) $f(x) = 2x^2 - 8x + 6$
b) $f(x) = -3x^2 - 12x + 12$
c) $f(x) = 4x^2 + 8x - 12$
d) $f(x) = -x^2 + 3x + 1$
e) $f(x) = 2x^2 - 8x + 8$

$f(x) = 3x^2 - 12x + 5$
$= 3 \cdot (x^2 - 4x) + 5$ ausklammern
$= 3 \cdot (x^2 - 4x + 4 - 4) + 5$ quadratische Ergänzung
$= 3 \cdot (x^2 - 4x + 4) - 3 \cdot 4 + 5$
$= 3 \cdot (x-2)^2 - 7$ Scheitelpunkt $S(2|-7)$

Das Lösen quadratischer Gleichungen wird in Kapitel 4.6 behandelt.

Allgemeine Form ↔ Scheitelpunktform ↔ faktorisierte Form

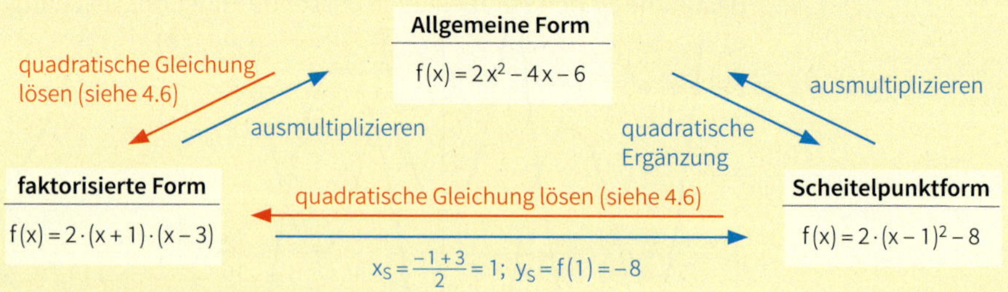

Grundwissen
zum Wiederholen

1 Berechne. a) $6{,}8 - (-8{,}8)$ b) $-3 \cdot (16 : (-4))$ c) $-5 \cdot \left(\frac{5}{2} - 2{,}5\right)^2$

2 Gib zwei lineare Funktionen an, die sich im IV. Quadranten schneiden. Bestimme den Schnittpunkt.

Werkzeuge

Bilder mit Funktionen

Mit digitalen Werkzeugen können schöne Bilder aus Funktionen erzeugt werden

(1) Mit Listen für die Werte von Parametern:

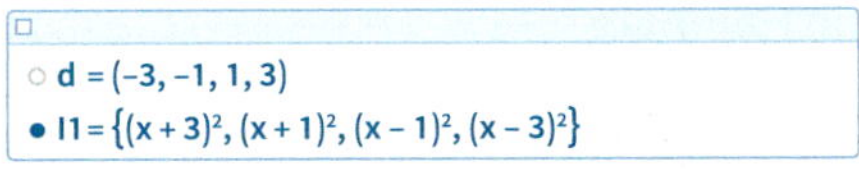

l1 wird mit $f(x) = (x - d)^2$ erzeugt

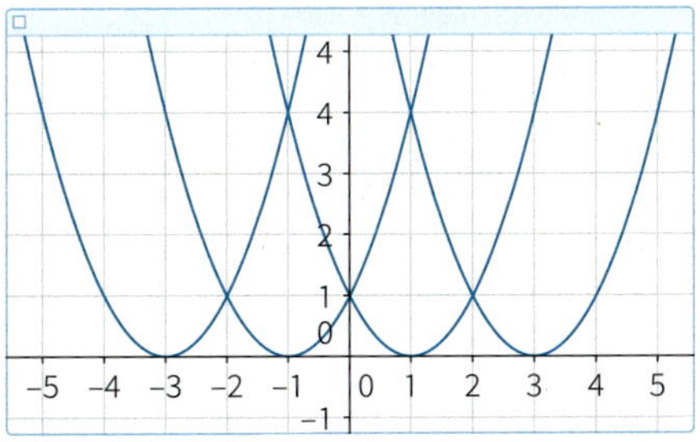

(2) Mit Schieberegler für die Werte von Parametern:

$fe(x) = x^2 + e$; $-2 < e < 2$; Schrittweite 1

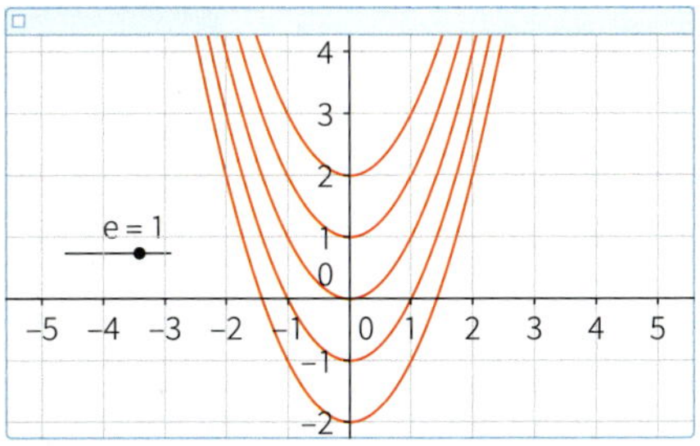

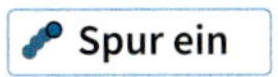

Alle Graphen werden angezeigt.

13 **Parabelbilder**

a) Erstelle die Bilder mit einem digitalen Werkzeug.

Tipp zum rechten Bild: Scheitelpunkt $(d \mid d^2)$

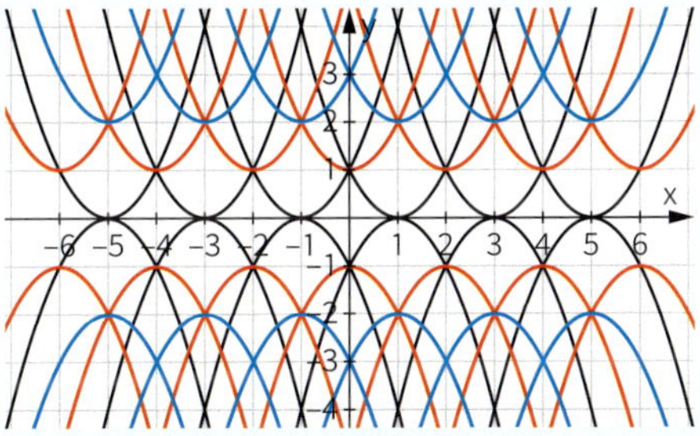

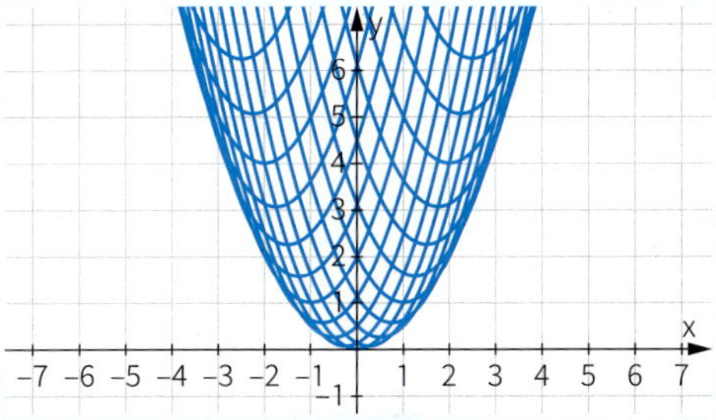

b) Erzeuge eigene Parabelbilder. Es dürfen natürlich auch Geraden auftreten. Wenn die Achsen unsichtbar sind, sehen die Bilder noch schöner aus. Erstellt eine kleine Ausstellung.

14 **Viele Nullstellen**

Lineare Funktionen haben höchstens eine Nullstelle, quadratische höchstens zwei. $f_1(x) = x - 1$ und $f_2(x) = (x - 1) \cdot (x + 2)$ sind Beispiele dafür. Gibt es auch Funktionen, die mehr als zwei Nullstellen haben?

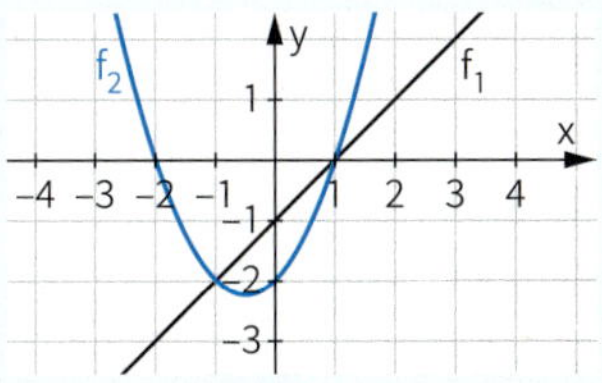

a) Begründe, dass $f_3(x) = (x - 1) \cdot (x + 2) \cdot (x - 3)$ drei Nullstellen hat und gib sie an.

b) Die Abbildung zeigt neben der Funktion aus a) noch eine Funktion mit vier Nullstellen. Finde eine Funktionsgleichung.

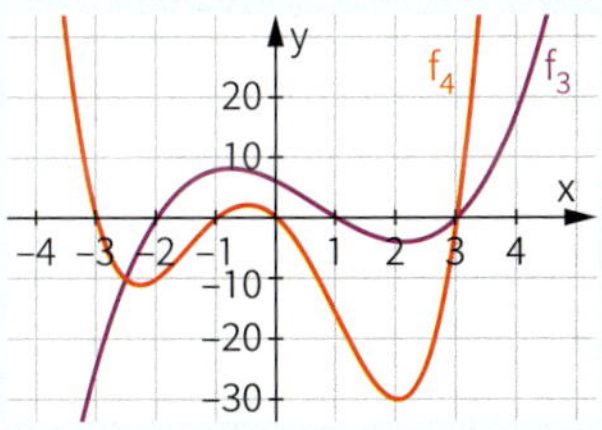

c) Kannst du eine Funktion angeben, die die Zahlen 1, 2, 3, …, 9, 10 als Nullstellen hat?

Funktionenplotter

d) Experimentiere mit Funktionen mit unterschiedlich vielen Nullstellen.

4.4 Quadratische Funktionen bestimmen

1 Der Berliner Bogen in Hamburg

Parabeln treten häufig bei Brücken und Gebäuden auf.

Der parabelförmige Bogen soll durch eine quadratische Funktion beschrieben werden. Dazu werden aus der Abbildung Punkte abgelesen.

$P_1(6|0)$; $P_2(5|2)$; $P_3(4|3{,}5)$; $P_4(3|4{,}5)$; $P_5(2|5{,}4)$; $P_6(1|5{,}8)$; $P_7(0|6)$

Man kann mit unterschiedlichen Strategien eine geeignete Gleichung finden.

① Scheitelpunkt und ein weiterer Punkt. Ansatz: Scheitelpunktform	② Nullstellen und ein weiterer Punkt. Ansatz: faktorisierte Form

Bestimme mit beiden Strategien jeweils zwei quadratische Funktionen. Überprüfe mithilfe der angegebenen Punkte, ob die gefundenen Funktionen gut passen.

Vergleicht eure Ergebnisse in der Klasse. Findet ihr eine am besten passende Parabel?

Zum Weiterdenken Finde eine geeignete Funktion für den inneren Bogen.

2 Parabeln aus Scheitelpunkt und Punkt bestimmen

a) Die Gleichung $f(x) = a \cdot (x - 2)^2 - 3$ legt für jedes a eine Parabel fest. Wie verändert sich die Parabel, wenn man a variiert? Zeichne.
Welchen Wert muss man für a wählen, damit die Parabel durch den Punkt $P(4|3)$ verläuft? Löse zunächst nach Anschauung, dann mit einer Rechnung.

b) Durch den Scheitelpunkt $S(-1|4)$ und den Punkt $P(2|-5)$ wird eine Parabel festgelegt. Zeichne die Parabel und ermittle eine Funktionsgleichung der Parabel.

3 Parabeln aus Nullstellen und Punkt bestimmen

a) Die Gleichung $f(x) = a \cdot (x + 1) \cdot (x - 2)$ legt für jedes a eine Parabel fest. Wie verändert sich die Parabel, wenn man a variiert? Zeichne.
Welchen Wert muss man für a wählen, damit die Parabel durch den Punkt $P(3|-2)$ verläuft? Löse zunächst nach Anschauung, dann mit einer Rechnung.

b) Durch die Nullstellen $x_1 = 1$ und $x_2 = 5$ und den Punkt $P(2|3)$ wird eine Parabel festgelegt. Zeichne die Parabel und ermittle eine Funktionsgleichung der Parabel.

Basiswissen

Bestimmung von quadratischen Funktionen mit besonderen Punkten

Mithilfe von markanten Punkten kann ein passender Funktionsterm zu einer Parabel bestimmt werden.

Scheitelpunkt S und ein weiterer Punkt P

$S(-1\,|\,2)$; $P(3\,|\,-2)$

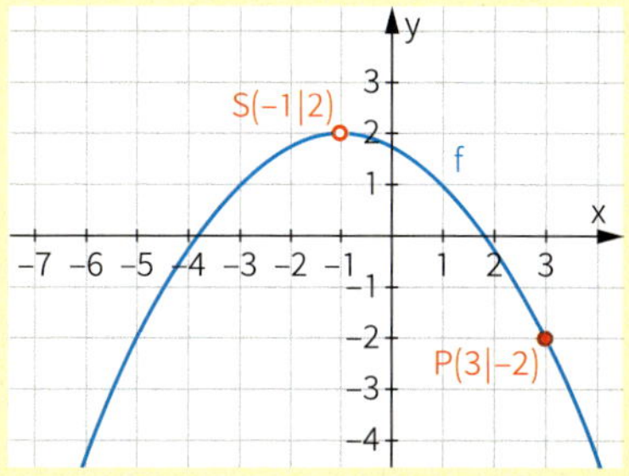

1. Ansatz: Scheitelpunktform, $S(-1\,|\,2)$ einsetzen: $f(x) = a\cdot(x-(-1))^2+2 = a\cdot(x+1)^2+2$
2. $P(3\,|\,-2)$ in die Gleichung einsetzen: $-2 = a\cdot(3+1)^2+2$
3. Gleichung nach a lösen: $-2 = 16a+2$; also $a = -\frac{1}{4}$
4. Funktionsgleichung: $f(x) = -\frac{1}{4}\cdot(x+1)^2+2$

Nullstellen und ein weiterer Punkt P

$x_1 = -2$; $x_2 = 3$; $P(1\,|\,-3)$

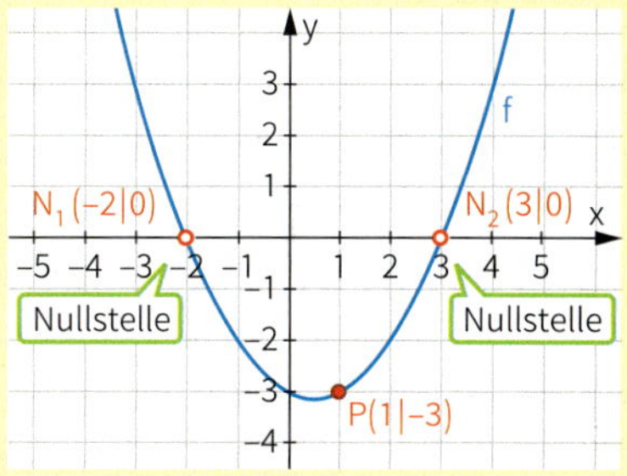

1. Ansatz: faktorisierte Form, Nullstellen einsetzen: $f(x) = a\cdot(x-(-2))\cdot(x-3) = a\cdot(x+2)\cdot(x-3)$
2. $P(1\,|\,-3)$ in die Gleichung einsetzen: $-3 = a\cdot(1+2)\cdot(1-3)$
3. Gleichung nach a lösen: $-3 = -6a$; also $a = \frac{1}{2}$
4. Funktionsgleichung: $f(x) = \frac{1}{2}\cdot(x+2)\cdot(x-3)$

Übungen

4 **Parabeln bestimmen**

Bestimme den Wert von k so, dass der Graph durch den angegebenen Punkt verläuft.

a) $f(x) = k\cdot x^2$ ① $P(2\,|\,8)$ ② $P(-2\,|\,5)$ ③ $P\left(\frac{1}{2}\,\middle|\,-3\right)$

b) $f(x) = -2x^2+k$ ① $P(4\,|\,-20)$ ② $P(-3\,|\,1)$ ③ $P\left(\frac{2}{3}\,\middle|\,\frac{1}{3}\right)$

c) $f(x) = x\cdot(x-k)$ ① $P(2\,|\,-4)$ ② $P(-3\,|\,4)$ ③ $P\left(\frac{3}{4}\,\middle|\,\frac{1}{16}\right)$

5 **Steckbriefe zu gesuchten Funktionsgleichungen**

Einmal gibt es mehrere Parabeln, einmal keine

① $f(x) = 2x^2+bx-4$; $P(-1\,|\,6)$

② Punkte $P(3\,|\,0)$, $Q(5\,|\,0)$ und $R(3\,|\,2)$

③ $(-2\,|\,0)$ ist Schnittpunkt mit x-Achse und Scheitelpunkt; $P(-4\,|\,-1)$

④ Streckfaktor 2; Scheitelpunkt auf y-Achse; $P(3\,|\,12)$

⑤ Nullstellen 4 und 8, x-Koordinate des Scheitelpunkts ist 6

⑥ Scheitelpunkt $S(1\,|\,3)$ und Nullstelle bei 4.

6 **Eine Parabel und Punkte**

Gegeben ist eine Parabel mit dem Scheitelpunkt $S(1\,|\,1)$, die durch den Punkt $P(2\,|\,0)$ verläuft.

a) Liegt der Punkt $Q(3\,|\,-2)$ auf der Parabel?

b) Bestimme s und t so, dass $A(4\,|\,s)$ und $B(-3\,|\,t)$ auf der Parabel liegen.

7 Ein Golfball

Ein Golfball fliegt 82 Meter weit und erreicht eine maximale Höhe von 17 m.
Die Flugbahn des Balls ist angenähert eine Parabel.
Bestimme eine Funktionsgleichung für die Flugkurve.

8 Eine Wasserkanone

Ein Feuerlöschboot im Hafen spritzt mit seiner Wasserkanone „Spalier“ für die Segelyacht, die die Regatta gewonnen hat. Unter dem parabelförmigen Wasserstrahl soll die Segelyacht hindurchfahren können. Daher muss die „Wasserparabel“ 15 m hoch und 30 m breit sein. Modelliere den Wasserstrahl mit einer quadratischen Funktion.

9 Zwei Gebäude

Punkte für Teilaufgabe a):
$S_1(-5{,}7\,|\,2{,}3)$, $A(-7\,|\,1{,}254)$
$S_2(-3{,}5\,|\,2{,}3)$, $B(-3\,|\,2{,}161)$
$S_3(0\,|\,4{,}2)$, $C(1\,|\,3{,}813)$
$S_4(4\,|\,2{,}4)$, $D(5\,|\,1{,}951)$

Beschreibe die Konturen mit Funktionen.

a) Ein Gebäude aus dem Ensemble der Moderne in Pampulha, einem Stadtteil von Belo Horizonte in Brasilien.
b) Der Serpentine Gallery Pavillion von 2003

Die beiden Gebäude stammen von dem brasilianischen Architekten OSKAR NIEMEYER.

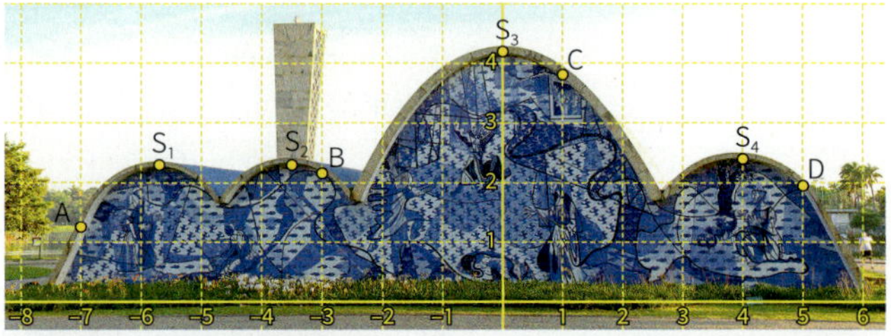

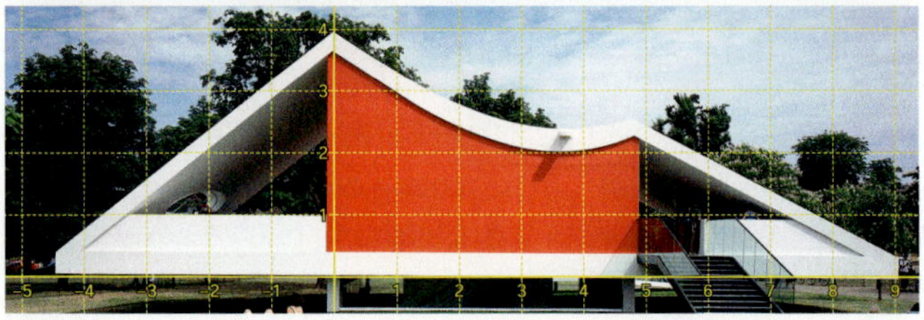

10 Snowboarding

Mit einer Kamera wird die Flugbahn eines Skiakrobaten gefilmt und einzelne Positionen gemessen.

Weite in m	0	3	6,5	10	13	14
Höhe in m	3	4,5	5	4,8	3,5	2

a) Schätze mithilfe der Abbildung, wie weit der Snowboarder springt.

DGS
Funktionenplotter

b) Finde eine passende Funktion mithilfe eines DGS oder Funktionenplotter. Lies dazu die Hinweise im folgenden Basiswissen.

Basiswissen

Modellieren mit quadratischen Funktionen aus Daten

Das Beschreiben realer Situationen mithilfe von Mathematik heißt **Modellieren**. Ausgangspunkt dafür können Datenerhebungen und zugehörige Streudiagramme sein.
Ziel ist es, zum Streudiagramm eine passende Funktion zu finden. Solche Funktionen heißen **Modelle**. Damit können Vorhersagen gemacht und Zusammenhänge beschrieben werden.

Der Korb hängt 3,05 m hoch. Die Freiwurflinie ist 4,6 m vom Korb entfernt. Der Abwurf erfolgt vor dem Körper, ca. 30 cm näher zum Korb als die Freiwurflinie.

Situation:
Mit einer Videoanalyse wird ein Teil der Flugbahn eines Basketballs aufgezeichnet.

Frage: Landet der Ball im Korb?
Die Aufnahme legt die Modellierung mit einer quadratischen Funktion nahe.

x: Weite	0	0,5	1,2	2	2,5	3,1
y: Höhe	2	2,6	3,4	3,8	3,9	3,8

Meist liegen die ermittelten Punkte nicht genau auf einer Parabel. Mit einem digitalen Werkzeug können Funktionen berechnet werden, die gut zu den Daten passen.

Anpassung mit quadratischer Regression

Befehle:
TrendPoly(<Punkte>,<Grad>)
quadreg(...)

- Streudiagramm erzeugen
- Quadratische Regression (Näherungsfunktion) mit einem digitalem Werkzeug

$f_1(x) = -0{,}298x^2 + 1{,}514x + 1{,}974$

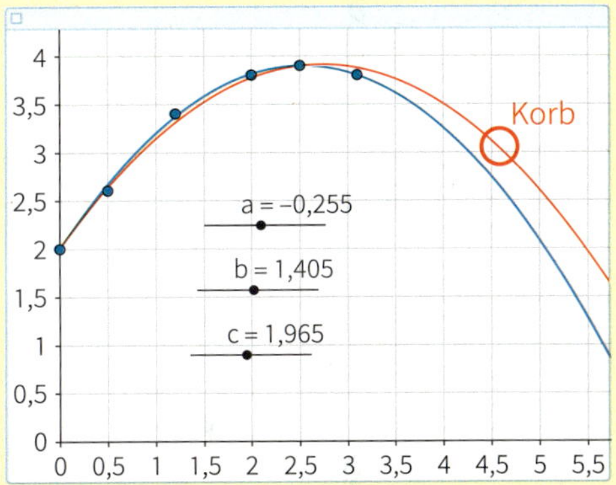

Anpassung mit Schiebereglern
- Streudiagramm erzeugen
- Mit Schiebereglern für a, b und c wird in $f(x) = ax^2 + bx + c$ durch Variation grafisch eine möglichst gute Anpassung erzeugt.

$f_2(x) = -0{,}255x^2 + 1{,}405x + 1{,}965$

Vergleich der Modelle und Antwort auf die Frage:
Beide Modelle passen ähnlich gut zu den Daten. Eine eindeutige Antwort ermöglichen sie nicht. Nach f_1 würde der Ball nicht im Korb landen, nach f_2 landet er im Korb.

11 **Parabeln im Sport**

Aus der Physik weiß man, dass die Flugkurve des Körperschwerpunktes eine Parabel ist.

Modelliere den Weitsprung und den Salto rückwärts.

A(0 | 0,8); B(0,7 | 1); C(1,4 | 1,1); D(2,1 | 1,1); E(2,7 | 1); F(3,4 | 0,85)
Die Flugkurve des Körperschwerpunktes legt die maximal mögliche Weite fest.
Wie weit kann der Weitspringer höchstens springen?

12 Bremsen bei nasser Fahrbahn

Ein neuer Allwetterreifen soll getestet werden. In einem Test wird die Abhängigkeit des Bremsweges b von der Geschwindigkeit v bei nasser Fahrbahn untersucht. Die Tabelle gibt die Ergebnisse an.
Für eine trockene Fahrbahn gilt die Faustregel: $b(v) = 0{,}01\,v^2$
Erstelle verschiedene quadratische Modelle zu dem Bremsvorgang auf nasser Fahrbahn. Vergleicht die Modelle untereinander und mit der Faustregel für trockene Fahrbahnen.

v in km/h	b in m
20	5,5
40	19
60	47
80	91
100	133
120	210

13 Einwohner der USA

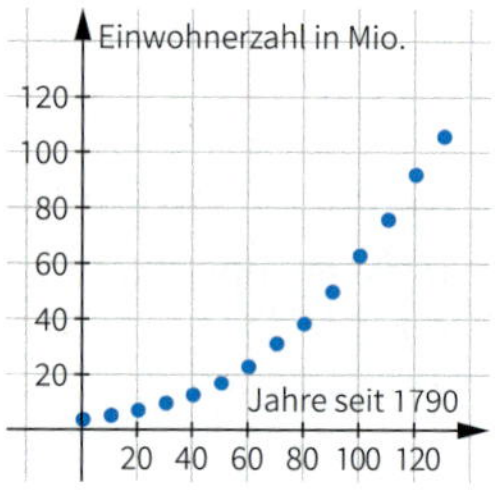

Seit 1790 sind in den USA alle zehn Jahre Volkszählungen vorgenommen worden.

Jahr	1790	1800	1810	1820	1830	1840	1850	1860	1870	1880	1890	1900	1910	1920
Einwohner [in Mio]	3,9	5,3	7,2	9,6	12,9	17,1	23,2	31,4	38,5	50,1	62,9	76,0	92,0	105,7

a) Erstelle ein Streudiagramm (1790: x = 0). Begründe, dass ein linearer Zusammenhang zwischen der Zeit und der Bevölkerungszahl nicht passt.
Finde verschiedene quadratische Modelle, die gut zu den Daten passen.

b) Die aktuelle Einwohnerzahl der USA beträgt 329 Millionen. Passt das zu deinem Modell aus a)? Finde gegebenenfalls eine passende quadratische Funktion, die auch die aktuellen Daten berücksichtigt. Was sagt das Modell für die zukünftige Bevölkerungsentwicklung voraus? Was hältst du davon?

Das Überprüfen der Lösung in der Realität heißt **Validieren**.

Modellieren mit Daten – der Modellbildungskreislauf

Mit Funktionen, die zu Daten passen, können rechnerisch Vorhersagen gemacht werden. Die Ergebnisse müssen dann in der Realität überprüft werden.

Realität

Landet der Ball im Korb?

→

Annahmen:
- Der Wurf ist durch die Abbildung festgelegt.
- Der Flug wird nicht durch Wind etc. verändert.

→

Mathematisches Modell

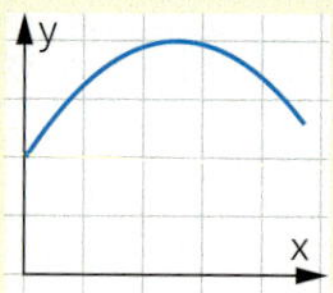

Die Flugkurve ist eine Parabel.

↓

Modell auswerten und mathematisch lösen

Mit ausgewählten Informationen passende Funktion finden, z. B. mit Regressionsfunktion oder Schiebereglern.

←

Mathematische Lösung in der Realität interpretieren

Es gibt verschiedene Funktionen, die gut zu den Daten passen. Die Lösung des Problems ist nicht eindeutig.

←

Lösung in der Realität überprüfen

Landet der Ball im Korb?

↑

14 Modellbildungskreislauf

Beschreibe die Situationen und Lösungen in den Aufgaben 11, 12 und 13 mithilfe des Modellbildungskreislaufs.

Grundwissen zum Wiederholen

1 Löse die Gleichung. a) $3x - 8 = 7$ b) $3 \cdot (x - 5) = x + 5$ c) $x + 1 = 3 \cdot \left(x + \frac{1}{3}\right)$

15 Samenproduktion einer Pflanze

Ein Botaniker hat 154 Früchte einer Pflanzenart untersucht und in jeder Frucht die vorhandenen Samen gezählt.

Anzahl der Samen	3	4	5	6	7	8	9
Anzahl der Früchte	1	2	8	13	22	45	63

a) Zeichne zu den Daten in der Tabelle ein Streudiagramm.
b) Ermittle mit einer Methode deiner Wahl ein quadratisches Modell.
c) Was hältst du von dem Modell?

Modelle, die nicht von einer Theorie gestützt werden

Die Modellierung mit quadratischen Funktionen in den Aufgaben 11, 12, 13 und 15 wird zunächst allein durch die Daten und Streudiagramme nahegelegt. Gibt es darüber hinaus Theorien, die einen quadratischen Zusammenhang stützen? Bei den Flugkurven und der Bremsweglänge liefert die Physik die theoretische Grundlage. Niemand kann aber theoretisch begründen, warum die Bevölkerungsentwicklung eines Landes in Abhängigkeit der Zeit oder der Zusammenhang zwischen der Anzahl der Samen und der Anzahl der Früchte mit quadratischen Funktionen beschrieben werden können. Bei solchen beschreibenden Modellierungen muss man mit Vorhersagen besonders vorsichtig sein und auch bereit sein, das Modell zu verwerfen.

16 Die Reichstagskuppel in Berlin – eine Parabel?

a) Versuche, mithilfe der ausgelesenen Punkte eine geeignete Parabel zur Modellierung der Kuppelform zu finden. Beschreibe eventuelle Schwierigkeiten.

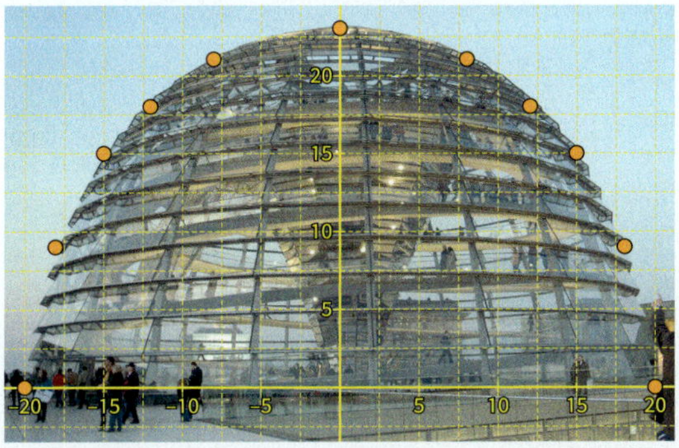

x	y
−18	9
−15	15
−12	18
−8	21
0	23
8	21
12	18
15	15
18	9

Funktionenplotter

b) Untersuche mit einem DGS, ob $K(x) = \sqrt{529 - 1{,}3225\,x^2}$ passt. Vergleiche mit deinen Modellen aus a). Beantworte begründet die Frage, ob die Form der Reichstagskuppel eine Parabel ist.

17 Parabel durch drei Punkte

Gesucht ist die Parabel durch die Punkte A(0 | 1), B(3 | −2) und C(5 | 6).

a) Skizziere die Punkte und skizziere eine Parabel nach Augenmaß.
b) Benutze zur Bestimmung die allgemeine Form $y = ax^2 + bx + c$.
- Begründe mithilfe von Punkt A, dass c = 1 ist.
- Formuliere die entsprechende Bedingung für C. Du erhältst ein lineares Gleichungssystem für a und b.

B(3 | −2) liegt auf der Parabel, d. h. $a \cdot 3^2 + b \cdot 3 + 1 = -2$

c) Bestimme die Gleichung der Parabel durch die angegebenen Punkte.
① P(−2 | 3), Q(0 | 0), R(1 | 1)
② A(−1 | 0), B(0 | 5) und C(3 | −4)
③ P(0 | −2); Q(2 | −6); R(3 | 1)
④ A(0 | 1); B(2 | 5); C(3 | 7)
Achtung: Einmal gibt es keine Parabel.

4.5 Quadratische Gleichungen – grafisch lösen

Beim Lösen von mathematischen Problemen müssen oft Gleichungen gelöst werden. Gleichungen können anschaulich grafisch gelöst werden. Mit einem digitalen Werkzeug gelingt das besonders einfach. Damit können gut Näherungslösungen bestimmt werden. Allerdings weiß man nicht sicher, ob man alle Lösungen gefunden hat.

1 Schnittstellen, Nullstellen und das Lösen von Gleichungen

siehe Seite 206

a) Skizziere jeweils die Graphen der Funktionen in ein Koordinatensystem und bestimme damit die Lösungen der Gleichungen. Überprüfe deine Lösungen durch eine Probe.

① $x^2 = 2x + 3$	② $x^2 - 3 = 2x$	③ $(x-1)^2 - 4 = 0$
$f(x) = x^2$	$f(x) = x^2 - 3$	$f(x) = (x-1)^2 - 4$
$g(x) = 2x + 3$	$g(x) = 2x$	

b) Was fällt dir bei den Lösungen aus ①, ② und ③ auf? Beweise deine Vermutung mithilfe von Termumformungen.

c) Emily meint: „Das Bestimmen von Nullstellen ist eigentlich auch ein Bestimmen von Schnittstellen zweier Funktionen." Was meinst du dazu?

d) • Gib mithilfe der Grafik ungefähre Lösungen der Gleichung $x^2 - 2x - 1 = 0$ an. Zeige, dass dies nicht die exakten Lösungen sind.
• Begründe, dass du die Gleichung noch nicht rechnerisch lösen kannst.

Zum Weiterdenken
• Finde einen besseren Näherungswert für die Lösungen.

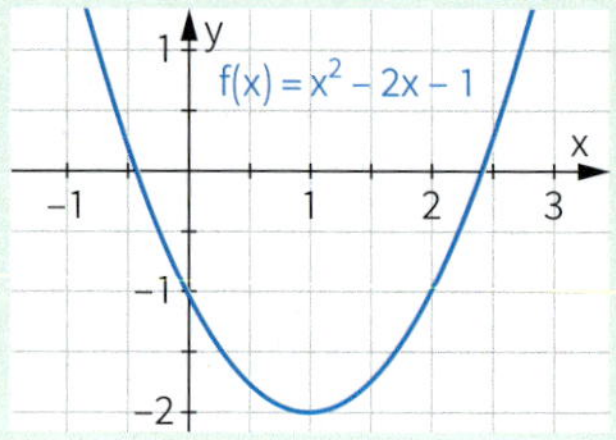

2 Grafische Lösungen von quadratischen Gleichungen

a) • Welche Gleichungen werden hier grafisch gelöst? Lies die Lösungen ab. Mache die Probe, indem du die Lösungen in die von dir aufgeschriebene Gleichung einsetzt.
• Man kann an den vier Aufgaben erkennen, wie viele Lösungen eine quadratische Gleichung haben kann. Was meinst du? Begründe deine Vermutung.

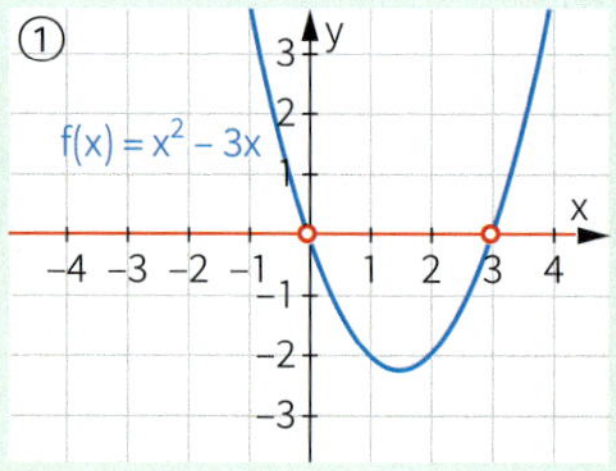

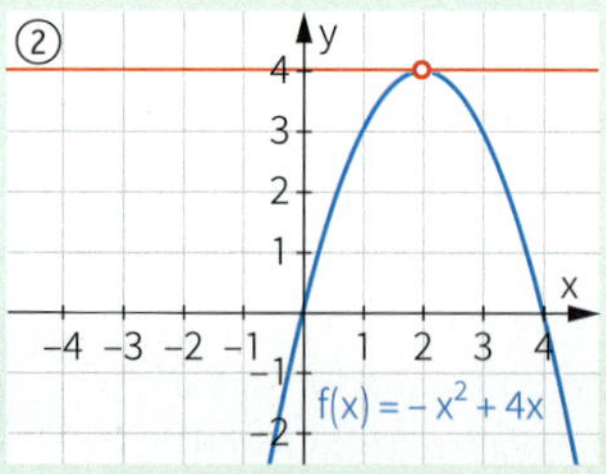

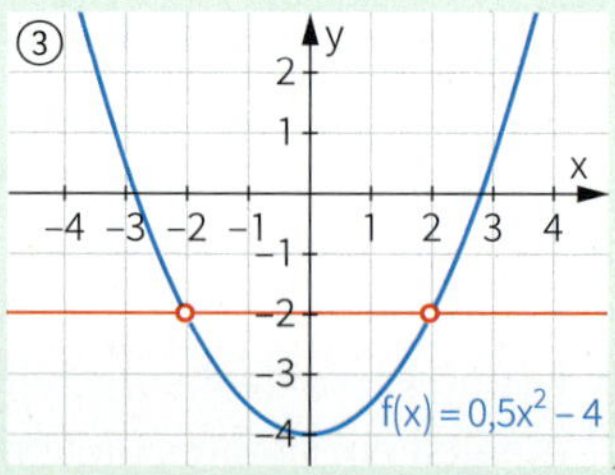

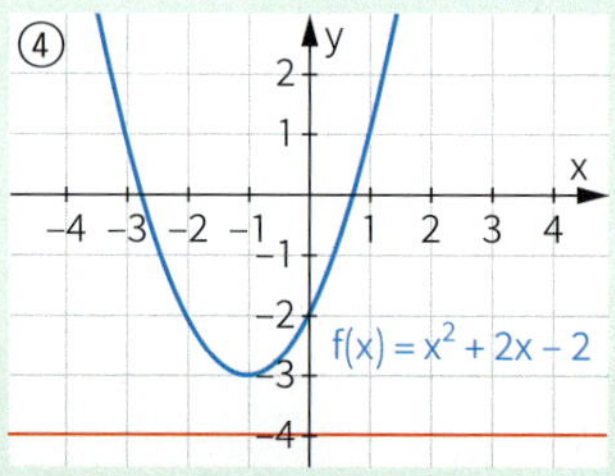

b) Erstelle jetzt umgekehrt zu den Gleichungen eine Grafik. Löse damit die Gleichungen. Mache die Probe. Eventuell findest du nur eine Näherungslösung. Warum gelingt dann keine Probe?

① $(x-2)^2 - 1 = 0$ ② $(x-3) \cdot (x+1) = 12$ ③ $x \cdot (x+5) = 2$

Basiswissen

Grafisches Lösen quadratischer Gleichungen

Wenn man die Terme auf der linken und rechten Seite einer Gleichung als Funktionsterme auffasst, sind Lösungen der Gleichungen die x-Koordinaten der Schnittpunkte der Graphen. Für Gleichungen des Typs $f(x) = 0$ sind die Nullstellen von f die Lösungen.

(1) Schnittstellenverfahren

Gleichung: $2x^2 = 4x + 10$

Schnittstellen von

$f(x) = 2x^2$ und $g(x) = 4x + 10$

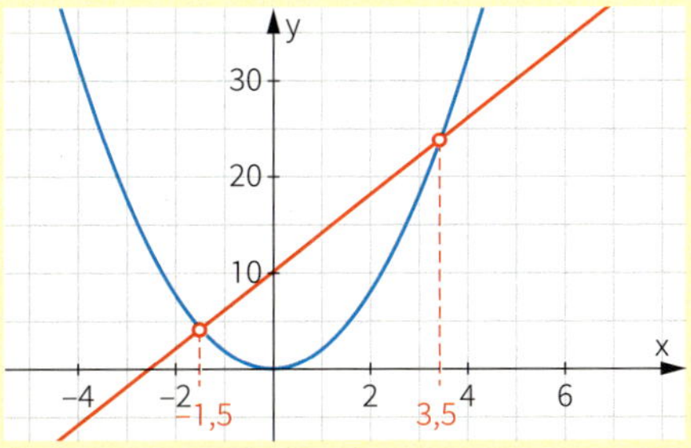

$x_1 \approx -1{,}5$; $x_2 \approx 3{,}5$; $L \approx \{-1{,}5; 3{,}5\}$

Die Lösungen sind nicht exakt, weil

$2 \cdot (-1{,}5)^2 = 4{,}5$; $4 \cdot (-1{,}5) + 10 = 4$

(2) Nullstellenverfahren

Gleichung: $(x - 3)^2 - 2 = 0$

Nullstellen von

$f(x) = (x - 3)^2 - 2$

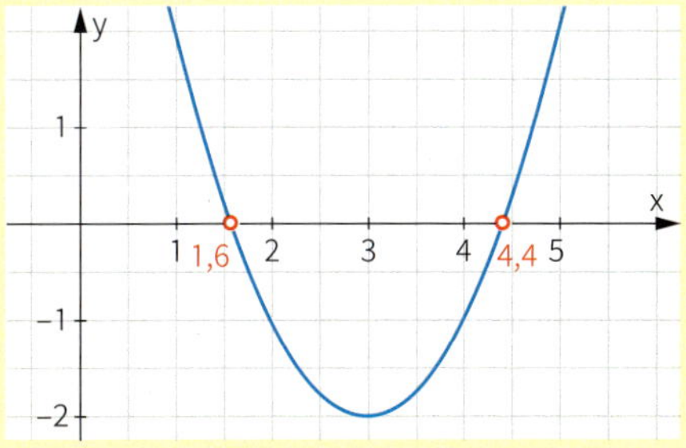

$x_1 \approx 1{,}6$; $x_2 \approx 4{,}4$; $L \approx \{1{,}6; 4{,}4\}$

$(1{,}6 - 3)^2 - 2 = 1{,}96 - 2 = -0{,}04 \neq 0$

- Häufig sind die Lösungen quadratischer Gleichungen irrational. Dann kann man weder grafisch noch tabellarisch die exakten Lösungen finden, man erhält nur eine ungefähre Lösung. Eine solche Lösung heißt **Näherungslösung**.
- Das Nullstellenverfahren ist ein Spezialfall des Schnittstellenverfahrens für $g(x) = 0$ (x-Achse)
- Mit $h(x) = f(x) - g(x)$ wird jedes Schnittstellenverfahren von f und g zum Nullstellenverfahren für h.

Beispiel

A Geschicktes grafisches Lösen

Löse die Gleichung $x^2 - 3x - 4 = 0$ grafisch. Überprüfe, ob die Lösung exakt ist.

Lösung:

Funktionen $f(x) = ax^2$ und $g(x) = mx + b$ sind ohne Funktionenplotter einfacher zu zeichnen als $f(x) = ax^2 + bx + c$ (quadratische Ergänzung!)

- Umformung zu $x^2 = 3x + 4$
- Aus der Grafik abgelesen: $x_1 = -1$; $x_2 = 4$
- Abgelesene Werte in der Gleichung einsetzen:
  $(-1)^2 - 3 \cdot (-1) - 4 = 0$; $4^2 - 3 \cdot 4 - 4 = 0$

Die Lösungen sind exakt.

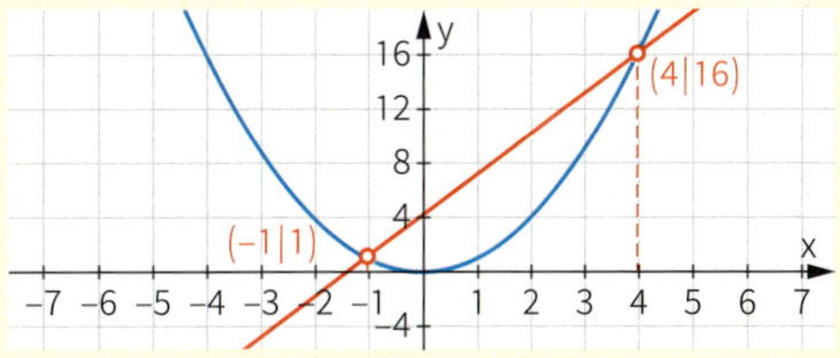

Übungen

3 Training 1

Die Abbildungen stellen die Lösung von quadratischen Gleichungen dar. Ordne zu und begründe. Lies Lösungen ab und überprüfe, ob sie exakt sind.

(A) $(x - 2)^2 = 4$

(B) $0{,}5x^2 = 2$

(C) $x^2 - 5x = 0$

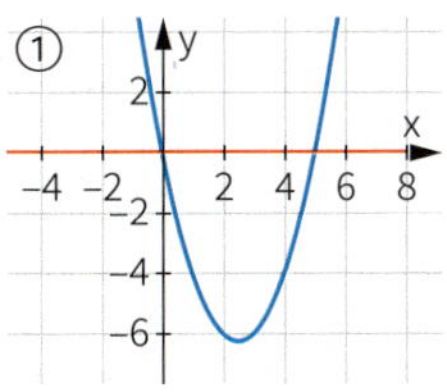

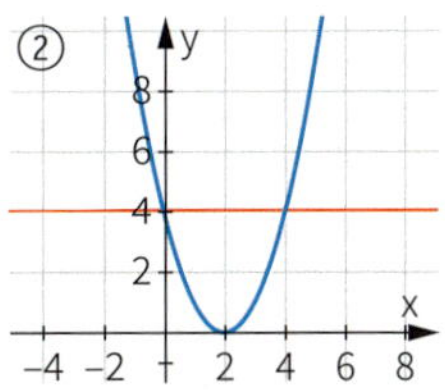

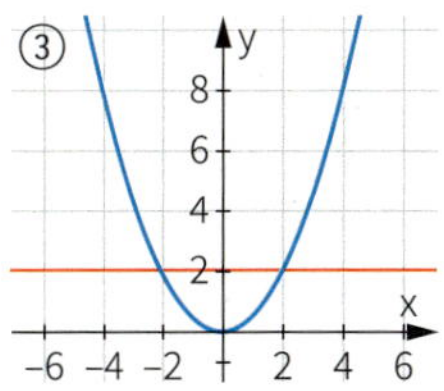

4 **Training 2**

Löse die Gleichungen grafisch. Untersuche, wie viele Lösungen es gibt. Manchmal erkennt man die exakte Lösung, überprüfe sie.

a) $x^2 - 4x + 2 = 0$ b) $x^2 + 2x = 6$ c) $2x^2 - \frac{1}{2}x - 7 = 0$

d) $x^2 - 7 = \frac{2}{3}x$ e) $x^2 = 3x + 40$ f) $2x^2 + 12x = -14$

5 **Verschiedene Gleichungen mit keiner, einer oder zwei Lösungen**

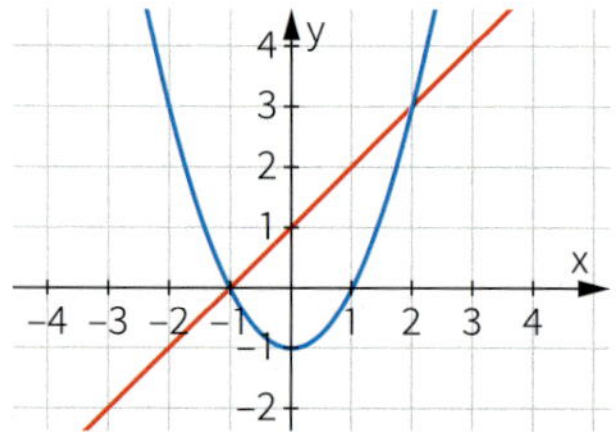

a) Gib drei verschiedene Gleichungen an, die mit der Grafik gelöst werden können.

b) Erstelle zu ① und ② eine Grafik. Gib damit Werte für b und e an, sodass die Gleichungen zwei, eine oder keine Lösungen haben.

① $x^2 = 2x + b$ ② $x^2 + e = 2$

c) Erläutere allgemein, skizziere die Möglichkeiten.

① Wie viele Nullstellen kann eine Parabel haben?

② Wie viele Schnittpunkte können zwei Parabeln haben?

③ Wie viele Schnittpunkte können eine Parabel und eine Gerade haben?

Werkzeuge

Grafisches Lösen von Gleichungen mit Funktionenplotter und DGS

Mit digitalen Werkzeugen können Gleichungen grafisch gelöst werden.

Gleichung: $2x^2 - 4x - 10 = 0$

Eingabe für h(x): $h(x) = f(x) - g(x)$

Mit Schnittpunkt

- (Symbol);
- „Schneide(f, g)“

Mit Nullstelle

- „Nullstelle(f)“; „Zero(f)“

Die Anzahl der Stellen hinter dem Kommen wird in „Runden“ eingestellt

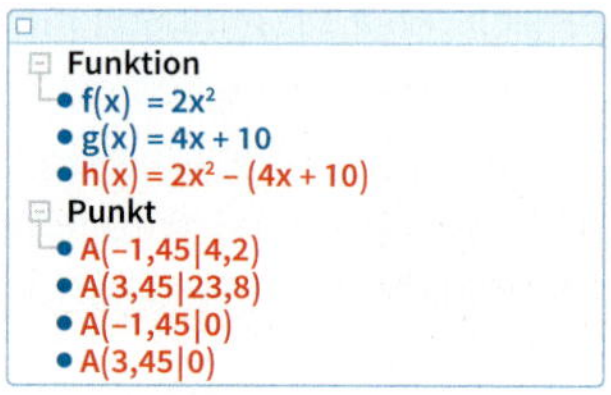

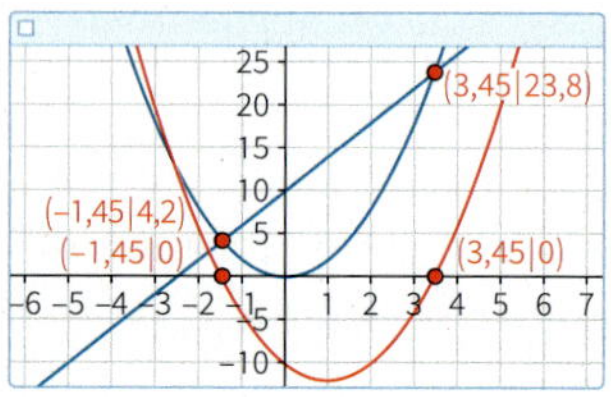

Bessere Näherungswerte mit Tabellen (TK, DGS) ermitteln

Mit Ziehen an unterer rechten Ecke in folgende Zeilen kopieren (mit relativen Bezügen)

• $h(x) = 2x^2 - 4x - 10$

	A	B
1	3.3	= h(A1)
2	= A1 + 0.1	= h(A2)
3	= A2 + 0.1	= h(A3)
4	= A3 + 0.1	= h(A4)
...	...	...

	A	B	C	D	E
1	3,3	–1,42		3,4	–0,48
2	3,4	–0,48		3,41	–0,3838
3	3,5	0,5		3,42	–0,2872
4	3,6	1,52		3,43	–0,1902
5	3,7	2,58		3,44	–0,0928
6	3,8	3,68		3,45	0,005

6 **Gute Näherungswerte mit digitalem Werkzeug**

a) Bestimme mit digitalen Werkzeugen Lösungen der Gleichungen aus der Aufgabe 4 auf vier Stellen genau.

b) Erläutere die Aussage von Liam: „Das Finden von Näherungswerten mit Graphen und Tabellen ist eine Intervallschachtelung.“

Wortliste
„Anfangswert“
„linke-rechte Grenze“
„Verfeinern“
„Graphen zoomen“
„Vorzeichenwechsel“
„nicht exakt“

Grundwissen
zum Wiederholen

1 Wie ändert sich der Flächeninhalt des Dreiecks ABC, wenn man den Eckpunkt C nach C′ verschiebt?

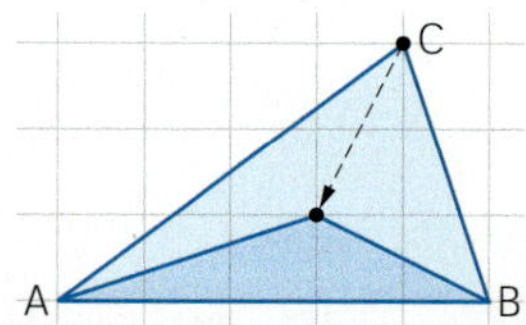

2 Zwei Personen lernen sich kennen. Wie groß ist die Wahrscheinlichkeit, dass sie beide im Mai Geburtstag haben?

4.6

Quadratische Gleichungen – algebraisch lösen

Äquivalenz- und Termumformungen sind ein mächtiges Werkzeug zum Lösen von Gleichungen. Damit kann man exakte Lösungen finden und auch auf sicherem Wege alle Lösungen.

1 Gleichungszoo – Bekanntes

Löse die Gleichungen rechnerisch mit bekannten Verfahren. Mache die Probe.
Achtung: Es haben sich zwei Gleichungen eingeschlichen, bei denen es nicht gelingt, mit bekannten Verfahren zum Ziel zu kommen. Finde diese und begründe, warum es nicht gelingt. Löse diese beiden Gleichungen grafisch.

a) $2x - 6 = 30$ b) $4 \cdot (x+3) = 7 - x$ c) $4x - 2 \cdot (4 - x) = 6x - 8$
d) $(x+3) \cdot (x-3) = 0$ e) $x^2 - 2x = 4$ f) $(x-3) \cdot (2-x) = x - x^2$
g) $(x-1) \cdot (x+4) = x^2 + 3x$ h) $x \cdot (4 - x) = 12$ i) $\frac{1}{2} \cdot \left(\frac{1}{3}x - 2\right) = \frac{1}{4}x + 1$

2 Quadratische Gleichungen

a) Finde die Lösungen der Gleichungen ① bis ⑥. In einigen Fällen kannst du die Lösungen nur näherungsweise bestimmen.
b) Begründe, warum einige der Gleichungen zwei Lösungen haben und je eine der Gleichungen nur eine bzw. keine Lösung hat.
c) Die Gleichungen $x^2 = a$ und $x^2 - a = 0$ sind äquivalent.
Gib a für die sechs Gleichungen an.
Veranschauliche die Lösungen beider Gleichungen grafisch.
Begründe damit die Anzahl der Lösungen in Abhängigkeit von a.

① $x^2 = 81$
② $x^2 = 0$
③ $x^2 = 0{,}04$
④ $x^2 = 5$
⑤ $x^2 = -9$
(6) $x^2 = 10$

3 Ein Garten voller quadratischer Gleichungen

Löse die Gleichungen. Benutze die vorgestellten Verfahren. Zwei Gleichungen kannst du nicht damit rechnerisch lösen. Beschreibe, warum bekannte Äquivalenzumformungen hier nicht zum Ergebnis führen. Löse diese Gleichungen grafisch.

Verfahren zum Lösen quadratischer Gleichungen

Hinweis:
$x^2 = 4$ lösen bedeutet: Gesucht werden Zahlen, die mit sich selbst multipliziert 4 ergeben

Wurzelziehen
$3x^2 - 12 = 0$
$3x^2 = 12$
$x^2 = 4$
$x_1 = 2;\ x_2 = -2$

Binomische Formeln
$x^2 - 10x + 25 = 0$
$(x-5)^2 = 0$
$x = 5$

Faktorisieren und „Produkt = 0"-Regel
$x^2 - 3x = 0$
$x \cdot (x-3) = 0$
$x_1 = 0;\ x_2 = 3$

Wenn $a \cdot b = 0$, dann $a = 0$ oder $b = 0$

Grafische Lösung einer Gleichung

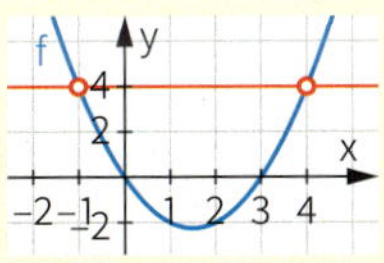

x-Werte der Schnittpunkte ablesen.

① $x^2 = 49$
② $x^2 + 2x + 1 = 0$
③ $x^2 = x + 1$
④ $x^2 + 6x = 0$
⑤ $(x-1)^2 = 4$
⑥ $4x^2 - 25 = 0$
⑦ $(x+4) \cdot (x-2) = 0$
⑧ $2x \cdot (x-3) = 8$
⑨ $4x^2 = -36$
⑩ $5 - 2x^2 = -17$

Basiswissen

Lösen quadratischer Gleichungen in Spezialfällen

Lösen mit Wurzelziehen

$x^2 = e$

$e > 0$: $x_1 = \sqrt{e}$; $x_2 = -\sqrt{e}$

$e = 0$: $x = 0$

$e < 0$: keine Lösung

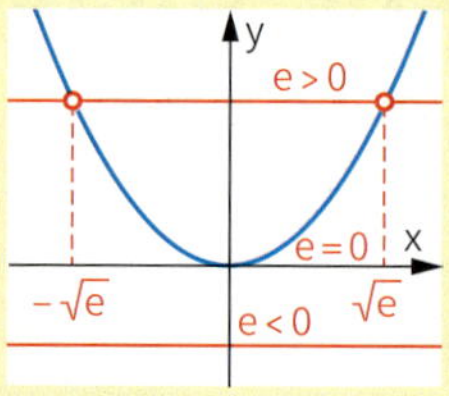

$(x - d)^2 = e$

$e > 0$: $x_1 = d + \sqrt{e}$; $x_2 = d - \sqrt{e}$

$e = 0$: $x = d$

$e < 0$: keine Lösung

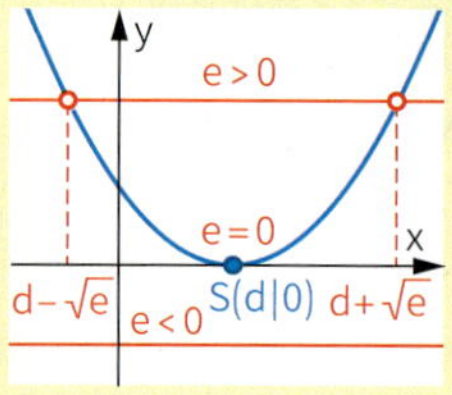

Ein Produkt ist genau dann Null, wenn ein Faktor 0 ist.

Lösen mit „Produkt = 0“ -Regel

$x^2 - r \cdot x = 0$

$x \cdot (x - r) = 0$

$x_1 = 0$; $x_2 = r$

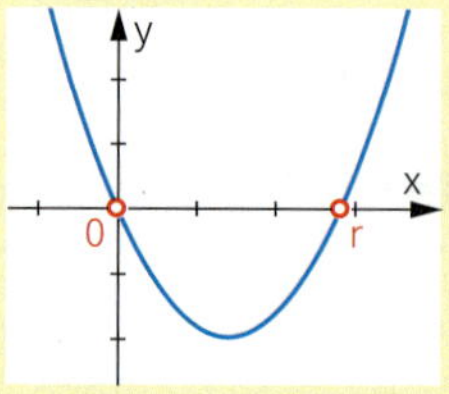

$(x - m) \cdot (x - n) = 0$

$x_1 = m$; $x_2 = n$

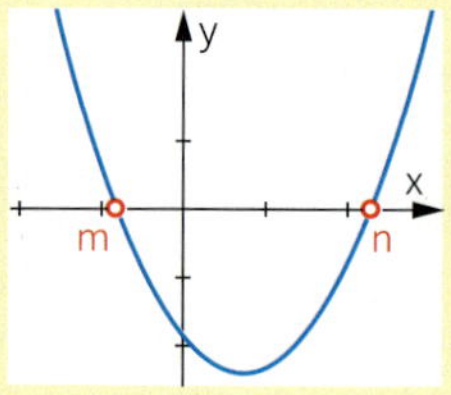

Beispiel

A Gleichungen mit Wurzelziehen lösen

Löse die Gleichungen.

a) $3x^2 = 9$

b) $2 \cdot (x + 3)^2 - 10 = 0$

Lösung:

a) $3x^2 = 9$ | :3 (noch nicht $\sqrt{\ }$)

$x^2 = 3$

$x_1 = \sqrt{3}$; $x_2 = -\sqrt{3}$

$L = \{-\sqrt{3};\ \sqrt{3}\}$

b) $2 \cdot (x + 3)^2 - 10 = 0$

$2 \cdot (x + 3)^2 = 10$

$(x + 3)^2 = 5$

$x + 3 = \sqrt{5}$ oder $x + 3 = -\sqrt{5}$

$x_1 = -3 + \sqrt{5}$; $x_2 = -3 - \sqrt{5}$

$L = \{-3 - \sqrt{5};\ -3 + \sqrt{5}\}$

B Gleichungen mit „Produkt = 0“-Regel lösen

Löse die Gleichungen.

a) $4x^2 - 10x = 0$

b) $3 \cdot (x - 4) \cdot (2x + 6) = 0$

Lösung:

a) $4x^2 - 10x = 0$ | 2x ausklammern

$2x \cdot (2x - 5) = 0$

$2x = 0$ oder $2x - 5 = 0$

$x_1 = 0$; $2x_2 - 5 = 0 \Leftrightarrow x_2 = \frac{5}{2}$

$L = \{0;\ \frac{5}{2}\}$

b) $3 \cdot (x - 4) \cdot (2x + 6) = 0$

$x - 4 = 0$ oder $2x + 6 = 0$

$x_1 = 4$; $2x_2 = -6 \Leftrightarrow x_2 = -3$

$L = \{-3;\ 4\}$

Übungen

4 Training „Wurzelziehen“

Löse die Gleichungen.

a) $x^2 = 16$ b) $x^2 = 121$ c) $x^2 = 30$ d) $5x^2 = 10$

e) $2x^2 = -40$ f) $9x^2 = 49$ g) $x^2 = \frac{4}{25}$ h) $-x^2 = -4$

5 Mehr Training „Wurzelziehen“

a) $(x - 3)^2 = 16$ b) $(y + 5)^2 = 10$ c) $4 \cdot \left(z - \frac{1}{2}\right)^2 = 9$ d) $-(x + 2)^2 = -9$

e) $(x + 7)^2 = -36$ f) $9 \cdot (x + 4)^2 = 36$ g) $-(x - 2)^2 = 9$ h) $(2x - 1)^2 = 16$

6 **Training „Produkt ist 0"**

Löse die Gleichungen.

a) $x^2 - 6x = 0$ b) $10x - x^2 = 0$ c) $x^2 + 4x = 6x$

d) $4x^2 + 8x = 0$ e) $9x^2 - 5x = 3x^2 - 10x$ f) $5x - 10x^2 = 5x$

7 **Mehr Training „Produkt ist 0"**

a) $(x-2)\cdot(x+3) = 0$ b) $(2x+4)\cdot(5x+20) = 0$ c) $x(x-2) = 0$

d) $(x+4)\cdot(x-9) = 0$ e) $2\cdot(x+1)\cdot(x+1) = 0$ f) $5x\cdot(x-2{,}5) = 0$

8 **Begründung für die Anzahl von Lösungen**

Begründe jeweils rechnerisch und grafisch.

a) $x^2 + 5 = 3$ hat keine Lösung b) $x^2 - 1 = x^2 - x$ hat eine Lösung

c) $-x^2 + 2x = x^2 - 2x$ hat zwei Lösungen d) $x^2 = 2x^2 - 2$ hat zwei Lösungen

9 **Fehler finden**

Finde den Fehler. Kannst du ihn erklären? Löse richtig.

a)
$5x^2 = 9$
$x^2 = 4$
$x_1 = 2;\ x_2 = -2$

b)
$x^2 = 3x$
$x = 3$

c)
$x^2 - x = 0$
$x(x-1) = 0$
$x_1 = 0;\ x_2 = -1$

d)
$x^2 = -x$
$L = \{\ \}$

e)
$2x^2 - 8 = 0$
$2x(x-8) = 0$
$x_1 = 0;\ x_2 = 8$

10 **Von den binomische Formeln zu einem allgemeinen Verfahren**

① Manche Terme kann man mithilfe der binomischen Formeln umformen und damit schnell eine quadratische Gleichung lösen. Löse mithilfe der binomischen Formeln. Achtung: Dreimal gibt es kein Binom.

1. $a^2 + 2ab + b^2 = (a+b)^2$
2. $a^2 - 2ab + b^2 = (a-b)^2$
3. $a^2 - b^2 = (a+b)\cdot(a-b)$

a) $x^2 + 4x + 4 = 1$ b) $x^2 - 6x + 9 = 4$ c) $x^2 + 8x + 16 = 0$ d) $x^2 + 5x + 6{,}25 = 9$

e) $3x^2 + 30x - 75 = 0$ f) $x^2 - 2x + 2 = 0$ g) $x^2 - 121 = 0$ h) $x^2 - 14x - 49 = 0$

② Die folgenden Aufgaben sind in Paaren aufgebaut. Eine der Aufgaben kannst du jeweils mithilfe der binomischen Formeln sofort lösen, die andere nicht. Durch geschicktes Addieren oder Subtrahieren kannst du jedoch die Gleichung so ergänzen, dass du sie lösen kannst.

a) $x^2 + 6x + 9 = 3$
$x^2 + 6x + 8 = 15$

b) $x^2 - 4x + 4 = 6$
$x^2 - 4x + 10 = 22$

c) $x^2 + 10x + 25 = 0$
$x^2 + 10x + 20 = 0$

Basiswissen

Gleichungen mit quadratischer Ergänzung lösen

Die Gleichung $x^2 + px + q = 0$ (Normalform)

$x^2 + 10x + 16 = 0$	$\vert -16$	
$x^2 + 10x = -16$	$\vert +25$	
$x^2 + 10x + 25 = -16 + 25$	Quadratische Ergänzung	
$(x+5)^2 = 9$	Binomische Formel	
$x + 5 = 3$ oder $x + 5 = -3$	Wurzelziehen	
$x_1 = -2;\ x_2 = -8$		

Lösungsmenge: $L = \{-2; -8\}$

Quadratische Ergänzung: Halbiere den Koeffizienten von x und quadriere: $\left(\frac{10}{2}\right)^2 = 25$

Die Gleichung $ax^2 + bx + c = 0$

Es kommt ein zusätzlicher Schritt am Anfang.

$3x^2 + 12x - 9 = 0$ $\quad\vert :3$ Normalform erzeugen

$x^2 + 4x - 3 = 0$

Damit hat man die Normalform und kann die quadratische Ergänzung anwenden.

Beispiel

C Gleichung mit quadratischer Ergänzung lösen

Löse die Gleichung $x^2 = 4x + 2$ und mache eine grafische Probe.

Lösung:

Die Gleichung wird zuerst auf Normalform gebracht.

$x^2 = 4x + 2$ $\quad | -4x$

$x^2 - 4x = 2$

$x^2 - 4x + 4 = 2 + 4$ $\quad$ | quadratische Ergänzung

$(x-2)^2 = 6$ $\quad$ Binomische Formel

$x - 2 = \sqrt{6}$ oder $x - 2 = -\sqrt{6}$

$x_1 = 2 + \sqrt{6} \approx 4{,}4;\ x_2 = 2 - \sqrt{6} \approx -0{,}4$

Grafische Lösung als Probe:

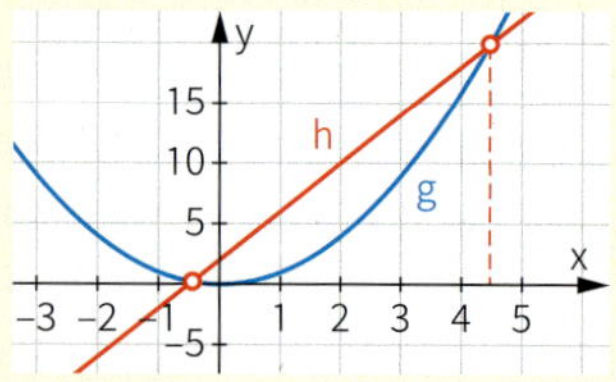

11 Eine Trainingseinheit zum Lösen mit quadratischer Ergänzung

Löse die Gleichungen mit quadratischer Ergänzung. Bringe die Gleichungen zunächst auf die Form $x^2 + px = -q$. Überprüfe die Lösungen durch Einsetzen oder grafisch.

a) $x^2 - 6x = 9$
b) $x^2 = 40 - 16x$
c) $x^2 - 20 = 8x$
d) $x^2 + 7x = 26$
e) $4 - x^2 = 10$
f) $2x^2 - 12x = 3$
g) $(x-1)\cdot(x+1) = 2x$
h) $(x-3)\cdot(x-5) = 4$
i) $(x-1)^2 + (x-2)^2 = 0$
j) $4 - x^2 = 6x$
k) $2\cdot(x-1)^2 = 1 + x^2$
l) $x^2 - 3x = -2$

12 Quadratische Gleichungen in Allgemeinform

Löse die Gleichungen.

a) $4x^2 - 16x + 8 = 0$
b) $\frac{1}{2}x^2 + x - 3 = 0$
c) $-3x^2 + 6x - 3 = 0$
d) $\frac{2}{3}x^2 - 4x = -8$
e) $2x^2 = 8 - 6x$
f) $-x^2 + 2x - 4 = 0$

13 Nullstellen

Berechne die Nullstellen der Funktion.

a) $f(x) = x^2 - 10$
b) $f(x) = 2x^2 - 8$
c) $f(x) = x^2 - 3x$
d) $f(x) = 2x^2 - 11x$
e) $f(x) = -x^2 + 2$
f) $f(x) = (x-1)\cdot(x+3)$
g) $f(x) = (x+3)^2 - 25$
h) $f(x) = -(x-1)^2 + 1$
i) $f(x) = -3\cdot(x+2)^2 - 27$

14 Die Entwicklung einer Formel

Du hast beim Trainieren des Lösens von $x^2 + px + q = 0$ erlebt, dass du immer wieder nach demselben Schema vorgegangen bist:

- *„Zahl q auf die andere Seite bringen“*,
- *„die Hälfte von p zum Quadrat“* auf beiden Seiten addieren, …

Wenn man dies allgemein für p und q durchführt, entsteht eine Formel. Entwickle mithilfe der quadratischen Ergänzung eine Lösungsformel für die Gleichung $x^2 + px + q = 0$

Basiswissen

pq-Formel

Die quadratische Gleichung in Normalform $x^2 + px + q = 0$ hat die Lösungen

$$x_1 = -\frac{p}{2} + \sqrt{\left(\frac{p}{2}\right)^2 - q};\ x_2 = -\frac{p}{2} - \sqrt{\left(\frac{p}{2}\right)^2 - q}$$

In Kurzschreibweise: $x_{1,2} = -\frac{p}{2} \pm \sqrt{\left(\frac{p}{2}\right)^2 - q}$

Der Radikand $D = \left(\frac{p}{2}\right)^2 - q$ heißt **Diskriminante**.

$D > 0$: 2 Lösungen
$D = 0$: 1 Lösung
$D < 0$: keine Lösung

discriminare (lat.): unterscheiden

Beispiel

D Quadratische Gleichung mit pq-Formel lösen

Löse die Gleichung $2x^2 - 4x - 8 = 0$

Lösung:

$2x^2 - 4x - 8 = 0$ | Dividiere durch 2

$x^2 - 2x - 4 = 0$ $p = -2;\ q = -4$

$x_1 = -\frac{-2}{2} + \sqrt{\left(\frac{-2}{2}\right)^2 - (-4)}$; $x_2 = -\frac{-2}{2} - \sqrt{\left(\frac{-2}{2}\right)^2 - (-4)}$

$x_1 = 1 + \sqrt{1+4}$; $x_2 = 1 - \sqrt{1+4}$

$x_1 = 1 + \sqrt{5}$; $x_2 = 1 - \sqrt{5}$

Hinweis: Auf Vorzeichen von p und q achten.

15 Eine Trainingseinheit zur pq-Formel

Löse die Gleichung mit der pq-Formel. Bringe die Gleichung dazu in die Form $x^2 + px + q = 0$.

a) $x^2 + 3x - 10 = 0$ b) $x^2 + 7x - 8 = 0$ c) $2x^2 + 5x + 2 = 0$

d) $-x^2 + 10x + 5 = 0$ e) $2x - x^2 = 2\cdot(1 - x)$ f) $x^2 + \frac{4}{3}x = \frac{7}{3}$

16 pq-Formel plus

Löse die Gleichungen. Man muss zuerst ausmultiplizieren. Manchmal benötigt man auch zuerst die „Produkt = 0“-Regel.

a) $(x+1)\cdot(x-3) = 5$ b) $(x-4)\cdot(x+5) = -8$ c) $3\cdot(x+1)\cdot(x-5) = 6$

d) $(x^2 - 9)\cdot(x-3) = 0$ e) $(x^2 - 4x)\cdot(2x+2) = 0$ f) $(x-8)\cdot(x^2 - 4x - 5) = 0$

17 Lösungen und die Form der Gleichung

① Begründe, warum die Gleichung $x^2 - rx = 0$ immer Lösungen hat. In welchem Fall gibt es genau eine Lösung?

② Für welche Werte von a und b hat die Gleichung $ax^2 + b = 0$ keine Lösung?

18 Lösungen und Diskriminante

① Begründe mithilfe der Diskriminante, dass für $p^2 = 4q$ die Gleichung $x^2 + px + q = 0$ genau eine Lösung hat.

② Begründe grafisch und mithilfe der Diskriminante, dass die Gleichung $x^2 + px + q = 0$ für $q < 0$ immer zwei Lösungen hat.

19 Lösungen und Scheitelpunktform

Florian: „Ich kann die Anzahl der Lösungen von $a\cdot(x-d)^2 + e = 0$ an der Scheitelpunktform $f(x) = a\cdot(x-d)^2 + e$ erkennen.“ Wie macht Florian das?

20 Zusammenhänge zwischen Lösungen und Parabeln

Wortliste
„Nullstellen“
„Scheitelpunkt“
„symmetrisch“
„y-Koordinate“
„Diskriminante“

a) Zeige, dass $S\left(-\frac{p}{2} \middle| -\frac{p^2}{4} + q\right)$ der Scheitelpunkt von $f(x) = x^2 + px + q$ ist.

b) Übertrage die Grafik in dein Heft und beschrifte sie.
- Beantworte alle in der Skizze angedeuteten Fragen.
- Erläutere, wie sich in der pq-Formel die geometrische Symmetrieeigenschaft von Parabeln widerspiegelt.

c) Schreibe einen Bericht über den Zusammenhang der pq-Formel mit besonderen Punkten der Parabel.

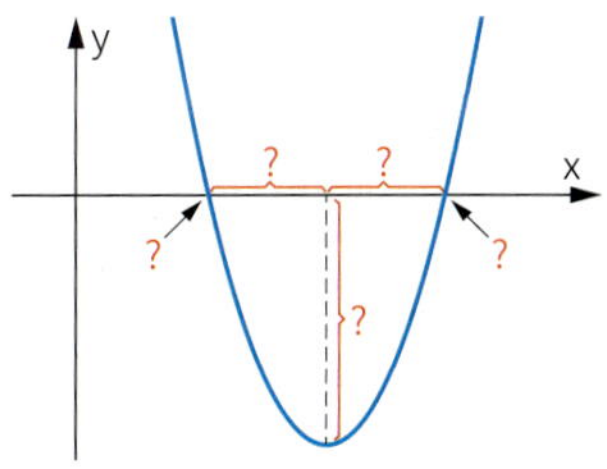

21 **Quadratische Gleichungen bauen**

Stelle jeweils zwei möglichst verschiedene quadratische Gleichungen mit den angegebenen Lösungen auf. Es dürfen auch komplizierte sein. Überprüfe dann, ob deine Gleichungen auch die angegebenen Lösungen haben.

a) $x_1 = 2;\ x_2 = 5$ b) $x_1 = 7$ c) $x_1 = -5;\ x_2 = 0$
d) $x_1 = \sqrt{13};\ x_2 = -\sqrt{13}$ e) $x_1 = -3;\ x_2 = 6$ f) $x_1 = \sqrt{2};\ x_2 = 5$

22 **Zusammenhänge zwischen Koeffizienten und Lösungen entdecken**

Zusammenhänge beschreiben siehe auch Seite 222

a) Löse die Gleichungen und fülle die Tabelle aus. Vergleiche die Lösungen x_1 und x_2 mit den Koeffizienten p und q. Entdeckst du einen Zusammenhang?

	p	q	x_1	x_2
① $x^2 - 8x + 15 = 0$	■	■	■	■
② $(x+2)\cdot(x+7) = 0$	■	■	■	■
③ $x^2 - 5x - 14 = 0$	■	■	■	■
④ $(x-1)\cdot(x-2) = 0$	■	■	■	■

b) Verallgemeinerung: Gib die Lösungen der Gleichung $(x - x_1)\cdot(x - x_2) = 0$ an. Bringe die Gleichung durch Ausmultiplizieren in die Form $x^2 + px + q = 0$. Beschreibe den Zusammenhang zwischen p und q und den Lösungen x_1 und x_2.

Basiswissen

Der Satz von Vieta

Wenn eine quadratische Gleichung $x^2 + px + q = 0$ die Lösungen x_1 und x_2 hat, dann gilt:
$x_1 \cdot x_2 = q$ und $x_1 + x_2 = -p$.
Mit dem Satz von Vieta kann man schnell ganzzahlige Lösungen finden.

Beispiel: $x^2 + 2x - 8 = 0$

Strategie: q als Produkt schreiben (Vorzeichen beachten) und probieren, ob die Summe der Faktoren −p ergibt: $p = 2;\ q = -8$

- $-8 = 2\cdot(-4);\quad 2 - 4 = -2$ passt nicht
- $-8 = -2\cdot 4;\quad -2 + 4 = 2$ passt, also $x_1 = -2;\ x_2 = 4$

23 **Quadratische Gleichungen mit Vieta lösen**

a) $x^2 + 7x + 12 = 0$ b) $x^2 + 9x + 18 = 0$ c) $x^2 - 4x + 4 = 0$
d) $x^2 - 6x + 8 = 0$ e) $x^2 - 13x + 30 = 0$ f) $x^2 + 2x - 80 = 0$

24 **Abschlusstraining**

Löse die Gleichungen. Entscheide zunächst, welches Verfahren geschickt ist. Die Merkregel kann helfen.

Merkregel: $x^2 + px + q = 0$
- $x^2 + px = 0$: Ausklammern
- $x^2 + q = 0$: Wurzelziehen

a) Basisaufgaben.
① $x^2 - 4x - 4 = 0$ ② $(x+7)^2 = 5$ ③ $15x^2 = 5x$ ④ $8x^2 - 16 = 0$
⑤ $x^2 + 14x + 49 = 0$ ⑥ $x^2 + 20x = 0$ ⑦ $(x+3)^2 = 36$ ⑧ $(x+6)\cdot(x-4) = 0$

b) Es wird anspruchsvoller.
① $2\cdot(x+1)\cdot(2x+3) = 8x^2 - 44$ ② $(x-2)^2 = 2\cdot(x+3)^2$
③ $5x\cdot(2-x) = -3\cdot(x-1)$ ④ $2\cdot(x+2) - 3\cdot(x+1)\cdot(x-5) = 0$
⑤ $(x-9)\cdot(x+9) = 19$ ⑥ $(x+1)^2 - (x-1)^2 = x^2$

Grundwissen
zum Wiederholen

1 Wie ändert sich das Volumen des Quaders, wenn man die Seiten a und b vervierfacht und die Höhe c verdreifacht?

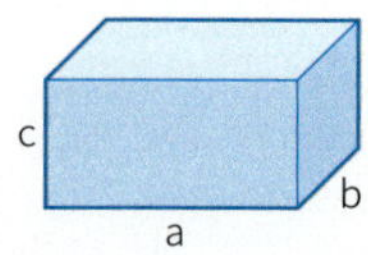

2 Zwischen welchen aufeinanderfolgenden natürlichen Zahlen liegt die folgende Zahl? a) $\sqrt{1{,}44}$ b) $\left(\frac{3}{4}\right)^2$ c) $\sqrt{50}$

25 **Die abc-Formel**

a) Die allgemeine Form $ax^2 + bx + c = 0$ kann zu $x^2 + \frac{b}{a}x + \frac{c}{a} = 0$ umgeformt werden. Führe eine quadratische Ergänzung mit dieser Form durch und ermittle die abc-Formel zum Lösen quadratischer Gleichungen in allgemeiner Form.

b) Warum hat die quadratische Gleichung in allgemeiner Form $ax^2 + bx + c = 0$ dieselbe Anzahl an Lösungen wie die zugehörige Normalform $x^2 + \frac{b}{a}x + \frac{c}{a} = 0$?

Forschungsaufgabe

26 **„Höhere" Gleichungen**

Gibt es auch bei „höheren" Gleichungen einen Zusammenhang zwischen den Koeffizienten und Lösungen der Gleichung? $(x-a)\cdot(x-b)\cdot(x-c) = 0$ ist eine faktorisierte Form der Gleichung $x^3 + px^2 + qx + r = 0$. Mit einem CAS wurde $(x-a)\cdot(x-b)\cdot(x-c)$ ausmultipliziert.

expand$((x-a)\cdot(x-b)\cdot(x-c))$

$$x^3 - a\cdot x^2 - b\cdot x^2 - c\cdot x^2 + a\cdot b\cdot x + a\cdot c\cdot x + b\cdot c\cdot x - a\cdot b\cdot c$$

expand$((x-a)\cdot(x-b)\cdot(x-c)\cdot(x-d))$

$$x^4 - a\cdot x^3 - b\cdot x^3 - c\cdot x^3 - d\cdot x^3 + a\cdot b\cdot x^2 + a\cdot c\cdot x^2 + a\cdot d\cdot x^2 + b\cdot c\cdot x^2 + b\cdot d\cdot x^2$$
$$- a\cdot b\cdot c\cdot x - a\cdot b\cdot d\cdot x - a\cdot c\cdot d\cdot x - b\cdot c\cdot d\cdot x + a\cdot b\cdot c\cdot d$$

Formuliere damit einen Zusammenhang zwischen a, b, c und p, q, r.

CAS

Zum Weiterforschen: Wie sieht das bei $(x-a)\cdot(x-b)\cdot(x-c)\cdot(x-d) = 0$ aus?

Exkurs

Al-Chwarizmi

Der arabische Mathematiker Al-Chwarizmi schrieb im 9. Jahrhundert ein Mathematikbuch. In diesem Buch beschäftigte er sich auch mit dem Lösen von quadratischen Gleichungen. Um die quadratische die Gleichung $x^2 + 8x = 65$ zu lösen, benutzt er folgendes Verfahren

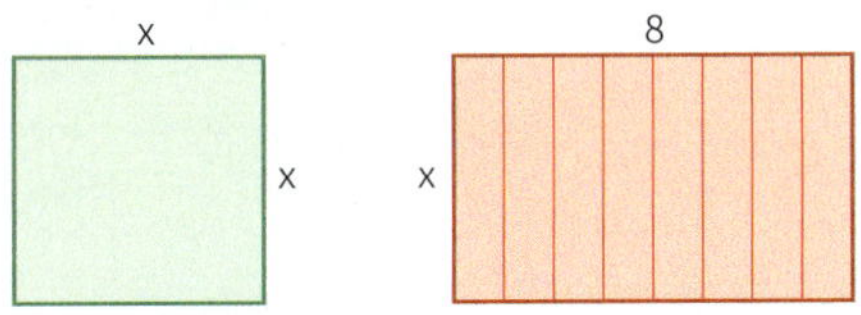

Die Rechtecke haben eine Breite von 1 LE.

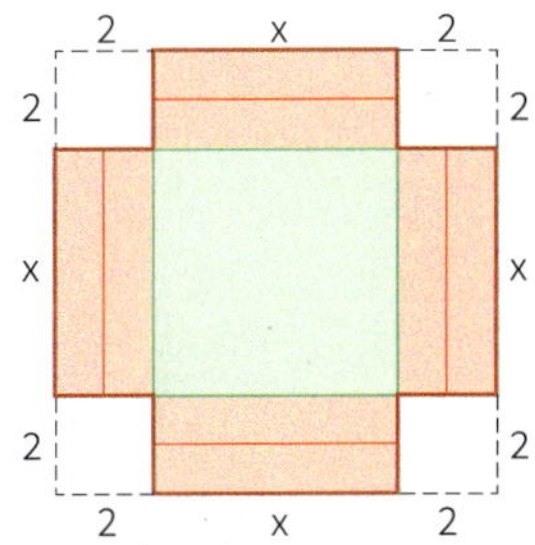

Die Gesamtfläche der Figur rechts beträgt $65 + 4\cdot 4 = 81$.
Die Kantenlänge damit $2 + x + 2 = 9$.
Damit erhält Al-Chwarizmi $x = 5$

François Viète
1540 – 1603

François Vieta, genannt Vieta, lebte und arbeitete im 16. Jahrhundert in Frankreich. Vieta kann man zu Recht den Wegbereiter der Algebra nennen, denn er führte das Rechnen mit Variablen ein. Auch die Benutzung der uns heute vertrauten Rechenzeichen „+" und „–" anstelle der bis dahin gebräuchlichen Wörter geht auf Vieta zurück.
Vietas Leistungen als Mathematiker sind umso erstaunlicher, als er von Hause aus Jurist war und u. a. für die französischen Könige Heinrich III. und Heinrich IV. arbeitete. Er betrieb Mathematik als Hobby in seiner Freizeit. Berühmt wurde er vor allem dadurch, dass er verschlüsselte Nachrichten der Spanier für den französischen König entschlüsselte. Seine Fähigkeiten auf diesem Gebiet waren so außerordentlich, dass die Spanier ihn beim Papst beschuldigten, er sei mit dem Teufel im Bunde.

27 **Al-Chwarizmi, Vieta und Cardano**

a) Löse mit dem Verfahren von Al-Chwarizmi $x^2 + 8x = 9$. Was kannte Al-Chwarizmi noch nicht?

b) Zu der Gleichung $x^3 + px + q = 0$ gibt es auch komplizierte Formeln. Recherchiere nach Cardano-Formeln und Vieta.

4.7

Typische Fragen an Funktionen

1 Situationen

In den Situationen sollen zu den Fragen passende Terme und Gleichungen aufgestellt werden und die Fragen rechnerisch beantwortet werden. Überprüfe die Ergebnisse grafisch.

① **Eine Brücke**
Ingenieure planen eine Hängebrücke, die an dicken Drahtseilen aufgehängt ist. Den Brückenbogen kann man näherungsweise mit einer quadratischen Funktion modellieren:
$f(x) = \frac{1}{450} \cdot (x - 150)^2 + 10$

a) Wie hoch über der Fahrbahn ist die Aufhängung?
b) Wie hoch hängt der Bogen minimal über der Fahrbahn?
c) Wie lang ist das Straßenstück, das von dem Bogen überspannt wird?
d) Das Drahtseil wird mit senkrecht verlaufenden Seilen am Fahrbahnrand befestigt.
- In welcher Höhe liegt die Befestigung nach 80 m?
- An welcher Stelle ist die Höhe der Befestigung 40 m?

② **Ein Fitnessstudio**
Eine Marktanalyse für ein Fitnessstudio hat ergeben, dass sich der monatliche Gewinn G in Abhängigkeit vom Abonnementpreis x durch $G(x) = -20x^2 + 1000x - 8000$ modellieren lässt.

a) • Welchen Gewinn erzielt die Firma bei einem Abopreis von $x = 14$ €?
• Für welchen Abopreis erzielt die Firma einen Gewinn von 3000 €?
b) Zu welchem Preis sollte die Firma das Produkt verkaufen, um einen möglichst großen Gewinn zu erzielen? Wie groß ist der Gewinn dann?
c) Bei welchem Preis macht die Firma keinen Gewinn, aber auch keinen Verlust (Breakevenpoint)?

③ **Ein Freistoß beim Fußball**
Ein Fußball fliegt bei einem Freistoß 60 m weit. Der höchste Punkt seiner parabelförmigen Flugbahn ist 6 m hoch.

a) Zeige, dass $f(x) = -\frac{1}{150}x^2 + \frac{2}{5}x$ ein passendes Modell für den Freistoß ist. Skizziere die Flugkurve.
b) • Eine „Mauer“ aus Spielern steht in 10 m Entfernung. Besteht die Gefahr, dass ein Spieler getroffen wird?
• Der Freistoß trifft die Latte des Tores (2,5 m). Wie weit vom Tor entfernt wurde der Freistoß geschossen?

Basiswissen

Typische Fragen an Funktionen – rechnerisch gelöst

Situation: Die Höhe in Meter, die eine Feuerwerksrakete x Sekunden nach dem Abschuss erreicht hat, kann durch die quadratische Funktion f(x) modelliert werden.

Funktion:
Zeit in Sekunden → Höhe in Meter

Funktionsgleichung: $f(x) = -5x^2 + 45x + 50$

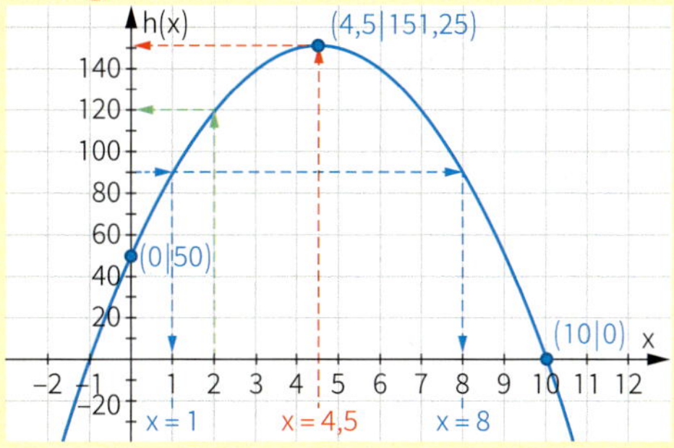

Funktionswert (y-Wert) gesucht
Wie hoch ist die Rakete nach 2 Sekunden?

Gegeben: $x = 2$
Gesucht: $f(2)$

Funktionswert von f(x) für $x = 2$ berechnen

Rechnung: $f(2) = -5 \cdot 2^2 + 45 \cdot 2 + 50 = 120$

Die Rakete ist nach 2 Sekunden ca. 120 m hoch.

Wo schneidet der Graph die y-Achse?
In welcher Höhe startet die Rakete?

Gegeben: $x = 0$
Gesucht: $f(0)$

Funktionswert von f(x) für $x = 0$ berechnen

Rechnung: $f(0) = -5 \cdot 0^2 + 45 \cdot 0 + 50 = 50$

Die Rakete wird in ca. 50 m Höhe abgeschossen.

x-Wert gesucht
Zu welchen Zeitpunkten beträgt die Flughöhe 90 m?

Gegeben: $f(x) = 90$
Gesucht: x

Gleichung $f(x) = 90$ nach x umstellen

$$-5x^2 + 45x + 50 = 90 \quad |-90$$
$$-5x^2 + 45x - 40 = 0 \quad |:(-5)$$
$$x^2 - 9x + 8 = 0 \quad \text{pq-Formel}$$
$$x_{1,2} = 4{,}5 \pm \sqrt{4{,}5^2 - 8} = 4{,}5 \pm 3{,}5$$
$$x_1 = 1;\; x_2 = 8$$

Nach ca. 1 und ca. 8 Sekunden hat die Rakete eine Höhe von 90 m.

Nullstelle gesucht
Wann trifft die Rakete auf dem Boden auf?

Gegeben: $f(x) = 0$
Gesucht: x

Gleichung $f(x) = 0$ nach x umstellen

$$-5x^2 + 45x + 50 = 0 \quad |:(-5)$$
$$x^2 - 9x - 10 = 0 \quad \text{pq-Formel}$$
$$x_{1,2} = 4{,}5 \pm \sqrt{4{,}5^2 + 10}$$
$$= 4{,}5 \pm 5{,}5$$
$$x_1 = -1;\; x_2 = 10$$

Nach ca. 10 Sekunden trifft die Rakete auf den Boden.

Hochpunkt oder Tiefpunkt gesucht
Welche größte Höhe erreicht die Rakete nach welcher Flugzeit?

Gegeben: Funktionsgleichung
Gesucht: Scheitelpunkt

Funktionsgleichung in der Scheitelpunktform aufstellen

Rechnung:
$$f(x) = -5x^2 + 45x + 50$$
$$= -5 \cdot (x^2 + 9x) + 50 \quad |-5 \text{ ausklammern}$$
$$= -5 \cdot (x^2 + 9x + 20{,}25 - 20{,}25) + 50 \quad |\text{quadratische Ergänzung}$$
$$= -5 \cdot \left((x + 4{,}5)^2 - 20{,}25\right) + 50 \quad |\text{Binomische Formel}$$
$$= -5 \cdot (x + 4{,}5)^2 + 101{,}25 + 50 \quad |\text{ausmultiplizieren}$$
$$= -5 \cdot (x + 4{,}5)^2 + 151{,}25 \quad |\text{zusammenfassen}$$

Die größte Höhe von ca. 151,25 m erreicht die Rakete nach ca. 4,5 Sekunden.

Übungen

2 **Innermathematische Fragen**

Beantworte die Fragen jeweils für die angegebenen Funktionen.
Skizziere auch mithilfe der Antworten die zugehörigen Parabeln.

① Wo schneidet der Graph die y-Achse?
② Wo schneidet der Graph die x-Achse?
③ Wo ist der höchste (niedrigste) Punkt des Graphen?

a) $f(x) = -x^2 + x + 2$ b) $f(x) = \frac{1}{2} \cdot (x-3)^2$ c) $f(x) = x^2 - 4x + 2$
d) $f(x) = 2x \cdot (x+1)$ e) $f(x) = -\frac{1}{2}x^2 + \frac{3}{4}$ f) $f(x) = -\frac{2}{3} \cdot (x-1) \cdot (x-3)$

3 **Punkte auf Parabel?**

Überprüfe, ob die Punkte auf der Parabel liegen.

① $y = x^2 - x + 4$; $P(-2|10)$; $Q(5|20)$ ② $y = 2 \cdot (x-3) \cdot (x+5)$; $P(5|40)$; $Q\left(-\frac{1}{2}\middle|-\frac{63}{2}\right)$

4 **Eine Brücke und ein Segelschiff**

Die Höhe h eines Brückenbogens in Meter über dem Wasserspiegel wird mit der Funktion $h(x) = -0{,}0003\,x^2 + 0{,}1\,x$ modelliert.

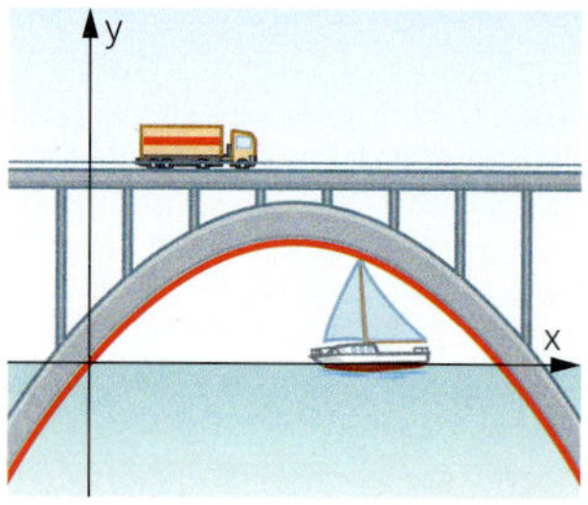

a) Wie breit ist der Brückenbogen über dem Wasser?
b) Wie hoch darf ein Segelboot höchstens sein, damit es unter der Brücke durchfahren kann?
c) In welchem Bereich kann ein Segelboot mit einer Masthöhe von 8 m den Brückenbogen passieren?

5 **Ein Golfball**

Die Flugbahn eines Golfballs wird mit $f(x) = -0{,}01 \cdot x \cdot (x - 82)$ modelliert. (x: Flugweite in m; f(x): Flughöhe in m).
Die x-Achse ist der Erdboden.

Graphen beschreiben
siehe auch Seite 222

a) Wie weit fliegt der Ball?
b) Wie hoch ist die maximale Höhe über dem Erdboden?
c) In welchem Bereich können 2 m hohe Autos in der Flugbahn stehen ohne von dem Ball getroffen zu werden?
d) In 58 m Entfernung steht ein 12 m hoher Baum. Wird er von dem Ball getroffen?
e) Beschreibe die Flugbahn des Balls in Abhängigkeit von b, wenn man sie mit $f(x) = -0{,}01 \cdot x \cdot (x - b)$ modelliert.

Zum Weiterdenken
Funktionenplotter

6 **Sturz vom Fahrrad**

Es soll untersucht werden, was geschieht, wenn man ohne Helm stürzt. Mit der Funktionsvorschrift für den freien Fall $s(t) = 5t^2$ kann man aus der Fallzeit t in Sekunden die Fallstrecke s(t) in Metern abschätzen.

a) Wie lange dauert es, bis der Kopf eines 1,80 m großen Fahrers auf dem Boden aufschlägt?
b) Mit der Funktionsvorschrift $v(t) = 10t$ kann man aus der Fallzeit t in Sekunden die Geschwindigkeit v(t) in m/s berechnen, die ein Körper nach t Sekunden erreicht hat. Mit welcher Geschwindigkeit schlägt der Kopf des Radfahrers auf den Boden?
c) Mediziner sagen, dass man sich schwere Hirnschäden zuzieht, wenn der Kopf ohne Helm mit einer Geschwindigkeit von mehr als 5,5 m/s aufprallt. Welcher Fallhöhe entspricht das?

Schnittpunkte von zwei Graphen

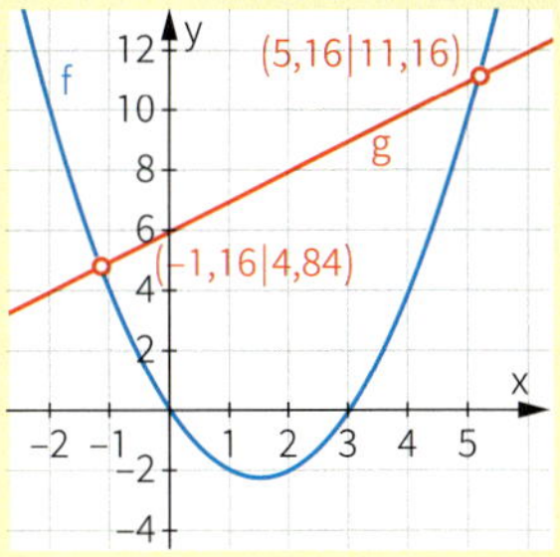

Ein Schnittpunkt der Graphen zweier Funktionen f und g ist ein gemeinsamer Punkt. Hier stimmen die y-Werte (Funktionswerte) überein: $f(x) = g(x)$
Berechnung: $f(x) = x^2 - 3x$; $g(x) = x + 6$

1. Funktionsterme gleichsetzen
   $x^2 - 3x = x + 6$
2. x-Koordinate: Die Gleichung nach x lösen.
   $x^2 - 4x - 6 = 0$
   pq-Formel mit $p = -4$ und $q = -6$
   $x_1 = -\left(\frac{-4}{2}\right) + \sqrt{\left(\frac{-4}{2}\right)^2 - (-6)} = 2 + \sqrt{10}$; $x_2 = -\left(\frac{-4}{2}\right) - \sqrt{\left(\frac{-4}{2}\right)^2 - (-6)} = 2 - \sqrt{10}$
3. y-Koordinate: x in f(x) oder g(x) einsetzen
   $g(2 + \sqrt{10}) = 8 + \sqrt{10}$; $g(2 - \sqrt{10}) = 8 - \sqrt{10}$
4. Schnittpunkte: $S_1(2 + \sqrt{10} \mid 8 + \sqrt{10}) \approx (5{,}16 \mid 11{,}16)$; $S_2(2 - \sqrt{10} \mid 8 - \sqrt{10}) \approx (-1{,}16 \mid 4{,}84)$

7 **Training**
Untersuche jeweils zwei der vier Funktionen rechnerisch auf gemeinsame Punkte. Zeichne die Graphen und überprüfe damit die Rechnungen.
$f(x) = -x^2 + 4x - 3$ $g(x) = (x - 1) \cdot (x + 3)$ $h(x) = -x^2 - 4x + 5$ $k(x) = -4x + 13$

8 **Ein Duschgel**

Die Kosten für die Herstellung eines Duschgels werden mit $K(x) = 0{,}1\,x^2 + 3$ (x in 1000 Stück, K(x) in 1000 Euro) modelliert. Ein Duschgel wird für 2 Euro verkauft, für den Umsatz gilt also $U(x) = 2x$.
a) Skizziere K(x) und U(x). Bei welcher Stückzahl stimmen Umsatz und Kosten überein?
b) Begründe, dass $G(x) = 2x - (0{,}1\,x^2 + 3)$ eine passende Gewinnfunktion ist. Wie hoch ist der maximale Gewinn? Für welche Stückzahlen erhält man einen Gewinn?

9 **Feuerwerk**

Zeitgleich mit der Feuerwerksrakete aus dem Basiswissen werden drei weitere Raketen vom gleichen Ort aus abgeschossen. Die Flugkurven werden mit
① $f(t) = -4t^2 + 30t + 50$ ② $g(t) = -4t^2 + 40t + 50$
③ $g(t) = -4t^2 + 50t + 50$ modelliert.
a) Untersuche, ob es Zeitpunkte gibt, an denen jeweils zwei der Raketen dieselbe Höhe haben.

Zum Weiterdenken
b) Wie muss die Flugkurve einer Rakete mit der Flugkurve $f(t) = -4t^2 + b \cdot t + 50$ lauten, damit sie zeitgleich mit der Rakete aus dem Basiswissen auf dem Boden auftrifft?

Grundwissen
zum Wiederholen

1 Gibt es rationale Zahlen a und b mit $a > b$ und $a \cdot b < 0$?

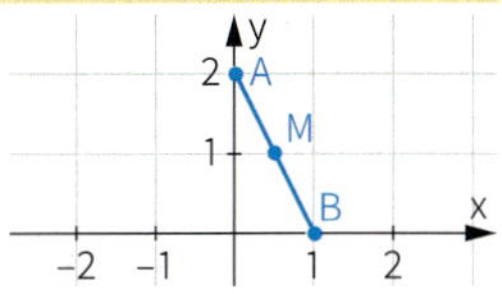

2 Um den Punkt M wird ein Kreis mit dem Durchmesser $\overline{AB}$ gezeichnet. In welchen Quadranten liegen Punkte des Kreises?

3 Bestimme die Seitenlängen eines rechtwinkligen Dreiecks, dessen Hypothenuse $c = \sqrt{8}$ ist.

4.8 Optimieren, Problemlösen und Modellieren

1 Mustererkennung

Aus kleinen blauen Würfeln werden große Würfel gebaut. Die Oberfläche jedes großen Würfels wird rot eingefärbt.

a) Übertrage die Tabelle in dein Heft und ergänze.

Kantenlänge x = 1   x = 2   x = 3   x = 4

Kantenlänge x	Anzahl der Würfel mit genau drei roten Flächen	Anzahl der Würfel mit genau zwei roten Flächen	Anzahl der Würfel mit genau einer roten Fläche
2	8	0	0
3	8	12	6
4	■	■	■
5	■	■	■
6	■	■	■

b) Finde zu jeder Spalte eine Funktionsgleichung, mit der man zu der Kantenlänge x des großen Würfels die entsprechenden Anzahlen der kleinen Würfel berechnen kann.

c) Ergänze in der Tabelle weitere Zeilen für $x = 7, 8, 10$ und 20.

2 Zwei Swimmingpools

① Ein Swimmingpool der Länge 30 m und der Breite 20 m soll von einem neuen Weg der Breite x Meter umgeben werden. Die Gesamtfläche des Weges beträgt 360 m². Wie breit ist der Weg?

② Ein quadratischer Swimmingpool soll mit einem 2 m breiten Weg umgeben werden. Die Gesamtfläche des Weges beträgt 360 m². Wie groß ist der Swimmingpool?

- Benenne die gesuchte Größe mit x.
- Fertige eine beschriftete Skizze an.
- Stelle einen Term auf, mit dem man die Fläche des Weges berechnen kann.

3 Rechtecke

Gegeben ist ein Rechteck mit den Seitenlängen 8 cm und 5 cm. Die kürzere Seite soll um x cm verlängert und die längere um x cm verkürzt werden.

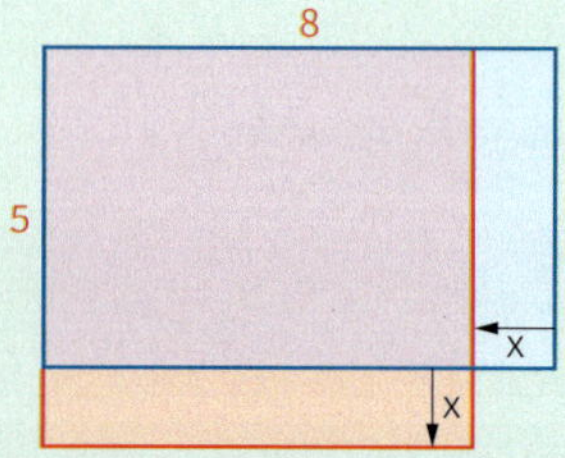

a) Verändert sich der Flächeninhalt? Begründe deine Meinung. Bei welchem Wert für x bleibt der Flächeninhalt gleich?

b) Berechne für verschiedene Werte von x den Flächeninhalt.

c) Bestimme für ein beliebiges x den Funktionsterm für den Flächeninhalt A(x). Bei welchem Wert von x ist der Flächeninhalt maximal?

Basiswissen

Ein Optimierungsproblem

Situation:
Eine Abflussrinne mit rechteckigem Querschnitt soll aus einem 24 cm breiten Aluminiumblech hergestellt werden. Wichtig für die Menge Wasser, die durch die Rinne fließen kann, ist die Fläche des Querschnitts. Wie breit und wie hoch muss die Rinne sein, damit möglichst viel Wasser hindurch fließen kann?

Strategie:
(1) Skizze anfertigen und beschriften. Gesuchte Größe als Funktion der variablen Größe x aufstellen. Sinnvollen Bereich für x festlegen.
(2) Je nach Situation Hoch- oder Tiefpunkt bestimmen.
(3) Ergebnis in Sachsituation überprüfen.

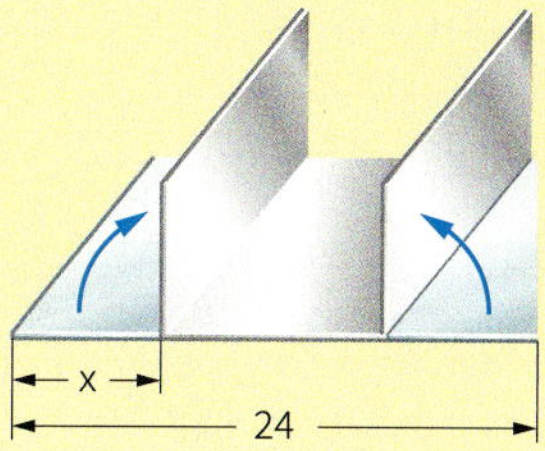

(1)
- Breite: $24 - 2x$; Höhe: x
  Flächeninhalt: $A(x) = (24 - 2x) \cdot x$
- Sinnvoller Bereich für x: $0 < x < 12$

(2)
- A ist eine nach unten geöffnete Parabel, es gibt also ein Maximum. Nullstellen sind 0 und 12. Das passt zur Situation, weil man in diesen Fällen keine Querschnittsfläche erhält.
- Scheitelpunkt: $x_S = 6$ (Mitte der Nullstellen) $f(6) = 72$; $S(6|72)$

(3) Die Rinne muss 12 cm breit und 6 cm hoch sein, damit möglichst viel Wasser hindurchfließen kann. Der maximale Flächeninhalt der Querschnittsfläche beträgt $72\,cm^2$.

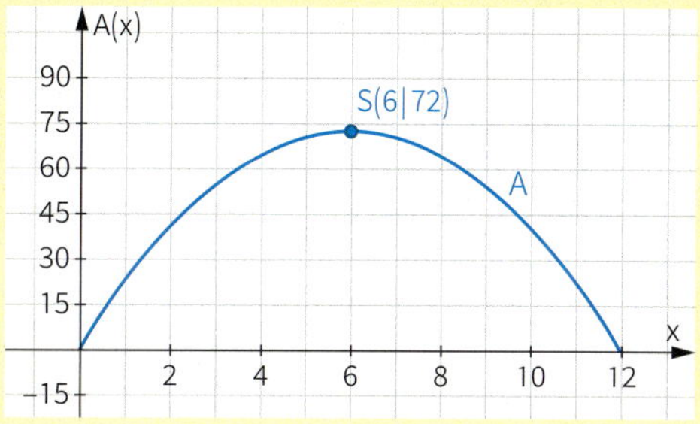

Beispiel

A Problemlösen mit einer quadratischen Gleichung
Ein Rechteck ist 10 cm lang und 8 cm breit. Es wird in Länge und Breite jeweils um x verlängert. Dabei vergrößert sich die Fläche um $40\,cm^2$. Um wie viel cm wird das Rechteck länger und breiter?

Lösung:

(1)
- Skizze mit gegebenen und gesuchten Größen erstellen;
- Zusammenhänge erfassen, Gleichung formulieren.
  Gelbe Fläche: $80\,cm^2$, blaue Fläche: $40\,cm^2$
  Gesamte neue Fläche: (I) $80 + 40 = 120$
  (II) $(8 + x) \cdot (10 + x)$
  Gleichung: (I) = (II): $(8 + x) \cdot (10 + x) = 120$

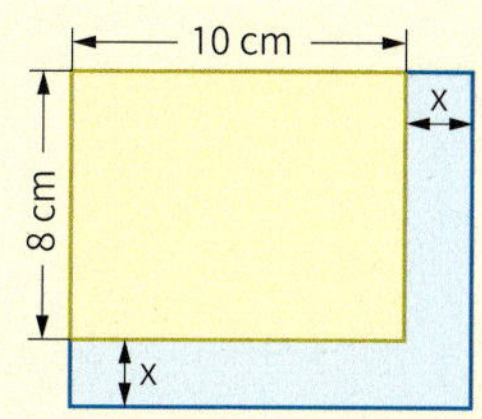

(2) Gleichung lösen
- rechnerisch
  $(8 + x) \cdot (10 + x) = 120$
  $80 + 10x + 8x + x^2 = 120$
  $x^2 + 18x - 40 = 0$
  $x_1 = -9 + \sqrt{121} = 2$; $(x_2 = -9 - \sqrt{121} = -20)$
- grafisch:

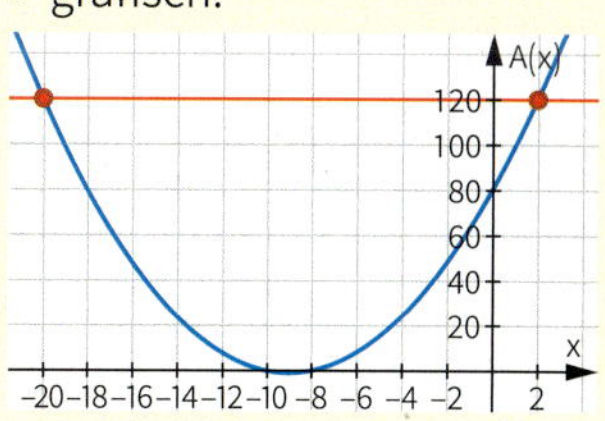

(3) Das Rechteck wird um 2 cm länger und um 2 cm breiter.
$10 \cdot 12 = 120 = 8 \cdot 10 + 40$

Übungen

Optimieren

Tipp
Nenne die Breite x.

4 Optimale Fläche einzäunen

Goldgräber Joe kann sich mit einem 100 m langen Seil ein rechteckiges Stück Land abstecken. Dabei ist er natürlich an einer möglichst großen Fläche interessiert.

a) 

Das Seil muss alle vier Seiten umschließen.

b) 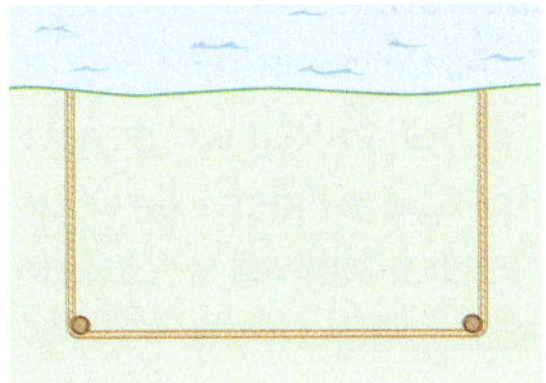

Eine Seite wird vom Fluss begrenzt.

c) 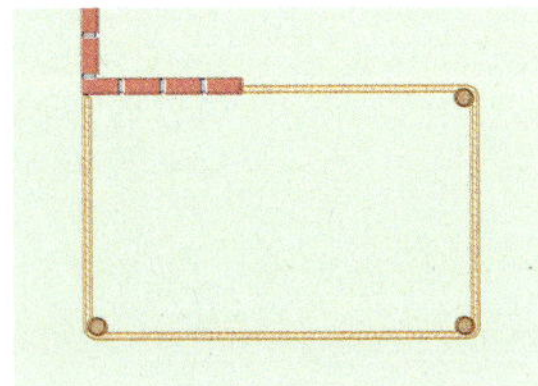

Eine Mauer von 20 m Länge kann zur Abgrenzung mit benutzt werden.

Das Bild kann man gut mit einem DGS erzeugen

5 Quadrate im Quadrat

Auf den Seiten eines Quadrats mit der Seitenlänge 10 cm werden immer dieselben Strecken x abgetragen, wenn man das Quadrat gegen den Uhrzeigersinn durchläuft. Auf diese Weise werden dem Quadrat andere Quadrate einbeschrieben.

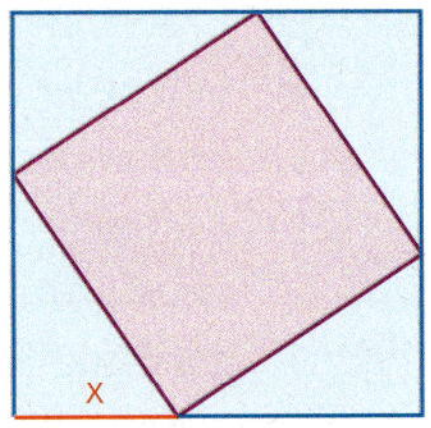

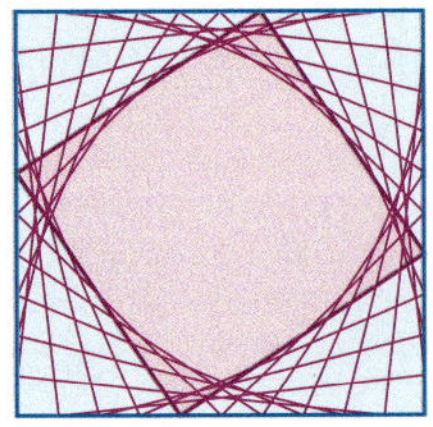

- Welches dieser Quadrate hat den kleinsten Flächeninhalt?
- Hat das Quadrat mit dem kleinsten Flächeninhalt auch den kleinsten Umfang?
- Begründe, dass das innere Viereck ein Quadrat ist.

Zum Weiterdenken
Funktionenplotter

6 Dreiecke im Quadrat

Das Quadrat hat die Kantenlänge 10. Für unterschiedliche Werte von x erhält man unterschiedliche Dreiecke.

a) Skizziere einige Beispiele.
b) Stelle eine Formel A (x) für den Flächeninhalt des Dreiecks auf. Für welchen Wert von x wird der Flächeninhalt maximal?

Tipp: Subtrahiere die blaue Fläche von der Gesamtfläche.

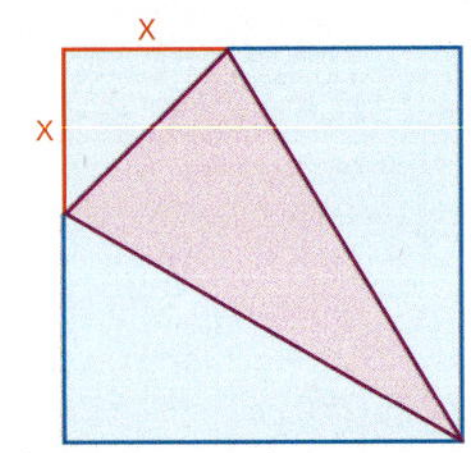

7 Rechtecke unter Gerade

Die Gerade $f(x) = -0{,}5x + 4$ umschließt mit den Koordinatenachsen ein Dreieck. In dieses Dreieck werden Rechtecke eingebaut. Welches Rechteck hat

a) den größten Flächeninhalt?
b) den größten Umfang?

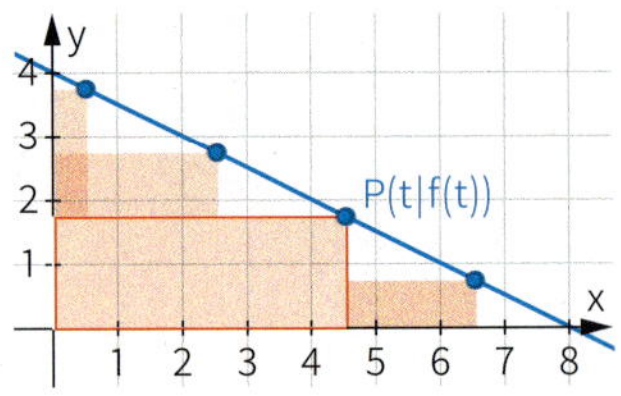

8 Rote und blaue Kugeln in einer Urne

In einer Urne liegen 40 rote und blaue Kugeln in einer unbekannten Verteilung der Farben. Es wird zweimal mit Zurücklegen gezogen.

a) Wie sind die Kugeln in der Urne verteilt, damit die Wahrscheinlichkeit, dass zwei verschiedene Farben gezogen werden $\frac{8}{25}$ ist? Wie ist die Verteilung, wenn die Wahrscheinlichkeit $\frac{2}{3}$ beträgt?
b) Für welche Verteilung ist die Wahrscheinlichkeit für zwei verschiedene Farben maximal?

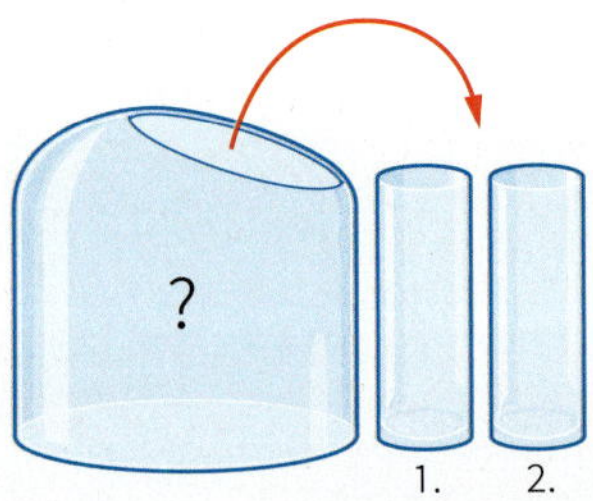

Problemlösen

9 Rechtecke gesucht

a) Die Länge eines Rechtecks ist um 6 cm kleiner als die Breite. Wie lang und wie breit ist das Rechteck, wenn es eine Fläche von 91 m^2 hat?

b) Der Umfang eines Rechtecks beträgt 40 m, die Fläche 36 m^2. Berechne Länge und Breite des Rechtecks.

c) Verringert man die eine Seite eines Quadrates um 1 cm und vergrößert die andere um 3 cm, erhält man ein Rechteck mit dem Flächeninhalt 32 m^2.

10 Zahlen gesucht

a) Schreibe die Zahl 123 als Summe von zwei positiven Zahlen. Das kann auf sehr viele Arten geschehen. Berechne jeweils das Produkt der beiden Summanden.
Finde die Zerlegung, bei der das Produkt den größten möglichen Wert annimmt.

b) Das Produkt aus einer um 3 verkleinerten Zahl und der um 3 vergrößerten Zahl ergibt 41. Wie lautet die Zahl?

c) Das Produkt von zwei aufeinanderfolgenden Zahlen ist genauso groß wie das Dreifache der kleineren Zahl.

11 Ein Theatersaal

Die Sitze in einem Theater sind in einem Rechteck angeordnet. Die Anzahl der Sitze in einer Reihe ist um 12 kleiner als die Anzahl der Reihen. Wie viele Sitze in jeder Reihe und wie viele Reihen gibt es in dem Theater, wenn die Gesamtzahl der Sitze 1260 beträgt?

12 Dreieckszahlen

Die Griechen haben Zahlen geometrisch dargestellt, sodass Muster entstanden. Daraus haben sie Formeln entwickelt. Die Abbildung zeigt die ersten drei Dreieckszahlen 1, 3 und 6 (rote Punkte).

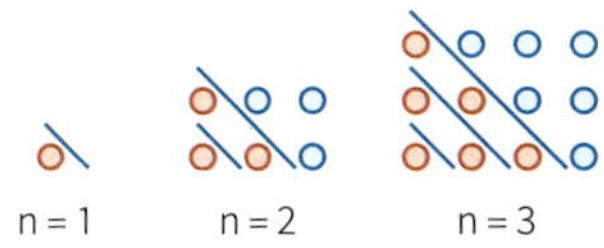

a) Wie lauten die nächsten vier Dreieckszahlen?

b) Entwickle aus dem Muster eine Formel für die n-te Dreieckszahl. Berechne damit die 100. Dreieckszahl.

13 Ähnliche Strecken

a) Sei $x = 7$. Bestimme y.

b) Sei $y = 15$. Bestimme x.

c) Zeige, dass für den Zusammenhang von x und y gilt:
$y = \frac{1}{4}x^2 + x$.
Für welchen Wert von x ist y doppelt so groß wie x?

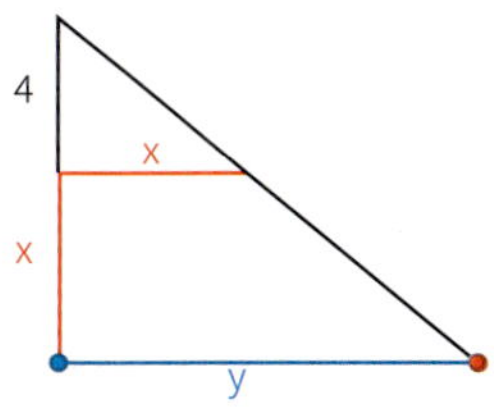

14 Innermathematische Anwendungen

Tipp
Benutze die Diskriminante

a) Wie viele Lösungen hat die quadratische Gleichung $5x^2 + 5x + 5 = 0$?

b) Wie viele Lösungen hat die Gleichung $nx^2 + nx + n = 0,\ n \neq 0$?
Du kannst die Frage ohne Rechnung begründet beantworten.

c) Wie viele Lösungen hat die Gleichung $nx^2 + 2nx - 8n = 0,\ n \neq 0$?

d) Wie viele Lösungen hat die Gleichung $ax^2 + a = 0$?

e) Wie viele Lösungen hat die Gleichung $x^2 + ax - a^2 = 0$?

Forschungsaufgabe: Wie viele Lösungen hat die Gleichung $x^2 + ax + a = 0$?

Modellieren

siehe auch
Seite 79 und Seite 108

In den Aufgaben 15 - 17 wird modelliert. Es werden also reale Situationen mathematisch beschrieben. Dazu muss die Situation vereinfacht werden. Der Vorteil ist dann aber, dass man mit dem mathematischen Modell Voraussagen machen kann. Die Ergebnisse müssen aber immer an der Realität überprüft werden. Notiere die Bearbeitung der Aufgaben als Modellbildungsprozess. An welchen Stellen wurden Vereinfachungen vorgenommen? Was bleibt unberücksichtigt? Was müsste für bessere Modelle noch berücksichtigt werden?

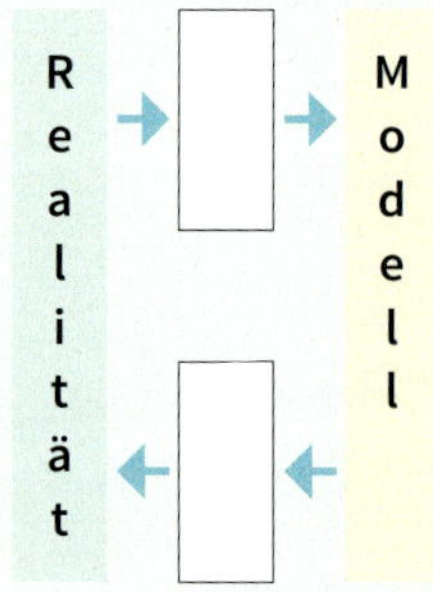

15 Stühle

Eine Möbelfirma stellt u. a. Stühle her. Die Produktionskosten hängen davon ab, wie viele Stühle pro Tag produziert werden. Die für Berechnungen zuständige Abteilung hat folgende Funktion für die Kosten in Abhängigkeit der produzierten Anzahl an Stühlen gefunden:
$K(x) = 15x^2 + 20$ (x in 100 Stück, y in 100 Euro)

a) • Ein Stuhl soll für 45 € verkauft werden. Begründe, dass der Umsatz durch $U(x) = 45x$ ($U(x)$ in 100 €) passend beschrieben werden kann und der Gewinn in Abhängigkeit der produzierten Anzahl an Stühlen durch $G(x) = U(x) - K(x)$.
• Wie viele Stühle müssen produziert werden, damit die Firma Gewinn macht? Wie hoch ist der maximal mögliche Gewinn?

b) Vergleiche mit der Modellierung der Kosten durch $K(x) = 35x + 20$.

16 Parfüm

Je teurer ein Produkt verkauft wird, desto weniger kann abgesetzt werden. Welchen Preis sollte eine Firma ansetzen? Für den Absatz eines exklusiven Parfüms modelliert ein Team die Preis-Absatz-Funktion für Packungspreise bis 200 € mit $P(x) = -50x + 10\,000$ (x: Packungspreis; y: absetzbare Packungsanzahl)

a) Skizziere P und beschreibe, wie sich die Absatzzahlen in Abhängigkeit des Stückpreises entwickeln. Gib einen sinnvollen Bereich für x an.

b) Begründe, dass mit $U(x) = x \cdot P(x)$ der Umsatz berechnet werden kann. Skizziere in ein neues Koordinatensystem U und beschreibe die Umsatzentwicklung. Welcher Packungspreis ermöglicht den größten Umsatz?

c) Was ändert sich an der Umsatzentwicklung, wenn die Preis-Absatzfunktion mit
① $P(x) = -70x + 10\,000$ ② $P(x) = -25x + 10\,000$ ③ $P(x) = -200x + 20\,000$
modelliert wird?

vgl. 4.1 Aufgabe 1

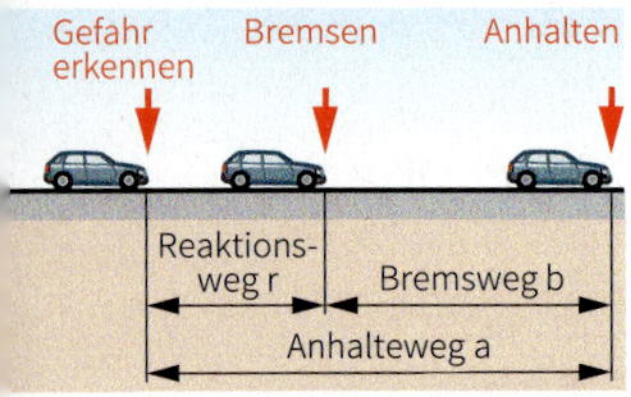

17 Brems- und Anhalteweg

Der Anhalteweg w eines Autos kann mit $w(v) = r(v) + b(v) = 0{,}3v + 0{,}01v^2$ modelliert werden. Dabei ist $r(v) = 0{,}3v$ der Reaktionsweg und $b(v) = 0{,}01v^2$ der Bremsweg.

a) 15 Meter vor einem Fahrer rollt ein Ball auf die Straße. Vergleiche Reaktions-, Brems- und Anhalteweg bei einer Geschwindigkeit von 50 km/h (Stadtverkehr) mit einer Geschwindigkeit von 30 km/h (Wohnviertel).

b) Ein Auto wird mit einer Vollbremsung zum Stand gebracht. Aus der Länge der Bremsspur von 45 m kann man die Geschwindigkeit des Autos berechnen.

c) Vergleiche Reaktions-, Brems- und Anhalteweg bei Verdopplung der Geschwindigkeit.

Grundwissen
zum Wiederholen

1 Schreibe die Zahl als Wurzel aus einer Zahl. a) 36 b) 10 c) 0,25

2 Ergänze die Wertetabelle einer linearen Funktion und gib die Funktionsgleichung an.

x	−2	−1	0	1	2
y	■	■	■	1	4

Exkurs

siehe auch Seite 55

Der goldene Schnitt

Die Griechen haben sich bereits mehrere Jahrhunderte vor Christus mit dem goldenen Schnitt als einem besonderen Teilungsverhältnis beschäftigt und ihn mit Zirkel und Lineal konstruiert. Eine Strecke ist im „goldenen Verhältnis" geteilt, wenn das Verhältnis der längeren Teilstrecke zur kürzeren Teilstrecke dasselbe ist, wie das der ganzen Strecke zur längeren Teilstrecke.

$$\frac{a}{b} = \frac{a+b}{a}$$

18 Rund um den goldenen Schnitt

① Algebraische Bestimmung

Tipp: b ausklammern

Löse die Gleichung $\frac{a}{b} = \frac{a+b}{a}$ nach a auf und bestimme damit das Teilverhältnis $\frac{a}{b}$.
Das Ergebnis findest du in Kapitel 2.3 auf Seite 55. Begründe damit, dass $b = \frac{2}{1+\sqrt{5}} \cdot a \approx 0{,}618 \cdot a$ gilt. Für Termprofis: Zeige, dass gilt: $\frac{2}{1+\sqrt{5}} = \frac{\sqrt{5}-1}{2}$

② Geometrische Konstruktion

Die Abbildung zeigt eine Konstruktion.

- Konstruiere nach den Schritten (1), (2) und (3) im Heft oder mit einem DGS.
- Für Termexperten: Zeige, dass gilt: $\frac{a+b}{a} \underset{(A)}{=} \frac{2}{\sqrt{5}-1} \underset{(B)}{=} \frac{\sqrt{5}+1}{2}$

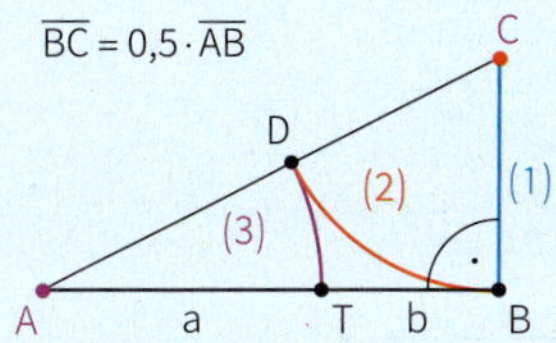

Hinweise: Zu (A): Pythagoras, $a = \overline{AD}$; zu (B): Bruch erweitern mit $\sqrt{5}+1$

③ Goldener Schnitt und Pentagramm

Das Wahrzeichen der Pythagoreer war das Pentagramm (vgl. Seite 66). Bei ihm tritt auch der goldene Schnitt auf. Das Pentagramm entsteht durch Zeichnen der Diagonalen in einem regelmäßigen Fünfeck.
Seien die Strecken $\overline{EC} = a$ und $\overline{AB} = b$

- Begründe, dass die Dreiecke ABF und ECD ähnlich sind.
- Begründe, dass $|\overline{FC}| = b$

Leite damit die Gleichung $\frac{d}{1} = \frac{1}{d-1}$ her.

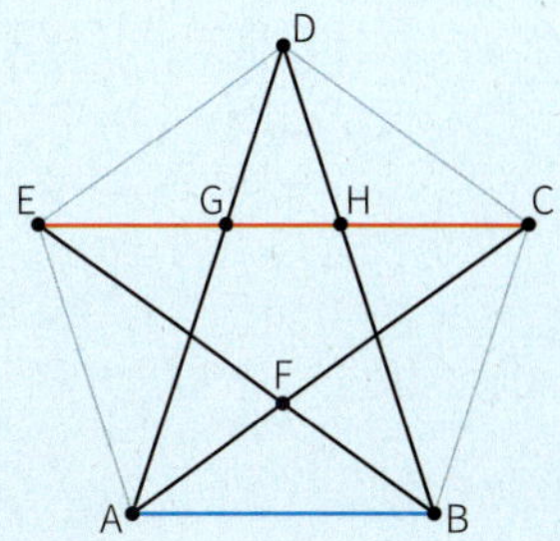

④ Goldener Schnitt und Fibonaccizahlen

Zum goldenen Schnitt und seinen geometrischen Konstruktionen gibt es im Internet viel zu entdecken. Recherchiere „goldener Schnitt", „Pentagramm", „Fibonaccifolge"...

Eine interessante Zahlenfolge bilden die Fibonaccizahlen. Man erhält sie, wenn man die Summe der beiden vorhergehenden Zahlen berechnet: 1, 1, 2, 3, 5, 8, …

- Bestimme die nächsten fünf Fibonaccizahlen.
- Bilde die Quotienten aufeinanderfolgender Fibonaccizahlen: $\frac{1}{1}, \frac{2}{1}, \frac{3}{2}, \frac{5}{3}, \ldots$
  Gib die nächsten fünf Quotienten auch in Dezimaldarstellung an. Was fällt dir auf?
- Fasst man aufeinanderfolgende Fibonaccizahlen als Länge und Breite von Rechtecken auf, erhält man eine Folge von Rechtecken. Beschreibe die Entwicklung des Verhältnisses von Länge und Breite dieser Rechtecke.

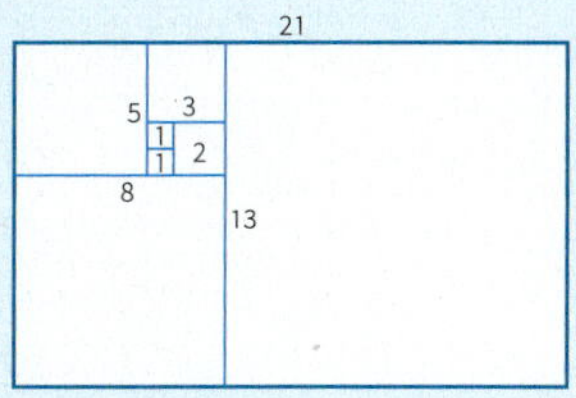

4.9+ Wurzelfunktionen und Wurzelgleichungen

1 Wie schnell sind Tsunami?

Ein Tsunami ist eine sich mit hoher Geschwindigkeit ausbreitende Flutwelle, die über eine außerordentlich große Zerstörungskraft verfügt. Die Ausbreitungsgeschwindigkeit v hängt von der Wassertiefe w ab. Mit der Faustregel $v(w) = \sqrt{9{,}8\,w}$ erhält man die Geschwindigkeit v in m/s für die Wassertiefe w in Meter.

a) Übertrage die Tabelle in dein Heft und ergänze. Runde die Daten in der Tabelle auf eine Dezimalstelle.

b) Vergleiche die Geschwindigkeit bei einer Wassertiefe von 50 m mit der bei einer 100-mal größeren Tiefe. Was stellst du fest? Begründe.

c) Wie tief ist der Ozean, wenn die Geschwindigkeit des Tsunamis 540 km/h beträgt?

Wasser-tiefe in m	Geschwin-digkeit	
	m/s	km/h
50	22,1	79,7
75	■	■
100	31,3	112,7
500	■	■
1000	■	■
2000	■	■
5000	■	■
7500	■	■

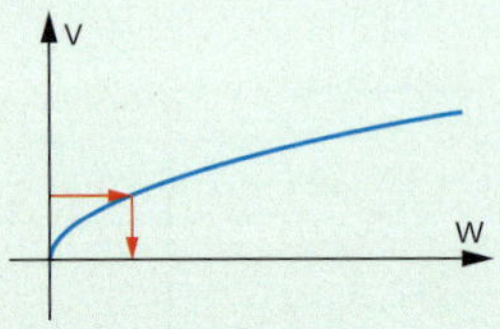

Das Problem kann sowohl zeichnerisch als auch rechnerisch gelöst werden.

Zeichne den Graphen der Funktion v mit $v(w) = \sqrt{9{,}8\,w}$ und suche zu $v = 540\ \text{km/h} = 150\ \text{m/s}$ die Wassertiefe w.

$150 = \sqrt{9{,}8\,w}$
Quadriere beide Seiten der Gleichung und löse nach w auf.

2 Das Besondere an Wurzelfunktionen

Erstelle für die Funktion f mit $f(x) = \sqrt{x}$ eine Wertetabelle und zeichne den Graphen.

- Achte auf die Definitionsmenge. Welche Werte darf man für x einsetzen?
- Vergleiche die Wertetabelle und den Graphen mit der Tabelle und dem Graphen der Funktion g mit $g(x) = x^2$ Notiere deine Beobachtungen.

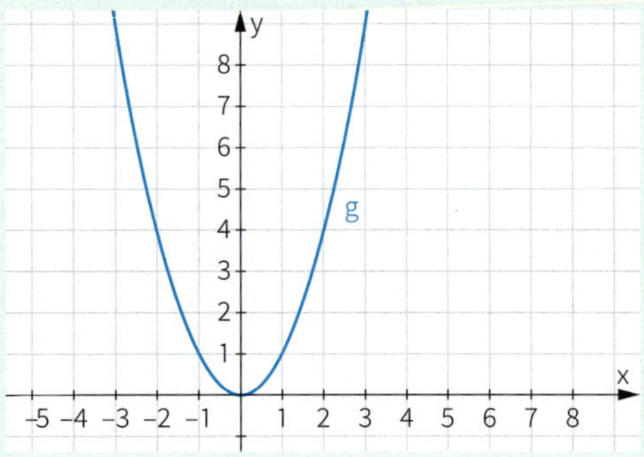

3 Funktionenlaboratorium

Untersuche jeweils die Bedeutung von a, b, c für den Graphen der Funktion f.
Setze jeweils für c, b und a die Werte 2, 3 und –1 ein und vergleiche den jeweiligen Graphen mit der Wurzelfunktion $f(x) = \sqrt{x}$.
Gib jeweils auch die Definitionsmenge an.
Du kannst den jeweiligen Graphen mithilfe einer Tabelle oder einem geeigneten digitalen Werkzeug zeichnen.

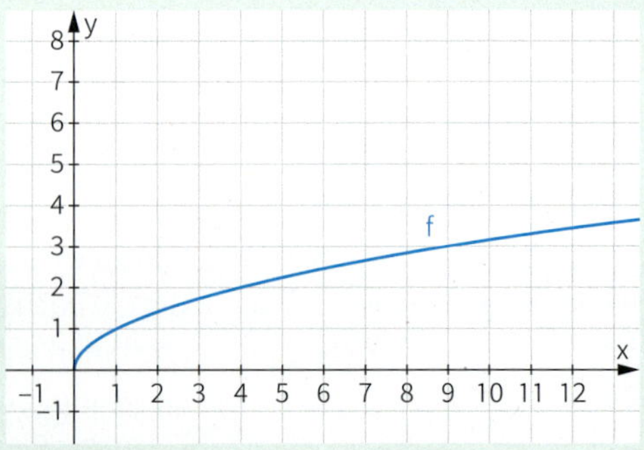

a) $f(x) = a \cdot \sqrt{x}$

b) $f(x) = \sqrt{x - b}$

c) $f(x) = \sqrt{x} + c$

d) Sage ohne Wertetabelle vorher, wie der Graph der Funktion mit $f(x) = \sqrt{x + 2} - 3$ aussieht.

Basiswissen

Wurzelfunktion

Bei Wurzelfunktionen kann man wie bei quadratischen Funktionen aus der Funktionsgleichung viele Informationen über die Lage und Form des zugehörigen Graphen erhalten.

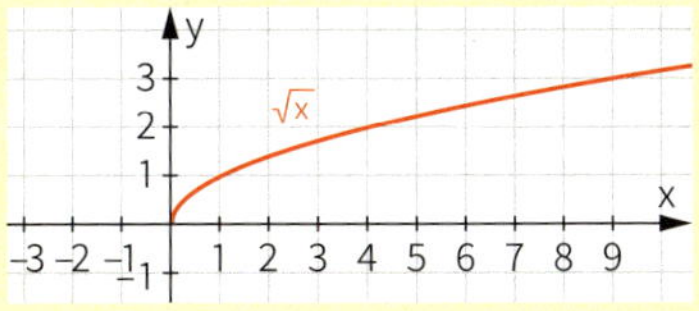

$f(x) = \sqrt{x}$ Grundfunktion aller Wurzelfunktionen
Da der Radikand nicht negativ sein darf, ist die Definitionsmenge D von $\sqrt{x}$: $D = \{x \mid x \geq 0\}$.

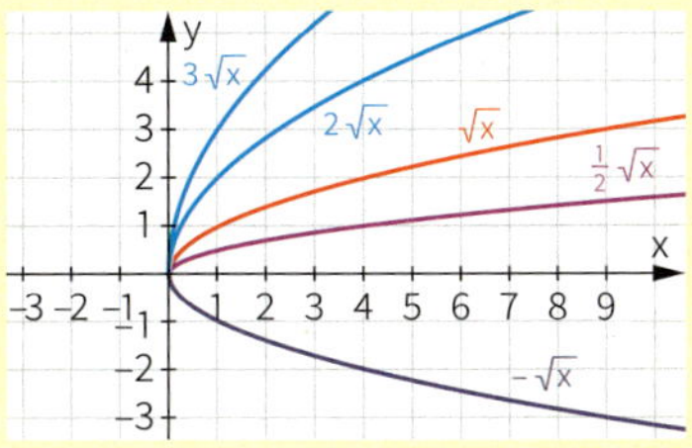

Streckung und Spiegelung

$f(x) = a \cdot \sqrt{x}$ $\quad f(x) = 3\sqrt{x}$; $f(x) = -\sqrt{x}$
Der Graph der Funktion $\sqrt{x}$ wird in y-Richtung gestreckt.
Ist a negativ, dann wird der Graph der Funktion $\sqrt{x}$ zusätzlich an der x-Achse gespiegelt.

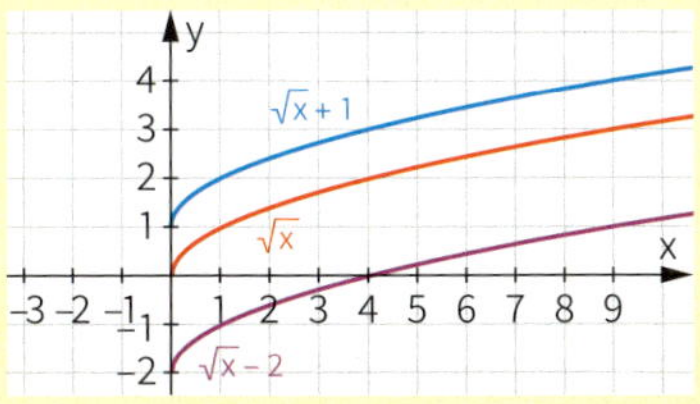

Verschiebung in y-Richtung

$f(x) = \sqrt{x} + e$ $\quad f(x) = \sqrt{x} + 1$; $f(x) = \sqrt{x} - 2$
Der Graph der Funktion $\sqrt{x}$ wird in y-Richtung verschoben,

- nach oben für $e > 0$,
- nach unten für $e < 0$.

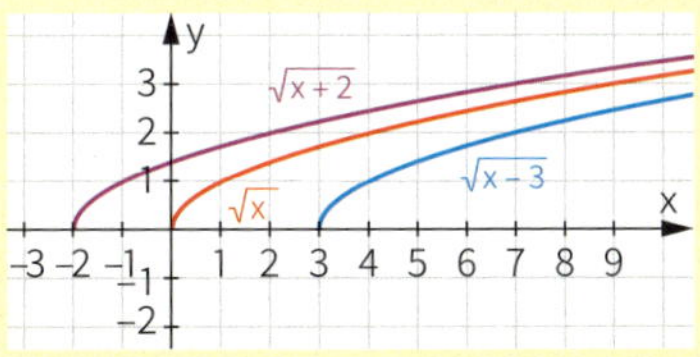

Verschiebung in x-Richtung

$f(x) = \sqrt{x - d}$ $\quad f(x) = \sqrt{x - 3}$; $f(x) = \sqrt{x - (-2)} = \sqrt{x + 2}$
Der Graph der Funktion $\sqrt{x}$ wird in x-Richtung verschoben,

- nach rechts für $d > 0$,
- nach links für $d < 0$.

Beispiel

A Informationen aus einer Wurzelfunktionsgleichung

Lies aus der Funktionsgleichung $f(x) = 2 \cdot \sqrt{x - 3} - 1$ Informationen über den Graphen f ab.

Lösung:

(1) Die Definitionsmenge D von f(x) ist die Menge aller Zahlen x, für die der Radikand nicht negativ wird.
$x - 3 \geq 0 \Rightarrow x \geq 3 \Rightarrow D = \{x \mid x \geq 3\}$
(2) Verschiebung um 3 nach rechts
(3) Streckung mit dem Faktor 2 in y-Richtung
(4) Verschiebung um 1 nach unten.

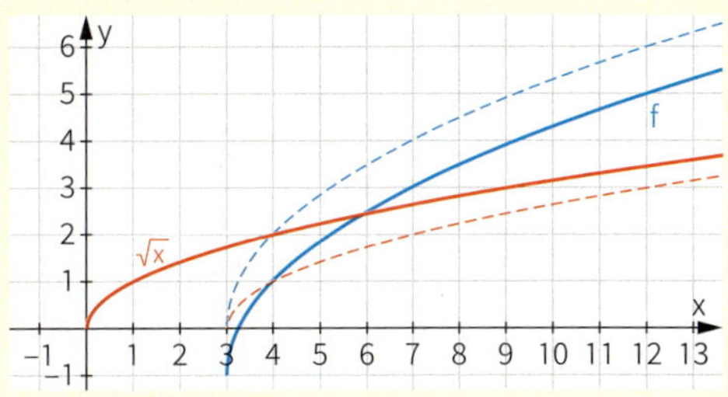

Übungen

4 Definitionsmenge

Bestimme die Definitionsmenge der Wurzelfunktion. Mit einem digitalen Werkzeug kannst du den Funktionsgraphen zur Probe darstellen.

a) $f(x) = \sqrt{2x}$ b) $f(x) = \sqrt{4x + 8}$ c) $f(x) = \sqrt{25x - 10}$
d) $f(x) = 3 \cdot \sqrt{x + 5} - 1$ e) $f(x) = \sqrt{x^2 + 1}$ f) $f(x) = \sqrt{9 - x^2}$

5 Transformation von Graphen

Beschreibe, wie man den Graphen von f aus dem Graphen von g mit $g(x) = \sqrt{x}$ erhält. Ordne dann die Graphen richtig zu.

a) $f(x) = \sqrt{x} - 2$ b) $f(x) = \sqrt{x-2}$ c) $f(x) = 2 \cdot \sqrt{x}$
d) $f(x) = 3 \cdot \sqrt{x-3} - 1$ e) $f(x) = \sqrt{9x}$ f) $f(x) = -2 \cdot \sqrt{x-4}$

①
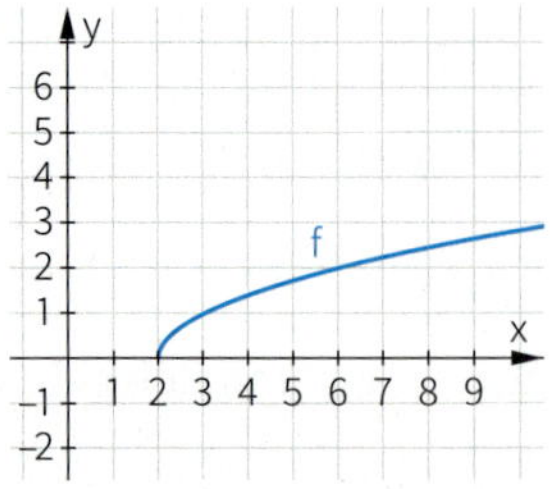

②
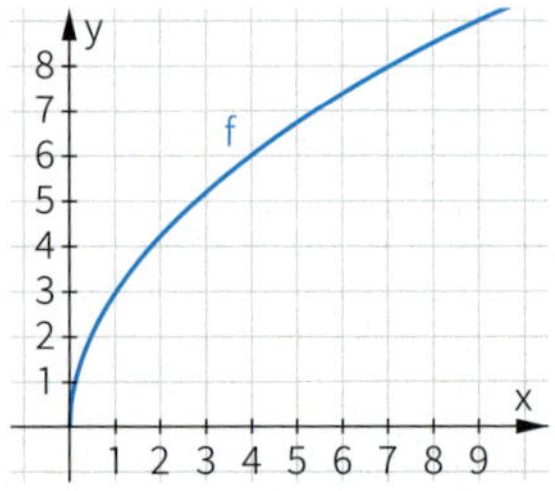

③
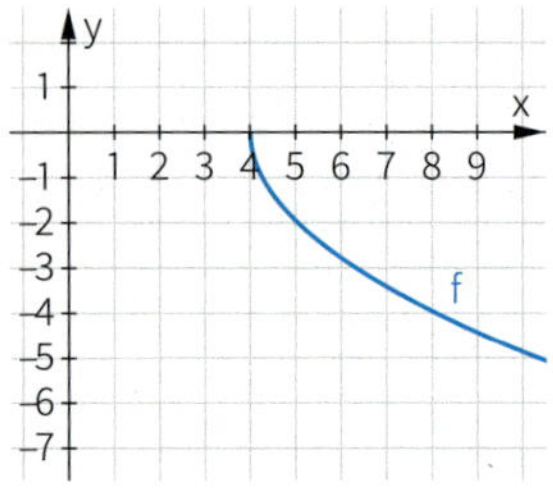

④
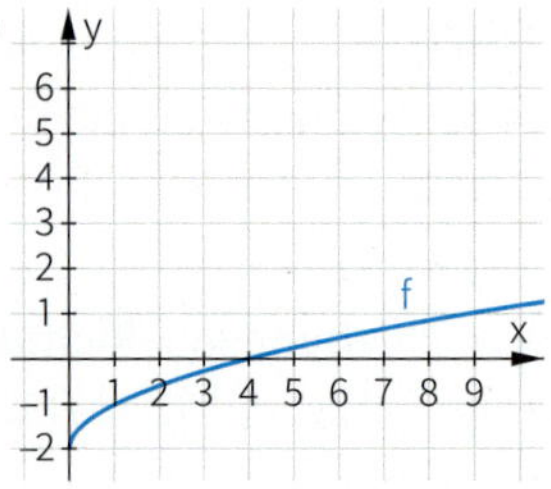

⑤
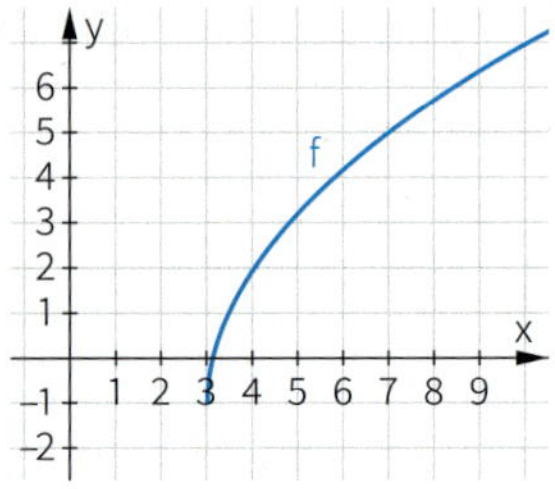

⑥
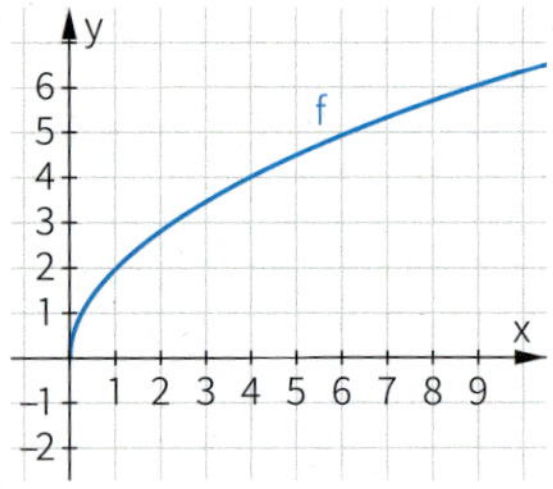

6 Quadratische Funktionen und Wurzelfunktionen

Erstelle zu den Funktionen f und g jeweils eine Wertetabelle mit den angegebenen x-Werten und zeichne die beiden Graphen. Zeichne als Hilfslinie den Graphen von $h(x) = x$ ein. Vergleiche die Tabellen und Graphen von f und g. Was beobachtest du?

a) $f(x) = x^2$	x-Werte: 0, 1, 2, 3	$g(x) = \sqrt{x}$	x-Werte: 0, 1, 4, 9
b) $f(x) = (x+1)^2$	x-Werte: −1, 0, 1, 2	$g(x) = \sqrt{x} - 1$	x-Werte: 0, 1, 4, 9
c) $f(x) = x^2 - 2$	x-Werte: 0, 1, 2, 3	$g(x) = \sqrt{x+2}$	x-Werte: −2, −1, 2, 7
d) $f(x) = (x+1)^2 - 2$	x-Werte: −1, 0, 1, 2	$g(x) = \sqrt{x+2} - 1$	x-Werte: −2, −1, 2, 7

Wann ist die Zuordnung eine Funktion?
„Senkrechten-Test"

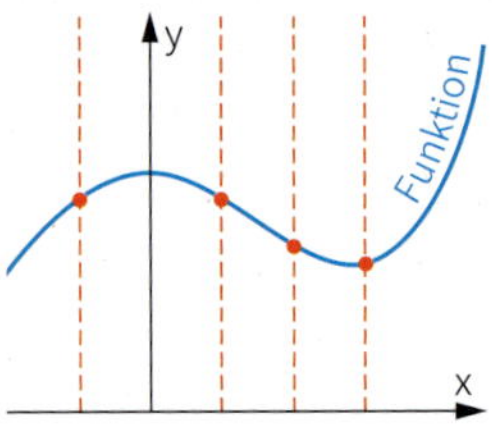

Zu jedem x-Wert gibt es genau einen y-Wert.

Umkehrfunktion

Eine Funktion f ordnet jedem x-Wert genau einen y-Wert zu. Die Umkehrung zu f entsteht durch Tauschen des x-Wertes mit dem y-Wert. Ist die Umkehrung zu einer Funktion f(x) wieder eine Funktion, dann bezeichnet man diese als Umkehrfunktion $f^{-1}(x)$. Grafisch bedeutet dies, dass die Graphen von f und f^{-1} an der Winkelhalbierenden gespiegelt sind.

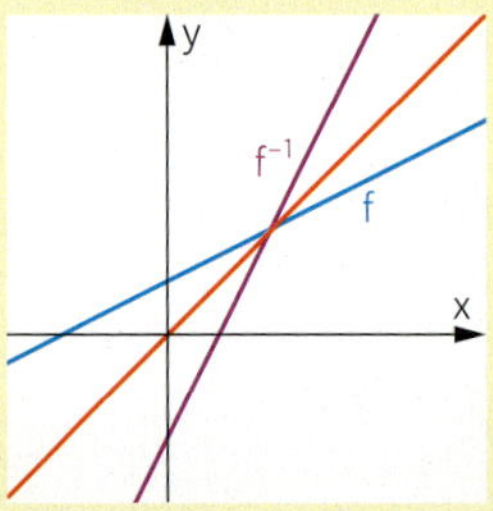

$f(x) = 0{,}5x + 1$
Die Umkehrung zu f ist eine lineare Funktion.
$f^{-1}(x) = 2x - 2$

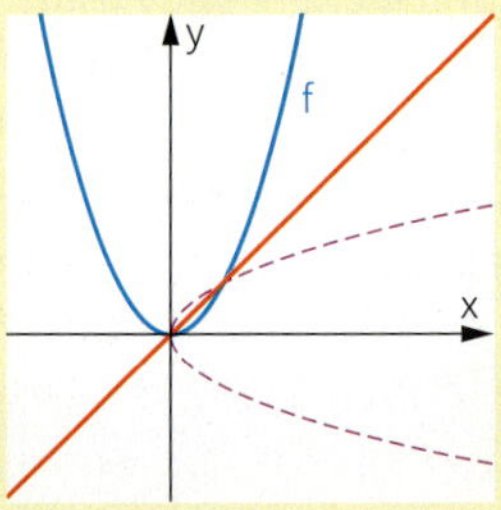

$f(x) = x^2$
Die Umkehrung zu f ist **keine** Funktion.
$f^{-1}(x)$ existiert **nicht**.

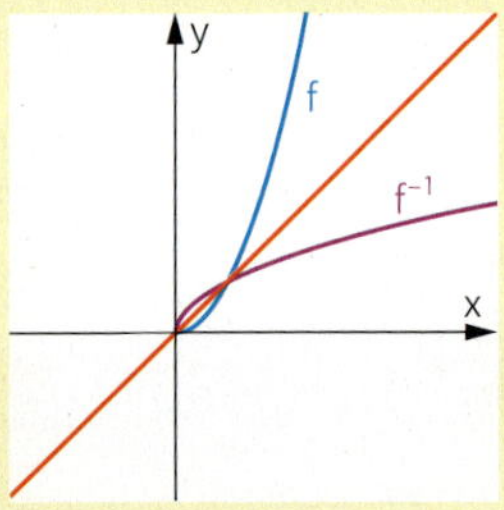

$f(x) = x^2$ für $x \geq 0$
Die Umkehrung zu f ist eine Wurzelfunktion.
$f^{-1}(x) = \sqrt{x}$

7 Umkehrung eindeutig oder nicht?

Übertrage den Funktionsgraphen in dein Heft und zeichne den Graphen der Umkehrzuordnung ein. Entscheide, ob die Umkehrung eindeutig ist, d. h. ob die Umkehrfunktion existiert.

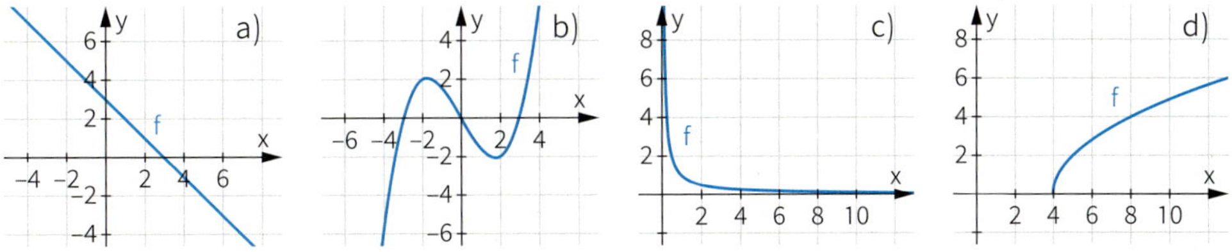

Funktionsgleichung der Umkehrfunktion bestimmen

Die Umkehrfunktion zu $f(x) = (x-1)^2 + 2$ für $x \geq 1$ rechnerisch bestimmen.

- f(x) durch y ersetzen $y = (x-1)^2 + 2$
- x und y tauschen $x = (y-1)^2 + 2$ für $y \geq 1$
- nach y auflösen $(y-1)^2 = x - 2$
  $y - 1 = \sqrt{x-2}$ $y \geq 1$, daher nur eine Lösung
  $y = \sqrt{x-2} + 1$
- Umkehrfunktion $f^{-1}(x) = \sqrt{x-2} + 1$
- Definitionsmenge $D = \{x \mid x \geq 2\}$
- grafisch kontrollieren Den Graphen von f an der 1. Winkelhalbierenden spiegeln.

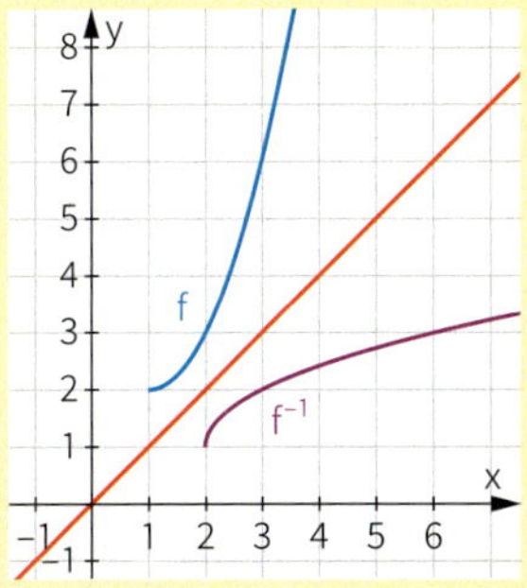

8 Training: Umkehrfunktion bestimmen und zeichnen

Bestimme die Umkehrfunktion. Zeichne die Graphen von f und f^{-1} in ein Koordinatensystem.

a) $f(x) = 2x$
b) $f(x) = x - 3$
c) $f(x) = \frac{4}{5}x - 1$
d) $f(x) = (x+3)^2$ für $x \geq -3$
e) $f(x) = 2 \cdot (x-1)^2$ für $x \geq 1$
f) $f(x) = -x^2 + 9$ für $x \geq 0$

9 Die Länge eines Sekundenpendels

Die Zeit T, die ein Pendel für eine volle Schwingung benötigt, hängt von der Pendellänge l ab.
Die Funktionsgleichung lautet: $T(l) = 6{,}28 \cdot \sqrt{\frac{l}{9{,}8}}$
(Schwingungsdauer T in s, Pendellänge l in m).

a) Erstelle eine Tabelle für die Schwingungsdauer T in Abhängigkeit von der Pendellänge l für $0{,}05\,\text{m} \leq l \leq 0{,}50\,\text{m}$ in 5 cm-Schritten. Übertrage die Wertepaare aus der Tabelle in ein Diagramm.

b) Ermittle mit dem Diagramm, wie lang ein Pendel sein muss, dessen Schwingungsdauer 1 Sekunde betragen soll. Überprüfe dein Ergebnis experimentell.

c) Um die Pendellänge eines Sekundenpendels zu berechnen, muss man die Gleichung $1 = 6{,}28 \cdot \sqrt{\frac{l}{9{,}8}}$ lösen.
Diese Art von Gleichung nennt man Wurzelgleichung. Quadriere die Gleichung und rechne dann weiter. Vergleiche das rechnerische Ergebnis mit dem aus Teilaufgabe b).

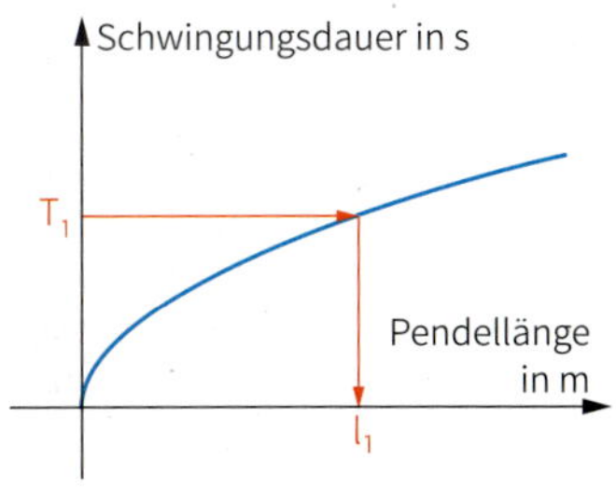

Wurzelgleichungen

Wurzelgleichungen sind Gleichungen, die mindestens eine Wurzel mit einer Variablen im Radikanden enthalten.

Wurzelgleichungen lösen

- Wurzel auf einer Seite der Gleichung isolieren (Produkte dürfen bleiben)
  $2 \cdot \sqrt{x+6} - 3 = x \quad | +3$
  $2 \cdot \sqrt{x+6} = x + 3$
- beide Seiten der Gleichung quadrieren
  $4 \cdot (x+6) = (x+3)^2$
- Gleichung lösen zum Beispiel mit der p-q-Formel
  $4 \cdot x + 24 = x^2 + 6x + 9$
  $x^2 + 2x - 15 = 0$
- mögliche Lösungen
  $x_1 = 3$ und $x_2 = -5$
- Probe: mögliche Lösungen prüfen
  Da Quadrieren keine Äquivalenzumformung ist, sind die Lösungen der quadrierten Gleichung eventuell keine Lösung der ursprünglichen Gleichung.
  Probe:
  $x_1 = 3$: $2 \cdot \sqrt{3+6} - 3 = 3$; $3 = 3$ ✓
  $x_2 = -5$: $2 \cdot \sqrt{-5+6} - 3 = -5$; $-1 = -5$ ✗
- Lösungen angeben
  Die Lösung ist $x = 3$. $L = \{3\}$

10 **Einfache Wurzelgleichungen lösen**
Isoliere erst die Wurzel und quadriere.

a) $\sqrt{x} = 9$
b) $\sqrt{x} = 2x$
c) $-3 \cdot \sqrt{x} = 12$
d) $2 \cdot \sqrt{x-4} = 2$
e) $\sqrt{3-x} = 2x$
f) $\sqrt{x^2+4} = x - 2$

11 **Schwierigere Wurzelgleichungen lösen**
Isoliere erst die Wurzel und quadriere.

a) $\sqrt{x} + 5 = x + 3$
b) $\sqrt{4x-4} = x - 1$
c) $-2 \cdot \sqrt{x-3} - 1 = x$
d) $\sqrt{2x} = \sqrt{5-x}$
e) $\sqrt{x^2+9} - 2 = x$
f) $\sqrt{x+1} + 4 = 2x$

12 **Wurzelgleichungen für Experten**
Isoliere erst eine Wurzel und quadriere. Isoliere dann die verbleibende Wurzel und quadriere erneut.

a) $\sqrt{x+3} + 1 = \sqrt{3x-2}$
b) $\sqrt{x-6} + \sqrt{x} = 3$
c) $\sqrt{x} - 1 = 3 + \sqrt{x}$
d) $3 \cdot \sqrt{2x+1} = \sqrt{4x+3} + 3$
e) $\sqrt{x-6} = 3 + \sqrt{x}$
f) $\sqrt{x} + \sqrt{2x} = \sqrt{3x+12}$

13 **Zum Nachdenken**
Äquivalente Gleichungen haben exakt dieselben Lösungen. Begründe mithilfe des Beispiels, dass Quadrieren keine Äquivalenzumformung ist.

Tipp
$x = 2$ quadrieren
$x^2 = 4$

Grundwissen
zum Wiederholen

1 Bestimme den Flächeninhalt der farbigen Figur.

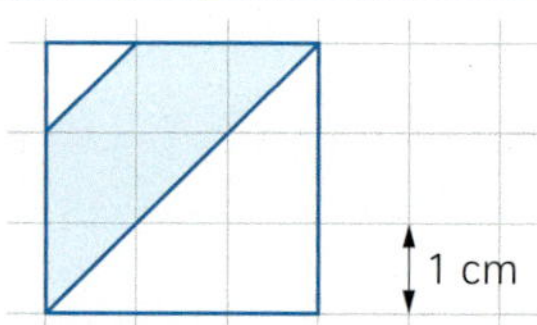

2 Ergänze. a) $5{,}9 - \square = -3$ b) $-\frac{2}{3} : \square = -3$

3 Gib zwei irrationale Zahlen zwischen -3 und -2 an.

4 Ein Glücksrad hat drei gleich große Sektoren, die mit „2“, „4“ und „6“ beschriftet sind. Es wird zweimal gedreht und die Summe der angezeigten Zahlen wird berechnet. Welche Summe tritt am häufigsten auf?

Quadratische Funktionen

Allgemeine Form
$f(x) = ax^2 + bx + c$
Die Graphen heißen **Parabel**.
a, b und c heißen Koeffizienten.

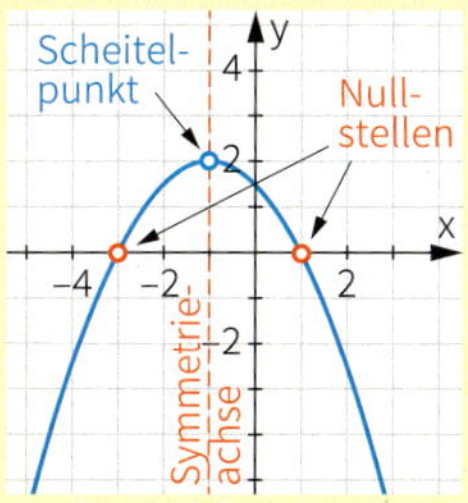

Scheitelpunktform
$f(x) = a \cdot (x - d)^2 + e$ Scheitelpunkt (d | e)
Beispiel: $f(x) = 0{,}5 \cdot (x - 1)^2 - 4{,}5$
$a = 0{,}5$
$d = 1$
$e = -4{,}5$
Die Parabel entsteht aus der Normalparabel durch:

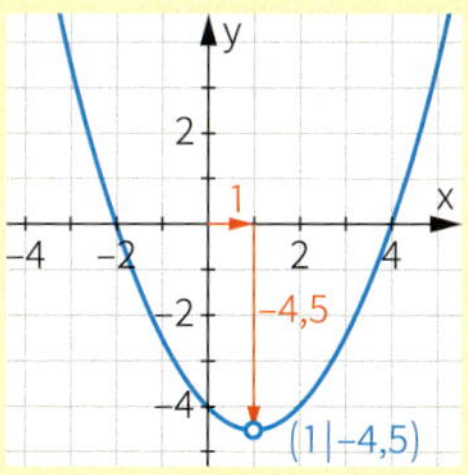

- Verschiebung um 1 Einheit nach rechts,
- Stauchen (Faktor $a = 0{,}5$),
- Verschiebung um 4,5 Einheiten nach unten.

Faktorisierte Form
$f(x) = a \cdot (x - x_1) \cdot (x - x_2)$
Nullstellen sind x_1 und x_2.
Beispiel: $f(x) = -(x - 1) \cdot (x - 5)$
$a = -1$
Nullstellen:
$x_1 = 1$
$x_2 = 5$
Scheitelpunkt:
$x_S = 3$
$f(x_S) = 4$

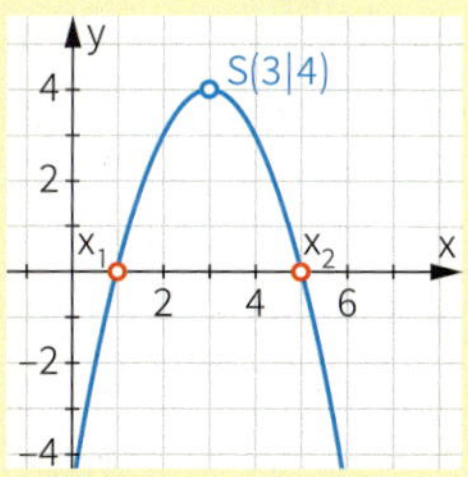

$x_S = \frac{x_1 + x_2}{2}$ liegt in der Mitte der Nullstellen.

Scheitelpunkt berechnen
$f(x) = x^2 - 8x + 10$ quadratische Ergänzung
$= x^2 - 8x + 16 - 16 + 10$
$= (x - 4)^2 - 6$
Scheitelpunkt S(4 | −6)
Quadratische Ergänzung:
„Die Hälfte des Koeffizienten von x zum Quadrat“

Check-up

1 Lineare und quadratische Funktionen im Vergleich

a) Beschreibe die Unterschiede zwischen den Graphen einer linearen und einer quadratischen Funktion.
b) Erläutere den Unterschied zwischen den Funktionsgleichungen.
c) Erstelle für die Funktionen mit $f(x) = 2x - 1$ und $g(x) = (x - 2)^2 - 4$ eine Wertetabelle im Bereich $-4 < x < 4$, Schrittweite 1. Wie ändert sich der Funktionswert in beiden Funktionen, wenn x um 1 erhöht wird?

2 Parabeln auf einen Blick

Lies aus den Funktionsgleichungen so viele Informationen wie möglich ab (Scheitelpunkt, Nullstellen, nach oben/unten geöffnet, gestreckt/gestaucht, Schnittpunkt mit der y-Achse).

a) $f(x) = (x - 2) \cdot (x + 3)$ b) $f(x) = (x + 2)^2 - 4$ c) $f(x) = x^2 + 3$
d) $f(x) = -x^2 + 2x + 5$ e) $f(x) = 3x \cdot (x - 1)$ f) $f(x) = -0{,}5x^2$

3 Scheitelpunkte ermitteln

Ermittle den Scheitelpunkt der Parabel. Handelt es sich um ein Maximum oder ein Minimum?

a) $f(x) = -x^2 + 5$ b) $f(x) = 2 \cdot (x - 7)^2$ c) $f(x) = (x + 2)^2 - 5$
d) $f(x) = x^2 + 4x - 2$ e) $f(x) = x^2 - 4$ f) $f(x) = x^2 - 5x - 6$
g) $f(x) = (x + 2) \cdot (x - 6)$ h) $f(x) = -0{,}2x \cdot (x - 10)$ i) $f(x) = (-x)^2$

4 Normalparabeln bestimmen

Bestimme eine Funktionsgleichung der Normalparabel mit dem Scheitelpunkt S.

a) S(4 | 0) nach unten geöffnet
b) S(−5 | −2) nach oben geöffnet
c) S(0 | 2) nach unten geöffnet

5 Ein Vergleich mit Normalparabeln

Beschreibe – ohne zu zeichnen – die folgenden Parabeln im Vergleich zur Normalparabel.

a) $f(x) = 4x^2$ b) $f(x) = 0{,}2x^2$ c) $f(x) = -2x^2$
d) $f(x) = x^2 - 3$ e) $f(x) = -3x^2 + 1$ f) $f(x) = \frac{1}{4}x^2$

6 Vom Term zum Graphen

Welcher Graph gehört zu welcher Gleichung?

a) $f_{\square}(x) = -3x + 2$ b) $f_{\square}(x) = x^2 + 1$ c) $f_{\square}(x) = x^2 + 2$
d) $f_{\square}(x) = -x^2 + 1$ e) $f_{\square}(x) = 2x + 3$ f) $f_{\square}(x) = 2x^2 - x$

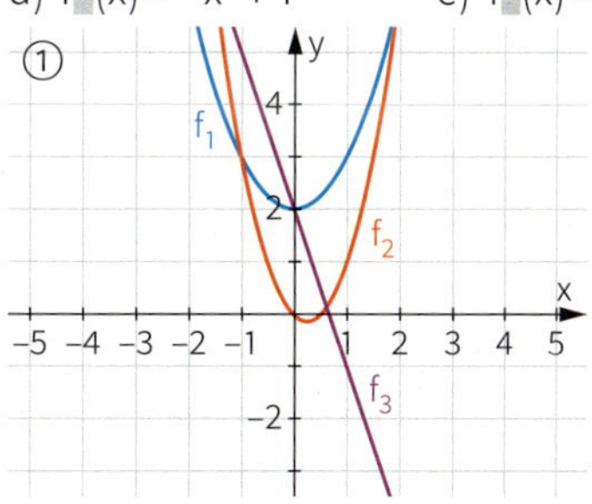

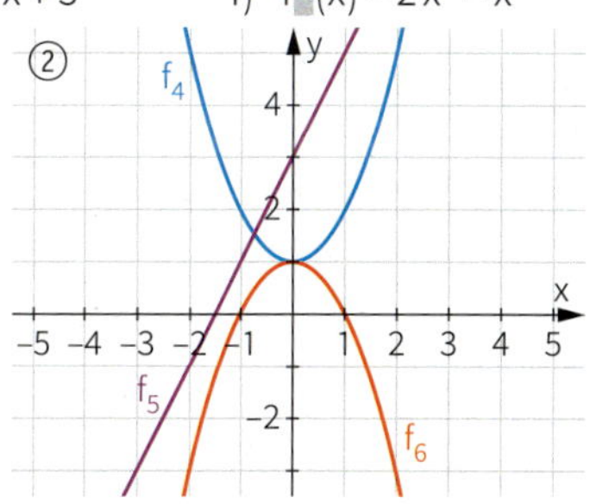

Darstellungsformen wechseln

Allgemeine Form → Scheitelpunktform
Quadratische Ergänzung

Faktorisierte Form → Scheitelpunktform
$x_s = \frac{x_1 + x_2}{2}$ („Mitte der Nullstellen“); $y_s = f(x_s)$

Allgemeine Form → faktorisierte Form
Nullstellen bestimmen

Funktionsgleichung bestimmen

Parabel mit Scheitelpunkt S und Punkt P
$S(-1\,|\,2)$; $P(3\,|\,-2)$

$f(x) = a \cdot (x - (-1))^2 + 2$
$\quad = a \cdot (x + 1)^2 + 2$
$-2 = a \cdot (3 + 1)^2 + 2$
$-2 = 16a + 2;$
also $a = -\frac{1}{4}$
$f(x) = -\frac{1}{4} \cdot (x + 1)^2 + 2$

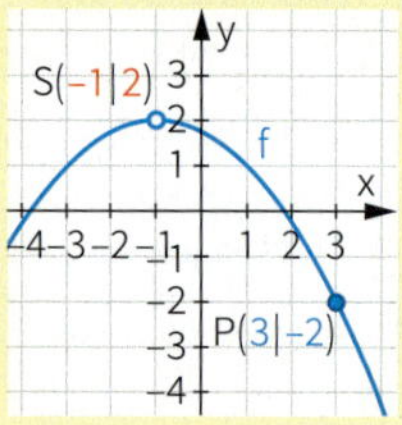

Nullstellen und ein Punkt P
$x_1 = -2$; $x_2 = 3$; $P(1\,|\,-3)$

$f(x) = a \cdot (x - (-2)) \cdot (x - 3)$
$\quad = a \cdot (x + 2) \cdot (x - 3)$
$-3 = a \cdot (1 + 2) \cdot (1 - 3)$
$-3 = -6a$; also $a = \frac{1}{2}$
$f(x) = \frac{1}{2} \cdot (x + 2) \cdot (x - 3)$

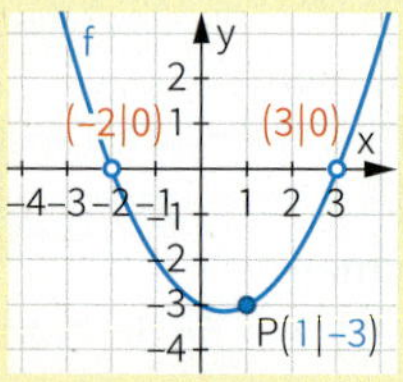

Modellieren mit Daten

Zeigt ein Streudiagramm zu Messungen oder Datenerhebungen in etwa eine Parabel, ist ein quadratisches Modell sinnvoll.
Videoanalyse eines Basketballwurfs:

Weite x	0	0,5	1,2	2	2,5	3,1
Höhe y	2	2,6	3,4	3,8	3,9	3,8

Anpassung mit quadratischer Regression
$f_1(x) = -0{,}298x^2 + 1{,}514x + 1{,}974$

Anpassung mit Schiebereglern
$f_2(x) = -0{,}255x^2 + 1{,}405x + 1{,}965$

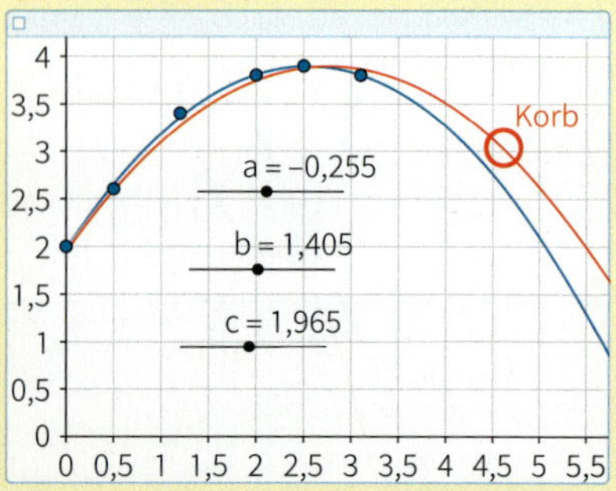

7 Parabeln bewegen

Bestimme jeweils die Funktionsgleichung. $f(x) = x^2$ wird
a) um 2 Einheiten in positive x-Richtung verschoben
b) um 1 Einheit in negative x-Richtung und 3 Einheiten in positive y-Richtung verschoben
c) um 0,5 in y-Richtung gestreckt und 4 Einheiten in positive y-Richtung verschoben
d) an der x-Achse gespiegelt und dann um 1 Einheit in positive y-Richtung verschoben

8 Allgemeine Form, Scheitelpunktform, faktorisierte Form

Bestimme jeweils die beiden fehlenden Darstellungsformen. Zeichne die Parabeln.
a) $f(x) = (x - 3) \cdot (x + 5)$ b) $f(x) = x^2 - 4$ c) $f(x) = (x + 2)^2 - 9$
d) $f(x) = x^2 - 6x + 9$ e) $f(x) = -x \cdot (x - 8)$ f) $f(x) = -(x - 4)^2 - 1$

9 Vom Graphen zur Funktionsgleichung

a) Bestimme die Funktionsgleichungen zu den Graphen.
b) Ermittle den Scheitelpunkt und die Schnittpunkte mit den Koordinatenachsen.

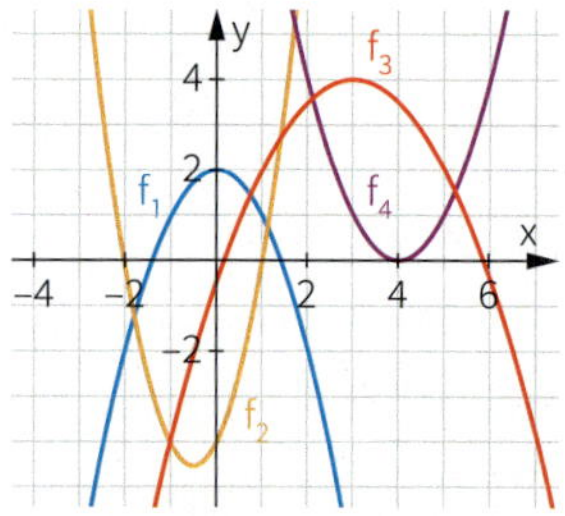

10 Parabeln bestimmen

Bestimme den Wert von k so, dass der Graph durch den angegebenen Punkt verläuft.
a) $f(x) = x^2 - k$
$P(-1\,|\,6)$
b) $f(x) = (x + 1) \cdot (x - k)$
$P(-4\,|\,3)$
c) $f(x) = kx^2 - 2$
$P\left(\frac{3}{4}\,\middle|\,0\right)$

11 Steckbriefe für Parabeln

①	②	③
P(3|0) Q(5|0) R(2|3)	Nullstellen 2 und 6 Maximum 4	Scheitelpunkt S(−4|−1) Punkt P(−2|0)

12 Eine Hängebrücke

Das Kabel einer Hängebrücke kann mithilfe einer quadratischen Funktion modelliert werden. Bestimme die Funktionsgleichung mit den Daten aus der Zeichnung.

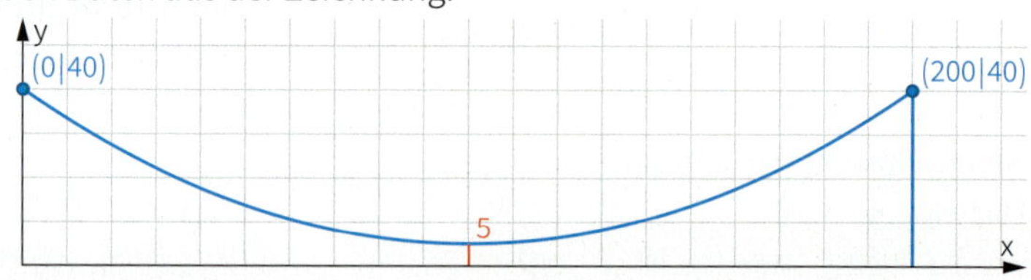

13 Hammerwerfen

Der Flug eines Hammers beim Hammerwerfen wird aufgezeichnet:

x in m	0	10	20	30	40	50	60	70
h(x) in m	0	5,1	9,3	10,5	11	8,7	5,4	0

Erstelle unterschiedliche quadratische Modelle und vergleiche sie.

Quadratische Gleichungen lösen

Grafische Verfahren

Man erhält meist nur Näherungslösungen.

- $x^2 - 2x - 1 = 0$ **Nullstellenverfahren**
  Die Lösungen entsprechen den Nullstellen der zugehörigen quadratischen Funktion.

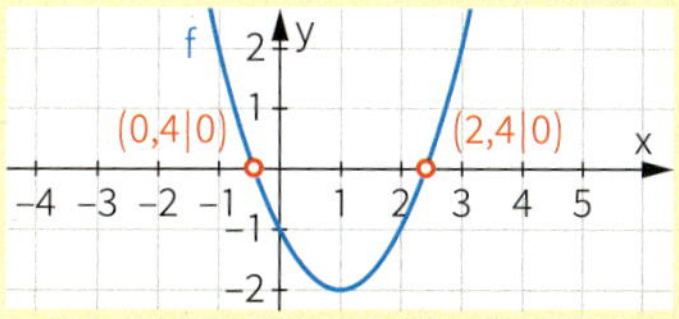

- $x^2 = 2x + 1$ **Schnittpunktverfahren**
  Die Lösungen entsprechen den x-Koordinaten der Schnittpunkte der beiden Funktionen.

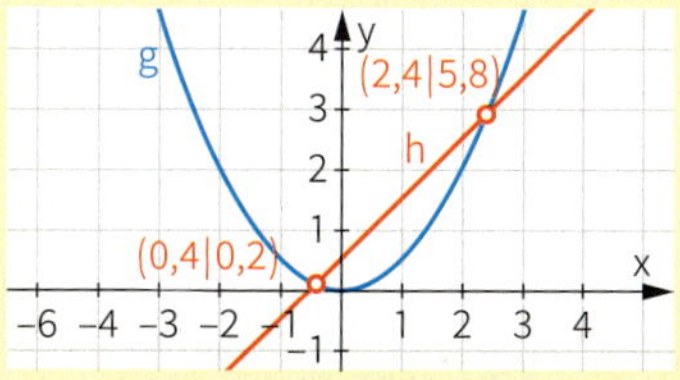

Rechnerische Verfahren

- $\mathbf{x^2 = 8}$ **Wurzel ziehen**
  $x_1 = \sqrt{8}$; $x_2 = -\sqrt{8}$
- $\mathbf{6x - 4x^2 = 0}$ **Ausklammern**
  $x \cdot (6 - 4x) = 0$ „Produkt = 0"-Gesetz
  $x = 0$ oder $6 - 4x = 0$
  $x_1 = 0$; $x_2 = \frac{3}{2}$
- $\mathbf{x^2 + 8x = -7}$ **quadratische Ergänzung**
  $x^2 + 8x + \left(\frac{8}{2}\right)^2 = -7 + \left(\frac{8}{2}\right)^2$ $\left(\frac{p}{2}\right)^2$
  $(x + 4)^2 = 9$ Binomische Formel
  $x + 4 = 3$ oder $x + 4 = -3$ Wurzelziehen
  $x_1 = -1$; $x_2 = -7$
- $\mathbf{x^2 + px + q = 0}$ **pq-Formel**
  $x_1 = -\frac{p}{2} + \sqrt{\left(\frac{p}{2}\right)^2 - q}$; $x_2 = -\frac{p}{2} - \sqrt{\left(\frac{p}{2}\right)^2 - q}$
  Diskriminante $D = \left(\frac{p}{2}\right)^2 - q$
  $D > 0$: zwei Lösungen
  $D = 0$: eine Lösung
  $D < 0$: keine Lösung
- $\mathbf{ax^2 + bx + c = 0}$**:** Durch a dividieren und dann die pq-Formel anwenden.

Der Satz von Vieta

x_1 und x_2 sind Lösungen von $x^2 + px + q = 0$
$\Leftrightarrow$ $x_1 \cdot x_2 = q$ und $x_1 + x_2 = -p$.

14 Quadratische Gleichungen – grafisch lösen

Die Schaubilder stellen die Lösung von quadratischen Gleichungen dar. Gib jeweils die Gleichung an. Gib mithilfe der Grafik einen Näherungswert für die Lösungen an.

a)

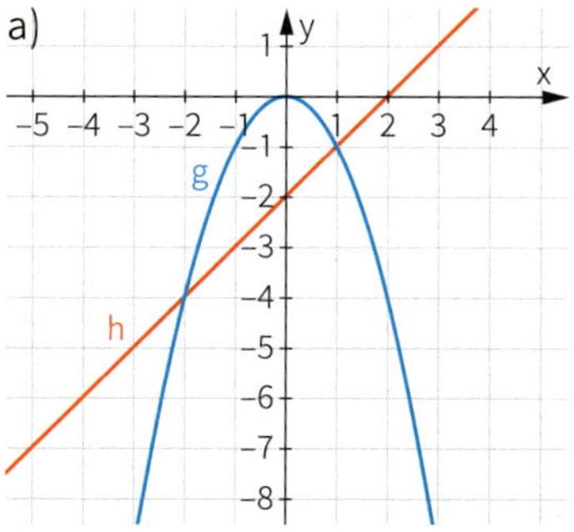

b)

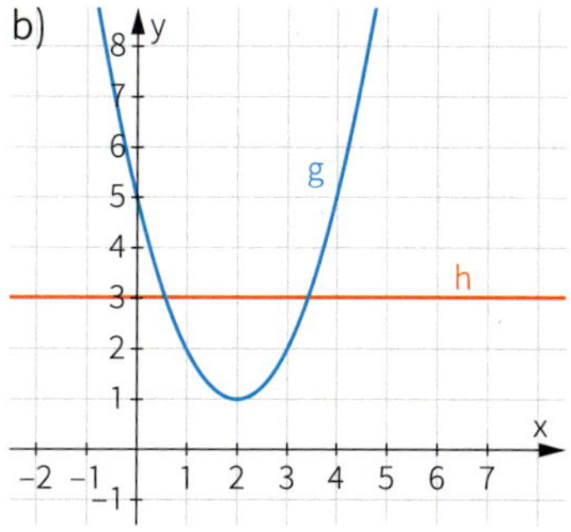

15 Quadratische Gleichungen – rechnerisch lösen 1

Löse die Gleichungen. Schreibe die Lösung mithilfe von Wurzeln.

a) $x^2 + 12 = 72$ b) $6x^2 + 5 = 29$ c) $x^2 - 5 = 35$
d) $3x^2 + 2 = 47$ e) $2 \cdot (x^2 + 10) = 20$ f) $x^2 + 4 = 1$

16 Quadratische Gleichungen – rechnerisch lösen 2

Löse die Gleichungen. Entscheide zunächst, welches Lösungsverfahren du anwenden willst. Mache die Probe.

a) $2x^2 - 10 = 0$ b) $x^2 + 6 = 0$ c) $(x + 4)^2 = 25$
d) $x^2 + 4x = 12$ e) $-(x - 3)^2 = 4$ f) $(x - 6) \cdot (x + 2) = 0$
g) $x^2 = 4x + 1$ h) $x^2 - x = x \cdot (x + 2)$ i) $12x^2 + 8 = 0$
j) $100 - 2x^2 = x^2 - 20$ k) $2x^2 - 10x = 8$ l) $-x^2 + 6x = 12$

17 Behauptungen

a) Katrin soll die Gleichung $x^2 + k = 0$ lösen und schreibt: „Die Gleichung hat keine Lösung, weil man aus $-k$ keine Wurzel ziehen kann." Wie kommt Katrin auf ihre Lösung? Was meinst du dazu?
b) Lars behauptet: „Zwei nach oben geöffnete Normalparabeln haben immer genau einen Schnittpunkt." Was meinst du dazu?
c) Maren hat entdeckt: „Wenn bei einer quadratischen Funktion $f(x) = ax^2 + bx + c$ gilt: $a > 0$ und $c < 0$, dann hat die Funktion zwei Nullstellen." Begründe, dass Maren Recht hat. Finde eine weitere Bedingung für a, b und c, mit der man genau sagen kann, wie viele Nullstellen die Funktion hat.

18 Von der Lösung zur Gleichung

Stelle zu jeder Lösung zwei quadratische Gleichungen mit der angegebenen Lösung auf.

a) $L = \{-3; 3\}$ b) $L = \{2; -5\}$ c) $L = \{\sqrt{3}; 6\}$ d) $L = \{-4\}$

19 Quadratische Gleichungen mit Vieta lösen

Löse die Gleichungen mithilfe des Satzes von Vieta.

a) $x^2 + 3x - 4 = 0$ b) $x^2 - 7x + 10 = 0$ c) $2x^2 - 8x - 24 = 0$

Typische Fragen an Funktionen

Funktionsgleichung: $f(x) = -5x^2 + 45x + 50$

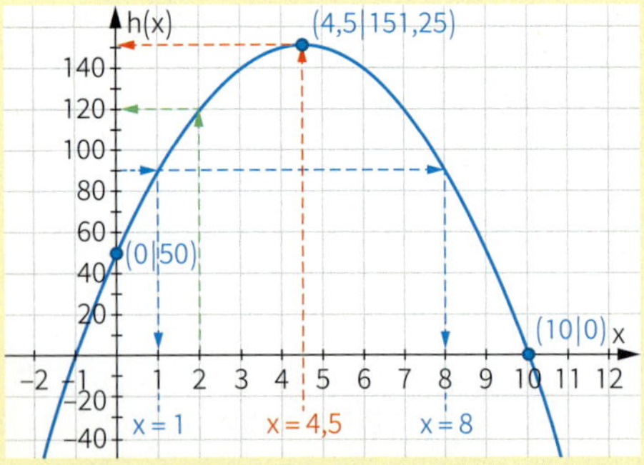

(1) y-Wert an der Stelle x = 2?
f(2) bestimmen.
$f(2) = -5 \cdot 2^2 + 45 \cdot 2 + 50 = 120$

(2) Welcher x-Wert gehört zu y = 90?
Gleichung $f(x) = 90$ lösen
$-5x^2 + 45x + 50 = 90$
$x_1 = 1$; $x_2 = 8$

(3) Wo schneidet der Graph die y-Achse?
f(0) bestimmen.
$f(0) = -5 \cdot 0^2 + 45 \cdot 0 + 50 = 50$

(4) Wo liegen die Nullstellen?
Gleichung $f(x) = 0$ lösen.
$-5x^2 + 45x + 50 = 0$
$x_1 = -1$; $x_2 = 10$

(5) Wo liegt der Hochpunkt?
Scheitelpunkt bestimmen.
$f(x) = -5 \cdot (x + 4,5)^2 + 151,25$
S(4,5 | 151,25)

Schnittpunkte von Graphen

$f(x) = x^2 - 4x + 1$; $g(x) = -x^2 + 1$
Funktionsterme gleichsetzen: $f(x) = g(x)$
$x^2 - 4x + 1 = -x^2 + 1$
Gleichung umformen und lösen.
$2x^2 - 4x = 0$

$x_1 = 0$	$f(0) = g(0) = 1$	$S_1(0 \mid 1)$
$x_2 = 2$	$f(2) = g(2) = -3$	$S_2(2 \mid -3)$

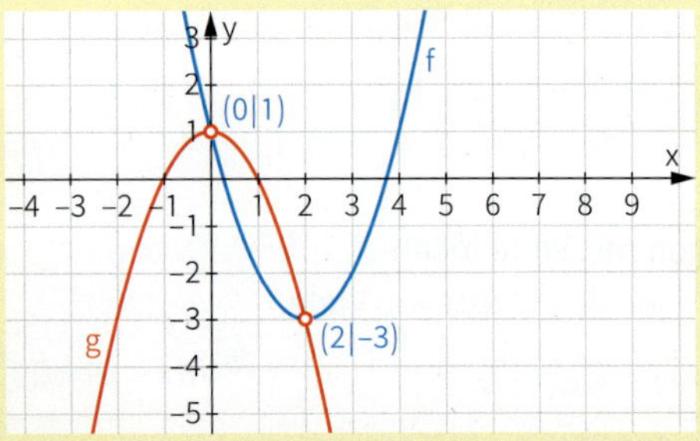

20 Innermathematische Fragen

Beantworte die Fragen jeweils für die angegebenen Funktionen. Skizziere auch mithilfe der Antworten die zugehörigen Parabeln.
① Wo schneidet f die Koordinatenachsen?
② Wie lautet der Funktionswert an der Stelle 3, wie an der Stelle $-\frac{1}{2}$?
③ An welcher Stelle ist der Funktionswert −2, an welcher 4?
④ Wo liegt der höchste bzw. tiefste Punkt?
a) $f(x) = x^2 - 3$ b) $f(x) = \frac{1}{4}x^2 - x$ c) $f(x) = -x^2 + x - 1$

21 Punkte auf Parabel

Überprüfe, ob die Punkte auf der Parabel liegen.
a) $y = x^2 + 2x - 4$ $P(-2 \mid -4)$; $Q(5 \mid 39)$
b) $y = 2 \cdot (x - 3)^2 - 4$ $P(6 \mid 16)$; $Q\left(\frac{2}{3} \mid \frac{94}{9}\right)$

22 Der Flug eines Speeres

Der Flug eines Speeres beim Speerwurf wird durch die folgende quadratische Gleichung modelliert: $h(w) = -\frac{1}{200} \cdot (w - 40)^2 + 10$
Dabei ist h die Flughöhe und w die Weite vom Abwurfpunkt in Meter. Formuliere alle in der Skizze angedeuteten Fragen und beantworte sie.

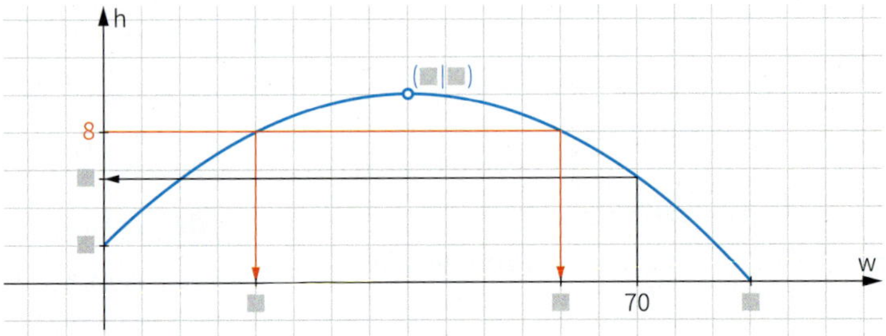

23 Rettungsfloß

Ein Rettungshubschrauber schwebt 25 m über einem gekenterten Boot und wirft ein Rettungsfloß ab. Die Höhe h(t) (in m) des Floßes über dem Wasser kann modelliert werden mit $h(t) = 25 - 5t^2$ (t: Zeit in s).
a) Wie hoch über der Wasseroberfläche ist das Floß nach 0,5 s?
b) Nach wie vielen Sekunden ist das Floß 10 m über dem Wasser?
c) Nach wie vielen Sekunden trifft das Floß auf dem Wasser auf?

24 Schnittpunkte von Parabeln – grafisch

Zeichne je zwei passende Parabeln, die sich
a) in zwei Punkten,   b) in einem Punkt,   c) nicht schneiden.

25 Schnittpunkte von Parabeln – rechnerisch

Ermittle jeweils die Schnittpunkte der Parabeln
$f(x) = 112 - 2x^2$ $g(x) = x^2 - 5x + 150$ $h(x) = x^2 + 100$

26 Schnittpunkte

Berechne alle Schnittpunkte. Erstelle eine Grafik.
$f(x) = -x^2 + 3x + 2$
$g_1(x) = x - 1$ $g_2(x) = -x + 6$ $g_3(x) = -3$

Optimieren

Strategie:

(1) • Skizze anfertigen und beschriften.
  • Gesuchte Größe als Funktion der variablen Größe x aufstellen.
  • Sinnvollen Bereich für x festlegen.

(2) Je nach Situation Hoch- oder Tiefpunkt bestimmen.

(3) Ergebnis in Sachsituation überprüfen

Beispiel: Mit 20 m Maschendrahtzaun soll ein möglichst großes rechteckiges Kaninchengehege gebaut werden.

(1) $f(x) = x \cdot (10 - x)$

(2) $H(5|25)$

(3) Das größte Gehege ist quadratisch mit einer Kantenlänge von 5 m und einer Fläche von 25 m^2.

Problemlösen

(1) • Skizze mit gegebenen und gesuchten Größen erstellen
  • Zusammenhänge erfassen
  • Gleichung formulieren.

(2) Gleichung lösen

(3) Ergebnis am Problem überprüfen.

Modellieren

Beim Modellieren werden reale Situationen mathematisch beschrieben. Dazu muss die Situation vereinfacht werden. Der Vorteil ist dann, dass man mit dem mathematischen Modell Voraussagen machen machen und Einsichten gewinnen kann. Die Ergebnisse müssen aber immer an der Realität überprüft werden. Eventuell müssen die Modelle dann geändert werden. Dieser Vorgang heißt Modellbildungsprozess.

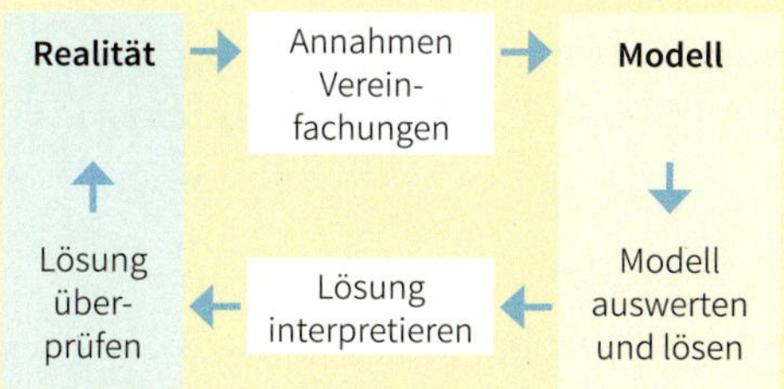

27 Ein Kaninchengehege

Du hast 25 m Maschendrahtzaun zur Verfügung. Das Gehege darf an zwei Seiten an das Gebäude anschließen. Wie muss das Gehege gebaut werden, damit das Kaninchen möglichst viel Platz hat?

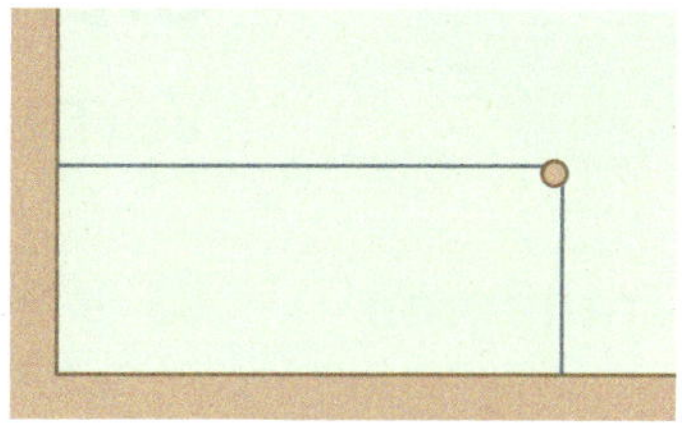

28 Zahlenrätsel

① *Zerlege die Zahl 24 so in zwei Summanden a und b, dass das Produkt a · b am größten ist.*

② *Von zwei Zahlen x und y ist eine um 3 kleiner als die andere. Für welche Zahlen ist das Produkt x · y am kleinsten?*

29 Rechtecke gesucht

① *Die Länge eines Rechtecks ist um 4 cm größer als die Breite. Wie lang und wie breit ist das Rechteck, wenn es einen Flächeninhalt von 117 cm^2 hat?*

② *Verringert man die eine Seite eines Quadrates um 2 cm und vergrößert die andere um 5 cm, erhält man ein Rechteck mit dem Flächeninhalt 60 cm^2.*

30 Wildkatzen

Die Tabelle gibt die jährlichen Messungen der Anzahl von Wildkatzen in einem Reservat an.

Zeit	Anzahl
0	15
1	23
2	33
3	52
4	87
5	110

a) Erstelle ein Streudiagramm und finde zwei mögliche gut passende Modelle.

b) Erstelle eine Prognose für die Anzahl in 5 Jahren (in 10 Jahren). Vergleiche die Modelle.

c) Was hältst du von dem Modell, wenn mit ihm die Anzahl in 30 Jahren geschätzt werden soll?

31 Gewinn

Ein Unternehmen modelliert den Gewinn in Abhängigkeit des Verkaufspreises durch die Funktion $f(x) = -x^2 + 85x$

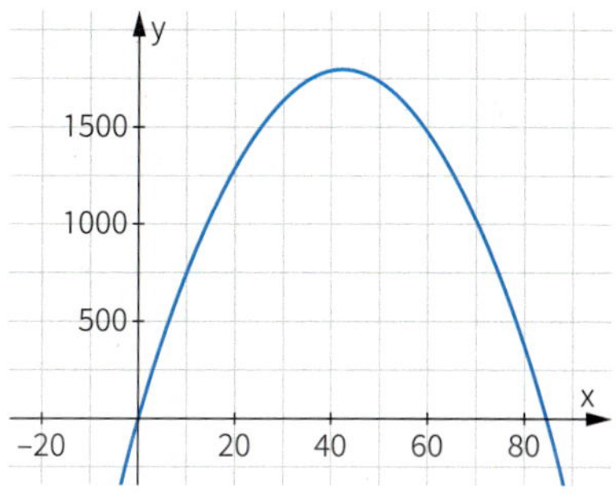

a) Formuliere Fragen, die sich mit dem Graphen der Funktion beantworten lassen und beantworte sie auch rechnerisch.

b) Berate die Geschäftsleitung. Nenne Annahmen und Vereinfachungen, die bei dem Modell vorgenommen wurden. Wie könnte man das Modell überprüfen? Berücksichtige auch, dass „Nichtmathematiker" deine Beratung verstehen.

Sichern und Vernetzen

Vermischte Aufgaben zu Kapitel 4

Trainieren

1 Von der Tabelle zum Graphen zur Funktionsgleichung

Jede Wertetabelle beschreibt eine Funktion.

a) Zeichne die zugehörigen Graphen.

b) Welche Funktion ist eine quadratische, lineare oder antiproportionale Funktion?

c) Bestimme jeweils die Funktionsgleichung.

x	y	x	y	x	y	x	y
−3	7	−3	7	−3	16	−3	−4
−2	2	−2	4	−2	9	−2	−6
−1	−1	−1	1	−1	4	−1	−12
0	−2	0	−2	0	1	0	—
1	−1	1	−5	1	0	1	12
2	2	2	−8	2	1	2	6
3	7	3	−11	3	4	3	4

2 Fragen an drei quadratische Funktionen

Beantworte die Fragen für die Funktionen.

a) $f(x) = -2x^2 + 6$ b) $g(x) = \frac{1}{2} \cdot (x-5) \cdot (x+1)$ c) $h(x) = x^2 - 3x + 1$

① In welchen Punkten schneiden die Graphen die Koordinatenachsen?

② Gehört $P(3\,|\,-12)$ zu f, $Q(11\,|\,32)$ zu g und $R(-4\,|\,28)$ zu h?

③ Welche Punkte der Parabeln haben die y-Koordinate 4?

④ In welchen Punkten schneiden sich die Graphen? Gib die y-Koordinate des Schnittpunkts näherungsweise an.

⑤ Bestimme k so, dass $P(-1\,|\,k)$ zu der Parabel gehört.

⑥ Bestimme m so, dass $P(m\,|\,1)$ zu der Parabel gehört.

3 Funktionsgleichungen aufstellen

a) Von einer Parabel sind bekannt:

① Der Scheitelpunkt $(-1\,|\,4)$ und eine Nullstelle bei 3. Wo ist die zweite Nullstelle?

② Die Nullstellen sind −3 und 6 und $P(4|28)$ ist ein Punkt. Wo ist der Scheitel?

Stelle zu jeder Parabel eine passende Gleichung auf. Überprüfe dein Ergebnis.

b) Bestimme jeweils eine Funktionsgleichung.

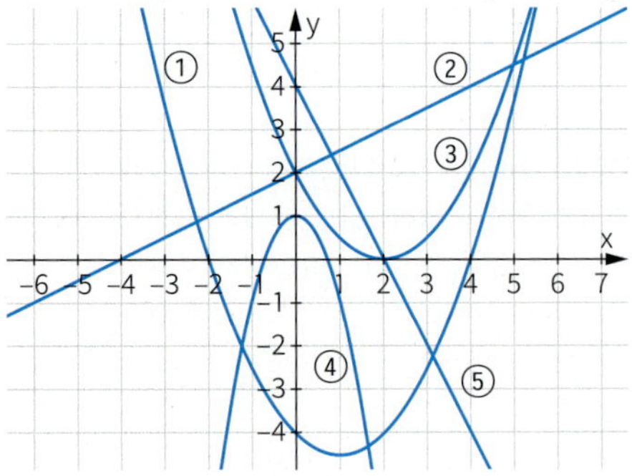

Für Konditionsstarke: Berechne alle Schnittpunkte.

4 Training im rechnerischen Lösen von Gleichungen

Löse die Gleichungen rechnerisch. Überlege dir zunächst, mit welchem Verfahren das am einfachsten geht.

a) $x^2 - 9 = 0$ b) $x^2 - 6x + 10 = 0$ c) $(x-1) \cdot (x+2) = x^2$ d) $-4x \cdot (x+7) = 0$

e) $x^2 - 4x = 7$ f) $x^2 - 4 = 2x^2 - 8$ g) $x \cdot (x-2) = -1$ h) $(x+4) \cdot (2x-1) = 0$

i) $6x^2 - 27x = 0$ j) $6x^2 - 27 = 0$ k) $-x^2 + \frac{1}{4}x - \frac{1}{2} = 0$ l) $\frac{x^2-4}{2} = x^2$

5 Nullstellen und Schnittpunkte

Bestimme jeweils die Nullstellen und Schnittpunkte der Funktionen

a) $f(x) = x^2 - 5$ b) $g(x) = \frac{1}{2} \cdot (x+1) \cdot (x-3)$ c) $h(x) = -x^2 + 2x - 1$

Verstehen

6 Funktionenzoo

Ordne den Funktionsgleichungen jeweils den passenden Typ zu:

- proportional
- antiproportional
- linear
- konstant
- quadratisch
- etwas anderes

$a(x) = \frac{x^2}{2}$ $\quad b(x) = x^2 + \frac{2}{x}$

$c(x) = x - 4x^2$ $\quad d(x) = 4 - x$

$e(x) = x^3 - 1$ $\quad f(x) = \frac{1}{x^2}$

$g(x) = 2x + 1$ $\quad h(x) = \frac{-x^2 + 4}{2}$

$i(x) = \frac{-x + 4}{2}$ $\quad j(x) = 4 \cdot (x + 3)$

7 „Wer ist die Schönste im Land?“

Finde Argumente für Jakobs, Oles und Bennis Meinung. Erläutere diese an den Funktionen $f(x) = 2 \cdot (x + 1)^2 - 4$, $g(x) = -3 \cdot (x + 2) \cdot (x - 4)$ und $h(x) = x^2 - 4x + 6$.
Welche Form findest du am schönsten? Was meint Ole mit seinem letzten Satz?

Jakob: „Die faktorisierte Form ist am schönsten, weil …“
Ole: „Ich finde die Scheitelpunktform am schönsten, weil … Die faktorisierte Form gibt es manchmal ja gar nicht!“
Benni: „Die allgemeine Form ist am schönsten, weil …“

8 Tangenten an Parabeln

Wenn eine lineare Funktionen und eine quadratische Funktion genau einen gemeinsamen Punkt P haben, heißt die Gerade „Tangente von f in P“.

① $f(x) = x^2$, $g(x) = 2x - 1$
② $f(x) = 2x^2$, $g(x) = -8x - 8$
③ $f(x) = x^2 - 4x + 3$, $g(x) = 2x - 6$

a) Zeige jeweils, dass die Gerade Tangente der Parabel ist. Gib den Berührpunkt an.
b) Was ist dir bei der Schnittpunktbestimmung aufgefallen? Gib zu $f(x) = x^2 - 3$ eine Gerade an, die Tangente von f ist. Findest du mehrere Geraden?

Anwenden

9 Ein Volleyballaufschlag

Beim Aufschlag steht der Volleyballspieler 9 m von dem 2,43 m hohen Netz entfernt. Das Spielfeld ist 18 m lang. Sein Aufschlag wird gefilmt und anschließend durch die folgende Funktion beschrieben: $f(x) = -0{,}07x^2 + 0{,}8x + 2{,}4$.
x: Entfernung des Balles vom Aufschlagpunkt am Boden
y: Flughöhe des Balles

a) Skizziere die Flugkurve und das Netz in einem sinnvollen Koordinatensystem.
b) ▪ In welcher Höhe wird der Ball abgeschlagen?
▪ In welcher Höhe fliegt er über das Netz? Landet er im Feld?
▪ Berührt er die Hallendecke in 5,8 m Höhe?

Recherchiere im Internet nach „Fosbury-Flop“. Da kannst du eine Besonderheit dieser Sprungtechnik entdecken.

10 Hochsprung

Die Flugkurve des Körperschwerpunkts beim Hochsprung kann mit einer Parabel modelliert werden. Die Höhe des Körperschwerpunktes beträgt beim Stehen 60 % der Körpergröße. 1993 sprang JAVIER SOTOMAYOR (1,93 m) mit 2,45 m einen Weltrekord. Nimm an, dass SOTOMAYOR einen Meter vor der Latte abgesprungen ist.

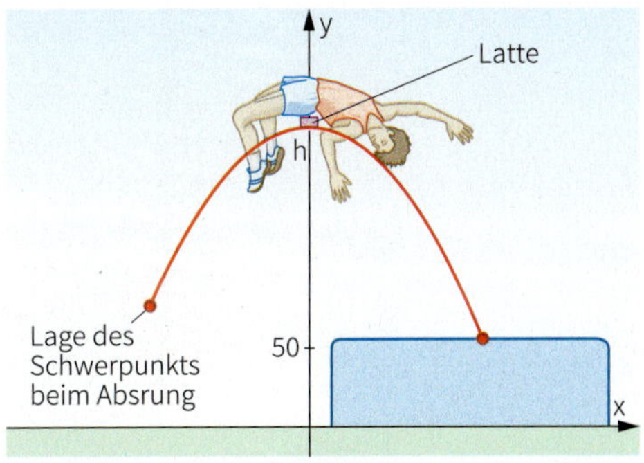

a) Bestimme ein passendes Modell für die Flugkurve.
b) Was passiert, wenn man weiter oder näher von der Latte entfernt abspringt? Beschreibe grafisch.

Fahrräder heute
379
600 000
550 000
500 000
450 000
400 000
350 000
300 000
250 000
200 000
150 000
100 000
50 000
0
im Jahr
DORTMUND
ÜBERRASCHT.
DICH.

5 Daten

Will man mit Daten die Welt erforschen, so muss man die Daten mit einer wohlüberlegten Untersuchung, z.B. mithilfe eines Fragebogens erheben.
Je mehr Daten vorliegen, desto schwieriger fällt der Überblick. Mithilfe von Diagrammen und Kenngrößen kann man auch große Datenmengen übersichtlich darstellen.
Aber Vorsicht, man muss dennoch genau hinschauen, um zu erkennen, was dargestellt ist und auf die Absicht achten, die „hinter" der Statistik steckt.

5.1 Daten erheben und auswerten

Projekt

1 **Statistische Untersuchung planen, durchführen und auswerten**
Daten können viel erzählen. Sie tun dies aber nicht von alleine. Zuerst muss eine statistische Erhebung durchgeführt werden. In diesem Projekt organisiert ihr in eurer Klasse eine solche Erhebung, indem ihr eine Befragung durchführt. Die gesammelten Daten werden dann aufbereitet, sachgerecht ausgewertet und interpretiert.

1. Schritt
Thema finden

Wählt für eure Datenerhebung ein möglichst aktuelles Thema, das euch interessiert.
Hier ein paar Anregungen:

Fomo:
„Fear of Missing Out"

Mode & Konsum
Wer kauft gebrauchte Klamotten und warum?
Wie viel Geld gibst du monatlich für Kleidung aus?

Schulweg
Wie lang ist dein Schulweg?
Wie kommst du zur Schule?
Wie lange benötigst du für den Weg?
Wie häufig kommst du zu spät?

Smartphone & Alltag
Schaltest du dein Smartphone nachts aus?
Hast du Angst etwas zu verpassen?

Fitness & Freizeit
Welche Sportarten spielen eine Rolle?
Wer trainiert im Verein, wer individuell?
Wie viel Zeit investierst du?
Welche Ziele verfolgst du?

2. Schritt
Datenerhebung planen

Ist das Thema festgelegt, so werden im „Brainstorming" mögliche Fragen gesammelt und diskutiert. Am Ende einigt man sich auf wenige wichtige Fragen, denn ein kurzer Fragebogen wird eher akzeptiert und verstanden und erleichtert zudem die Bearbeitung.

Beispiel Smartphone

Der rechte Fragebogen zeigt erste Fragen zum Thema Smartphone.
Tipps
- Kurze prägnante Fragestellungen
- Einfache Sprache
- Ähnliche Fragestellungen zusammenfassen
- Eindeutige Antwortmöglichkeiten vorgeben

Die Fragen zeigen, dass eine Auswertung der bearbeiteten Fragebögen möglichst einfach und eindeutig sein sollte. Manchmal wird nach einer Maßzahl gefragt, ein anderes Mal soll eine von mehreren Auswahlantworten angekreuzt werden. Wichtig ist, dass die Antworten bei der Auswertung nicht interpretiert werden müssen.

Umfrage zum Thema Smartphone
1. Dein Alter in Jahren ▭
2. Geschlecht ▫ w ▫ m ▫ d
3. Schaltest du dein Smartphone nachts aus?
   ▫ ja ▫ nein
4. Welche der folgenden Apps benutzt du morgens nach dem Aufstehen als erstes?
   Messenger-Dienste ▫
   Telefonieren ▫
   Soziale Netzwerke ▫
   Andere ▫
5. Was beschreibt deinen Umgang mit dem Smartphone-Nutzung am besten?
   Ständig aktiv ▫
   Häufig aktiv ▫
   Aktiv für bestimmte Aktivitäten ▫
6. Wie groß ist deine Angst etwas zu verpassen auf einer Skala von 1–10? ▭

3. Schritt Datenerhebung durchführen

Legt in eurem Team fest, ob ihr eine „Vollbefragung“ durchführen wollt, das heißt alle Schülerinnen und Schüler einer Schule bzw. einer Jahrgangsstufe zu befragen, oder ob ihr nur eine repräsentative Stichprobe erheben wollt.

Vollbefragung versus **repräsentative Befragung**

Ist eine **Vollbefragung** zu aufwändig, so wird nur eine **Stichprobe** erhoben. Diese sollte **repräsentativ** sein, d. h. annähernd so wie die Grundgesamtheit zusammengesetzt sein.

Werden zum Beispiel nur alle Schülerinnen und Schüler eurer Klasse befragt, so ist diese Stichprobe nicht repräsentativ für die Jahrgangsstufe.
Eine **repräsentative Stichprobe** könnte man bei einer großen Jahrgangsstufe gewinnen, wenn man aus der Liste aller Schülerinnen und Schüler der Jahrgangsstufe zufällig, zum Beispiel per Los, 50 auswählt.

4. Schritt Daten darstellen und auswerten

Stellt die Daten eurer Befragungsaktion übersichtlich mit Diagrammen dar und zieht angemessene Schlussfolgerungen.
- Berechnet, z. B. mit welcher relativen Häufigkeit einzelne Daten auftreten.
- Welche Datensätze sollen darstellt werden? Entscheidet jeweils, welche Art von Diagrammen oder Illustrationen verwendet werden sollen. Begründet eure Entscheidung.

Überprüft, ob eine der Darstellungen falsche Vorstellungen hervorrufen kann. Sollte dies der Fall sein, so ändert die grafische Darstellung entsprechend ab.

2 Wortblitz – Wörter finden

Mit dem folgenden Spiel sollt ihr herausfinden, wie sprachbegabt eure Klasse ist.

Wortblitz

In einem 4 × 4-Quadrat wurden 16 Buchstaben zufällig eingetragen. Die Herausforderung lautet: Notiere innerhalb von 2 Minuten möglichst viele Wörter, die sich aus den Buchstaben bilden lassen. Dabei sind nur Wörter erlaubt, die im Duden stehen, Abkürzungen und Eigennamen sind verboten.

T	S	I	K
N	E	A	L
H	R	E	N
U	F	D	M

a) **Durchführung des Experiments**
Sammelt die Anzahl der in 2 Minuten gefundenen Wörter beim „Wortblitz“ in eurer Klasse.
Auswerten des Experiments
- Ermittelt die Kenngrößen Maximum, Minimum, Median, Spannweite und arithmetisches Mittel der erreichten Anzahl der Worte in eurer Klasse.
- Stellt das Ergebnis eures Experiments mit einem passenden Diagramm dar.

b) Das Diagramm zeigt, wie die Klasse 9 a des Otto-Hahn-Gymnasiums bei dem Test abgeschnitten hat. Vergleicht eure Ergebnisse mit denen dieser Klasse.

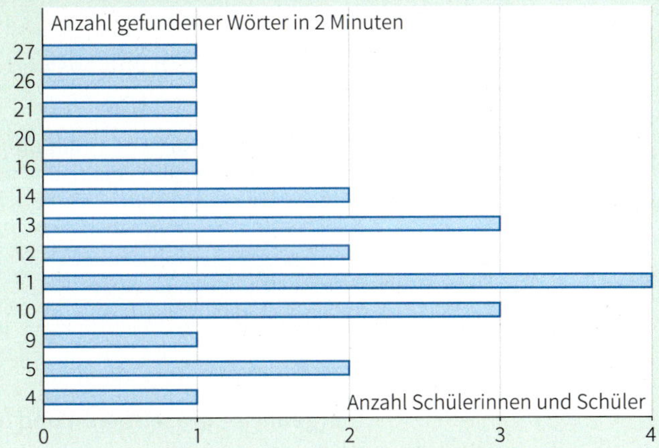

c) Gibt es in eurer Klasse Unterschiede zwischen Jungen und Mädchen? Begründet mit den erhobenen Daten aus eurem Klassenexperiment.

Basiswissen

Statistische Erhebung und Auswertung

Statistiken benutzt man vor allem, um richtige oder bessere Entscheidungen für Probleme treffen zu können, die sich nicht nur auf Einzelfälle beziehen. Bei der Auswahl der richtigen Werkzeuge der Statistik hilft das Schema.

Tipps und Fragen rund um die Erhebung

- Können die Fragen ohne zusätzliche Erläuterungen beantwortet werden?
- Sind die Fragetypen mit den Antwortmöglichkeiten sinnvoll gewählt?
- Ist die Gruppe der Befragten zu groß oder zu klein?
- Und ganz wichtig: Ist die Befragung anonym?

Tipps und Fragen rund um die Datenanalyse und Präsentation

- Welche Art von Diagrammen oder Illustrationen soll verwendet werden?
- Prüfe, welche der verwendeten Datensätze durch Mittelwerte und Streuungsmaße charakterisiert werden können.
- Plakat oder Computer: Die Darstellung soll in jedem Fall übersichtlich, informativ, lesbar und auffällig sein.

1. Thema finden
Was soll untersucht werden?

↓

2. Datenerhebung planen
- Befragung, z. B. Fragebogen
- Beobachtung
- Experiment (Messung) …

↓

3. Datenerhebung durchführen
- z. B. Befragung aller Schülerinnen und Schüler der Klasse

↓

4. Daten darstellen und auswerten
- Tabellen (erster Überblick)
- Kenngrößen der Daten
- Diagramme (Visualisierung)

↓

5. Ergebnisse präsentieren und interpretieren
- Diskutieren
- Rückschlüsse ziehen
- Andere informieren

Beispiel

A Datenerhebung

1. **Thema finden:**
   „Ernährung in der Schule“
2. **Datenerhebung planen:**
   Befragung mit einem Fragebogen
3. **Datenerhebung durchführen:**
   Fragebogen in der Klasse anonym ausfüllen lassen.

Fragebogen „Ernährung in der Schule“
Alter ☐ Jahre
Geschlecht ☐ w ☐ m ☐ d
1. Frühstückst du zu Hause?
☐ immer ☐ oft ☐ nie
2. Nimmst du Essen mit in die Schule?
☐ immer ☐ oft ☐ nie
3. Wie oft isst du mittags in der Schulmensa?
☐ 0 ☐ 1 ☐ 2 ☐ 3 ☐ 4 ☐ 5 Tage

4. **Daten darstellen und auswerten:** Zum Beispiel zu „Mittagessen in der Schulmensa“

Tabelle als erster Überblick

Mittagessen in der Schulmensa	Anzahl der Nennungen
0 Tage	2
1 Tag	4
2 Tage	11
3 Tage	6
4 Tage	1
5 Tage	0

Säulendiagramm zur Visualisierung

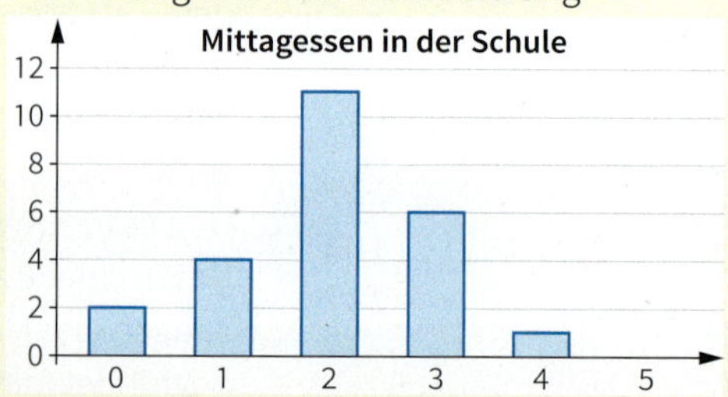

5. **Ergebnisse präsentieren und interpretieren:** Die Schülerinnen und Schüler essen im Mittel wöchentlich an etwa 2 Tagen in der Mensa der Schule.

Übungen

3 ≡ Forschungsauftrag

Puls vor und nach körperlicher Betätigung:
- Fertige für das Protokoll zunächst eine Tabelle zum Eintragen der Messungen an.

Name	Ruhepuls	Puls nach Belastung
Albert	■	■
Bea	■	■
…	■	■

- Miss deinen Ruhepuls und trage das Messergebnis in die Tabelle unter „Ruhepuls“ ein.
- Mache danach 15 Kniebeugen.
- Miss deinen Puls erneut und trage das Messergebnis in die Rubrik „Puls nach Belastung“ ein.

a) Bestimme den kleinsten und den größten Puls.

b) Ein Arzt begutachtet einen Ruhepuls von 80. Wird er ihn als normal einschätzen? Begründe.

c) Führt die Pulsmessungen auch in jüngeren (älteren) Jahrgangsstufen durch. Gibt es Unterschiede?

Puls messen
- Pulsschlag am Hals spüren
- Pulsschläge in 15 s zählen
- mit 4 multiplizieren

Das Ergebnis ist der Puls.

Tabellenkalkulation

FLORENCE NIGHTINGALE (1820–1910)

4 ≡ Eine Sternstunde der Datenerhebung

FLORENCE NIGHTINGALE war im Krim-Krieg zwischen Russland und Großbritannien als Krankenschwester tätig.
Die Tabelle mit den von ihr erhobenen Daten zeigt die Todesursache der Soldaten, die im angegebenen Zeitraum im Lazarett starben.

a) Ermittle für jede Todesursache die Gesamtzahl der Toten und gib die Anteile in Prozent an.

b) Mit welcher Diagrammdarstellung lassen sich die Zahlen am besten vergleichen? Erstelle passende Diagramme.

c) Überlegt gemeinsam: Welche Schlüsse zog NIGHTINGALE aus ihren Daten?

Monat	Infektions-krankheit	Verwun-dung	Andere
Sep 1854	788	81	70
Okt 1854	503	132	128
Nov 1854	844	287	106
Dez 1854	1725	114	131
Jan 1855	2761	83	324
Feb 1855	2120	42	361
Mär 1855	1205	32	172
Apr 1855	477	48	57
Mai 1855	508	49	37
Jun 1855	802	209	31
Jul 1855	382	134	33
Aug 1855	483	164	25

5 ≡ Experiment: Wie viele Dreiecke kannst du finden?

Du hast 30 Sekunden Zeit, in der Abbildung so viele Dreiecke wie möglich zu entdecken.

a) Führt das Experiment jeweils zu zweit durch und sammelt die Daten eurer Klasse.

b) Analysiert die Daten und stellt diese passend dar. Gibt es geschlechtsspezifische Unterschiede bei den Ergebnissen?

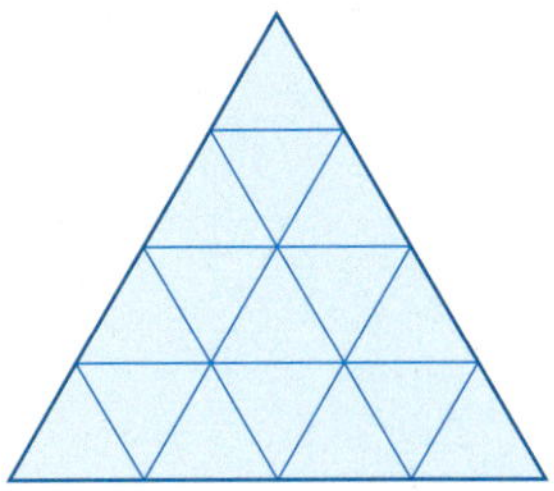

Grundwissen
zum Wiederholen

1 Der Preis von 800 € für einen Fernseher wurde zunächst um 25 % gesenkt und dann erneut um 25 %. Der reduzierte Preis beträgt 400 €. Stimmt das?

2 Löse die Gleichung. a) $4 \cdot (x + 1) = 3 \cdot (x - 2)$ b) $4x^2 - 5 = 11$ c) $\frac{3}{4}x = x - \frac{1}{4}$

3 Eine Triathletin fährt in 20 Minuten bei konstanter Geschwindigkeit eine Strecke von 12 km. Wie lange benötigt sie für 33 km, wenn sie die Geschwindigkeit beibehält?

Exkurs

Ein Ausflug in die Welt der statistischen Erhebungen

Wir leben in einem Zeitalter der Statistik. Viele neue Erkenntnisse werden auf Grundlage gesammelter Daten gewonnen. Daher wird das Sammeln von Daten und deren Auswertung immer wichtiger. Die sogenannte Grundgesamtheit ist die Menge von Personen oder Objekten, über die man Informationen gewinnen will. Wird jedes einzelne Element dieser Gruppe auf die gewünschte Information hin untersucht, spricht man von einer Vollerhebung. Meist ist es allerdings aus unterschiedlichen Gründen nicht möglich, die ganze Grundgesamtheit zu untersuchen. In solchen Fällen wird eine Stichprobe gezogen.

„Ist die Studie denn repräsentativ?“

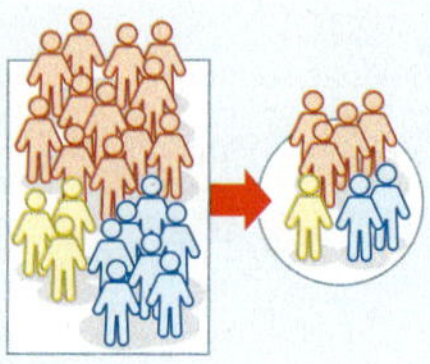

Für Medienvertreter spielt diese Frage eine wichtige Rolle. Denn im Pressekodex des Deutschen Presserates ist verankert, dass bei Umfrageergebnissen immer mitgeteilt werden muss, ob diese repräsentativ sind.

> Repräsentative Stichproben:
> Eine Stichprobe gilt als repräsentativ, wenn sie annähernd so „zusammengesetzt“ ist wie die Grundgesamtheit.

Es gibt keine allgemeingültige, wissenschaftliche Definition für „repräsentativ“, geschweige denn eine Regel, anhand derer eindeutig bestimmbar wäre, ob eine Studie repräsentativ ist. Allerdings lässt sich einfacher feststellen, wann eine Stichprobe nicht repräsentativ ist.

6 **Wie beliebt sind Hausaufgaben?**

Es wäre sehr aufwendig, alle Schülerinnen und Schüler deiner Schule zu befragen. Daher soll nur eine Stichprobe von Schülerinnen und Schülern befragt werden. Was hältst du von den Vorschlägen zur Auswahl einer Stichprobe?

Wir nehmen einfach als Stichprobe unsere eigene Klasse.

Wir befragen aus jeder Klassenstufe fünf zufällig ausgewählte Personen.

Wir befragen in der nächsten Pause unsere Freundinnen aus den anderen Klassen.

Aus jeder Klassenstufe befragen wir drei Mädchen und drei Jungen.

Wir stellen uns am Anfang der Pause an die Schultür und befragen die ersten 100 Schülerinnen und Schüler, die in die Pause gehen.

7 **Repräsentativ oder nicht, das ist hier die Frage**

Welche Stichprobenauswahl ist sicher nicht repräsentativ und warum?

a) Ein Reiseveranstalter will anhand einer Umfrage herausfinden, wie groß der Anteil der Deutschen ist, die gerne in den deutschen Mittelgebirgen Urlaub machen. Das beauftragte Meinungsforschungsinstitut befragt Gäste im Hotel „Am Maar“ in der Eifel.

b) In einer Stadt mit 100 000 Einwohnern wird eine Stichprobe von Bürgerinnen und Bürgern befragt, ob sie für den Bau eines neuen Parkhauses in der Innenstadt sind. Dazu werden an Ampeln in der Stadt 450 Autofahrerinnen und Autofahrer befragt.

c) In einer Schule werden Schülerinnen und Schüler danach befragt, was sie von dem Mensaessen halten. Als Stichprobe werden Schülerinnen und Schülern befragt, die jeden Morgen mit dem Bus zur Schule kommen.

5.2 Werkzeuge zum Auswerten von Daten

In den Daten einer statistischen Erhebung steckt eine Fülle von Informationen. Diese werden je nach Fragestellung oft zusammengefasst in wenigen sogenannten Kenngrößen, die das Typische der Datenverteilung charakterisieren sollen.
Kenngrößen sind u.a. das arithmetische Mittel und der Median. Beide Mittelwerte sagen nichts darüber aus, wie weit der niedrigste und der höchste Messwert auseinanderliegen oder ob sich die Messungen eng um den Mittelwert scharen oder breit streuen.
Hierfür gibt es in der Statistik Kenngrößen der Streuung. Streumaße sind u.a. die Spannweite und die Quartile. Mit einem „Boxplot" werden fünf charakteristische Kenngrößen (Median, zwei Quartile, Minimum und Maximum) in einer Abbildung dargestellt.

„Welche Strategie? Sollen wir den Gegner mit dem Maximalwert schocken oder mit dem Median einlullen?"

1 Statistik als Entscheidungshilfe

Zu lange Wartezeiten sind für Skifahrer und Betreiber von Skiliften ein Ärgernis. Der Betreiber zweier Liftbetriebe möchte verschiedene Verfahren zum Anstehen der Skifahrer an den Liften hinsichtlich der Wartezeiten der einzelnen Skifahrer untersuchen. Die Ergebnisse einer ersten Datenerhebung (Zufallsstichprobe, verteilt über einen ganzen Tag) sind in der Tabelle erfasst (Wartezeit in Minuten).

Lift A	Lift B
5; 7; 13; 5; 11; 5; 7; 14; 3; 9; 15; 23; 5; 16; 22; 4; 8; 6; 18; 3	4; 11; 14; 13; 14; 9; 6; 8; 11; 10; 9; 35; 2; 2; 8; 7; 8; 10

Ist eine der Liftanlagen der anderen hinsichtlich der Wartezeiten überlegen?
Versucht nun in „statistischen Expertenteams" einige begründete Argumentationshilfen zu geben. Dabei kann z. B. hilfreich sein:

- Eine geeignete grafische Darstellung der Daten
- Das arithmetische Mittel und der Median
- Minimale und maximale Wartezeit
- Der mittlere Bereich, in dem ungefähr die Hälfte aller Werte liegt
- Eventuelle „Ausreißer", usw.

Wie habt ihr euch entschieden und warum?

2 Monatstemperaturen – Was Mittelwerte verschweigen

Die „mittleren Jahrestemperaturen" der Städte Quito/Ecuador (13,0 °C), Washington/USA (14,0 °C) und Santiago/Chile (14,0 °C) sind in etwa gleich groß. Sie wurden aus den mittleren Monatstemperaturen berechnet.
Welche Zusatzinformationen lassen sich aus der Tabelle ablesen? Beschreibe mithilfe einer Grafik und geeigneten Größen.

Entwicklungen beschreiben siehe auch Seite 223

	Jan	Feb	Mrz	Apr	Mai	Jun	Jul	Aug	Sep	Okt	Nov	Dez
Quito Temp. (°C)	13,0	13,0	12,9	13,0	13,1	13,0	12,9	13,1	13,2	12,9	12,8	13,0
Washington Temp. (°C)	2,8	3,7	7,3	13,7	18,8	23,4	25,7	24,7	21,1	15,3	8,8	3,2
Santiago Temp. (°C)	20	19,3	17,2	13,9	10,9	8,4	8,1	9,1	11,6	13,8	16,5	18,9

Basiswissen

Mittelwerte

Beispiel: In 10 Basketballspielen erzielte Tom 10; 55; 15; 20; 25; 15; 20; 40; 15; 25 Punkte.

Arithmetisches Mittel (Durchschnitt)

1. Die Summe aller Daten berechnen.
2. Die Summe durch die Anzahl n der Werte dividieren.

$$\bar{x} = \frac{x_1 + x_2 + \ldots + x_n}{n}$$

Berechnung bei Häufigkeitstabellen

Werte	10	15	20	25	40	55
Häufigkeit	1	3	2	2	1	1

$$\bar{x} = \frac{10 \cdot 1 + 15 \cdot 3 + 20 \cdot 2 + 25 \cdot 2 + 40 \cdot 1 + 55 \cdot 1}{10} = 24$$

Median (Zentralwert)

1. Daten der Größe nach sortieren.
2. Bei ungerader Anzahl n:
   Der Wert in der Mitte der geordneten Datenliste.
3. Bei gerader Anzahl n
   Das arithmetische Mittel der beiden Werte, die in der Mitte liegen.

10	15	15	15	20	20	25	25	40	55

5 Werte — Median $\frac{20+20}{2} = 20$ — 5 Werte

Bedeutung der Mittelwerte

Mittelwerte sollen eine Verteilung durch eine typische, charakteristische Größe möglichst treffend beschreiben. Damit ermöglichen sie:

- einen einfachen und schnellen Vergleich verschiedener Verteilungen.
- die Einordnung, bzw. den Vergleich einzelner Daten mit dem Mittelwert.

Diagramme

Säulendiagramm und Kreisdiagramm

Beispiel: Strom aus erneuerbaren Energien, Daten für das Jahr 2020

Energieträger	**Wind (Land)**	**Wind (Wasser)**	**Wasser**	**Biomasse**	**Solar**	**Summe**
Anteil in Mrd. kWh	103,7	27,3	18,6	50,6	50,8	251
% an erneuerbaren Energien	41,3	10,9	7,4	20,2	20,2	100

Bei großen Datenmengen lohnt sich der Einsatz einer Tabellenkalkulation.

Säulendiagramm

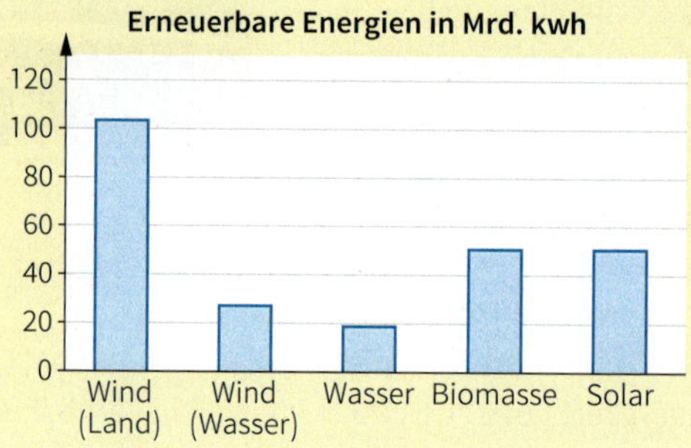

Kreisdiagramm

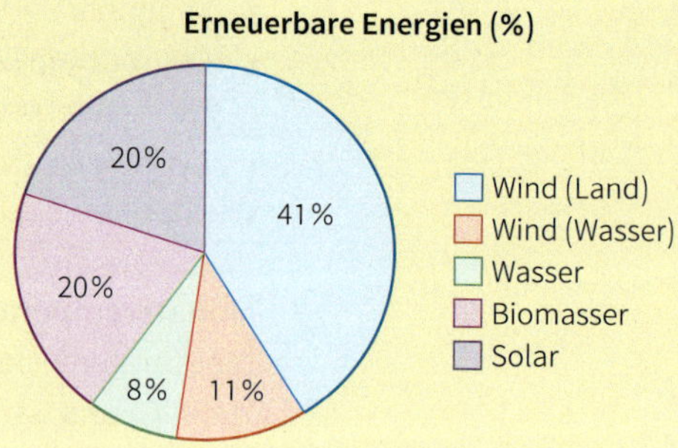

Übungen

3 **Mittelwerte bei Häufigkeitsdiagrammen**

Bei einer Verkehrszählung wird die Anzahl der Personen in vorbeifahrenden Pkw registriert und in einem Säulendiagramm dargestellt. Berechne das arithmetische Mittel und den Median der Anzahl der Personen in den Pkw.

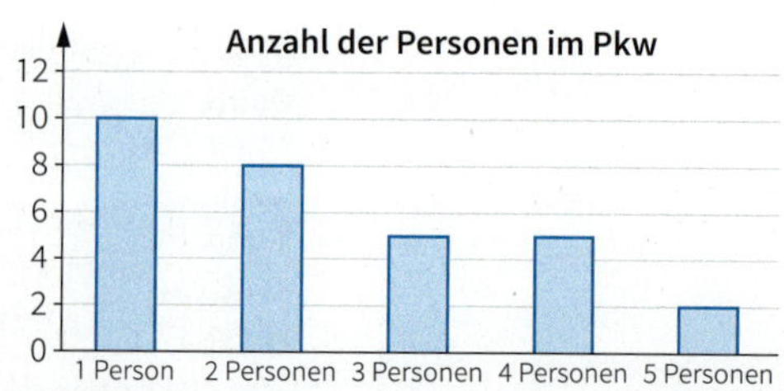

4 Kurztraining

Bestimme den Median und das arithmetisches Mittel für jede Datenmenge.

a) Zeit für die Pizza-Lieferung (in min): 28; 31; 26; 35; 26

b) Kosten von Popcorn im Kino (in Euro): 2,75; 3,00; 2,50; 1,50; 1,75; 2,00; 2,25; 3,25

c) Anzahl der Haustiere pro Haushalt: 3; 2; 1; 0; 3; 4; 1

5 Mittelwerte im Vergleich

Acht Golferinnen und Golfer, die ein Golfturnier spielen, erzielen die folgenden Punktzahlen: 69, 72, 73, 75, 79, 80, 80, 120

a) Berechne das arithmetische Mittel und den Median.

b) Welche der beiden Mittelwerte beschreibt die Punktzahl der acht Teilnehmerinnen und Teilnehmer an dem Golfturnier angemessener?

6 Streit der Tarifpartner – Argumentieren mit Mittelwerten

Die Mitarbeiter von InfoMedia wollen mehr Geld. Geschäftsleitung und Gewerkschaften streiten um die Durchschnittsgehälter.

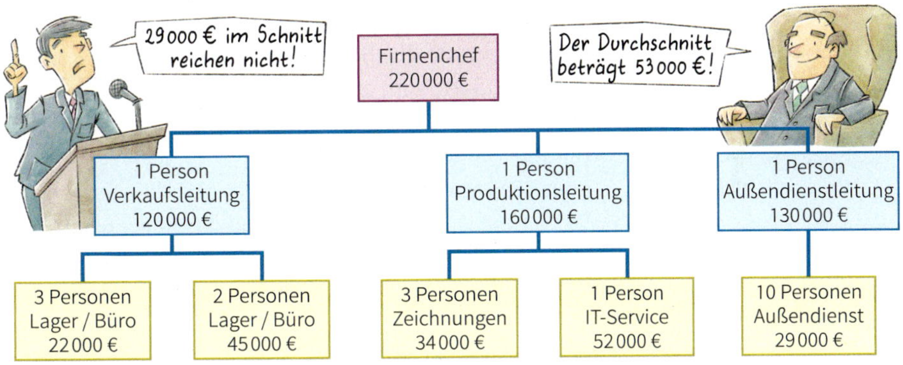

Offenbar argumentieren beide Tarifpartner mit Mittelwerten. Kannst du ihre Überlegungen begründen?

7 Kinderzahl

In einer Stichprobe von 1002 Erwachsenen haben Statistiker nach der Kinderanzahl gefragt. Die jeweiligen Häufigkeiten stehen an den Säulen.
Berechne den Median und das arithmetische Mittel für die Kinderanzahl in dieser Stichprobe.

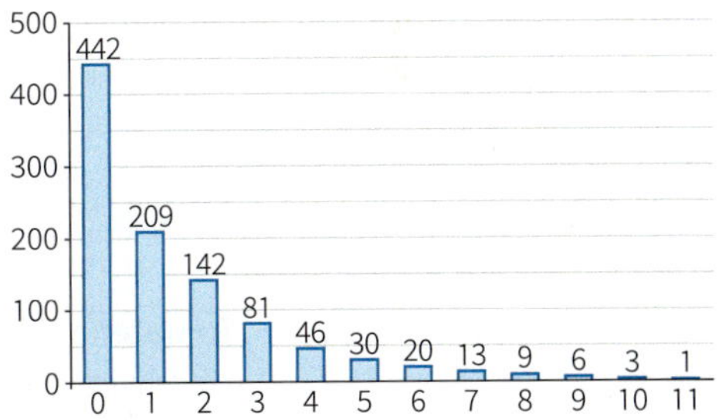

8 Fast Food im Vergleich

Bearbeite diese Aufgabe mithilfe einer Tabellenkalkulation.

a) Vergleiche die angegebenen Fastfoodprodukte. Benutze Diagramme zur Unterstützung deiner Ausführungen.

	Kilojoule	Fett	Kohlenhydrate	Eiweiß
Pizza Salami (Portion 350 g)	3500	42 g	56 g	35 g
Döner (Huhn) (Portion 360 g)	2328	8,5 g	90,9 g	28,4 g
Burger (Portion 210 g)	1978	23,1 g	37,8 g	25,2 g
Pommes frites (Portion 150 g)	1830	19,5 g	66 g	9 g
Currywurst (Portion 260 g)	2861	49,6 g	45,8 g	23,3 g

b) Wenn du von einem Energiebedarf von 7200 kJoule täglich ausgehst, dann kannst du berechnen, wie viel Prozent jeweils eine Portion Fastfood abdeckt.

Der Boxplot und die dargestellten Kenngrößen

Mittelwerte einer Datenverteilung verschweigen viel über die einzelnen Daten. Sie geben z. B. keine Auskunft darüber, wie weit die Daten um den Mittelwert streuen. Das ist aber eine Information, die bei vielen statistischen Untersuchungen von besonderer Bedeutung ist. Hier helfen einige einfache **Streumaße**, die von einer aussagekräftigen Grafik unterstützt werden, dem sogenannten **Boxplot**.

Geordnete Datenliste: 10; 15; 15; 15; 20; 20; 25; 25; 40; 55

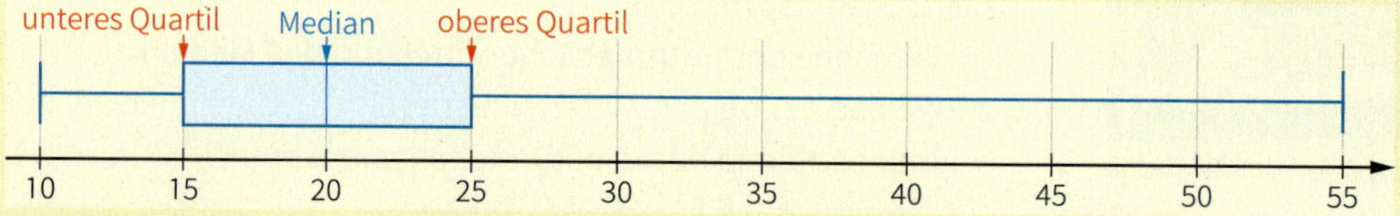

Unteres Quartil: Median der unteren Hälfte der geordneten Datenliste
Oberes Quartil: Median der oberen Hälfte der geordneten Datenliste
Spannweite: Differenz aus Maximum und Minimum

Eigenschaften eines Boxplots

- Man bezeichnet den Bereich vom unteren Quartil zum oberen Quartil als „Box“. In diesem Bereich liegt die mittlere Hälfte der Werte, d. h. in etwa 50 % der Werte.

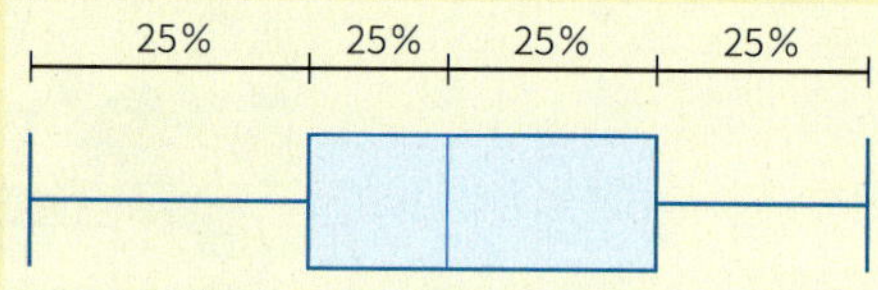

- Das untere Quartil, der Median und das obere Quartil teilen die Daten in vier etwa gleich große Teile.

9 **Einen Boxplot „lesen“**

Beantworte die folgenden Fragen:

a) Wie alt ist die/der jüngste (älteste) Teilnehmende?
b) Etwa 25 % (50 %) der Teilnehmenden sind jünger als …
c) Ungefähr 50 % der Teilnehmenden sind zwischen 20 und …
d) Ungefähr 50 % der Teilnehmenden sind älter als …
e) Ungefähr 25 % der Teilnehmenden sind älter als …

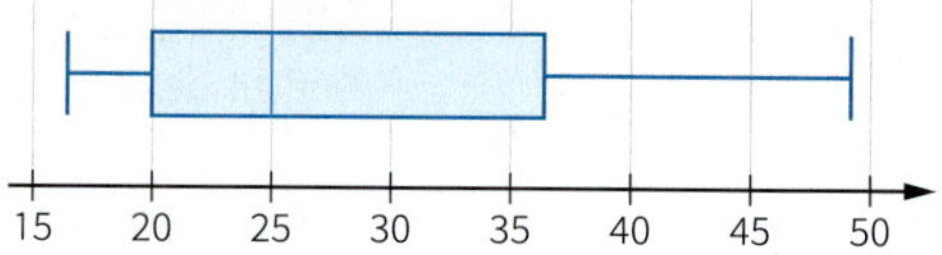

10 **Tomatenanbau**

Ein landwirtschaftlicher Betrieb sammelt Daten über zwei verschiedene Tomatensorten. Die Boxplots zeigen die Verteilung des Gewichts der Tomaten von Typ A und von Typ B. Welche Tomaten sollten weiter angebaut werden? Gib dem Betriebsleiter einen begründeten Tipp.

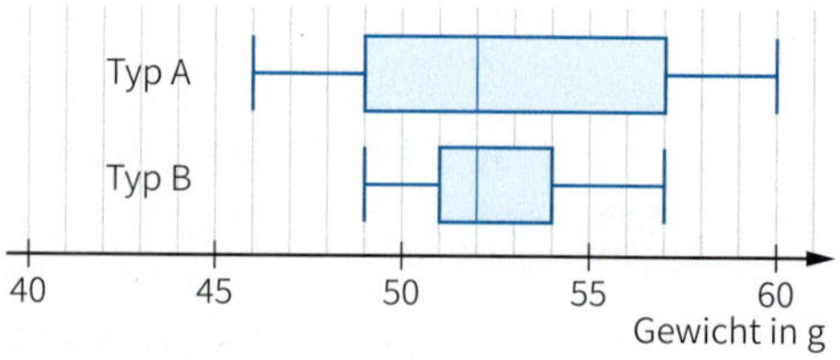

Grundwissen zum Wiederholen

1 Gib geeignete Maße zweier Dreiecke an, sodass deren Flächeninhalt jeweils $10\,cm^2$ beträgt.

2 Nenne die Zahl, die auf der Zahlengeraden in der Mitte zwischen $-0{,}4$ und $\frac{3}{10}$ liegt.

3 Stellt die Zuordnung $y = 5x$ eine proportionale Zuordnung dar? Begründe.

4 Berechne. a) $\frac{1}{3}+\frac{1}{4}$ b) $\frac{1}{3}-\frac{1}{4}$ c) $\frac{1}{3}\cdot\frac{1}{4}$ d) $\frac{1}{3}:\frac{1}{4}$

5.3 Grafische Darstellungen kritisch analysieren

1 Diagramme haben Namen

Es gibt viele verschiedene Diagrammarten. Alle im Folgenden genannten sind dir bereits in der Mathematik, in einem anderen Fach oder in den Medien begegnet.

a) Ordne jedem Diagramm den entsprechenden Fachbegriff zu: Liniendiagramm, Balkendiagramm, Piktogramm, Kreisdiagramm, Boxplot.

Ⓐ
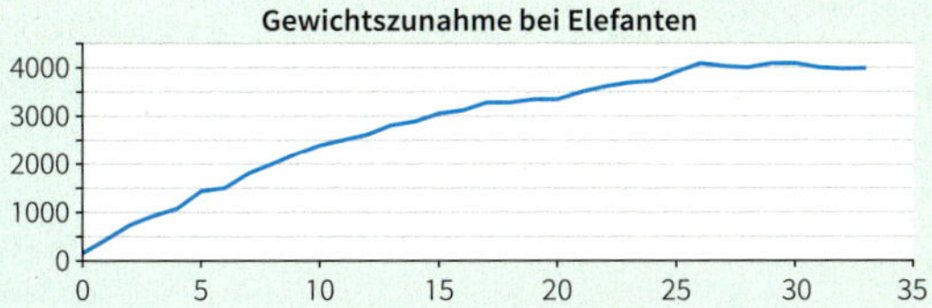

Ⓑ
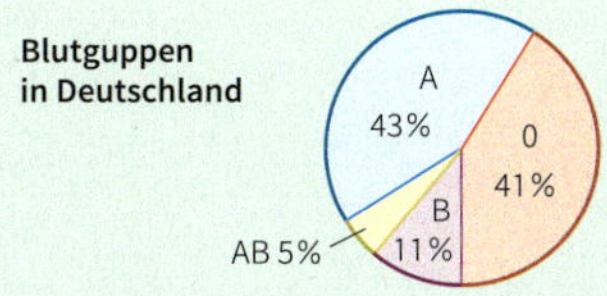

Ⓒ
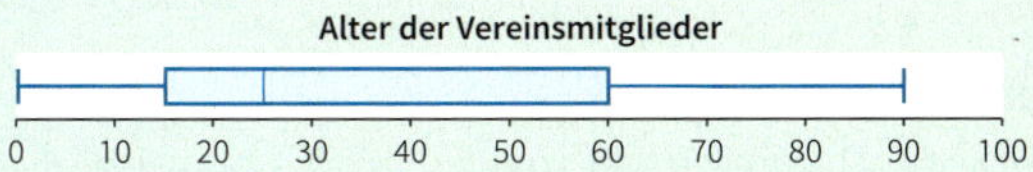

Ⓓ

b) Fertige für jede Diagrammart einen „Steckbrief“ an: Was wird dargestellt, was kann man einfach ablesen, wann wird das entsprechende Diagramm verwendet?

2 Unterschiedliche Diagramme – kaum zu glauben, gleiche Daten

In den Diagrammen sind die gleichen Daten dargestellt.

a) Überzeuge dich von der Richtigkeit dieser Aussage.

①
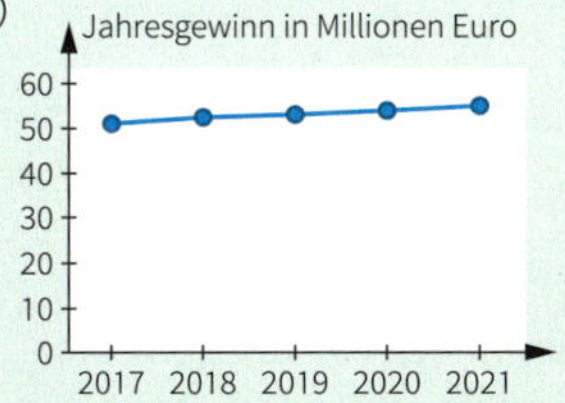

②
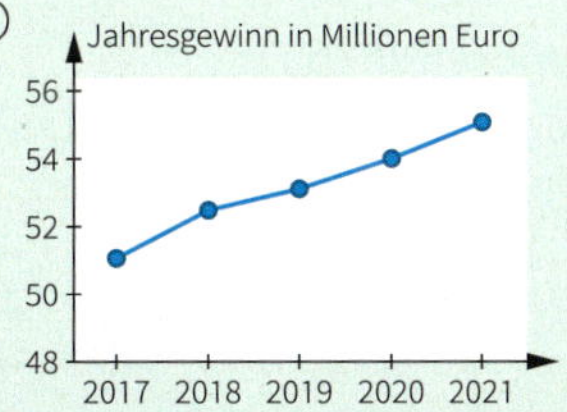

③
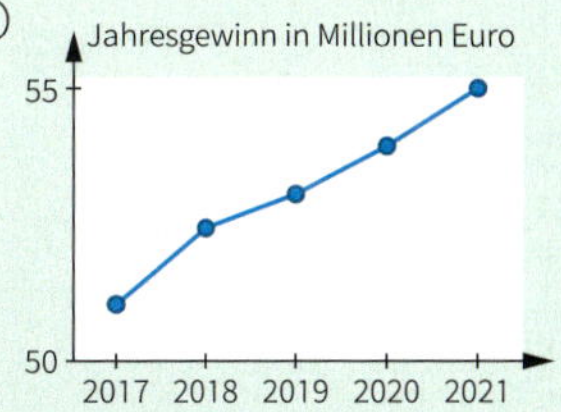

b) Woran liegt es, dass die Darstellungen der gleichen Daten so verschieden ausfallen?

c) In welchem Sachzusammenhang würde man die Darstellung ③ vorziehen?

3 Trinkwasserversorgung

a) Die Grafik stellt dar, woher unser Trinkwasser kommt. Die Grafik lässt sich ohne Daten nicht einfach interpretieren. Versuche die Anteile, die das Grundwasser, das Oberflächenwasser und das Quellwasser bei der Trinkwasserproduktion ausmachen, mit der Grafik zu schätzen.

b) Zum Glück findet man im Internet die entsprechenden Anteile: Grundwasser 66,5 %, Oberflächenwasser 25,7 %, Quellwasser 7,8 %. Stelle die Daten in einem Kreisdiagramm dar.

c) Attraktiver sind Piktogramme. Zeichne ein aussagefähiges Piktogramm, indem du die Anteile mithilfe von einer Wassertonne darstellst.

Basiswissen

Diagramme, Schaubilder, Piktogramme

Daten können mit Diagrammen, Schaubildern, Piktogrammen übersichtlich dargestellt werden. So können Zusammenhänge und Folgerungen abgeleitet oder begründet werden.

Doch Vorsicht! Grafische Darstellungen von Daten können auch dazu dienen, bestimmte Aspekte stark zu betonen oder falsche Zusammenhänge vorzutäuschen.

Irreführende grafische Darstellungen entdecken

Bei Diagrammen und Schaubildern

- Beginnt die Achsenskalierung bei 0?
- Ist die Skalierung so gewählt, dass kleine Effekte groß ausfallen?
- Werden für die Skalierung gleich große Intervalle verwendet?
- Ist die Beschriftung der Grafik vollständig?

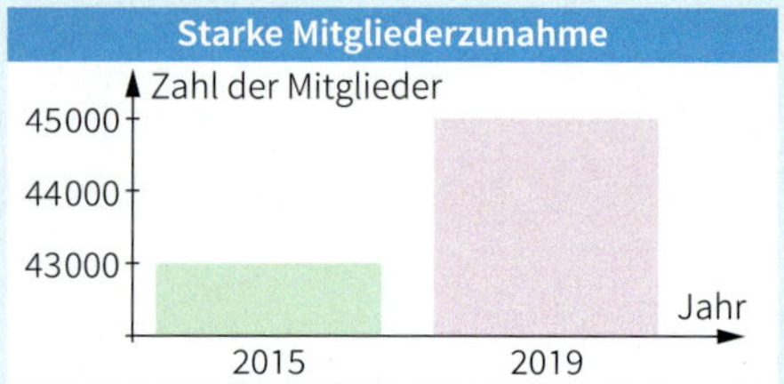

2015 2019

Die Mitgliederzahl scheint sich verdreifacht zu haben. Dies kommt daher, dass die Achsenskalierung nicht bei 0 beginnt.

Bei Piktogrammen

- Ist die Größe der Piktogramme zur Darstellung der Daten richtig gewählt?
- Wird durch die räumliche Anordnung von Objekten ein falscher Eindruck hervorgerufen?

Die zweite Tasse ist zwar doppelt so hoch, aber auch doppelt so breit. Erfahrungsgemäß orientiert sich das Auge an Flächeninhalten bzw. Volumina. Das Volumen der zweiten Tasse erscheint viel mehr als doppelt so groß wie das der ersten Tasse.

Aus der Zeitung:

Beispiel

(A) Irreführende Diagramme

Beide Diagramme sind irreführend, obwohl sie seriös aussehen. Was könnte man an der Darstellung kritisieren?

a)

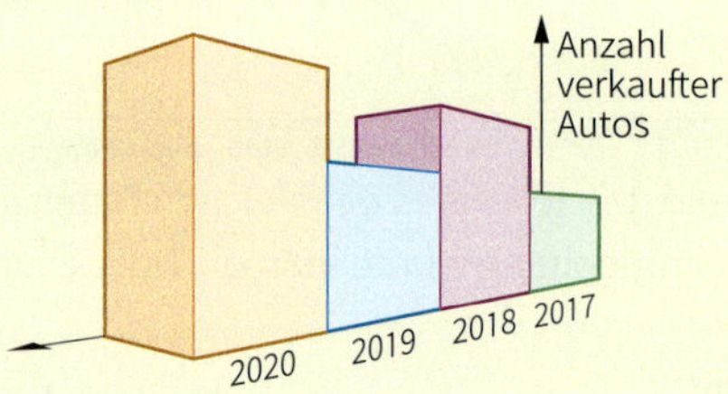

b)

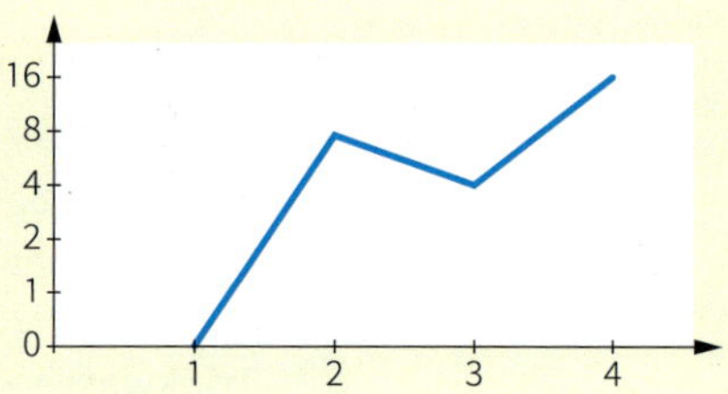

Lösung:

a)
- Es gibt keine Skala an der senkrechten Achse.
- Wegen der Perspektive scheinen die Umsätze in 2020 erheblich größer als im Jahr 2017, was wahrscheinlich nicht zutreffend ist.

b)
- Obwohl beide Achsen die Null enthalten, entsteht ein falscher Eindruck, da die Skala auf der senkrechten Achse nicht in gleichen Schritten eingeteilt ist. So entsteht der Eindruck, dass die größte Änderung zwischen 1 und 2 ist. Die Änderung zwischen 3 und 4 beträgt aber 12.
- Die Achsen sind nicht beschriftet. Daher weiß man nicht, was dargestellt ist.

Übungen

4 Regen

a) In welchem Jahr nahm die Niederschlagsmenge (in inch) im Vergleich zum vorherigen Jahr am stärksten ab? Beantworte diese Frage mit einem genauen Blick auf die Grafik.

b) Überprüfe deine Vermutung aus Aufgabe a), indem du die Daten in der Grafik genau überprüfst.

c) Wieso ist die Grafik irreführend? Betrachte die Skalierung auf der y-Achse genau.

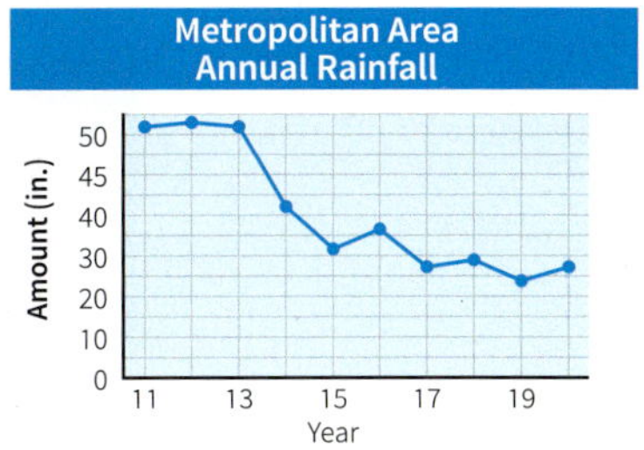

5 Diagramme vergleichen

Die beiden Diagramme stellen die Anzahl der Einbrüche in einer Großstadt in den vergangenen fünf Jahren dar.

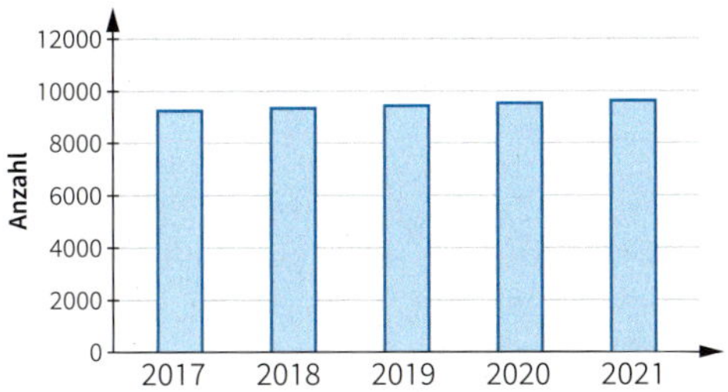

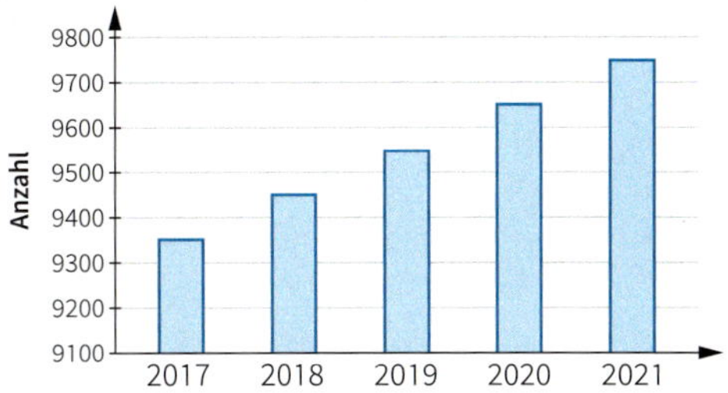

a) Erstelle zu beiden Diagrammen eine Wertetabelle. Was stellst du fest?

b) Welches der Diagramme könnte der Bürgermeister der Großstadt, welches der Vertreter einer Firma für Alarmanlagen verwenden und warum? Begründe.

6 Zeitungsartikel

Auf Anfrage erhält der Zeitungsjournalist Hans Dampf die Ergebnisse von vier Schulen der Region bei einem landesweiten Test.

Schule	Adam Riese Gymnasium	Thales-Gymnasium	Gauß-Gymnasium	Leonhard Euler Gymnasium
Punktzahl	305	304	301	302

Er verfasst eine „Sensationsnachricht“. Zeichne ein Diagramm mit den Testergebnissen, das den Artikel zu unterstützen scheint.

> **Große Leistungsunterschiede**
> Beste Schule in der Region doppelt so gut wie schwächste.

7 Manipulationstricks durchschauen

Den Jahresbericht des Umsatzes einer Firma in den letzten 10 Monaten kann man auf ganz verschiedene Arten darstellen.

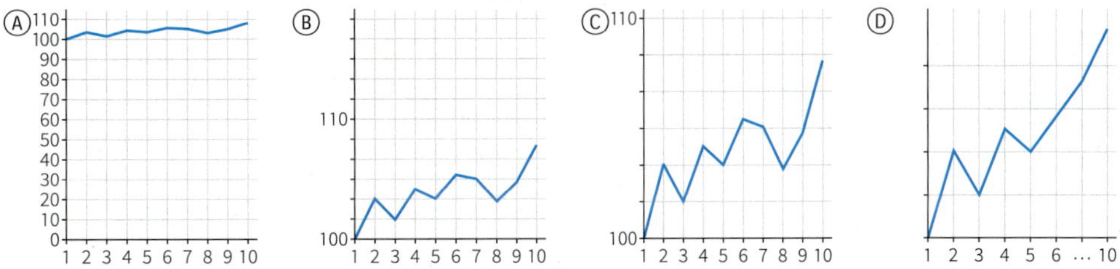

a) Welches der Diagramme hältst du für vertrauenswürdig? Begründe.

b) Welche Manipulationen werden in weniger glaubwürdigen Darstellungen angewendet?

c) Welches Diagramm würdest du verwenden um die Firma besonders erfolgreich darzustellen? Begründe.

8 ☰ Vorsicht – irreführende Grafik

Ein amerikanischer Fernsehsender veröffentlichte die folgende Grafik.

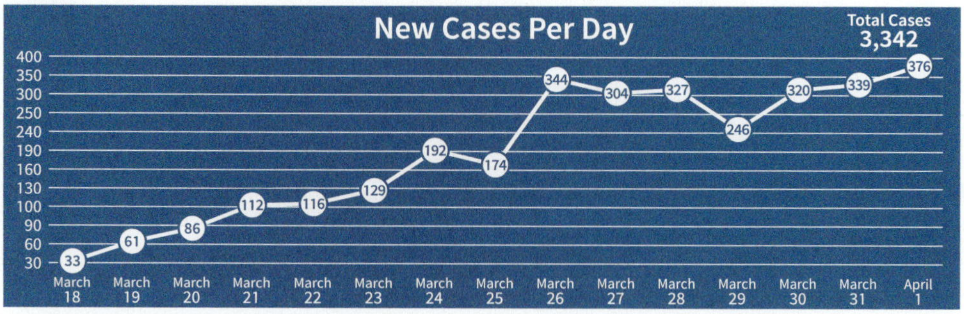

a) Was macht diese Grafik verdächtig?

b) Erstelle eine Tabelle der Anzahl der neuen Erkrankungen mithilfe der Grafik.

c) Zeichne zu deiner Tabelle ein Liniendiagramm. Vergleiche dein Diagramm mit dem des TV-Senders. Welche Absicht hat der Sender wahrscheinlich verfolgt?

9 ☰ Wasserverbrauch

a) In der Grafik ist der Wasserverbrauch in Haushalten und Kleingewerbe optisch schön mithilfe der Aufteilung eines Wassertropfens dargestellt. Zeichne zu den Daten ein Kreisdiagramm und vergleiche die beiden Darstellungen.

b) In den vergangenen Jahren ist der tägliche Wasserverbrauch pro Kopf in Deutschland zurückgegangen. Stelle die Daten in einem Liniendiagramm dar.

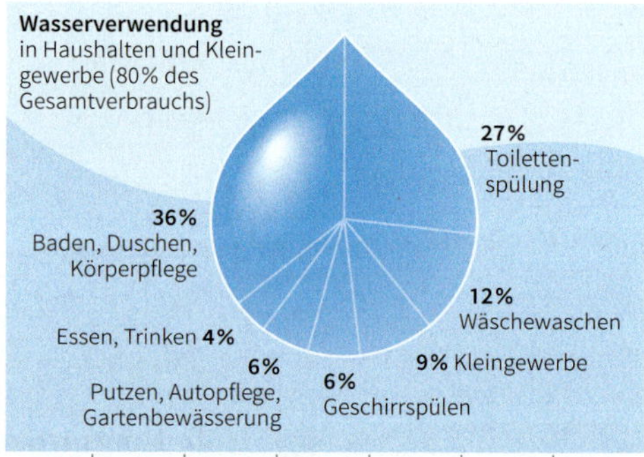

1990	1995	2000	2005	2010	2015	2020
147 l	132 l	129 l	125 l	121 l	123 l	129 l

10 ☰ Genau hingeschaut – Manipulieren mit Grafiken

Zahlen sind unbestechlich, oder? Doch kann man Grafiken trauen?

Drei große Sportartikelhersteller, die sich den Markt teilen, machten 2021 die folgenden Umsätze in Milliarden Euro.

Mike	Adelas	Panther
30	20	8

Welche Diagramme geben die Umsätze im Vergleich realistisch an, welche nicht? Begründe.

Ⓐ

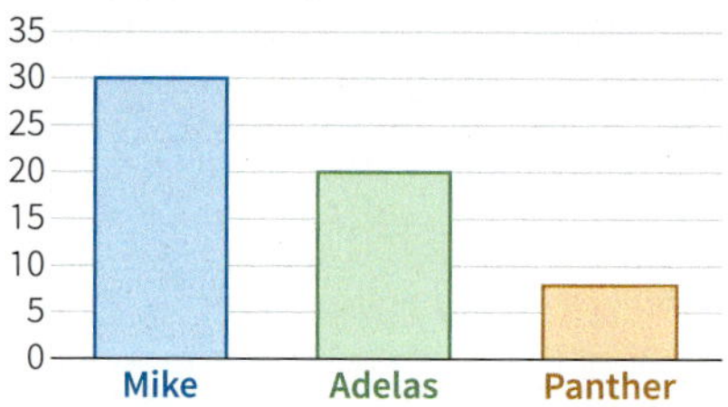

Ⓑ

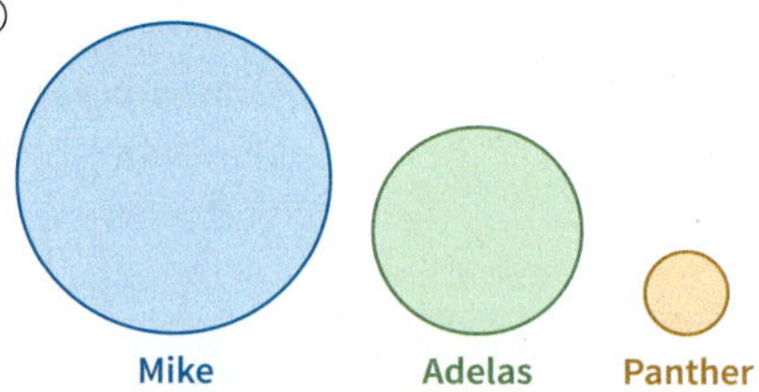

Ⓒ

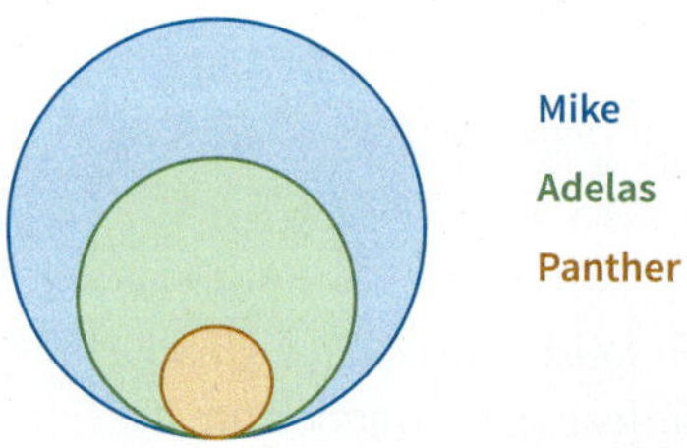

Ⓓ

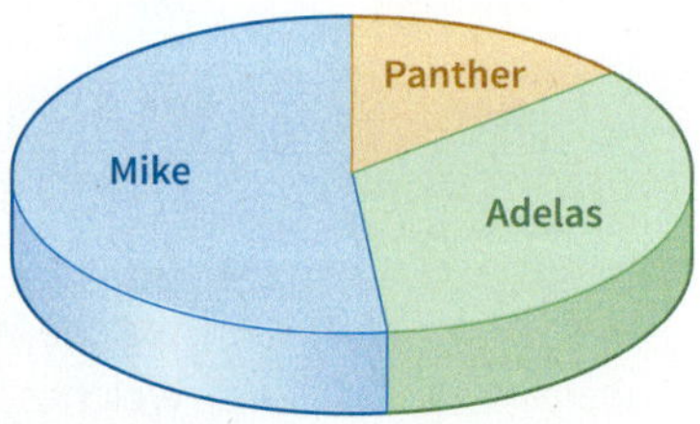

Exkurs

Wissenswertes über Piktogramme

Piktogramme veranschaulichen Daten durch vereinfachte Abbildungen von Personen oder Gegenständen. Die Symbole sollen direkt zum Sachverhalt passen und manchmal auch ironisch wirken. Ein Vergleich ist über die Größen oder die unterschiedliche Anzahl gleich großer Symbole möglich.

Achtung! Das Auge orientiert sich erfahrungsgemäß an der Größe der Flächen oder (bei dreidimensionale Darstellungen) dem Volumen der Figuren, nicht aber an deren Höhe.
Die Pikogramme in der Abbildung passen nicht zu der Aussage „Kaufpreis hat sich verdoppelt“. Das rechte Haus hat ein in etwa achtfaches Volumen.

11 Goldreserven der USA und Deutschlands im Vergleich

Welches der beiden Piktogramme gibt an, dass die Goldreserven der USA in etwa 3-mal so groß sind wie die von Deutschland?

siehe auch Seite 24

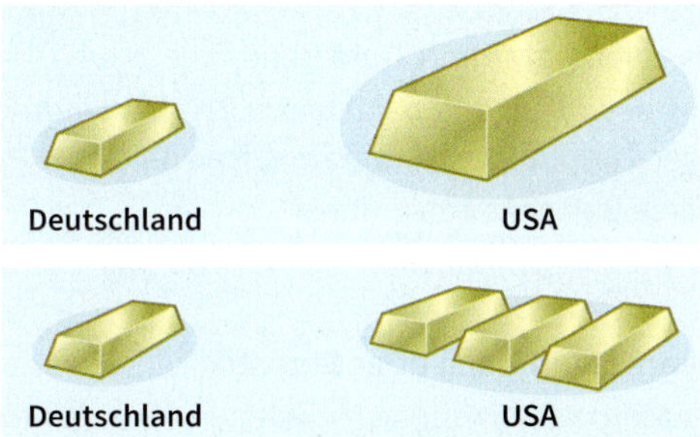

Piktogramme richtig verwenden
Vergrößert man ein Piktogramm um den Faktor k, dann wird dessen Fläche um den Faktor k^2 größer.

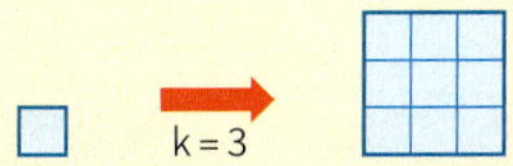

Das vergrößerte Piktogramm erweckt dann den Eindruck, als sei das dargestellte Merkmal um den Faktor k^2 größer geworden.

12 Zu billig – richtig dargestellt?

In Deutschland sind Lebensmittel sehr günstig. Der Anteil der Ausgaben privater Haushalte für Nahrungsmittel, Getränke und Tabakwaren an den gesamten Konsumausgaben ist in den Piktogrammen dargestellt.

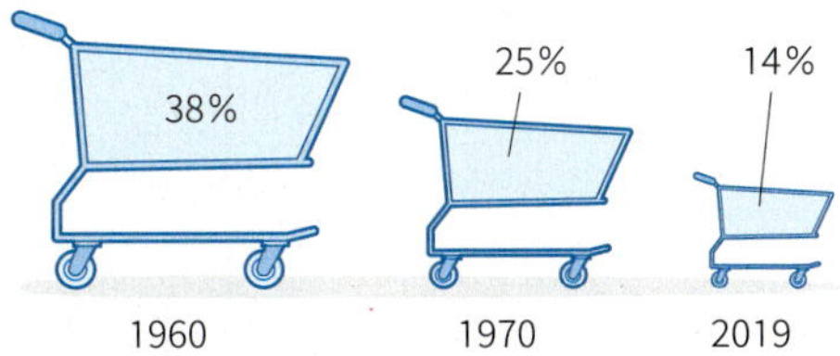

a) Interpretiere die Piktogramme. Rechne dazu aus, wie viel Geld private Haushalte für Konsumgüter ausgeben, wenn ihre Gesamtausgaben monatlich 2000 € betragen.
b) Stellen die Piktogramme die Abnahme des Anteils richtig dar? Begründe.

13 Kuchendiagramm – Diagramme im Vergleich

Das Ergebnis einer Befragung von Bürgerinnen und Bürgern, ob sie sich mehr Fahrradwege wünschen oder nicht, sind in einem sogenannten Kuchendiagramm dargestellt (Ablehnung „dunkelblau“). Vergleiche beide Diagramme. Was stellst du fest?

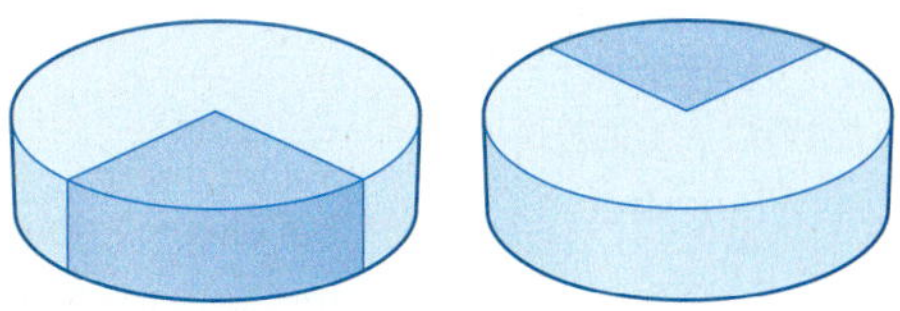

14 Diagramme auf dem Prüfstand

In den Medien wird man geradezu überflutet mit Diagrammen. Dabei geht es denjenigen, die diese Diagramme und Daten veröffentlichen, nicht nur um Vermittlung von Informationen, sondern auch darum, unsere Meinung, Einstellungen und unser Handeln zu beeinflussen. Daher ist stets Vorsicht geboten, wenn wir Diagramme und Daten interpretieren.
Studiere die angegebene Checkliste. Diskutiere mit deinen Mitschülerinnen und Mitschülern die Punkte, die dir unklar oder gar widersprüchlich erscheinen. Ergänze oder korrigiere diese Liste nötigenfalls.

10 Fragen, bevor man mit dem Interpretieren beginnt (Checkliste):

1. Wer hat das Diagramm veröffentlicht und wo wurde es veröffentlicht?
2. Ist die Botschaft des Diagramms klar?
3. Ist der Gegenstand oder Zweck klar und eindeutig?
4. Ist eine Quelle, von der die Daten stammen, angegeben?
5. Stammen die Daten von einer zuverlässigen, glaubhaften Quelle?
6. Ist die Abbildung so klar beschriftet, dass sie keine Unklarheiten hinterlässt?
7. Beginnen die Achsen bei 0?
8. Sind die Achsen gleichmäßig skaliert?
9. Gibt es irgendwelche Zahlen auf den Achsen, die fehlen?
10. Könnte die Abbildung durch Farbgebung, Form und Fläche das Auge täuschen?

Finde in den Zeitungen der letzten Wochen oder im Internet weitere Beispiele für den schlechten Gebrauch von Diagrammen und Bildern.

- Finde heraus, was deiner Meinung nach falsch gemacht wurde.
- Zeichne ein weniger irreführendes Diagramm bzw. Bild.
- Stelle möglichst viele Beispiele zusammen.
- Arrangiert eine Ausstellung, mögliches Thema „Wie man mit Statistik lügen kann."

15 Aus einem amerikanischen Buch über Statistik

Zwei Meteorologen äußern verschiedene Meinungen über das Auftreten von Hurricanes in den USA. In beiden Diagrammen wurden dieselben Daten verwendet – dennoch sehen die Diagramme sehr unterschiedlich aus.

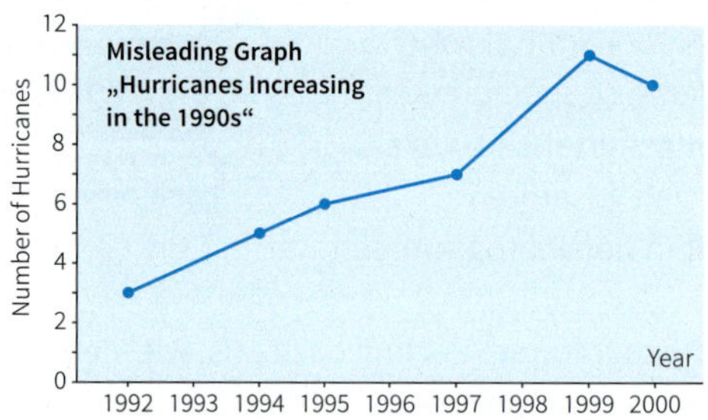

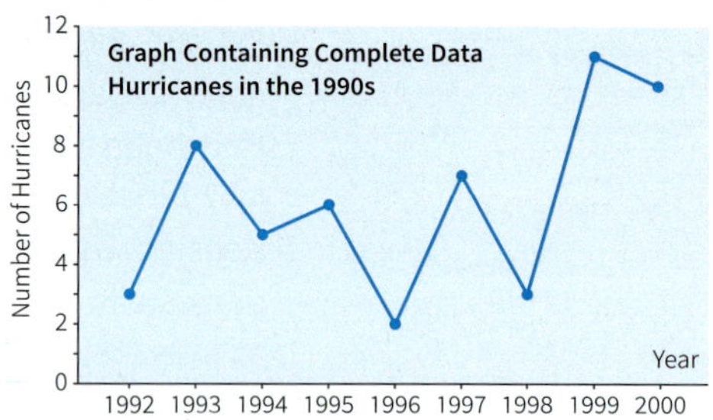

a) Betrachte die Diagramme genau und notiere Gemeinsamkeiten und Unterschiede.
b) Schreibe jeweils einen kurzen Artikel für die Zeitung und unterstütze diesen durch eines der beiden Diagramme. Welchen „Trick" macht sich der „Autor" des linken Diagramms zunutze?

Grundwissen
zum Wiederholen

1 Berechne. a) $-2-3\cdot(-7)$ b) $-20+52\cdot\frac{1}{4}$ c) $(3-15):(-6)$

2 Bei einem Rechteck ist die eine Seite 10-mal so lang wie die andere. Bestimme den Term, mit dem man a) den Umfang b) den Flächeninhalt berechnen kann.

3 Begründe, dass die beiden Geraden $y=0{,}4x+1$ und $y=\frac{2}{5}x$ parallel sind.

16 Teste dein Wissen – ein Quiz über Statistik

Entscheide dich jeweils für die richtigen Antwortmöglichkeiten (mehrere Antworten können zutreffen).

1. Die senkrechte Achse in einem Liniendiagramm sollte die Null nicht enthalten.
(A) Wahr
(B) Falsch

2. Jessica hat das Wachstum ihrer Sonnenblume beobachtet, indem sie die Höhe der Pflanze über zwei Wochen jeden Tag gemessen hat. Diese Daten will sie mit einem Liniendiagramm darstellen. Sie startete ihre Messungen am Dienstag. Für Freitag und Samstag des zweiten Wochenendes ihrer Messungen war sie mit ihren Eltern zu Freunden gefahren und konnte daher auch keine Messdaten erheben. Daher lässt Jessica bei der Zeichnung des Liniendigramms die zwei Tage, an denen sie keine Messung durchführen konnte, einfach aus. Warum ist das Liniendiagramm irreführend?
(A) Es fehlt die Null bei der senkrechten Achse.
(B) Sie darf nicht einfach Tage auslassen.
(C) Sie hätte mit ihren Messungen an einem Montag beginnen müssen.

3. Du willst bei der Darstellung eines Liniendiagramms auf der senkrechten Achse die Null auslassen, da sie keine Bedeutung hat (wie z. B. bei IQ-Werten). Was solltest du tun?
(A) Ein Streudiagramm statt des Liniendiagramms verwenden.
(B) Durch das entsprechende Symbol kennzeichnen, dass die senkrechte Achse unterbrochen ist.
(C) Auf der waagerechten Achse den Maßstab verändern.

4. Die Schülerinnen und Schüler der Klasse 9 b lassen einen Mitschüler auf einem Fahrrad eine lange Rampe hinabrollen. Sie messen die Geschwindigkeit des Fahrrads in Abhängigkeit von der zurückgelegten Strecke, die das Fahrrad gerollt ist. Welches Diagramm eignet sich am besten, um die Daten darzustellen?
(A) Balkendiagramm
(B) Liniendiagramm
(C) Streudiagramm
(D) Kreisdiagramm
(E) Boxplot

5. Bei einer Befragung untersuchen Mitarbeiter der Redaktion der Schülerzeitung *Durchblick*, welche Informationsquellen Schülerinnen und Schüler für Referate benutzen.

Infoquelle	Internet	Lexikon	Fachbücher	Mitschüler	Lehrer
Nennung	81 %	23 %	47 %	9 %	15 %

Für die Schülerzeitung sollen die Daten grafisch aufbereitet werden. Welche Diagramme dürfen sie nicht verwenden?
(A) Balkendiagramm
(B) Liniendiagramm
(C) Streudiagramm
(D) Kreisdiagramm
(E) Boxplot

6.

Das Piktogramm …
(A) … ist irreführend, da Teile von Autos vorkommen.
(B) … stellt die Daten gut dar, da es eigentlich ein Stabdiagramm ist.
(C) … ist irreführend, da der Betrachter auch auf die Höhe der Autos achtet.

7.
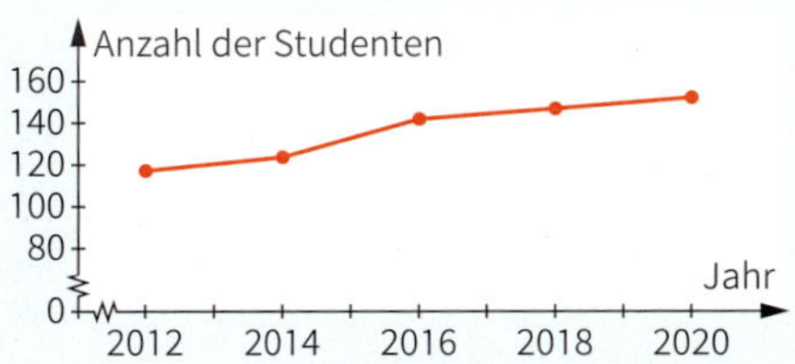

Was ist richtig?
(A) Die Zahl der Studenten, die das Examen bestehen, wächst.
(B) Die Daten sind für jedes Jahr gegeben.
(C) Die fehlenden Daten können das Diagramm stark verändern.

Daten erheben

- Thema finden
  - Was soll untersucht werden?
- Datenerhebung planen
  - z. B. Fragebogen erstellen.
  - Wer wird befragt? Vollbefragung oder repräsentative Stichprobe
- Datenerhebung durchführen
- Daten darstellen und auswerten
- Ergebnisse präsentieren und interpretieren

Daten auswerten – Kenngrößen

Beispiel: Wartezeiten an einer Kasse in Minuten 3, 8, 2, 5, 7, 2, 2, 3, 0

Mittelwerte

- Arithmetisches Mittel
  Summe aller Werte dividiert durch die Anzahl der Werte: $\frac{32}{9} \approx 3{,}56$
- Median
  Ordnen der Daten der Größe nach.

0	2	2	2	**3**	3	5	7	8

Median

Der Median ist der mittlere Wert.
Ist die Anzahl der Werte gerade, dann ist der Median das arithmetische Mittel der beiden mittleren Werte.

Streumaße

- Spannweite
  Differenz zwischen Maximum und Minimum: $8 - 0 = 8$
- unteres und oberes Quartil

0	2	2	2	**3**	3	5	7	8

unteres Quartil Median der unteren Hälfte

oberes Quartil Median der oberen Hälfte

Daten grafisch darstellen

- Säulendiagramm, Balkendiagramm
- Boxplot

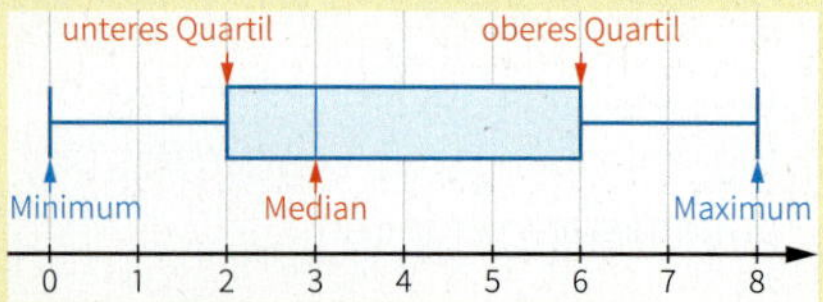

Check-up

1 Datenerhebung

Ein Getränkelieferant überlegt die Aufstellung eines Getränkeautomaten in der Schule. Um die Akzeptanz bei der Elternschaft zu untersuchen, befragt der Lieferant die Mitglieder des Schulelternbeirats.

a) Begründe, warum es sich hierbei nicht um eine repräsentative Befragung der Elternschaft handelt.

b) Wie könnte eine repräsentative Stichprobe zum Thema „Getränkeautomat“ unter den Schülerinnen und Schülern erhoben werden?

2 Kinobesuch

Die folgenden Daten geben die Anzahl der Kinobesucher in der Abendvorstellung an 16 aufeinanderfolgenden Tagen wieder:
24, 33, 20, 31, 17, 90, 42, 40, 102, 24, 36, 31, 48, 30, 45, 31

a) Ermittle den Median und das arithmetisches Mittel.

b) Welcher Mittelwert repräsentiert die Besucherzahl am besten? Begründe.

3 Mittelwerte

In einem Unternehmen beträgt der Median aller Monatsgehälter 3200 €, das arithmetische Mittel 3400 €. Der Chef des Unternehmens, der das höchste Gehalt bezieht, erhält eine erhebliche Gehaltserhöhung. Wie verändern sich der Median und das arithmetische Mittel der Gehälter?

4 Druckfehler

In einem Buch werden 50 Seiten mit etwa gleichem Textumfang auf Druckfehler untersucht.

Anzahl der Fehler	0	1	2	3	4	5	6
Anzahl der Seiten	6	15	14	9	5	1	0

Zeichne ein Häufigkeitsdiagramm. Berechne das arithmetische Mittel der Zahl der Druckfehler pro Seite.

5 Überprüfe deine Fachkenntnisse in Statistik

a) Was versteht man unter der „Spannweite“?

b) Was versteht man unter dem unteren (oberen) Quartil?

c) Wie findet man den Median bei einer geraden Datenanzahl?

d) Wie viele Werte liegen in etwa zwischen dem unteren und dem oberen Quartil?

6 Schlangen

Der Boxplot stellt die Längen der zehn längsten Schlangen dar.

Die längsten Schlangen

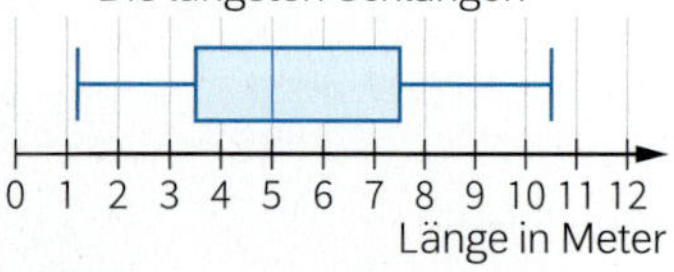

a) Der Python soll die längste Schlange sein. Wie lang wird sie laut dem Boxplot?

b) Bestimme den Median und das untere und das obere Quartil.

Grafische Darstellungen von Daten
- Säulendiagramme, Balkendiagramme
- Kreisdiagramme
- Liniendiagramme
- Boxplots
- Piktogramme
- …

Irreführende Darstellungen
Achte stets auf die Art des Diagramms. Eignet es sich für den dargestellten Sachverhalt?

Irreführende Darstellungen durch
- eine Achsenskalierung, die nicht bei 0 beginnt,
- eine Skalierung,
  - die so gewählt ist, dass kleine Effekte groß ausfallen,
  - in nicht gleich große Intervalle,
- das Fehlen der Beschriftung,
- Piktogramme, die Daten überproportional darstellen,
- die räumliche Anordnung von Objekten, die einen falschen Eindruck hervorrufen.

Irreführende Piktogramme

Wird eine Figur mit einem Faktor vergrößert (z. B. mit dem Faktor 2), dann entsteht der Eindruck, dass die Figur um den Faktor $2^2 = 4$ größer wurde.

Faktencheck
1. Ist die Botschaft (Aussage) des Diagramms klar?
2. Ist der Gegenstand oder Zweck klar und eindeutig?
3. Ist die Quelle, von der die Daten stammen, angegeben?
4. Stammen die Daten von einer zuverlässigen, glaubhaften Quelle?

7 Alter der Lehrerschaft

a) Stelle die Altersverteilung dar:
- tabellarisch
- mit einem Säulendiagramm

b) Die Altersverteilung der Lehrkräfte an allgemeinbildenden Schulen im Jahre 2005 sah laut Statistischem Bundesamt wie folgt aus:
unter 30 Jahren: 4 %; 30 bis 40 Jahre: 21 %; 40 bis 50 Jahre: 25 %
50 bis 60 Jahre: 42 %; 60 Jahre und älter: 8 %
Vergleiche die beiden Altersverteilungen.
Erstelle dazu auch ein Säulendiagramm für das Jahr 2005.

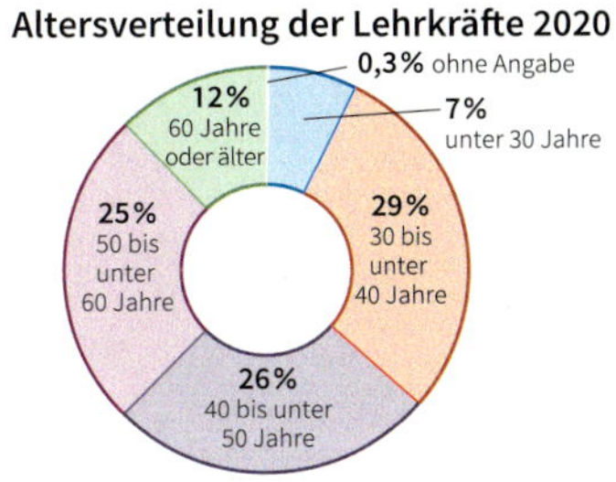

8 Irreführendes Diagramm

Das Diagramm zeigt die Entwicklung des Gewinns des Caterers *Ready-Meal* von 2016 bis 2022. Das Diagramm beinhaltet zwei grobe Fehler. Was würdest du kritisieren?

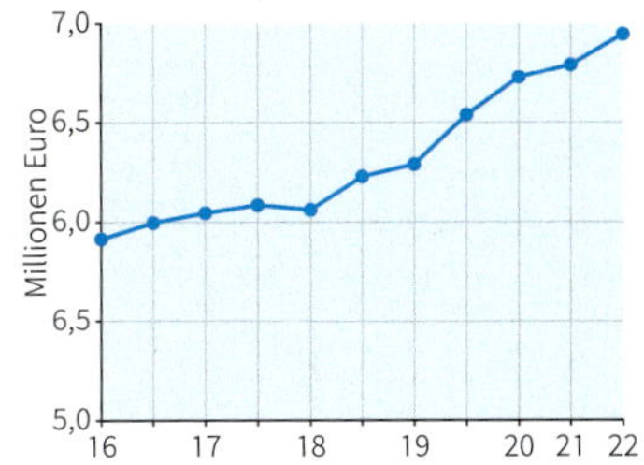

9 Wie wurde „manipuliert?

Vergleiche die drei Diagramme. Die Diagramme stellen die gleichen Daten über die monatliche Umsätze in 100 000 € in den vergangenen acht Monaten dar.
Wie kommt es, dass die drei Diagramme so verschieden aussehen?

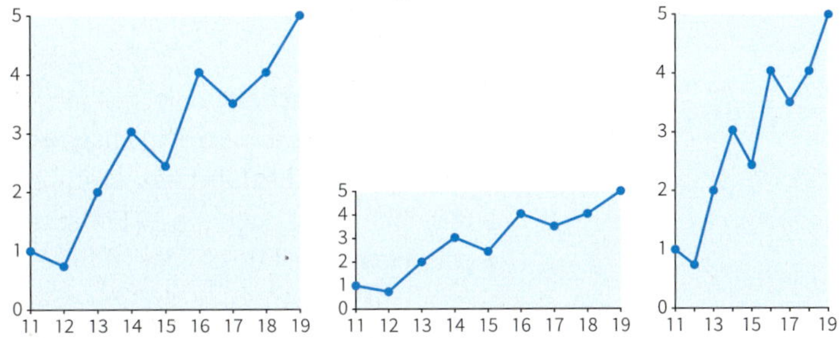

10 Grafiken kritisch untersuchen

a) China ist es gelungen, das Bevölkerungswachstum zu bremsen.

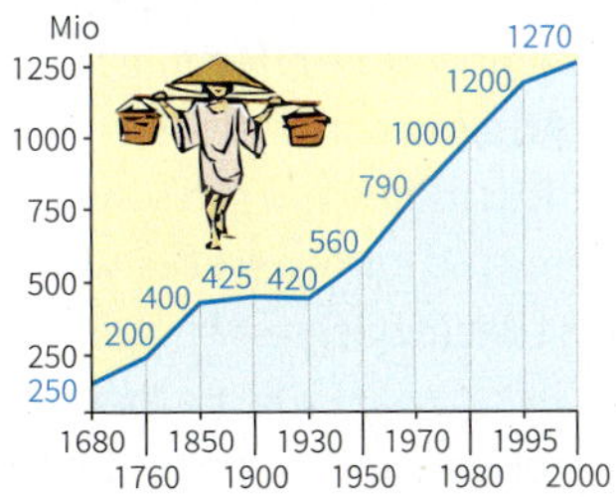

b) When asked to describe their ancestry, more American trace their roots to Europe than anywhere else in the world.

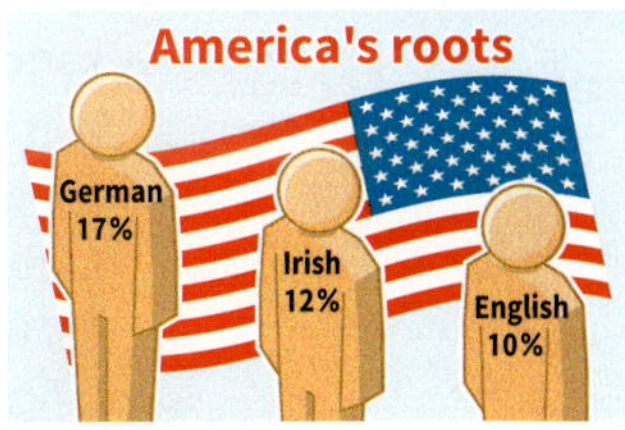

Was ist an den beiden Grafiken irreführend?

Sichern und Vernetzen

Vermischte Aufgaben zu Kapitel 5

Trainieren

1 Wie lange schläfst du?

30 Personen werden befragt, wie viele Stunden sie in der Regel schlafen. Das Ergebnis dieser Befragung ist in der Liste dargestellt.

a) Erstelle mit den Daten eine Häufigkeitstabelle.

b) Stelle die Häufigkeitstabelle in einem Säulendiagramm dar.

5, 8, 6, 7, 4, 9, 8,
7, 5, 9, 8, 10, 7, 7,
8, 6, 8, 8, 7, 8, 9,
8, 7, 5, 9, 10, 7,
8, 8, 6

2 Kenngrößen

Bestimme den Median und das arithmetische Mittel der Daten.

a) 18, 15, 12, 14, 16

b) 18, 24, 16, 13, 27, 22

3 Weitsprung

In der Tabelle sind die Jahresbestleistungen einer Weitspringerin angegeben.
Stelle die Daten in einem Diagramm dar (x-Achse: Jahre, y-Achse: Weite).

a) Skalierung der y-Achse siehe Abbildung. Beschreibe die Änderung der Bestleistungen.

b) Stelle die Daten in einem Diagramm dar, das den Nullpunkt der y-Achse enthält. Vergleiche beide Diagramme. In welcher Hinsicht ist das Diagramm aus Aufgabe a) irreführend?

Entwicklungen beschreiben siehe auch Seite 223

Jahr	2011	2012	2013	2014	2015
Weite	6,70	7,05	6,81	6,83	6,75

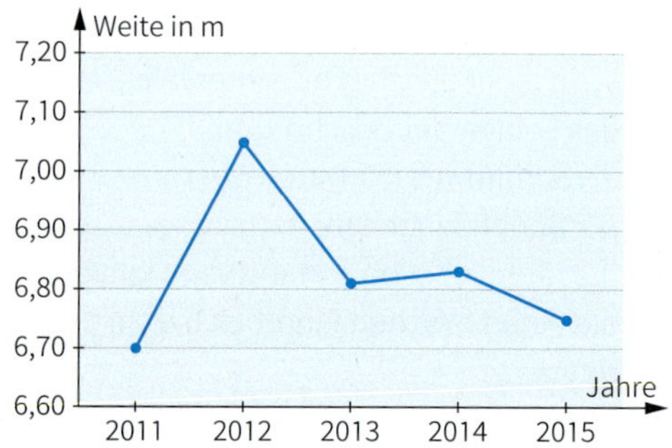

Verstehen

4 Genau hingeschaut

Peter hat eine Messwertreihe ausgewertet und den Median berechnet. Klaus, der das Experiment durchgeführt hat, sagt: „Entschuldige, den größten Messwert habe ich falsch angegeben. Er ist noch um 10 Einheiten größer. Peter stellt fest: „Das ändert meinen Median nicht.“ Was meinst du?

5 Boxplot

Was kann man aus einem Boxplot ablesen?

6 Erdbeeren

Ein landwirtschaftlicher Betrieb hat seinen Umsatz mit Erdbeeren in den letzten vier Jahren jährlich um 100 % steigern können. Den Erfolg möchte der Betrieb beim Erdbeerfest mit einem großen Plakat feiern, auf dem eine immer größer werdende Erdbeere den Umsatz darstellen soll.
Mit welchem Faktor muss die Erdbeere Jahr um Jahr vergrößert werden, damit der Umsatzzuwachs korrekt dargestellt wird?

7 Interpretieren von Grafiken

Worauf muss man beim Interpretieren von Grafiken achten?

8 Daten und irreführende Grafiken

Grafiken und Diagramme stellen oft Daten so dar, dass absichtlich oder zufällig falsche Eindrücke entstehen. Die folgenden Grafiken sind alle irreführend. Begründe.

Ⓐ
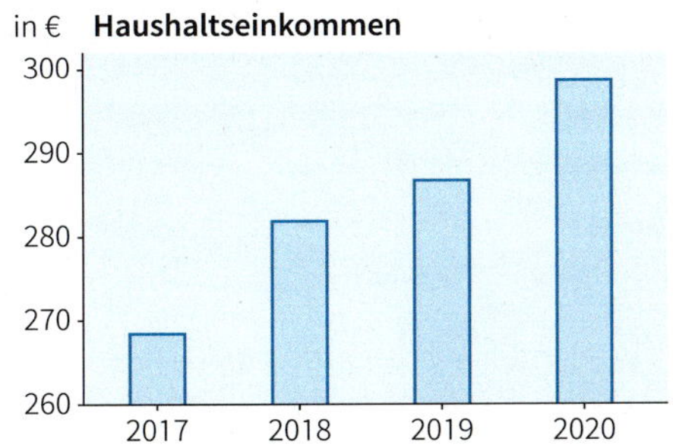

Ⓑ
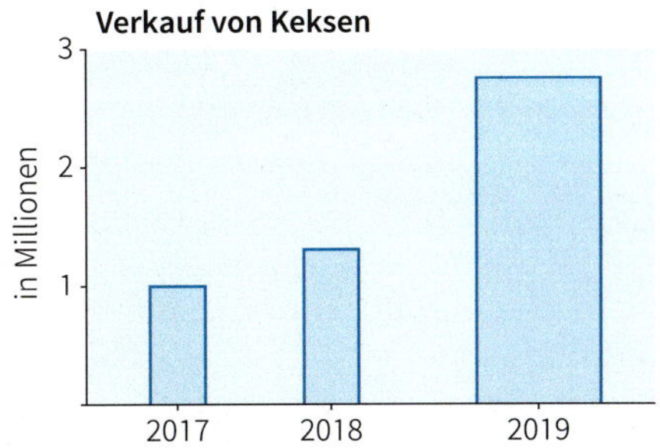

Ⓒ
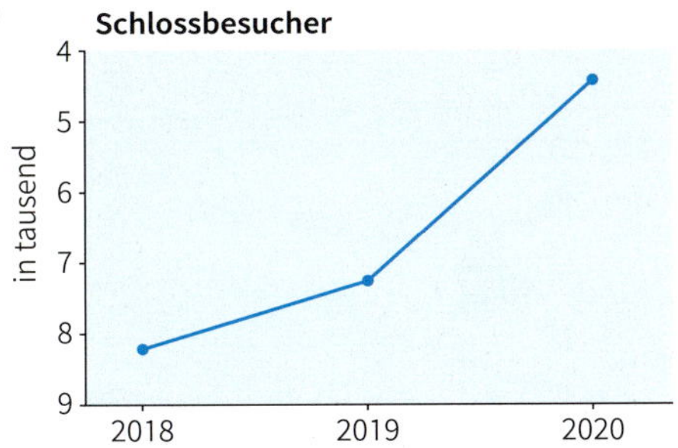

Ⓓ
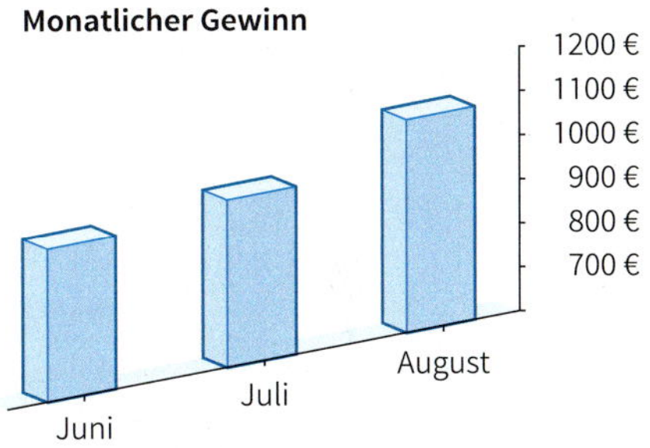

Anwenden

9 Wie lange hält ein Grauwal die Luft an?

Grauwale atmen alle 5 bis 15 Minuten. Ein Forscher studiert eine Gruppe von Grauwalen und protokolliert Atmungsintervalle in Minuten.

5,6	14,8	6,5	8,4	15,6	7,9	15,6	7,1	16,2	12,3	13,7	10,1
12,6	12,2	10,7	13,9	8,6	14,7	15,5	11,0	12,6	9,6	11,4	9,2
14,0	13,8	14,2	12,7	13,9	13,7	13,9	15,6	10,3	13,6	8,6	13,5
10,5	9,2	10,5	12,9	10,1	12,6	12,2	13,8	14,2	12,7	7,3	11,3

a) Erstelle ein Häufigkeitsdiagramm mit den Häufigkeiten, mit denen die Atmung in das Intervall 5 bis 5,9, 6 bis 6,9 usw. fällt. Zeichne ein Balkendiagramm.

b) Berechne das arithmetische Mittel für die beobachteten Walatmungen.

10 Diagramme können täuschen

Die beiden Wochenzeitschriften „Woche um Woche“ und „7-täglich“ kommen neu auf den Markt. Sie konkurrieren um dieselben Käufer. In der 7. Ausgabe veröffentlicht „7-täglich“ auf Seite 2 triumphierend die eigene Verkaufsstatistik und einige Seiten später höhnisch die des Konkurrenten „Woche um Woche“. Urteile selbst.

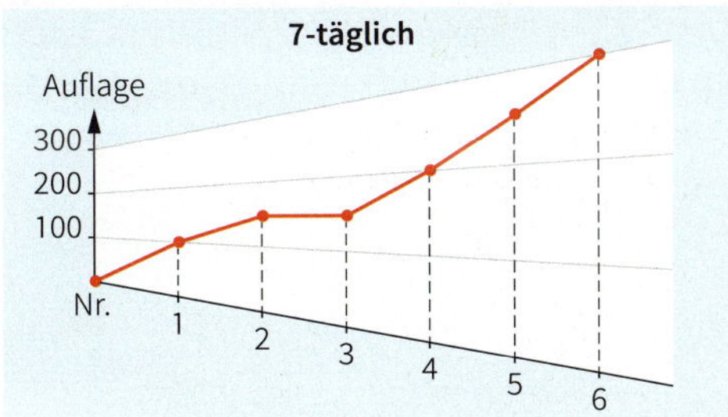

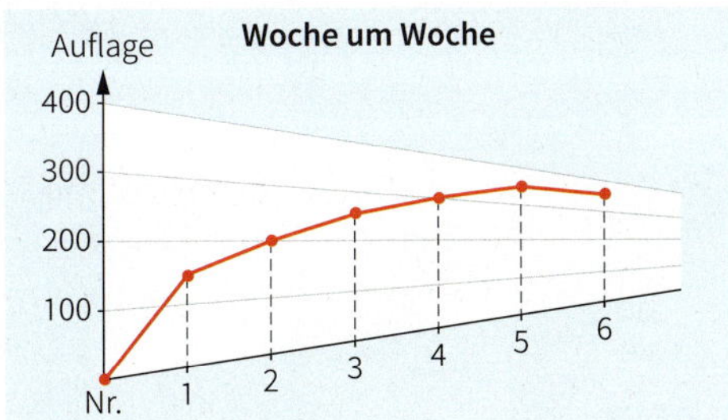

6 Kreise und Körper

Die Vermessung von Kreisen gehört zu den ältesten Forschungsgegenständen in der Mathematik. Mit der Kreiszahl π lassen sich der Umfang und der Flächeninhalt eines Kreises aus bekanntem Radius berechnen.
Bei Verpackungen sind das Volumen und der Oberflächeninhalt wichtig:
Wie viel passt hinein? Wie viel Material wird benötigt?
Für Prismen und Zylinder lassen sich Formeln erstellen, mit denen das Volumen und der Oberflächeninhalt berechnet werden können.

6.1 Umfang und Flächeninhalt von Kreisen

13 Umfang von Kreisen – Experimentieren und Auswerten

Besteht ein Zusammenhang zwischen dem Durchmesser d und dem Umfang u eines Kreises?

Es ist klar: „Je größer der Durchmesser, desto größer der Umfang."

Ist der Zusammenhang zwischen Durchmesser und Umfang auch proportional?

Zusammenhänge beschreiben siehe auch Seite 222

a) Nimm einige Gegenstände, die eine kreisförmige Fläche haben. Miss jeweils den Durchmesser und den Umfang dieser Kreisflächen. Ein Faden kann dir beim Messen helfen.

b) Fertige eine Tabelle an, in die du die Werte einträgst.
Finde einen Zusammenhang zwischen dem Umfang u und dem Durchmesser d.

Gegenstand	Durchmesser d	Umfang u
■	■	■
■	■	■

14 Falten, Schneiden und Zusammenlegen – Näherungsverfahren für den Flächeninhalt

Führe das dargestellte Experiment aus. Erkläre, wie man damit zu einer Formel für den Flächeninhalt eines Kreises kommen kann.
Wo liegen die Ungenauigkeiten? Wie lassen sich diese verringern?

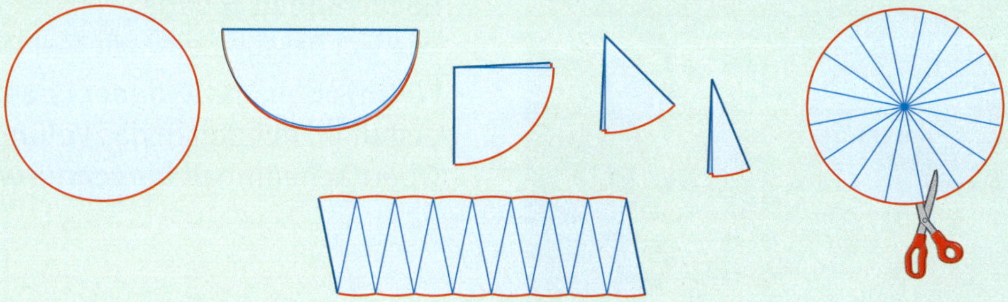

15 Zusammenhänge am Kreis erkennen

Zeichne um einen Punkt M Kreise mit verschiedenen Radien.

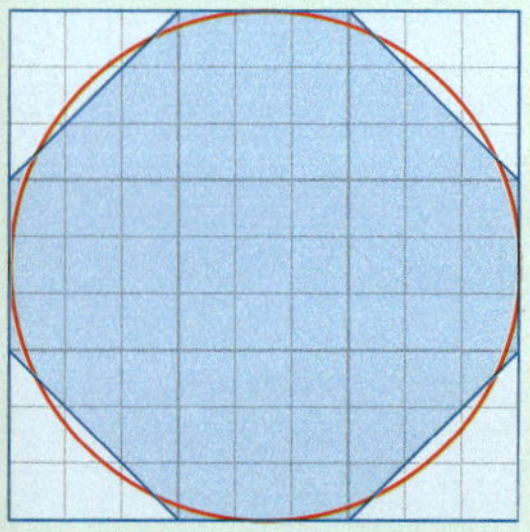

a) Bestimme für jeden Kreis den Umfang u durch Messen mit einem Bindfaden oder einem Zentimetermaß. Vervollständige mithilfe deiner Messwerte die Tabelle. Finde einen Zusammenhang zwischen dem Umfang u und dem Durchmesser d.

Radius r in cm	Durchmesser d in cm	Umfang u in cm	$\frac{u}{d}$
■	■	■	■
■	■	■	■

b) Bestimme für jeden Kreis den Flächeninhalt A durch Abzählen von Kästchen (4 Kästchen im Heft sind 1 cm²). Vervollständige mithilfe deiner Messwerte die Tabelle. Finde einen Zusammenhang zwischen dem Radius r und dem Flächeninhalt A. Begründe, dass man bessere Werte bei großen Kreisen erhält.

Radius r in cm	r^2 in cm²	Flächeninhalt A in cm²	$\frac{A}{r^2}$
■	■	■	■
■	■	■	■

Basiswissen

Kreise

Der Durchmesser d eines Kreises ist doppelt so groß wie sein Radius r: $d = 2r$.
Der Umfang u und der Flächeninhalt A eines Kreises lassen sich mithilfe des Radius r oder des Durchmessers d berechnen.

Umfang

Der Kreisumfang u ist ungefähr dreimal so groß wie der Durchmesser d.

$\mathbf{u = 2 \cdot \pi \cdot r}$
$\mathbf{u = \pi \cdot d}$

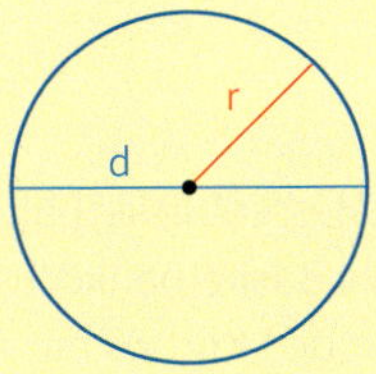

Flächeninhalt

Die Kreisfläche A ist ungefähr dreimal so groß wie das Quadrat über dem Radius r.

$\mathbf{A = \pi \cdot r^2}$

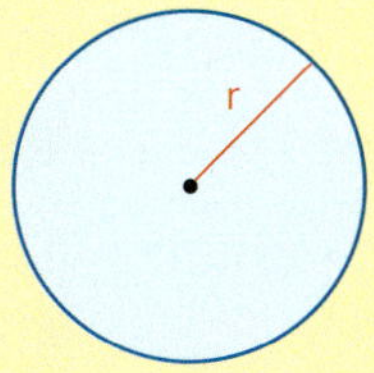

Kreiszahl π

π (sprich Pi)

Die **Kreiszahl** π ist eine irrationale Zahl.
$\pi = 3{,}141\,592\,653\,589\,793\,238\,462\,643\,383\ldots$ Somit $\pi \approx 3{,}14$

Beispiele

A Umfang und Flächeninhalt eines Kreises
Bestimme den Umfang und den Flächeninhalt eines Kreises mit dem Radius $r = 3\,cm$.

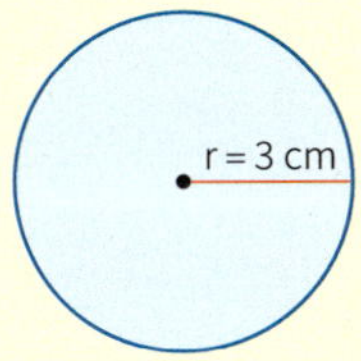

Lösung:
$u = 2 \cdot \pi \cdot 3 = 6\pi \approx 18{,}8$ Der Umfang beträgt ca. 18,8 cm.
$A = \pi \cdot 3^2 = 9\pi \approx 28{,}3$ Der Flächeninhalt beträgt ca. 28,3 cm^2.

B Radumdrehung
Welchen Weg legt ein Fahrrad mit einem Raddurchmesser von 28 Zoll bei einer Radumdrehung zurück? (1 Zoll ≈ 2,54 cm)

Lösung:
28 Zoll sind ungefähr 71 cm. Der zurückgelegte Weg entspricht dem Umfang u des Rades: $u = \pi \cdot d = \pi \cdot 71 \approx 223$
Das Fahrrad legt also bei jeder Radumdrehung ungefähr 2,23 m zurück.

Übungen

1 Umfang und Flächeninhalt – Training
Fülle die Tabelle aus.

Radius r	2 cm	■	5,6 m	■	■	■
Durchmesser d	■	6 cm	■	■	■	■
Umfang u	■	■	■	35,19 m	■	10π
Flächeninhalt A	■	■	■	■	159,26 cm^2	■

2 Reifenwechsel
Die Räder eines Pkw haben einen Durchmesser von 55 cm.
Welchen Weg legt der Pkw bei einer Radumdrehung zurück?
Wie viele Umdrehungen macht das Rad auf der Strecke von Hamburg nach München (782 km)?

3 **1-Euro-Münze**

Die Fläche einer 1-Euro-Münze ist 4,25 cm^2 groß. Bestimme den Durchmesser der Münze.

4 **Laufbahnlänge**

Bestimme die Strecke, die eine Läuferin oder ein Läufer insgesamt auf der Innenkurve im Stadion laufen muss.
Kontrolliere dein Ergebnis, indem du dein Ergebnis mit einer Stadionrunde von 400 m vergleichst.

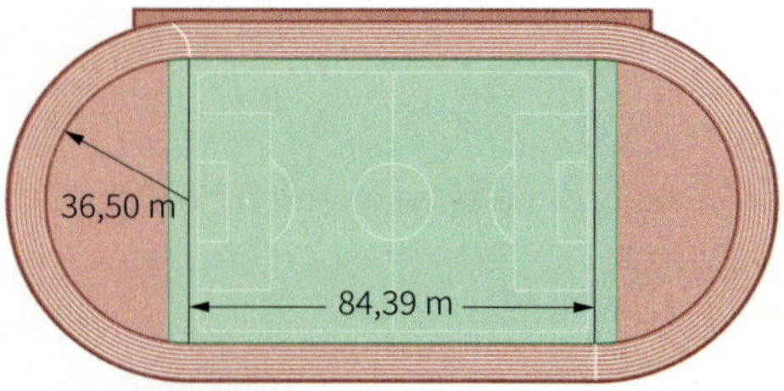

5 **Basketball**

Ein offizieller Basketball im Herrenbasketball hat einen Umfang von ungefähr 76 cm.
Die kreisrunde Öffnung eines Basketballkorbs hat einen Innendurchmesser von 45 cm.
Vergleiche den Durchmesser des Korbes mit dem des Balls.

6 **Sporthallentür**

Eine Scheibe der Eingangstür zur Sporthalle muss erneuert werden. Dazu wird die viertelkreisförmige Scheibe $(r = 1{,}20\,m)$ aus einem Quadrat herausgeschnitten.
Wie viel Prozent macht der Verschnitt aus?

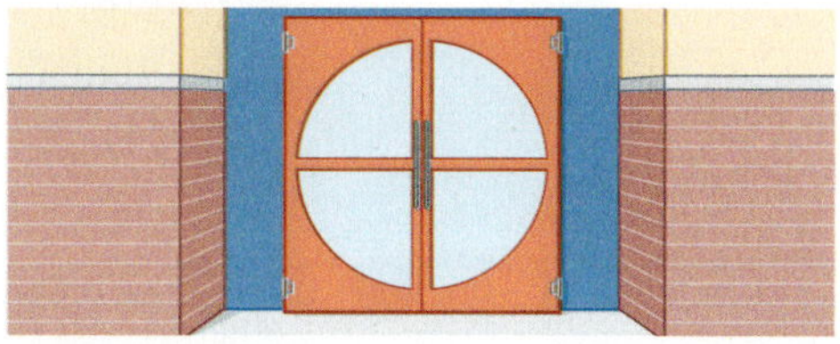

7 **Wer wächst am schnellsten?**

Mit dem Radius wachsen auch der Umfang und der Flächeninhalt eines Kreises.
Was passiert jeweils, wenn man den Radius verdoppelt (verdreifacht, halbiert)?

8 **Zusammenhänge darstellen**

a) Der Umfang eines Kreises lässt sich durch $u = \pi \cdot d$ berechnen. Was hat das mit Proportionalität zu tun?

Zusammenhänge beschreiben siehe auch Seite 222

b) Stelle den Zusammenhang zwischen dem Radius r und dem Umfang u in einer Tabelle und anschließend grafisch als Funktion in einem Koordinatensystem dar.

c) Der Flächeninhalt eines Kreises lässt sich durch $A = \pi \cdot r^2$ berechnen. Stelle den Zusammenhang zwischen dem Radius r und dem Flächeninhalt A grafisch als Funktion in einem Koordinatensystem dar.

Funktionales zum Umfang und zum Flächeninhalt von Kreisen

Der Umfang eines Kreises ist proportional zum Durchmesser: $\frac{u}{d} = \pi$

Der Flächeninhalt eines Kreises ist proportional zum Quadrat des Radius: $\frac{A}{r^2} = \pi$

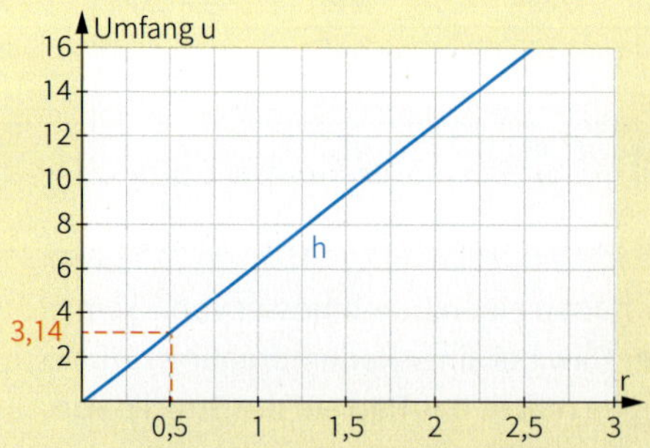

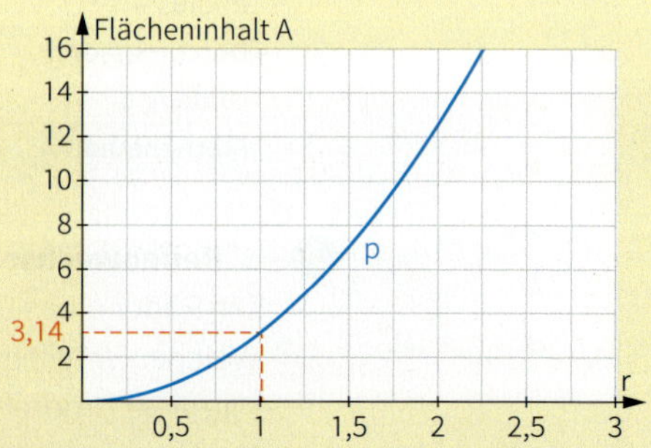

Exkurs

Die Kreiszahl π

π lässt sich nur als Näherungswert angeben. Bereits in frühen Kulturen haben die Menschen Näherungswerte für die Zahl π unabhängig voneinander entdeckt.

Heute weiß man, dass π eine Zahl ist, deren Dezimaldarstellung nie abbricht und auch nicht periodisch wird. Man kann sie mithilfe des Computers auf sehr viele Stellen hinter dem Komma genau bestimmen. Immer wieder werden neue Rekorde erzielt. 2021 wurde der Rekord auf 62,8 Billionen Nachkommastellen (62 800 000 000 000) geschraubt. Die Rechenzeit der Computer betrug 108 Tage und 9 Stunden.

Eine Anekdote

Im Jahre 1897 wollte man „neue mathematische Wahrheiten“ per Gesetz festlegen. Dazu wurde im US-Bundesstaat Indiana eine Gesetzesvorlage eingereicht, in der diese „Wahrheiten“ formuliert und dem Staat „kostenlos“ zur Verfügung gestellt werden sollten. Unter anderem wurde der Wert von π mit $\frac{16}{5} = 3{,}2$ „festgelegt“!
Der Vorschlag passierte unwidersprochen mehrere Instanzen, bis Prof. C. A. Waldo von der Purdue-Universität zufällig davon hörte und einen Aufschub der Entscheidung über das Inkrafttreten des Gesetzes auf unbestimmte Zeit erwirkte. Bis heute wurde der Antrag nicht wieder aufgegriffen.

9 ≡ **π aufgeschrieben**
Wie lang ist π mit seinen bisher gefundenen Nachkommastellen, wenn du jede Ziffer in ein Kästchen (Kästchenbreite 0,5 cm) schreibst?

10 ≡ **π abschätzen**
Zur Berechnung des Umfangs benutzten Handwerker früher statt π häufig die Faustregel: „Ich nehme das Dreifache vom Durchmesser und dann noch 5 % dazu.“ Wie würdest du diese Vorgehensweise einschätzen? Berechne mehrere Beispiele und argumentiere.

11 ≡ **„Gedächtnisakrobaten“**
Sebastian kann die ersten fünfzig Nachkommastellen von π fehlerfrei auswendig aufsagen.
„π = 3,141 592 653 589 793 238 462 643 383 279 502 884 197 169 399 375 10 … “
Teste deine Lernfähigkeit. Was haben die folgenden Merkverse mit der Zahl π zu tun?

Wie, o dies π macht ernstlich so vielen viele Müh. Lernt immerhin, Jünglinge, leichte Verselein. Wie so zum Beispiel dies dürfte zu merken sein.

Now I know a spell unfailing An artful charm for tasks availing Intricate results entailing Not in too exacting mood. (Poetry is pretty good.) Try the talisman, Let be adverse ingenuity.

Wenn du das Geheimnis gelüftet hast, kannst du die „Gedichte“ vielleicht noch verlängern oder einen eigenen Merkvers erstellen.

Grundwissen
zum Wiederholen

1 Die Masse des Mondes beträgt 0,0123 der Erdmasse. Wie viel Prozent sind es?

2 Aus welchen ebenen Figuren besteht die Oberfläche eines Sechseckprismas?

3 Auf einer Fläche von 38 m^2 will Ben für Kaninchen eine Hütte (4 m^2 Grundfläche) und eine Auslauffläche einrichten. Wie viele Kaninchen kann er halten, wenn jedes mindestens 2 m^2 Auslauf benötigt?

4 Wie groß ist der Winkel, den a und b einschließen?

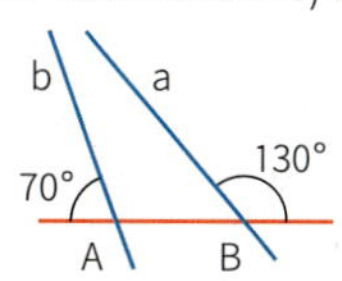

12 ≡ Kreiszahl π mit Archimedes

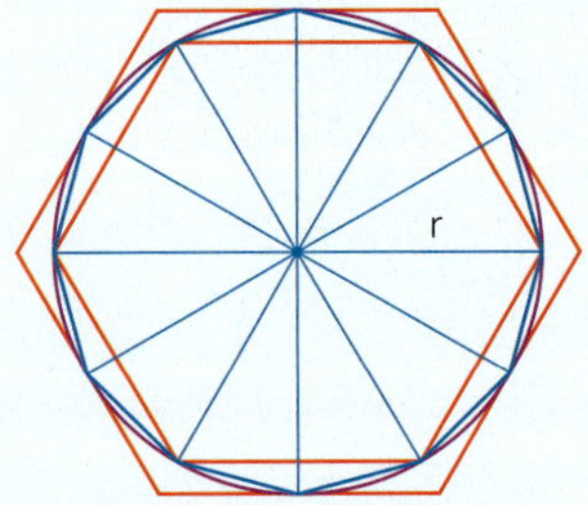

ARCHIMEDES berechnete als erster die Kreiszahl π systematisch, indem er den Kreis zwischen regelmäßige Vielecke einzwängte. Er entwickelte hierzu die Methode der Eckenverdopplung, wobei er mit der Berechnung der Umfänge des einbeschriebenen und umbeschriebenen Sechsecks begann und bis zum 96-Eck fortschritt.

a) Berechne die Umfänge des eingeschriebenen und des umbeschriebenen Sechsecks.

b) Verdeutliche anschaulich, dass diese Methode bei einem Kreis mit dem Radius $r = 1$ zu einer Intervallschachtelung von π führt.

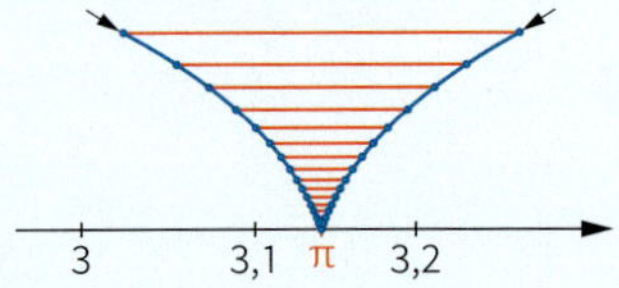

P ≡ Archimedes mit Rechnereinsatz

Das Verfahren von ARCHIMEDES zur Bestimmung des Kreisumfangs mithilfe der einbeschriebenen Vielecke bedeutete eine enorme Rechenarbeit bis zum 96-Eck. Mit dem Computer geht dies heute schneller.

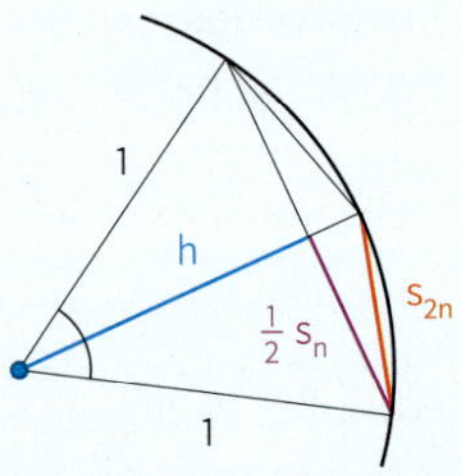

a) Leite mithilfe der Skizze die beiden Gleichungen her.

(1) $h = \sqrt{1 - \frac{s_n^2}{4}}$ (2) $s_{2n} = \sqrt{(1-h)^2 + \frac{s_n^2}{4}}$

Setze in (2) für h den in (1) angegebenen Term ein und forme um zu $s_{2n} = \sqrt{2 - \sqrt{4 - s_n^2}}$

$$\text{solve}\left((1-h)^2 + \frac{s^2}{4} = t^2, t\right)\Big|\, h = \sqrt{1 - \frac{s_n^2}{4}}$$

$$t = -\sqrt{2 - \sqrt{4 - s^2}} \text{ or } t = \sqrt{2 - \sqrt{4 - s^2}}$$

b) Wegen $r = 1$ approximiert man den Umfang 2π. Starte im ersten Schritt mit einem regelmäßigen Sechseck. Die Anzahl der Ecken n(1) ist 6, die Seitenlänge s(1) beträgt 1, der Umfang u(1) des Sechsecks ist $6 \cdot 1 = 6$. In jedem Schritt k wird die Anzahl der Ecken n(k) des regelmäßigen Vielecks verdoppelt. Führe das Verfahren mit einem digitalen Werkzeug aus. Dabei kommt es zu einer Überraschung.

Schritt k	Anzahl der Ecken n(k)	Seitenlänge s(k)	Umfang u(k)
1	6	1	6
⋮	⋮	⋮	⋮
k	$6 \cdot 2^{k-1}$	$\sqrt{2 - \sqrt{4 - (s(k-1))^2}}$	$n(k) \cdot s(k)$

Tabellen:

k	n(k)	s(k)	u(k)
1	6	1,0000	6,0000
2	12	0,5176	6,2117
3	24	0,2611	6,2653
4	48	0,1308	6,2787
5	96	0,0654	6,2821
6	192	0,0327	6,2829
7	384	0,0164	6,2831

k	n(k)	s(k)	u(k)
24	50331648	1,25 E−07	6,2750
25	1,01 E+08	6,32 E−08	6,3640
26	2,01 E+08	2,98 E−08	6,0000
27	4,03 E+08	1,49 E−08	6,0000
28	8,05 E+08	0	0
29	1,61 E+09	0	0
30	3,22 E+09	0	0

c) Die Differenz unter der Wurzel wird wegen der Rundungen irgendwann so klein, dass das Programm auf 0 rundet. Man nennt dieses Phänomen „Subtraktionskatastrophe". Um diese zu vermeiden, müssen solche Differenzen vermieden werden. Dies gelingt durch folgende Umformungen:

$$s_{2n} = \frac{\sqrt{2 - \sqrt{4 - s_n^2}} \cdot \sqrt{2 + \sqrt{4 - s_n^2}}}{\sqrt{2 + \sqrt{4 - s_n^2}}} = \frac{s_n}{\sqrt{2 + \sqrt{4 - s_n^2}}}$$

Führe die Umformungen durch.
Wie wird die Subtraktionskatastrophe vermieden?

k	n(k)	s(k)	u(k)
20	3,15 E+06	1,0 E−07	6,2832
25	1,01 E+08	3,1 E−08	6,2832
30	3,22 E+09	1,0 E−09	6,2832
35	1,00 E+11	3,0 E−11	6,2832
40	3,30 E+12	1,0 E−12	6,2832
45	1,10 E+14	3,0 E−14	6,2832
50	3,40 E+15	9,0 E−16	6,2832
55	1,10 E+17	3,0 E−17	6,2832
60	3,50 E+18	9,0 E−19	6,2832
65	1,10 E+20	3,0 E−20	6,2832
70	3,50 E+21	9,0 E−22	6,2832

Tipp
„Zu Fuß":
$\sqrt{a} \cdot \sqrt{b} = \sqrt{a \cdot b}$
und 3. Binomische Formel
CAS:
Zähler vereinfachen

6.2 Kreisteile

1 Kreisausschnitt

Ein Kreisausschnitt (oder auch Kreissektor) sieht aus wie ein „Tortenstück" von oben gesehen. Berechne jeweils den Flächeninhalt A des Kreisausschnitts und die Länge b des zugehörigen Kreisbogens. Der Kreisradius r beträgt 5 cm.

a)
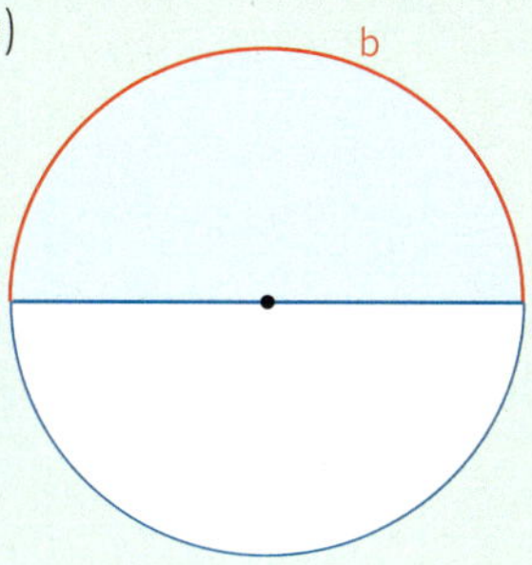

b)
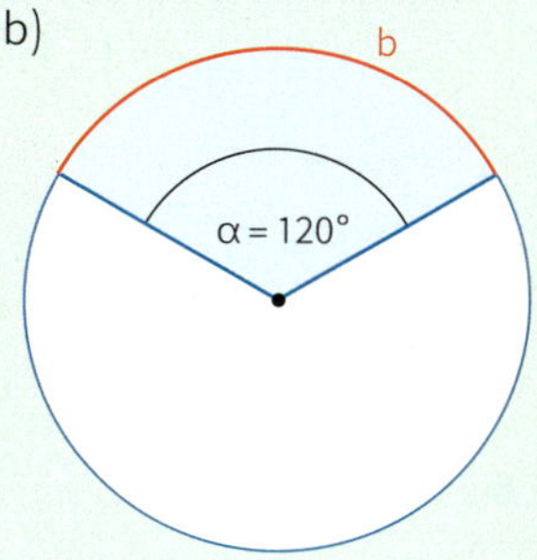

c)
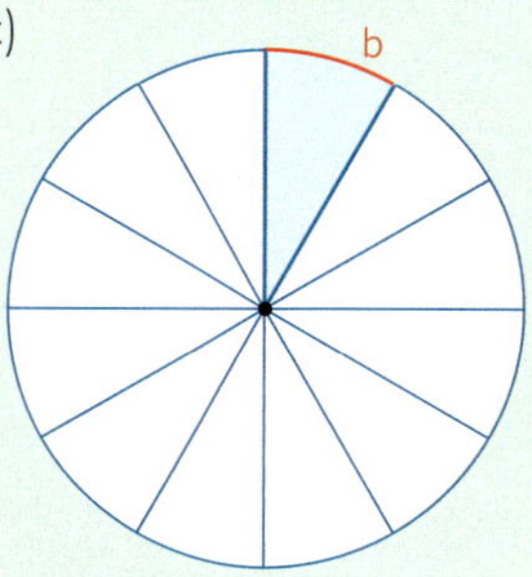

2 Scheibenwischer

Ein Scheibenwischer überstreicht für eine gute Sicht einen Teil der Scheibe.

a) Wie groß ist die Fläche, die der Scheibenwischer überstreicht?

b) Die Spitze des Scheibenwischers legt dabei einen Weg zurück. Bestimme die Länge des Weges.

3 Tortenstücke

Eine Torte mit einem Durchmesser von 30 cm wird in 12 gleich große Stücke geteilt. Wie groß ist die Grundfläche eines Tortenstücks?

Wie groß ist die Grundfläche eines Stücks, wenn die Torte in 16 Stücke oder 20 Stücke geteilt wird?

4 Formeln herleiten

Mit Kenntnissen über Proportionalität und Dreisatz kann eine Formel für den Flächeninhalt A des Kreisausschnitts und die Länge b des zugehörigen Kreisbogens ermittelt werden. Setze dazu die Tabelle fort.

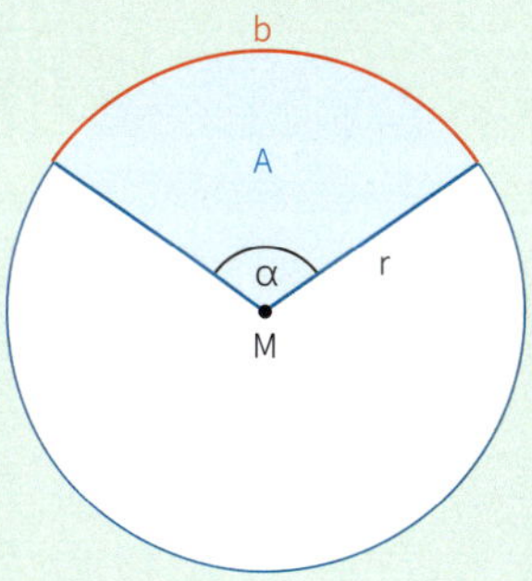

Mittelpunktswinkel α	Flächeninhalt A	Kreisbogenlänge b
360°	$\pi \cdot r^2$	$2\pi \cdot r$
1°	$\frac{\pi \cdot r^2}{360}$	■
α	■	■

Basiswissen

Kreisausschnitt

b: Kreisbogen
α: Mittelpunktswinkel

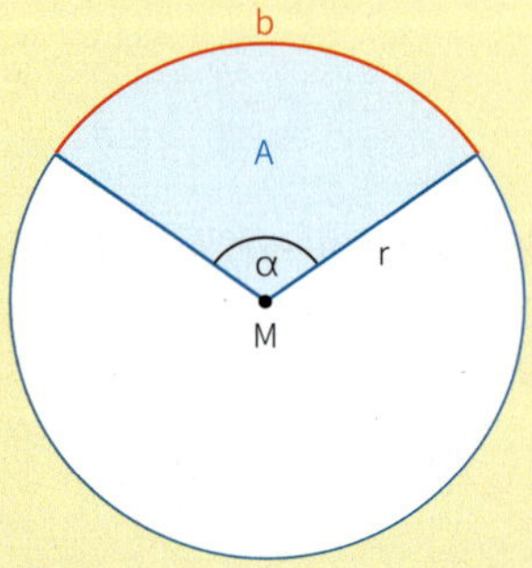

Die Fläche A im Kreis nennt man Kreisausschnitt oder Kreissektor.

Länge des Kreisbogens:

$$\frac{b}{2\pi \cdot r} = \frac{\alpha}{360°}$$

$$b = \frac{\alpha}{360°} \cdot 2\pi \cdot r$$

Flächeninhalt des Kreisausschnitts:

$$\frac{A}{\pi \cdot r^2} = \frac{\alpha}{360°}$$

$$A = \frac{\alpha}{360°} \cdot \pi \cdot r^2$$

Beispiel

A Maße eines Kreisausschnitts
Bestimme den Flächeninhalt A und die Länge des Kreisbogens b.

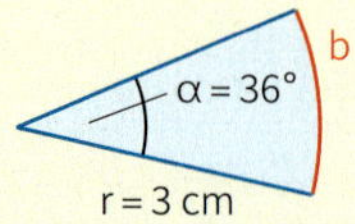

Lösung:

$A = \frac{\alpha}{360°} \cdot \pi \cdot r^2 = \frac{36°}{360°} \cdot \pi \cdot 3^2 = \frac{9\pi}{10} \approx 2{,}83$

Der Flächeninhalt beträgt ca. 2,83 cm².

$b = \frac{\alpha}{360°} \cdot 2\pi \cdot r = \frac{36°}{360°} \cdot 2\pi \cdot 3 = \frac{6\pi}{10} \approx 1{,}88$

Die Länge des Kreisbogens beträgt ca. 1,88 cm.

Übungen

5 Kreisausschnitte
Berechne den Flächeninhalt und die Länge des Kreisbogens mit dem Radius $r = 3$ cm.

a) b) c) d)

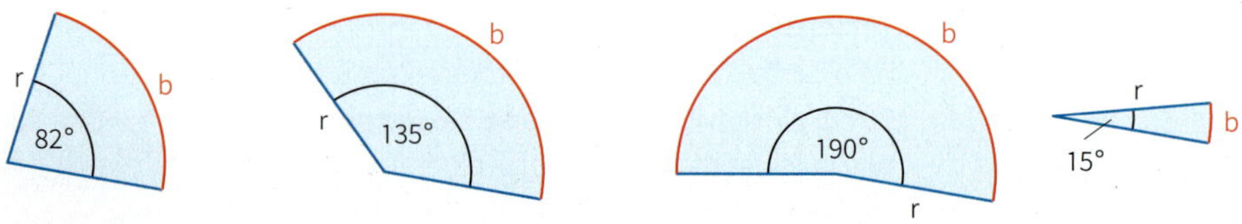

6 Training
Berechne die fehlenden Größen. Stelle die Formeln jeweils um.

Radius r	3,4 cm	■	176 mm	■
Umfang u	■	144 cm	■	■
Bogenlänge b	■	■	122,9 mm	■
Flächeninhalt des Kreisausschnitts A	■	■	■	3,93 dm²
Mittelpunktswinkel α	167°	54°	■	18°

7 „Minitortenstück“
Stelle dir einen ganz schmalen Kreisausschnitt mit dem Mittelpunktswinkel $\alpha = 1°$ und $r = 10$ cm vor. Berechne den Flächeninhalt und die Länge des Kreisbogens.

8 Umfang und Flächeninhalt
Bestimme den Umfang und den Flächeninhalt der farbigen Fläche.

a)

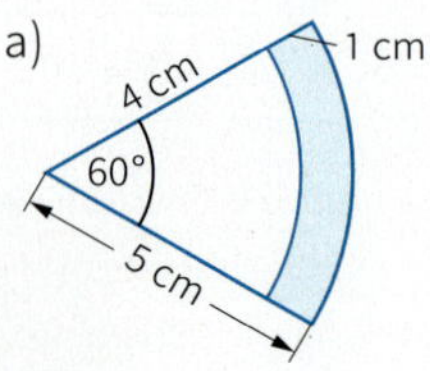

b)

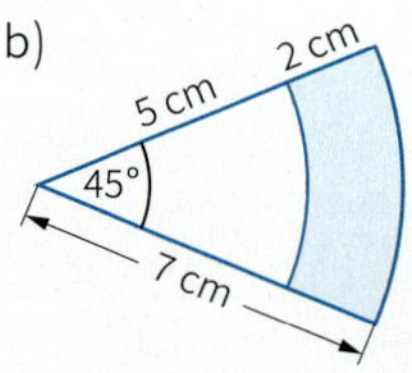

Radius Außenkreis: r_a
Radius Innenkreis: r_i

9 Formeln für einen Kreisring

Ein Kreisring entsteht durch zwei Kreise mit demselben Mittelpunkt.

a) Berechne den Umfang und den Flächeninhalt des Kreisringes mit $r_i = 3\,\text{cm}$ und $r_a = 5\,\text{cm}$.

b) Zeige, dass für einen Kreisring gilt:
Umfang: $u = 2\pi \cdot (r_a + r_i)$
Flächeninhalt: $A = \pi \cdot (r_a^2 - r_i^2)$

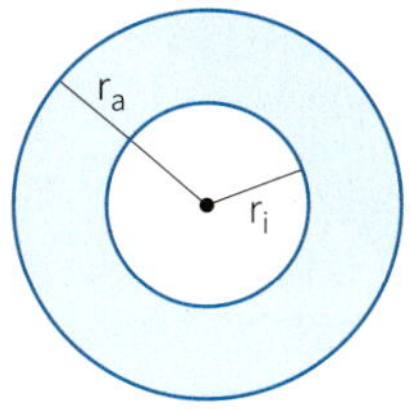

10 Kreisringe im Alltag

Berechne den Flächeninhalt des Kreisrings.

a)
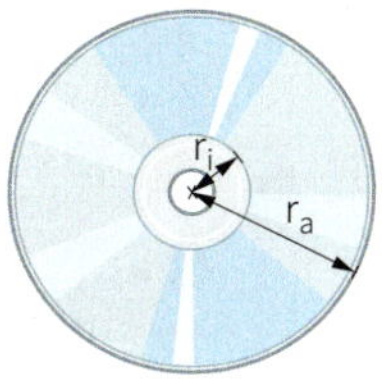

$r_i = 2{,}1\,\text{cm}$
$r_a = 6\,\text{cm}$

b)

$r_i = 21\,\text{cm}$
$r_a = 30\,\text{cm}$

c)

$r_i = 20{,}2\,\text{cm}$
$r_a = 29{,}0\,\text{cm}$

11 Gleich große Flächen und Längen

a) Wie groß muss der Mittelpunktswinkel des Kreisausschnitts sein, damit er denselben Flächeninhalt hat wie das Quadrat?
Welche der beiden Figuren – der Kreisausschnitt oder das Quadrat – hat dann einen größeren Umfang? Schätze zuerst und überprüfe durch eine Rechnung.

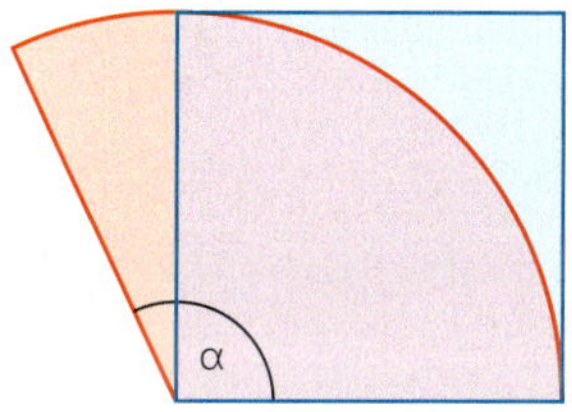

b) Wie groß ist der Mittelpunktswinkel, wenn der Kreisbogen genauso lang ist wie der Radius des Kreises?

c) In einem Kreis mit dem Radius r ist ein Quadrat, dessen Eckpunkte auf dem Kreisrand liegen, eingezeichnet. Bestimme den Flächeninhalt des Quadrats. Gesucht ist ein Ausschnitt des Kreises mit demselben Flächeninhalt. Berechne den zugehörigen Mittelpunktswinkel.

12 Funktionales zum Mittelpunktswinkel, zum Radius und zur Bogenlänge

Stelle Zusammenhänge zwischen dem Mittelpunktswinkel α, dem Radius r und der Bogenlänge b grafisch als Funktion in einem Koordinatensystem dar.

a) b als Funktion von α
b) b als Funktion von r
c) r als Funktion von α

13 Weitere Formel für den Flächeninhalt eines Kreisausschnitts

a) Der Flächeninhalt eines Kreisausschnitts kann auch mit der Formel $A = \frac{1}{2} \cdot b \cdot r$ berechnet werden. Begründe die Formel mit den Formeln für die Bogenlänge und für den Flächeninhalt des Kreisausschnitts.

b) Vergleiche die Formel mit der Formel für den Flächeninhalt eines Dreiecks.

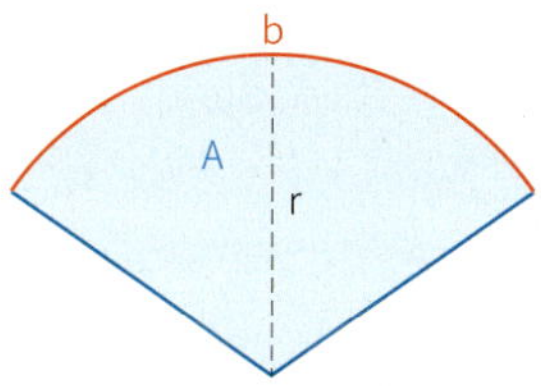

Grundwissen
zum Wiederholen

1 Eine besonders teure Schokoladensorte kostet 5 € pro 100 g. Wie viel Prozent davon beträgt der Preis einer einfachen Schokoladensorte (0,40 € pro 100 g)?

2 Wahr oder falsch?
„Die beiden Diagonalen teilen ein Parallelogramm in vier kongruente Dreiecke."

6.3 Anwenden der Kreisformeln

1 Pizzagrößen

Die kleine „Pizza Margherita“ mit einem Durchmesser von 25 cm kostet in der Pizzeria 4 €, die normale „Pizza Margherita“ kostet 5,50 € und die „Partypizza Margherita“ 15,50 €.

a) Die normale „Pizza Margherita“ hat eine doppelt so große Fläche wie die kleine. Bestimme den Durchmesser der normalen Pizza.

b) Die Partypizza hat den doppelten Durchmesser der kleinen Pizza. Überprüfe, ob es sich lohnt eine Partypizza zu bestellen.

2 Kreisförmiges Wohnen

Das Foto zeigt eine Wohnsiedlung in einem Vorort von Kopenhagen. Jede kreisförmige Parzelle hat einen Durchmesser von 100 m und besteht aus 16 gleich großen Grundstücken, wobei eines als Zufahrt zum inneren Gemeinschaftsparkplatz dient. Dieser hat einen Durchmesser von 25 m. Schätze zuerst und überprüfe durch eine Rechnung:

a) Wie groß sind die einzelnen Grundstücke?

b) Welche Länge haben der äußere und der innere Kreisbogen eines Grundstücks?

3 Münz-Experiment

Zwei 50-Cent-Münzen werden umeinander gedreht. Eine bleibt fest, die andere läuft um sie herum.

a) Wie oft dreht sich die zweite Münze um sich selbst, wenn sie die erste genau einmal umläuft? Schätze erst und probiere dann.

b) Zeichne die Bahn, auf der sich der Mittelpunkt der äußeren Münze bewegt. Wie lang ist sie?

c) Zeichne die Fläche, die die äußere Münze überstreicht. Wie groß ist der Flächeninhalt?

	Durchmesser
2 €	25,75 mm
1 €	23,25 mm
50 ct	24,25 mm
20 ct	22,25 mm
10 ct	19,75 mm
5 ct	21,25 mm
2 ct	18,75 mm
1 ct	16,25 mm

Führe das Experiment auch mit unterschiedlich großen Münzen aus (z. B. innen 10 Cent, außen 1 € oder umgekehrt).

4 Umfang und Flächeninhalt von Figuren

Welche der gefärbten Flächen hat den größten (kleinsten) Flächeninhalt? Hat diese dann auch den größten (kleinsten) Umfang?

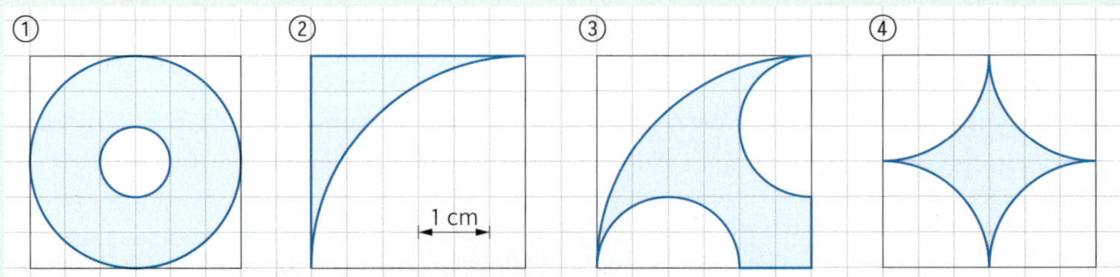

Basiswissen

Anwenden der Kreisformeln

Situation:
Berechne den Flächeninhalt der farbigen Figur in Abhängigkeit von der Seitenlänge a des Quadrates.

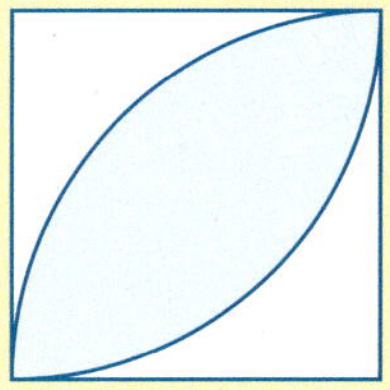

(1) Teilflächen bezeichnen

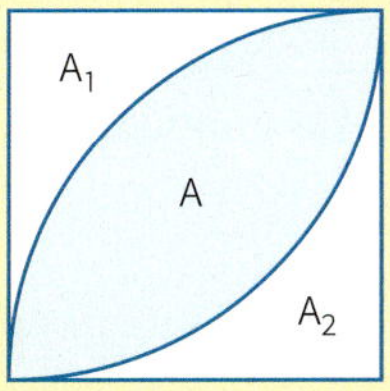

(2) Idee:
Flächeninhalt als Differenz berechnen:
„Quadrats minus weiße Flächen“

$A = A_{Quadrat} - A_1 - A_2$

(3) Teilflächen berechnen

$A_{Quadrat} = a^2$

$A_1 = A_{Quadrat} - A_{Viertelkreis}$

$A_1 = a^2 - \frac{1}{4}\pi \cdot a^2 = \left(1 - \frac{1}{4}\pi\right) \cdot a^2$

$A_2 = A_1$

(4) Gesuchte Fläche berechnen

$A = A_{Quadrat} - A_1 - A_2$

$= a^2 - \left(1 - \frac{1}{4}\pi\right) \cdot a^2 - \left(1 - \frac{1}{4}\pi\right) \cdot a^2$

$= \left(\frac{1}{2}\pi - 1\right) \cdot a^2$

Übungen

5 Umfang und Flächeninhalt von Figuren

a) Welche der gefärbten Figuren hat den größten Umfang, welche den kleinsten? Gibt es Figuren mit gleichem Umfang? Stelle eine Rangfolge auf.

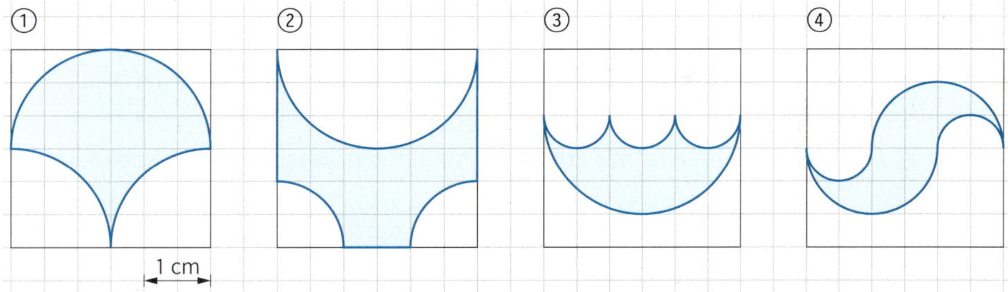

b) Führe die gleichen Untersuchungen für die Flächeninhalte der Figuren aus.

6 Münzen

Die Münzen liegen aneinander und schließen eine Fläche ein. Berechne den Flächeninhalt.
Der Durchmesser einer 1-€-Münze ist 23,25 mm.

a)

b)

7 Vergleich von Figuren

Die blaue Figur im roten Kreis ist von Kreislinien umrahmt.
Welche der beiden Figuren hat den größeren Umfang?
Schätze und rechne.

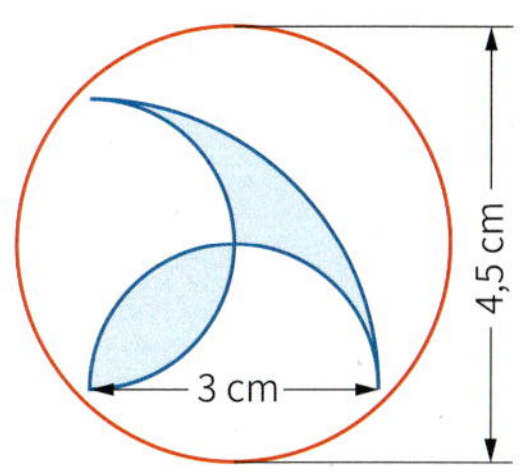

8 ≡ **Kreise im Quadrat**

In das Quadrat werden jeweils 1, 4, 9, 16, … n^2 Kreise einbeschrieben. Zeichne die ersten drei Felder in dein Heft.

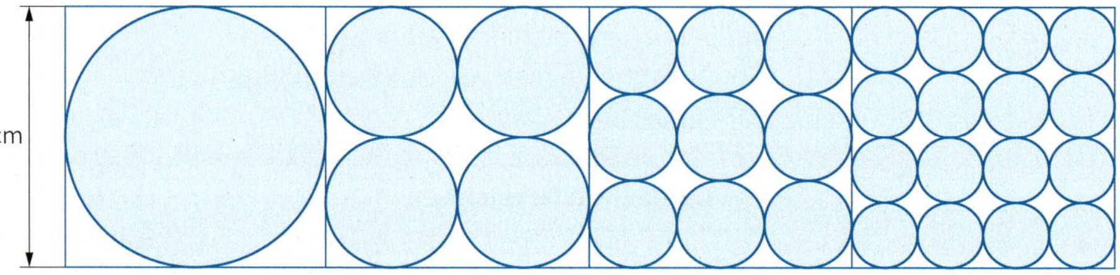

Berechne jeweils die Gesamtfläche und den Gesamtumfang für jede Stufe. Wie verändern sich diese Größen von Stufe zu Stufe? Schätze zunächst und rechne dann.
Begründe deine Beobachtung auch ohne Rechnung.

	1	2	3	4	5	6	…	n
Anzahl der Kreise	1	4	▪	▪	▪	▪	▪	▪
Flächeninhalt der Kreise	▪	▪	▪	▪	▪	▪	▪	▪
Umfang aller Kreise	▪	▪	▪	▪	▪	▪	▪	▪

Tipp
Pythagoras, Wurzeln

9 ≡ **Kreis und Dreieck**

Bestimme die Seitenlänge eines gleichseitigen Dreiecks so, dass der Flächeninhalt des Dreiecks genauso groß ist wie der Flächeninhalt eines Kreises mit dem Radius 5 cm.

Konstruktion mit DGS oder mit Zirkel und Lineal.

Konstruktionen beschreiben siehe auch Seite 221

10 ≡ **Ein „wohlgeformtes Ei“**

Ein „wohlgeformtes“ Ei kann mithilfe von vier Kreisbögen konstruiert werden ($\overline{AC} = \overline{BD} = 2r$).

a) Konstruiere das Ei für $r = 4$ cm.
Notiere stichpunktartig dein Vorgehen.

b) Um wie viel Prozent sind der Umfang und der Flächeninhalt vom Ei jeweils größer als beim Kreis mit dem Radius r? Schätze und rechne.
Ist das Ergebnis unabhängig vom gewählten Radius r?

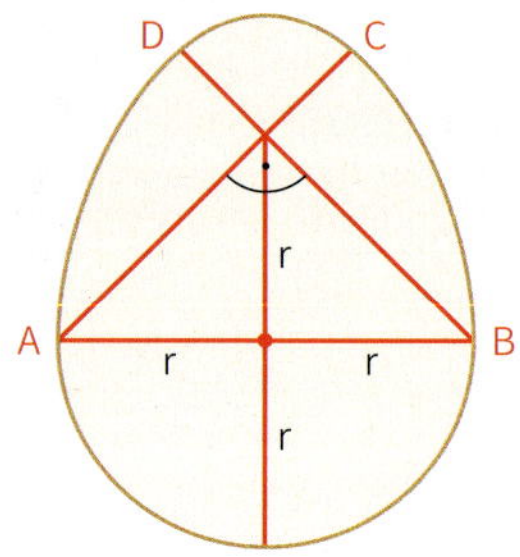

11 ≡ **Reuleaux-Dreieck**

Drei Kreisbögen mit dem Radius a um die Ecken eines gleichseitigen Dreiecks mit der Seitenlänge a bilden ein sogenanntes Reuleaux-Dreieck.
Bestimme den Umfang und den Flächeninhalt des Reuleaux-Dreiecks.

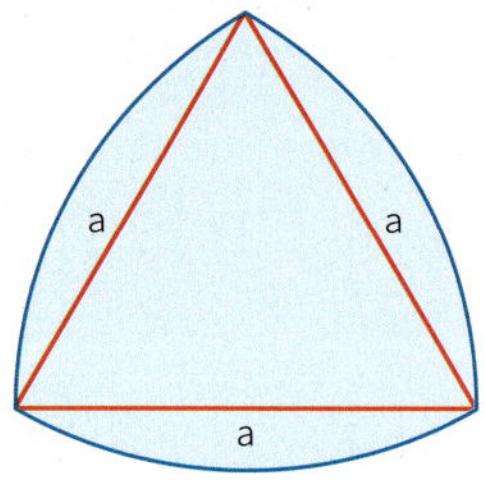

Exkurs

Das Reuleaux-Dreieck

Räder müssen nicht immer rund sein. Der Abstand vom Boden ist stets gleich groß, obwohl die „Räder“ Ecken haben. Die grüne Figur im Bild heißt REULEAUX-Dreieck, benannt nach FRANZ REULEAUX (1829 – 1905), einem deutschen Maschinenbauingenieur.
Diese Form kann nicht nur für Walzen (z. B. zum Möbeltransport), sondern auch in Motoren verwendet werden. Der Kreiskolbenmotor (Wankel-Motor) ist ein Verbrennungsmotor, bei dem der sogenannte Kreiskolben in einem Gehäuse kreist und gleichzeitig um seine eigene Achse rotiert. Die Kontur des Kreiskolbens ist ein Reuleaux-Dreieck.

Mathematik im Wald

12 Riesen-Mammutbaum

Der Riesen-Mammutbaum zählt zu den größten Pflanzen der Welt. Der legendäre „General-Sherman-Tree" in der Ursprungsregion dieser Riesen, der Sierra Nevada in Kalifornien, hat eine Höhe von 83,8 m und am Boden einen Stammumfang von 31,1 m. Welchen Durchmesser hat der Baum? Wie viele Schülerinnen und Schüler bräuchte man, um den Baum zu umfassen? Vergleiche mit den Maßen einer Buche in deiner Region.

13 Stammdurchmesser

Eine Gemeindeordnung besagt, dass ein Baum nur dann ohne Genehmigung gefällt werden darf, wenn sein Stammdurchmesser kleiner als 20 cm ist. Dieser kann nicht direkt gemessen werden, es sei denn, man fällt den Baum. Beschreibe eine Methode, wie man den mittleren Stammdurchmesser bestimmen kann. Ermöglicht diese Bestimmung immer eine eindeutige Entscheidung?

Vorgehen beschreiben siehe auch Seite 223

14 Jahresringe

Ist die Verwendung einer durchschnittlichen Dicke für einen Jahresring sinnvoll? Wie kann sie ermittelt werden?

Ein quer durchgesägter Baumstamm zeigt ein Muster konzentrischer Ringe – ähnlich wie auf einer Schießscheibe. Jeder Ring steht für ein Jahr, das der Baum älter wurde. Das Alter gefällter Bäume lässt sich also aus der Anzahl der Jahresringe des Stamms ablesen.
Um das Alter lebender Bäume ungefähr zu bestimmen, geht man von einem durchschnittlichen Stammdickenwachstum pro Jahr aus, das von Baumart zu Baumart verschieden ist.
Bei einer Eiche wird ein Stammumfang von 1,5 m gemessen.
Wie alt ist die Eiche ungefähr, wenn man eine durchschnittliche Dicke von 3 mm pro Jahresring annimmt?

Exkurs

Dendrochronologie und Klimaforschung

Die Altersbestimmung von Bäumen mithilfe der Jahresringe (die Dendrochronologie) wurde ursprünglich für archäologische Zwecke entwickelt. Heute verwendet man sie vor allem in der Klimaforschung. Die Jahresringe sind wie ein Kalender in Holz. Vereinfacht gesagt entstehen bei warmem und feuchtem Klima breite, bei kaltem und trockenem Klima schmale Jahresringe. Die Ringmuster sind deshalb ein unverwechselbarer „Fingerabdruck" für die prägenden Bedingungen in der Zeit, in der die Ringe entstanden sind. Mit der Dendrochronologie wird so ein Bezug zwischen Klima und Jahresring hergestellt, sodass man daraus die Klimachronik vergangener Jahrtausende lesen kann. Die Jahresringbreite wird gemessen und in Kurven dargestellt. Über Vergleiche des Kurvenverlaufs von Bäumen derselben Art mit sich überlappenden Lebenszeiten kann man in einem „Überbrückungsverfahren" immer weitere Jahrringfolgen aneinander anschließen, sodass Jahrtausende überspannende Kurven (Jahrringkalender) entstehen.

15 ≡ Das Band um den Äquator – Eine unglaubliche Entdeckung

a) Ein Seil wird straff um die Erde gespannt, sodass es genau auf dem Äquator anliegt. Das Seil wird nun um genau 1 m verlängert und ganz gleichmäßig um die Erde gelegt. Was schätzt du: Kannst du deine Hand durch den Zwischenraum schieben oder kann gar eine Katze hindurchkriechen? Überprüfe deine Schätzung durch Rechnen.

b) Das gleiche Experiment soll nun mit einem Fußball durchgeführt werden. Schätze und rechne erneut.

c) Fällt es dir schwer zu glauben, was du eben berechnet hast? Dann geht es dir wie vielen. Vielleicht hilft es dir, wenn du das gleiche Experiment an einem Quadrat durchführst. Erkläre, warum der Abstand d zwischen Seil und Quadrat bei Verlängerung des Seils um 1 m immer 12,5 cm beträgt, egal welche Seitenlänge a das Quadrat hat.

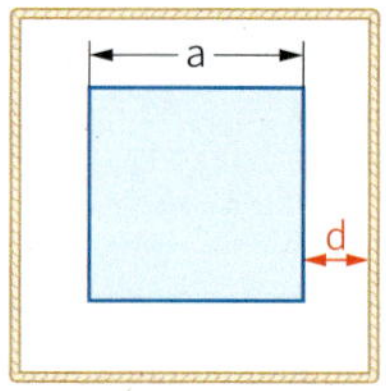

d) Schaffst du es, auch für einen Kreis allgemein zu zeigen, dass der Abstand a nur von der Verlängerung v des Seils abhängt, aber nicht vom Radius r des Kreises? Hier findest du einen möglichen Begründungsansatz: $2\pi \cdot r + v = 2\pi \cdot (r + a)$. Einen weiteren Ansatz siehst du auf der Marginalie.

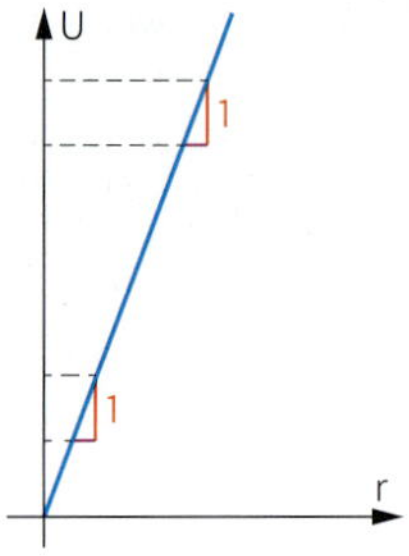

Zur Erinnerung:
Geschwindigkeit $= \frac{\text{zurückgelegter Weg}}{\text{Zeit}}$

16 ≡ „Erdkarussell" auf dem Äquator

Die Erde dreht sich einmal am Tag um sich selbst. So fahren wir auf ihr ständig „Karussell".

a) Wie schnell fährt man am Äquator?

b) Begründe: Befindet man sich nördlich oder südlich des Äquators, so fährt man langsamer.

17 ≡ Laufbahn-Mathematik

Man sieht z. B. bei Olympischen Spielen, dass die Sprinter im 400-m-Lauf nicht an derselben Linie starten. Sie starten versetzt. Aber warum ist das so? Schuld daran ist die Mathematik.

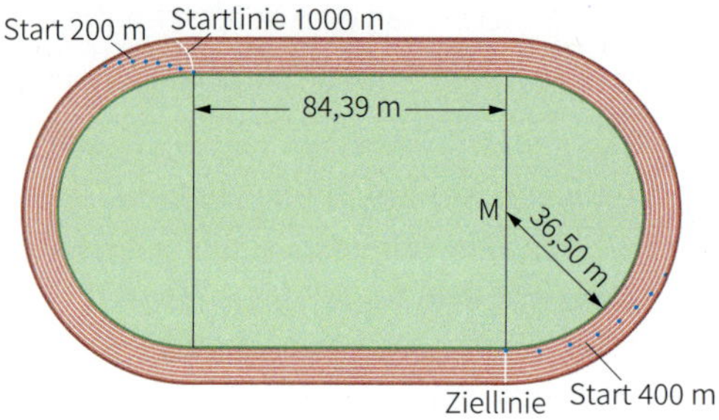

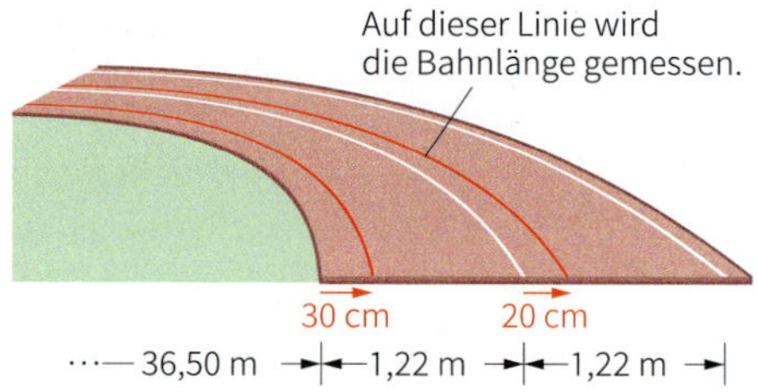

Bei einem 400-m-Lauf legt ein Läufer zwei Kurven und zwei Geraden zurück. Die zwei Kurven bilden einen Kreis, dessen Radius (innere Abgrenzung zum Stadion) 36,50 m entspricht. Die Geraden sind jeweils 84,39 m lang. Die Vermessung der Innenbahn erfolgt 30 cm neben der inneren Abgrenzung. Alle acht Bahnen sind jeweils 1,22 m breit, die Bahnen 2 bis 8 werden jeweils 20 cm vom Außenrand der inneren Begrenzungslinie aus gemessen.
Erstelle einen maßstäblichen Plan des Stadions mit den Laufbahnen (auf DIN A3) her und trage die Startpositionen für den 200-m- und 400-m-Lauf ein.

Grundwissen
zum Wiederholen

1 Gibt es rationale Zahlen a und b mit $a > b$ und $a \cdot b < 0$?

2 „Ich subtrahiere 6 von der Zahl x, teile dann durch 3 und erhalte 7." Bestimme die Zahl x.

+

Mathematik mit Erdkreisen

Eine gute Merkgröße für den Erdumfang ist 40 000 km. Manchmal ist es praktisch, diese Größe im Kopf zu haben.

18 Kreise auf der Erdkugel

Die Erde entspricht nur angenähert einer Kugel. Sie ist an den Polen leicht abgeplattet, der Radius vom Mittelpunkt zu den Polen ist also etwas kleiner als der Radius am Äquator. In einem Lexikon werden folgende Angaben gemacht:

Äquatorradius: 6378 km   Polradius: 6357 km   Längenkreisumfang: 40 008 km

a) Berechne den Äquatorumfang. Wie groß ist der Längenunterschied, wenn man einmal mit dem Näherungswert 3,1 und zum anderen mit 3,14 für π rechnet?

b) Überprüfe: Berechnet man den Umfang eines Kreises mit dem Polradius, so ergibt sich nicht der angegebene Längenkreisumfang. Woran könnte das liegen?

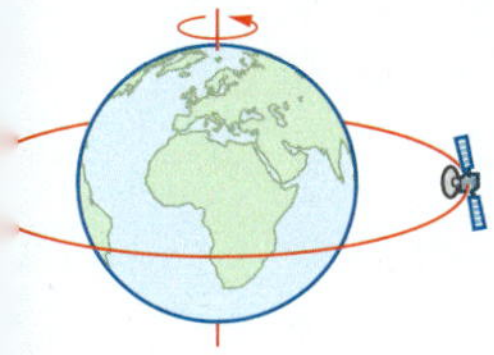

19 Geostationärer Satellit

Überlege dir, welchen Vorteil die geostationäre Lage für einen Satelliten haben kann. Ein geostationärer Satellit benötigt – wie die Erde – exakt 24 Stunden für einen Umlauf. Er scheint über einem festen Ort des Äquators still zu stehen, daher die Bezeichnung geostationär. Die Kreisbahn liegt in einer Höhe von 35 786 km über der Erdoberfläche.

a) Bestimme den Radius und die Länge der Umlaufbahn eines geostationären Satelliten.

b) Berechne die Geschwindigkeit, mit der der Satellit fliegt. Vergleiche sie mit der Geschwindigkeit eines Ortes am Äquator bei einer Tagesumdrehung der Erde.

c) Wie könntest du die Geschwindigkeit deines Wohnortes bestimmen?

20 Umlauf um die Sonne

Die Erde bewegt sich mit einer Umlaufzeit von angenähert 365 Tagen auf einer fast kreisförmigen Bahn um die Sonne. Ihr mittlerer Abstand vom Mittelpunkt der Sonne beträgt dabei $149{,}6 \cdot 10^6$ km. Welche Strecke legt die Erde jedes Jahr ungefähr zurück und welche mittlere Geschwindigkeit hat sie dabei?

Berechne die Länge der Umlaufbahnen um die Sonne und die Geschwindigkeiten auch für die anderen Planeten unseres Sonnensystems.

Planet	Merkur	Venus	Mars	Jupiter	Saturn	Uranus	Neptun	Pluto
mittlere Entfernung von der Sonne in Mio. km	57,9	108,2	227,9	778,3	1428	2872	4498	5946
Umlaufdauer um die Sonne	88 d	225 d	687 d	11,9 a	29,5 a	84 a	164,7 a	250,6 a

21 Erdvermessung

ERATOSTHENES wusste, dass an einem bestimmten Tag im Jahr die Sonnenstrahlen mittags genau senkrecht auf Syene (heute Assuan) trafen. Zur gleichen Zeit trafen sie im 5000 Stadien entfernten Alexandria unter einem Winkel von $\alpha = 7{,}2°$ auf.

a) Begründe, dass die Winkel α und β gleich groß sind.

b) ERATOSTHENES ermittelte als Wert für den Erdumfang 250 000 Stadien (1 Stadion ≈ 185 m). Wie hat er wohl gerechnet?

c) Vergleiche den Wert des ERATOSTHENES mit dem heute bekannten tatsächlichen Erdumfang. Wie groß war sein relativer Fehler?

d) Begründe, warum die Annahme von Bedeutung ist, dass Syene und Alexandria auf demselben Meridian liegen.

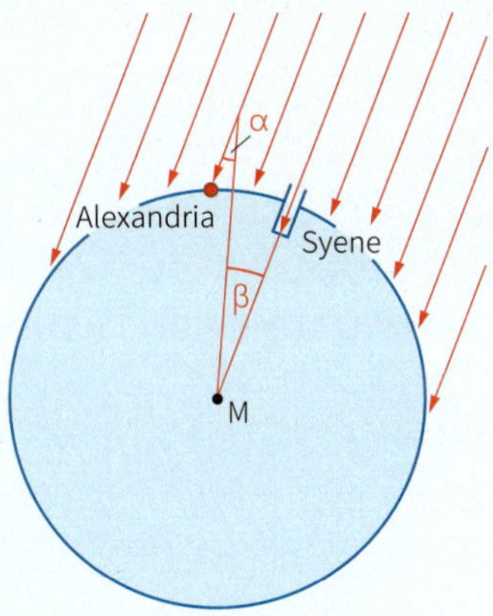

6.4 Prismen

Gruppenarbeit

1 Eckige Becher

Bastelt einen Becher mit einer sechseckigen und einen Becher mit einer achteckigen Grundfläche. Die Höhe beider Becher soll 10 cm betragen.
Diskutiert: Welcher der beiden Becher hat einen größeren Rauminhalt?
Mit etwas Sand und einem Messbecher könnt ihr eure Ergebnisse überprüfen.
Welche Rolle spielt dabei die Grundfläche?

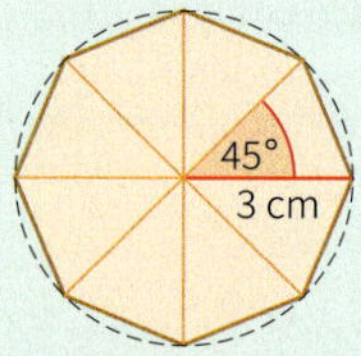

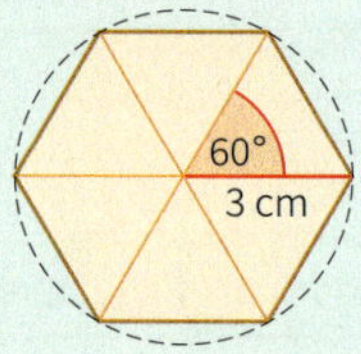

2 Grundfläche und Volumen

a) Die Formel für das Volumen eines Quaders ist: $V = a \cdot b \cdot c$. Erstelle dazu eine Skizze. Begründe, dass die Formel $V = \text{Grundfläche} \cdot \text{Höhe}$ ebenfalls stimmt.

Vorgehen beschreiben
siehe auch Seite 223

b) Vergleiche die Rauminhalte der Behälter mit dem Rauminhalt des blauen Quaders. Beschreibe, wie du vorgehst. Was muss für den sternförmigen Behälter gelten, damit er das gleiche Volumen hat wie der blaue Quader?

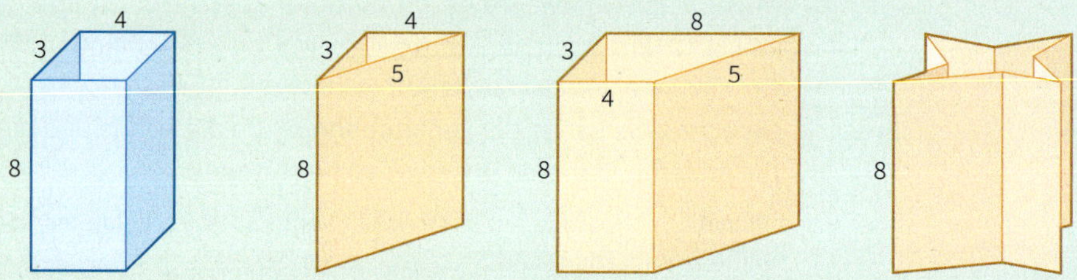

c) Berechne die Volumina der Behälter.

3 Dreiecksprisma

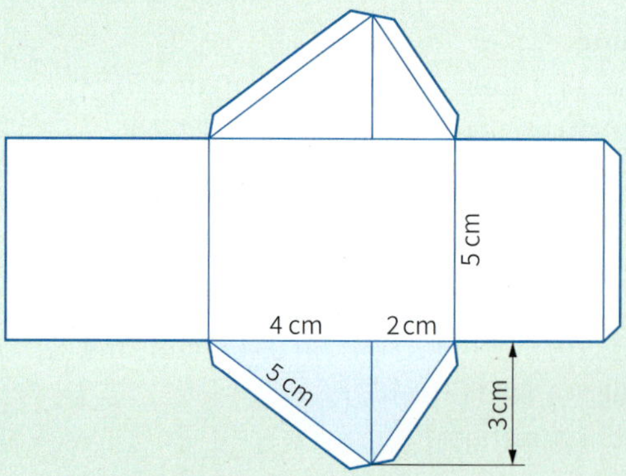

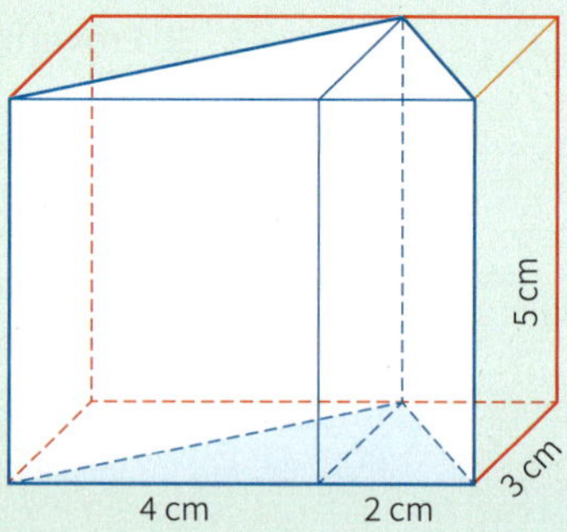

a) Berechne den Oberflächeninhalt.
b) Berechne das Volumen des Prismas.
c) Wie lautet eine Formel zur Berechnung des Volumens und des Oberflächeninhalts von Dreiecksprismen?

Basiswissen

Prisma

Prismen sind Körper, die zwei zueinander parallele und kongruente Vielecke als Grund- und Deckfläche haben und deren Seitenflächen Rechtecke sind.

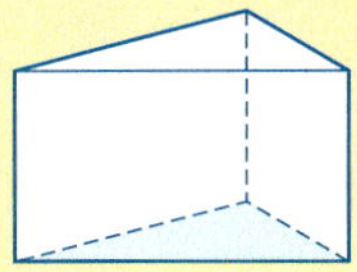

Volumen eines Prismas

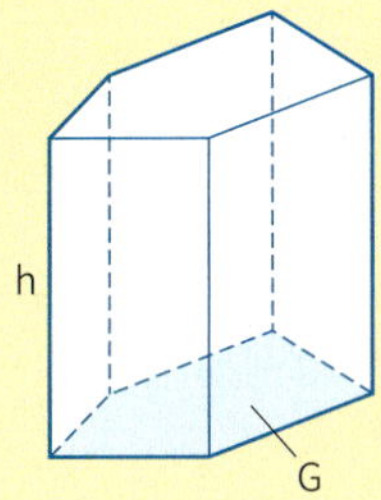

Oberfläche eines Prismas

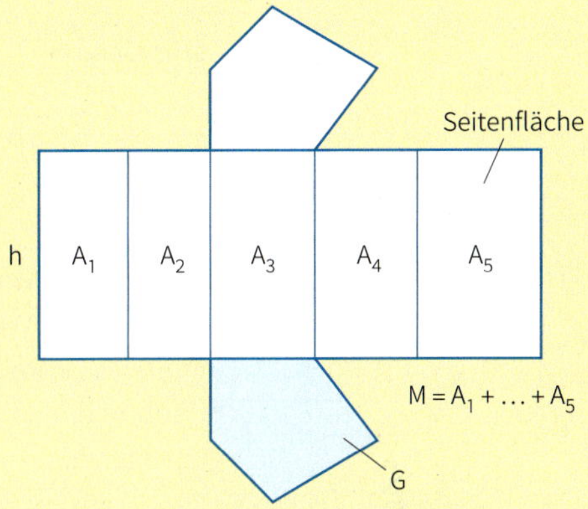

Mantelfläche M = Summe der Seitenflächen

$V = \text{Grundfläche} \cdot \text{Höhe}$

$V = G \cdot h$

$O = 2 \cdot \text{Grundfläche} + \text{Mantelfläche}$

$O = 2 \cdot G + M$

$O = 2 \cdot G + A_1 + A_2 + A_3 + A_4 + A_5$

Beispiel

A Dreiecksprisma

Berechne das Volumen und den Oberflächeninhalt des Dreiecksprismas.

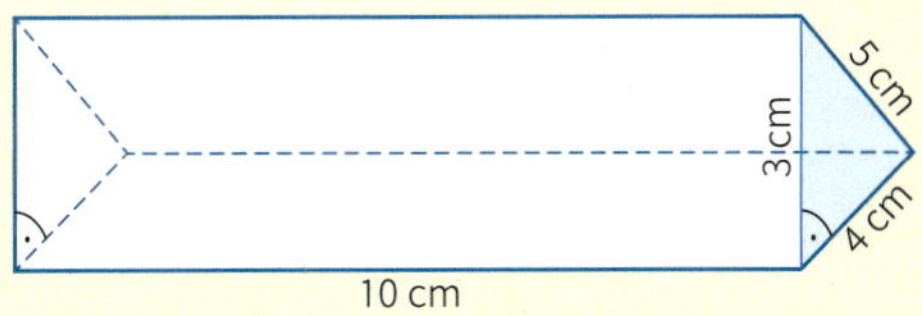

Lösung:

Grundfläche: Rechtwinkliges Dreieck mit der Fläche $G = \frac{1}{2} \cdot 3 \cdot 4 = 6$, somit $G = 6\,cm^2$

Volumen: $V = G \cdot h = 6 \cdot 10 = 60$, somit $V = 60\,cm^3$

Oberfläche: $O = 2 \cdot G + M = 2 \cdot 6 + (3 \cdot 10 + 4 \cdot 10 + 5 \cdot 10) = 132$, somit $O = 132\,cm^2$

Übungen

4 Training – Volumen

Welches Prisma hat das größte Volumen?

① $G = 126\,cm^2$, $h = 11\,cm$ ② $G = 105\,cm^2$, $h = 14\,cm$ ③ $G = 17\,dm^2$, $h = 1{,}5\,cm$ ④ $G = 83\,cm^2$, $h = 4\,dm$

5 Prismen ordnen

a)

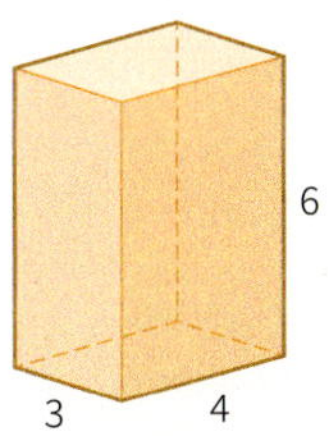

b)

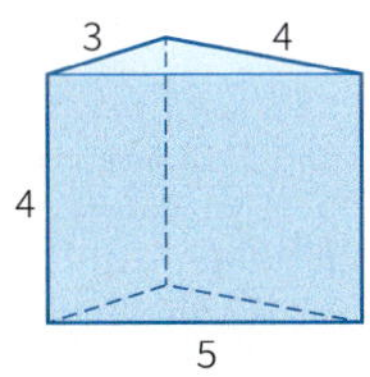

c)

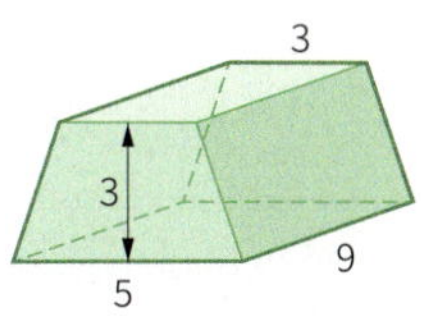

d)

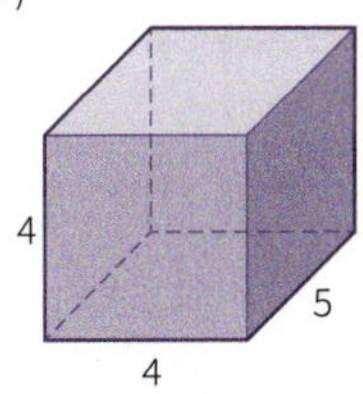

Ordne die Prismen nach der Größe des Volumens und nach der Größe der Oberfläche. Versuche es zunächst durch Abschätzen und rechne dann nach. Alle Einheiten sind in Zentimeter angegeben.

6 Prisma Training

a) Dreiecksprisma

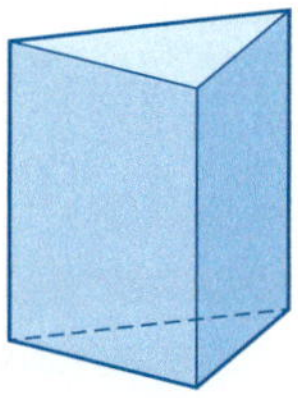

b) Quader

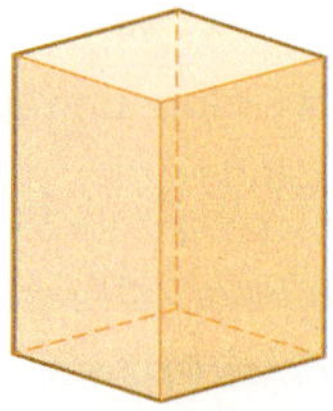

c) Sechsecksprisma

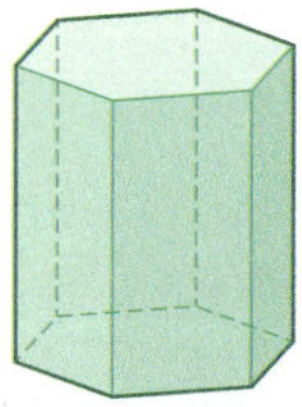

	Grundseite (a)	Seite (b)	Höhe (h)	Grundfläche (G)	Volumen (V)	Oberfläche (O)
a)	3 cm	2 cm	■	■	21 cm³	■
b)	■	3 cm	5 cm	■	■	110 cm²
c)	3 cm	7 cm	■	■	50 cm³	■

7 „Parallelogramm Prisma“

a) Berechne das Volumen und den Oberflächeninhalt des „Parallelogramm-Prismas“.

b) Erläutere die Strategie, nach der du vorgegangen bist.

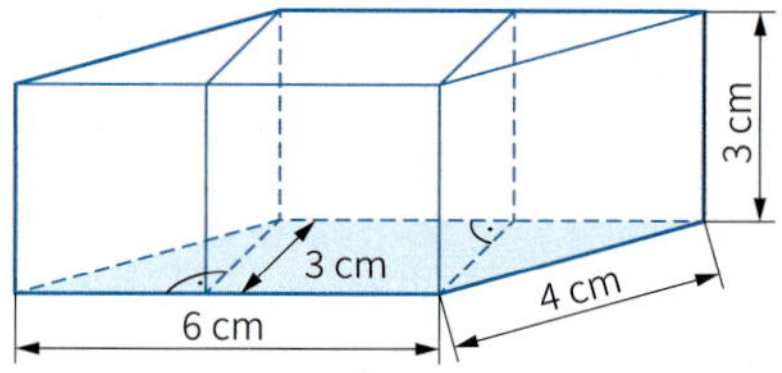

8 Saalgröße

Zur Berechnung der Größe von Heizungen muss man das Volumen des Raumes kennen.

a) Berechne das Volumen des Saales.

b) Der Saal soll von innen gestrichen werden. Zur Kostenkalkulation müssen die Wand- und Deckenfläche bestimmt werden. Für Fenster und Türen werden 10 m² abgezogen. Berechne den Flächeninhalt.

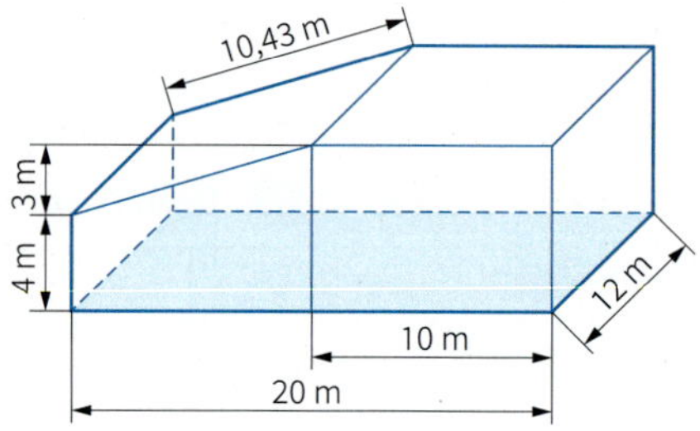

9 Pool

In einer Hotelanlage wird der Pool gefüllt.

a) Wie viel Liter fasst das Becken?

b) Die Innenfläche des Swimmingpools wird bis 20 cm oberhalb der Wasseroberfläche mit Fliesen versehen. Berechne die Fläche.

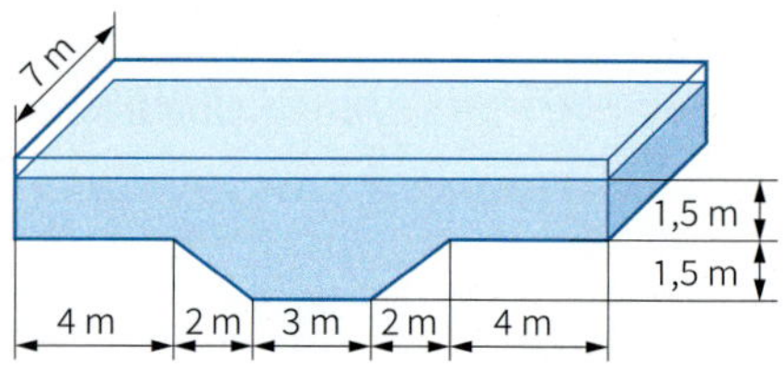

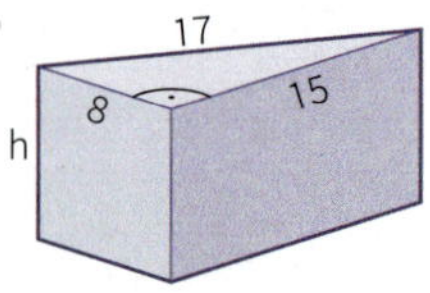

10 Größen aus dem Volumen bestimmen

Das Volumen des Dreiecksprismas beträgt 1440 cm³.
Die Grundfläche ist ein rechtwinkliges Dreieck mit den Seitenlängen 8 cm, 15 cm und 17 cm.
Bestimme die Höhe des Prismas und den Oberflächeninhalt.

Grundwissen

zum Wiederholen

1 Stellt das Baumdiagramm das zweimalige Ziehen aus der Urne mit oder ohne Zurücklegen dar? Begründe.

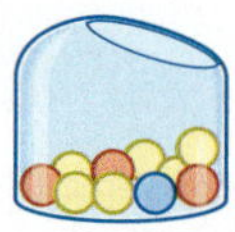

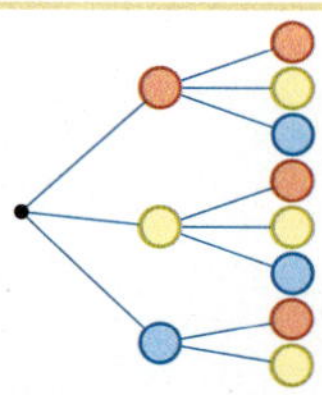

2 Gib eine Formel an, mit der die Anzahl der Stunden in die Anzahl der entsprechenden Tage umrechnet werden kann.

3 Denke dir einen Bruch und trage ihn auf der Zahlengeraden ein. Erweitere den Bruch mit 3. Wo findest du das Ergebnis auf der Zahlengeraden?
(A) weiter links (B) an derselben Stelle (C) weiter rechts

6.5 Zylinder

1 Regenfass

a) Das alte Regenfass im Garten braucht einen neuen Außenanstrich.
Die noch vorhandene Farbe reicht für $2\,m^2$. Kann damit das Fass gestrichen werden?

b) Schätze das Volumen des Fasses. Für die Berechnung des Volumens eines Prismas gibt es die Formel
Volumen = Grundfläche · Höhe.
Gib eine Formel für das Volumen von Zylindern an und bestimme das Volumen des Fasses.

2 Zylindernetze

a) Finde möglichst viele Zylindernetze.
Zeichne diese auf ein Blatt Papier und prüfe, ob sich das Netz zu einem Zylinder zusammenfügen lässt.

b) Berechne die Größe der Mantelfläche und die Größe der Oberfläche.

c) Finde eine Formel zur Berechnung des Oberflächeninhalts.

Maße in cm

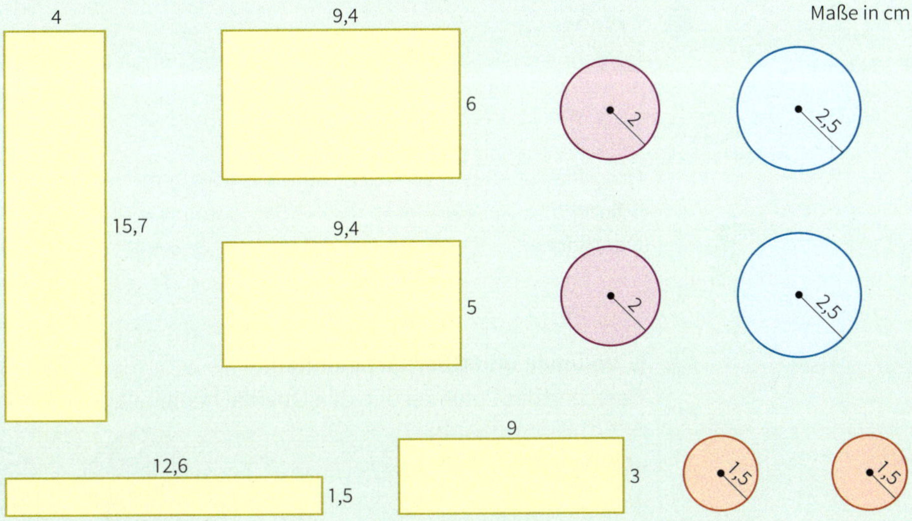

3 Schneiden und zusammenlegen

Leite aus den Bildern eine Formel für den Oberflächeninhalt und eine Formel für das Volumen eines Zylinders ab.

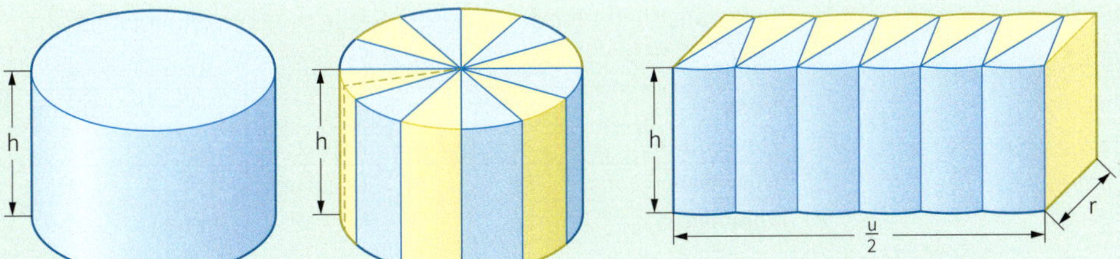

Basiswissen

Zylinder

Zylinder sind Körper mit zwei zueinander parallelen Kreisflächen und einer rechteckigen Mantelfläche, die senkrecht zu den Kreisflächen steht.

G Grundfläche
M Mantelfläche

Volumen eines Zylinders

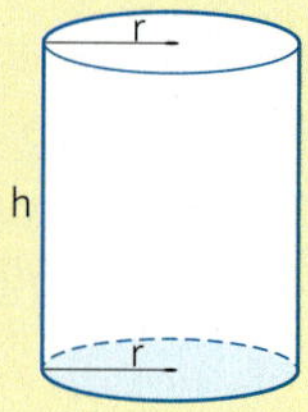

V = Grundfläche · Höhe
$V = \pi \cdot r^2 \cdot h$

Oberfläche eines Zylinders

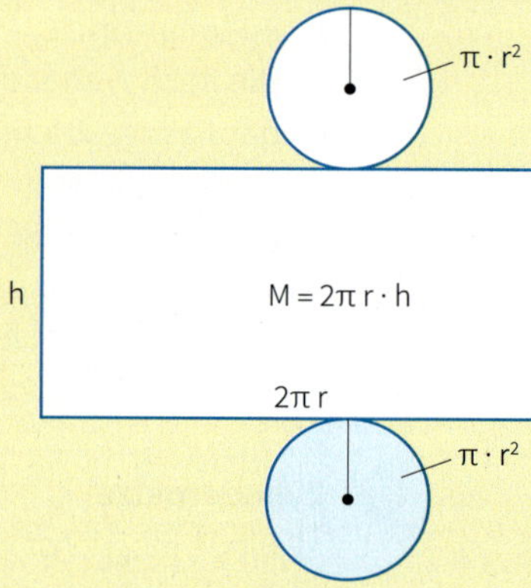

O = 2 · Grundfläche + Mantelfläche
$O = 2 \cdot \pi \cdot r^2 + 2 \cdot \pi \cdot r \cdot h$

Beispiel

A Zylinder

Berechne das Volumen und den Oberflächeninhalt des Zylinders.

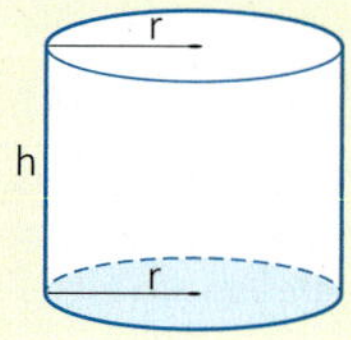

Lösung:

Radius: $r = \frac{1}{2}d$, somit $r = 3\,cm$

Grundfläche: $G = \pi \cdot r^2 = 9\pi$, somit $G \approx 28{,}3\,cm^2$

Volumen: $V = G \cdot h = 9\pi \cdot 5 = 45\pi$, somit $V \approx 141{,}4\,cm^3$

Oberfläche: $O = 2 \cdot G + M = 2 \cdot 9\pi + 2 \cdot \pi \cdot 3 \cdot 5 = 48\pi$, somit $O \approx 150{,}8\,cm^2$

Übungen

4 Volumen und Oberflächeninhalt

Berechne das Volumen und den Oberflächeninhalt.

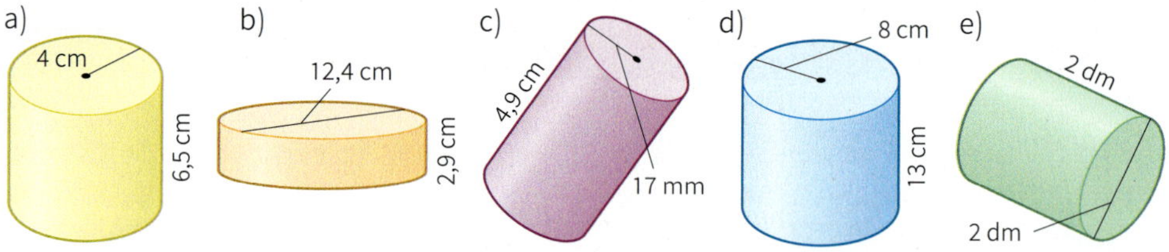

5 Zylinder-Training

Berechne die fehlenden Größen. Stelle die Formeln jeweils um.

Radius	3 cm	■	■	5 cm	■	45 cm	1,5 cm	■
Höhe	5 cm	8 m	■	■	50 cm	■	■	4 · r
Mantelfläche	■	24 m²	0,4 m²	■	■	■	10 cm²	■
Oberfläche	■	■	1,6 m²	■	■	■	■	2 m²
Volumen	■	■	■	75 cm³	25 l	8 hl	■	■

DIN-A5-Blatt:
210 mm × 297 mm

6 Zylinder aus DIN-Formaten

a) Ein DIN-A4-Blatt lässt sich auf zwei Arten zu einem Zylinder zusammenrollen. Beide Zylinder haben die gleiche Mantelfläche. Umfassen beide auch das gleiche Volumen?

b) Ein DIN-A5-Blatt entsteht durch Halbieren eines DIN-A4-Blattes. Aus beiden kann man auf zwei Arten einen Zylindermantel zusammenrollen. Umfasst der DIN-A4-Zylinder das doppelte Volumen des DIN-A5-Zylinders?

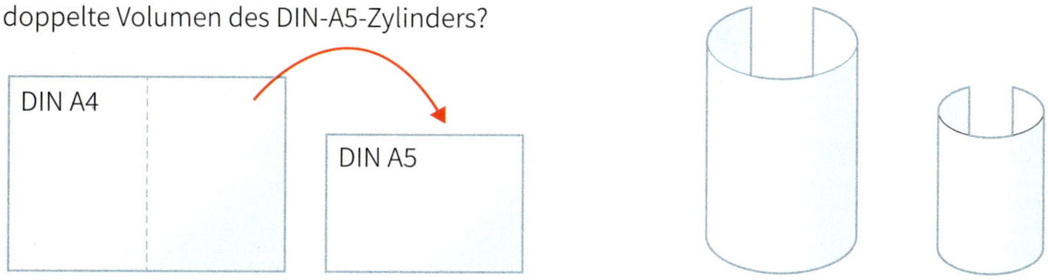

7 Zylinder mit Variablen

Ein Zylinder hat eine Höhe von 12 cm und einen Radius von 10 cm. Das Netz dieses Zylinders ist skizziert.
Wie groß sind die Werte für x und y?
Berechne den Oberflächeninhalt des Zylinders.

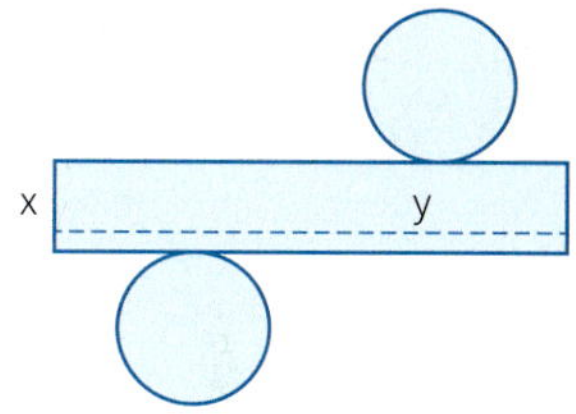

8 Zusammenhänge am Zylinder untersuchen

a) Wie verändert sich das Volumen, wenn die Höhe verdoppelt wird?

b) Wie verändert sich das Volumen, wenn der Radius verdoppelt wird?

c) Wie verändert sich das Volumen, wenn
① der Radius des Grundkreises 10 cm beträgt und die Höhe verändert wird?
② die Höhe 10 cm beträgt und der Radius des Grundkreises verändert wird?

d) Führe dieselbe Untersuchung auch für die Mantelfläche und die Oberfläche durch.

e) Stelle die Zusammenhänge zwischen dem Radius und dem Volumen, dem Radius und dem Oberflächeninhalt sowie dem Radius und der Mantelfläche grafisch in einem Koordinatensystem dar.

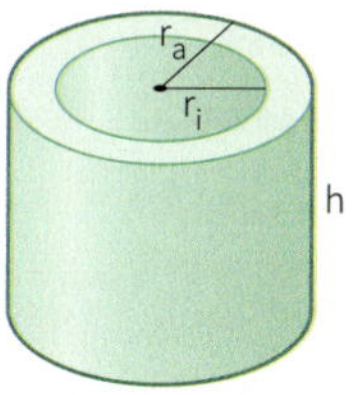

9 Hohlzylinder

a) Begründe die Formel für das Volumen eines Hohlzylinders: $V = \pi \cdot (r_a^2 - r_i^2) \cdot h$.
Leite eine entsprechende Formel für die Oberfläche des Hohlzylinders her.

b) Berechne das Volumen der Hohlzylinder.

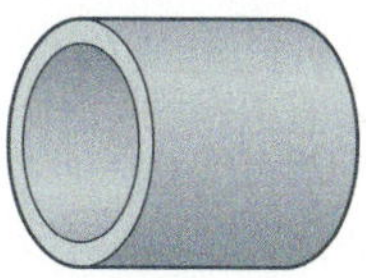

Länge: 100 cm
Durchmesser: 100 cm
Wandstärke: 10 cm

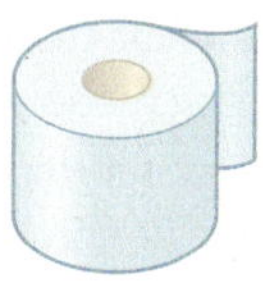

Höhe: 9,80 cm
Durchmesser: 12 cm
Innendurchmesser: 4 cm

Länge: 1 m
Durchmesser: 22 mm
Isolierungsstärke: 9 mm

Grundwissen
zum Wiederholen

1 Im Baumdiagramm fehlen 6 Einträge. Ergänze im Heft.

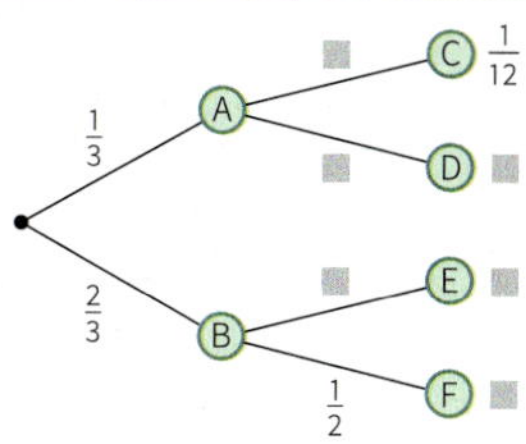

2 Für die Haltung von Degus, einem Nagetier aus Chile, ist pro Tier eine Mindestfläche von 1 m × 0,5 m erforderlich. Gib die Grundfläche eines Käfigs an, in dem a) 6 b) x Tiere leben sollen.

3 Welche Aussagen sind wahr?
(A) $6\frac{23}{20} = 7\frac{3}{20}$ (B) $4\frac{8}{3} = 5\frac{2}{3}$ (C) $\frac{19}{4} = 4\frac{7}{3}$

6.6

Anwendungen – Prismen und Zylinder

1 Dosenvergleich

Die große Dose entspricht der Euro-Norm mit einem Inhalt von 850 ml. Sie hat laut Beschriftung eine Füllmenge von 820 g. Die kleine Dose hat eine Füllmenge von 420 g.

a) Rechne nach, ob die kleine Dose in etwa das halbe Volumen der großen Dose hat.

b) Vergleiche auch die Oberflächen der Dosen. Welche ist vom Materialverbrauch her wirtschaftlicher?

c) Bei welchen Abmessungen hat die 850-ml-Dose den geringsten Materialverbrauch? Was vermutest du? Stelle eine Formel auf, mit der du zu gegebenem Radius die passende Höhe berechnen kannst.

d) Ist die Euro-Norm in diesem Sinn optimal?

r (cm)	h (cm)	V (cm³)	O (cm²)
1	270,6	850	1706,3
2	67,6	850	875,1
…	…	850	…
10	2,7	850	798,3

2 Pflastersteine

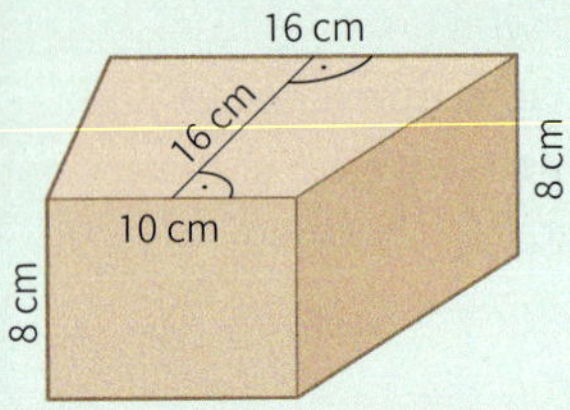

Herr Jung hat für eine Pflasterung in seinem Garten 150 Pflastersteine mit trapezförmiger Grundfläche gekauft. Darf Herr Jung die Steine in seinem Kombi nach Hause fahren, wenn die technisch zulässige Gesamtmasse 2025 kg und die Leermasse 1440 kg beträgt? Herrn Jung ist bekannt, dass 1 cm³ des Materials 2,7 g wiegt.

3 Zeltmodelle

Nina und Johanna wollen im Sommer zelten gehen. Im Frühjahr besuchen sie die Camping-Messe, um sich verschiedene Zelte anzusehen. Sie haben verschiedene Vergleichskriterien überlegt: Volumen, Standhöhe, Standfläche, Oberfläche.

a) Welche Kriterien könnten wichtig sein? Fallen dir weitere ein?

b) Vergleiche die Zeltmodelle hinsichtlich der oben genannten Kriterien. Für welches Modell würdest du dich entscheiden?

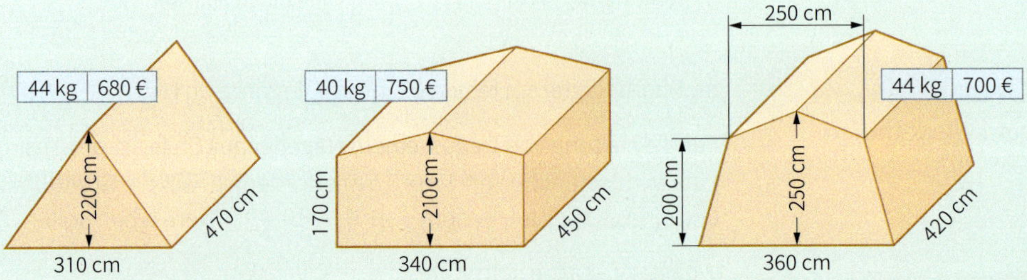

Basiswissen

Strategie zum Lösen von Anwendungsaufgaben

Situation
Die Kosten für den Container werden nach dem Fassungsvermögen (Volumen) berechnet. Wie viel Kubikmeter fasst der Container?

(1) Was ist gesucht?
Volumen V

(2) Um welchen Körper handelt es sich?
Der Container hat die Form eines Prismas, wobei die Vorderfläche die Grundfläche ist.

(3) Welche Formeln sind notwendig?
Volumenformel: $V_{Prisma} = G \cdot h_{Prisma}$
Die Vorderfläche des Containers ist ein Trapez.
Flächenformel: $A_{Trapez} = \frac{a+c}{2} \cdot h$

(4) Sind notwendige Daten vorhanden?
$a = 100\,cm$, $c = 205\,cm$, $h_{Trapez} = 125\,cm$
Breite des Containers $h_{Prisma} = 140\,cm$

(5) Rechnung
Flächeninhalte der Grundfläche (Trapez): $G = A_{Trapez} = \frac{100+205}{2} \cdot 125 = 19\,062{,}5$
Volumen des Prismas: $V = G \cdot h_{Prisma} = 19\,062{,}5 \cdot 140 = 2\,668\,750$
$V \approx 2{,}7\,m^3$

(6) Problemprobe
Der Container hat grob abgeschätzt die Maße eines Quaders mit
$1{,}5\,m \times 1\,m \times 1{,}5\,m = 2{,}25\,m^3$
Also passt das Ergebnis.

(7) Lösung des Problems
Der Container fasst ungefähr $2{,}7\,m^3$.

Übungen

4 **Zisterne**
Mit einer Zisterne kann Regenwasser gesammelt und gespeichert werden. Dadurch muss für das Gießen im Garten kein kostbares Trinkwasser verschwendet werden.
Eine zylindrische Gartenzisterne hat einen Durchmesser von 5 m und eine Höhe von 2 m.
Wie viele Gießkannen mit einem Fassungsvermögen von 14 Liter können befüllt werden?
Schätze und rechne.

5 **Standzylinder**
a) Ein Becherglas von 64 mm Innendurchmesser soll als Messzylinder geeicht werden. Welchen Abstand müssen die 5-cm^3-Teilstriche haben?
b) Das schmale Becherglas ist randvoll. Kann die Flüssigkeit vollständig in das breite Becherglas umgefüllt werden? Wie hoch ist dann der Flüssigkeitsspiegel?

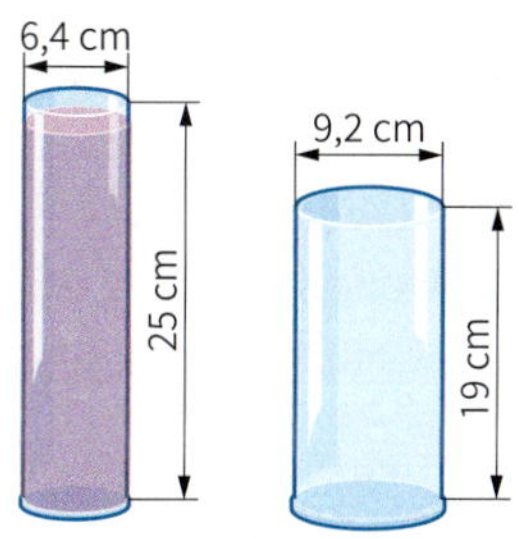

6 Walze
Die vordere Walze des Planierfahrzeugs hat einen Durchmesser von 1,52 m und eine Breite von 2,20 m. Wie viel Quadratmeter werden bei einer Umdrehung der Walze planiert?

7 Dreieckige Basaltsäule

Ein Bildhauer stellt eine große dreieckige Säule aus Basalt her. Für den Transport möchte er das Gewicht der Säule berechnen.

a) Welche Maße muss er ermitteln, um das Gewicht berechnen zu können?

b) Basalt ist ein schwerer Stein. 1 cm^3 Basalt wiegt 3,1 g. Welche Maße soll „deine“ Säule haben? Rechne.

8 Turm von Hanoi
Für den Tag der Mathematik wurden zehn Modelle zum „Turm von Hanoi“ aus Pressholz der Stärke 20 mm mit jeweils fünf Scheiben hergestellt. Die Grundplatte hat die Maße 45 × 15 cm, die größte Scheibe hat einen Durchmesser von 12,5 cm, und die nächsten Durchmesser sind jeweils um 2,5 cm kleiner. Auf der Dose Lacklasur ist angegeben, dass sie für eine Fläche von ca. 2 m^2 ausreicht. Können die zehn Modelle damit gestrichen werden?

9 Containervolumen
Die Entsorgungskosten für einen Container voll Abfall richten sich nach dem Fassungsvermögen (Volumen) des Containers und der Art des Abfalls.
Wie viel Kubikmeter (m^3) fasst der Container?
Bestimme jeweils die Kosten.

Erde	Grünabfall	Bauschutt	Baumischabfall
5 €/m^3	20 €/m^3	100 €/m^3	220 €/m^3

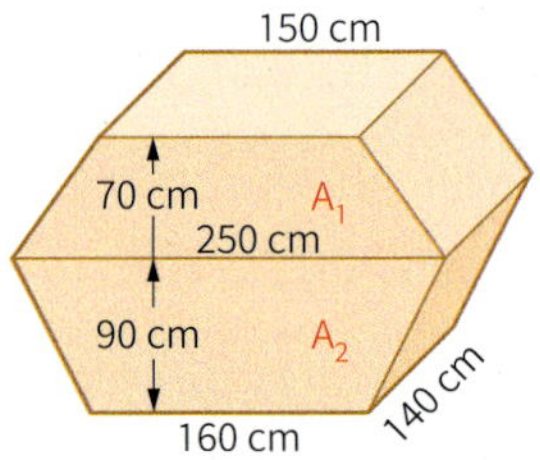

10 Granitbecken
Für einen Zimmerbrunnen soll aus Granit ein Becken (Tiefe: 15 cm) hergestellt werden.

a) 1 cm^3 Granit wiegt 2,8 g. Wie schwer wird das Becken sein? Die Zeichnungen des Steinmetzes liefern dir einige Maße.

b) Die Oberfläche des gesamten Brunnens soll geschliffen werden. Aus welchen Teilflächen setzt sich die Oberfläche zusammen? Berechne nun den Oberflächeninhalt.

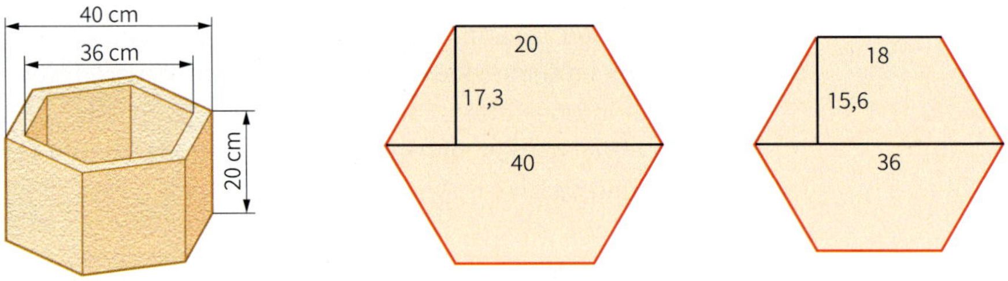

Grundwissen
zum Wiederholen

1 Um wie viel Quadratmeter unterscheiden sich die Spielflächen für Eishockey (44 m × 22 m) und für Hallenhockey (40 m × 20 m)?

2 Die in 2 m Höhe gemessenen Höchsttemperatur (41,2 °C) und Tiefsttemperatur in Deutschland unterscheiden sich um 79 °C. Berechne daraus die Tiefsttemperatur.

3 Anna hat von Montag bis Freitag immer sechs 45-min-Unterrichtsstunden.
Wie viele Zeitstunden sind dies insgesamt in einer Woche?

+ Exkurs

Deichbau

Wer einmal erlebt hat, mit welcher Macht die Wellen zuschlagen können, braucht von der Notwendigkeit des Deichbaus nicht mehr überzeugt zu werden.

Seit Menschen in unmittelbarer Nähe des Meeres leben, haben sie versucht, sich mit Schutzwällen (Deichen) vor dem Ansturm der Fluten zu schützen. Der Deichbau verlangt von den Küstenbewohnern einen hohen Arbeitseinsatz und ist mit enormen Kosten verbunden. Die ersten Deiche an der Nordseeküste wurden bereits vor mehr als 1000 Jahren erbaut, heute weist alleine die Küste in Schleswig-Holstein mehr als 600 km Deiche auf. Am Anfang wurden die Deiche noch von Hand gebaut – im 18. Jhd. transportierten tausend Mann bei einer Arbeitszeit von 80 Stunden pro Woche 400 000 Kubikmeter Erde und bauten damit einen 3 km langen Deich. Heute wird diese Arbeit mit schweren Baumaschinen in viel kürzerer Zeit geleistet. Der Küstenschutz ist heute Staatsaufgabe und wird durch Steuermittel finanziert.

11 ≡ Deichformen

Im Laufe der Jahrhunderte sind die Sturmfluten immer höher geworden. Damit mussten auch die Deiche immer höher gebaut und auch ihre Form verändert werden, insbesondere wurden die Böschungen immer flacher.

a) Berechne für die beiden Deichformen jeweils die Querschnittsfläche. Gib auch die Steigung der einzelnen Böschungsabschnitte in Prozent an.

b) Wie viel Kubikmeter Baumaterial (Sand und Erde) wurde jeweils für einen Deich von 3 km Länge benötigt? Gib hier den prozentualen Zuwachs an.

Die Abbildungen weisen in der Horizontalen einen anderen Maßstab auf als in der Vertikalen. Um einen realistischen Eindruck der Böschungsneigung zu erhalten, muss man den gleichen Maßstab verwenden. Zeichne den Deich von 1930 maßstabsgetreu auf ein DIN-A4-Blatt im Querformat.

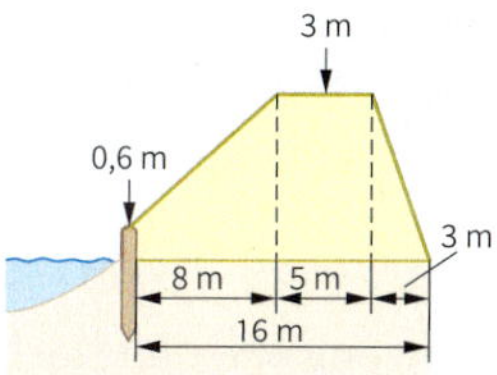

Deich um 1600

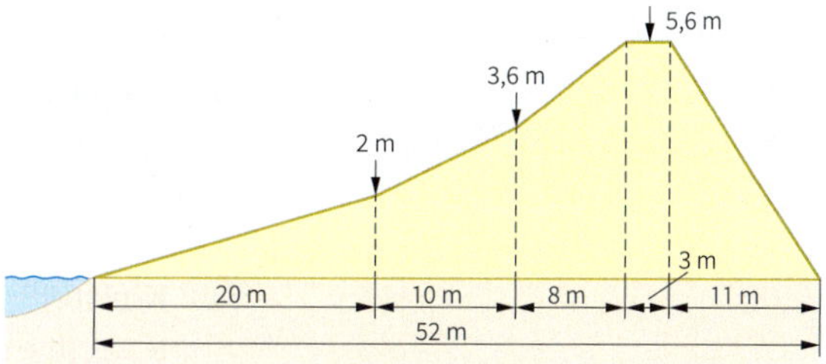

Deich um 1930

Heute werden die meisten Deiche mit einem Sandkern und einer darüber liegenden Schicht von Kleiboden gebaut. Sand lässt sich leicht gewinnen, transportieren und einbauen. Klei ist fester Boden und schützt den Deich gegen den Wellenangriff.

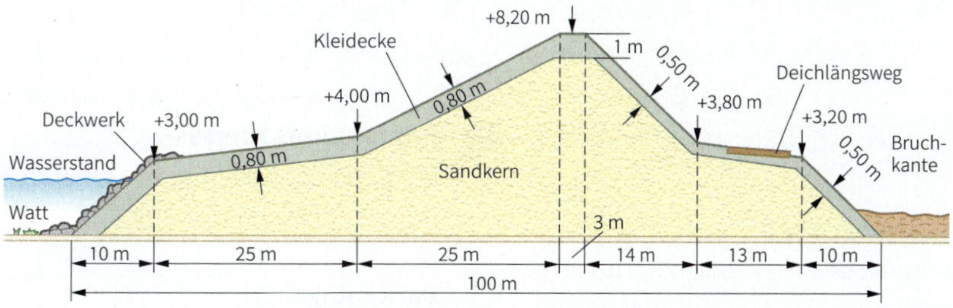

c) Berechne für einen Deich mit dem obigen Querschnitt und 1 km Länge das ungefähre Volumen des Sandkerns und der Kleidecke.

d) Der Deich soll auf 9,50 m erhöht werden bei etwa gleichen Böschungsneigungen. Zeichne einen entsprechenden Querschnitt. Wie viel breiter wird der neue Deich? Wie viel Kubikmeter Sand und Kleiboden werden für die Erhöhung benötigt?

Kreis – Umfang und Flächeninhalt

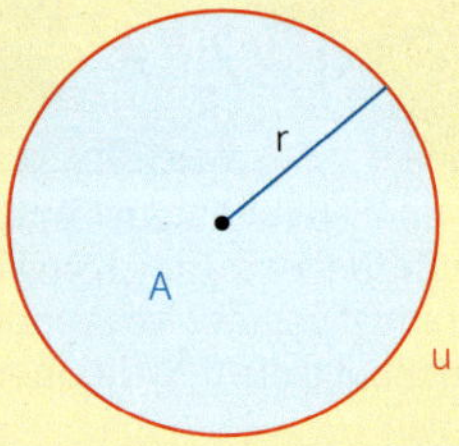

Umfang
$u = 2\pi \cdot r = \pi \cdot d$

Flächeninhalt
$A = \pi \cdot r^2$

Kreiszahl π

$\pi \approx 3{,}14$

π ist eine irrationale Zahl.

Kreisring

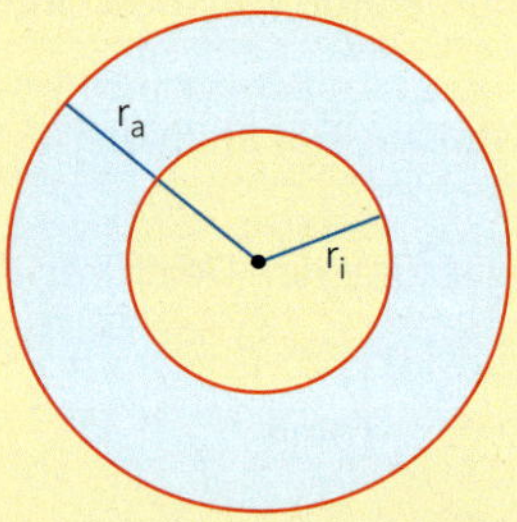

Umfang
$u_{Ring} = 2\pi \cdot (r_a + r_i)$

Flächeninhalt
$A_{Ring} = \pi \cdot (r_a^2 - r_i^2)$

Kreisausschnitt

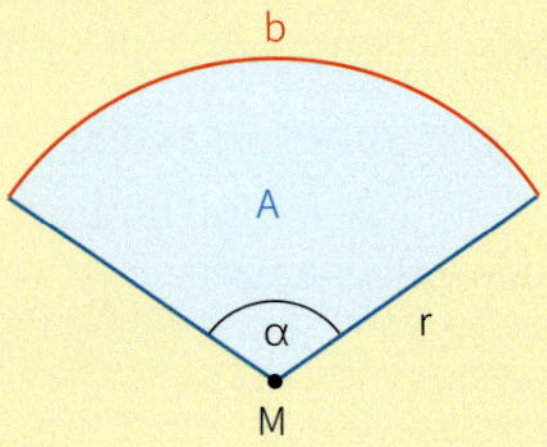

Bogenlänge
$b = \frac{\alpha}{180°} \cdot \pi \cdot r$

Flächeninhalt
$A = \frac{\alpha}{360°} \cdot \pi \cdot r^2$

Zusammenhang zwischen Bogenlänge und Flächeninhalt des Kreisausschnitts:
$A = \frac{1}{2} \cdot b \cdot r$

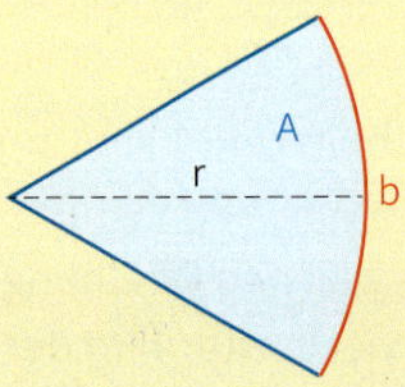

Check-up

1 Kreisgrößen

Berechne die fehlenden Größen.

Radius r	3 cm	4,8 cm	1,6 cm	■	■
Umfang u	■	■	■	20 cm	■
Flächeninhalt A	■	■	■	■	10 cm²

2 Verschnitt

Aus einer 50 cm × 70 cm großen Pappe werden 35 Kreise mit je 10 cm Durchmesser ausgeschnitten. Wie groß ist der Verschnitt?

3 Umfang und Flächeninhalt von Figuren

Berechne den Umfang und den Flächeninhalt der Figuren.

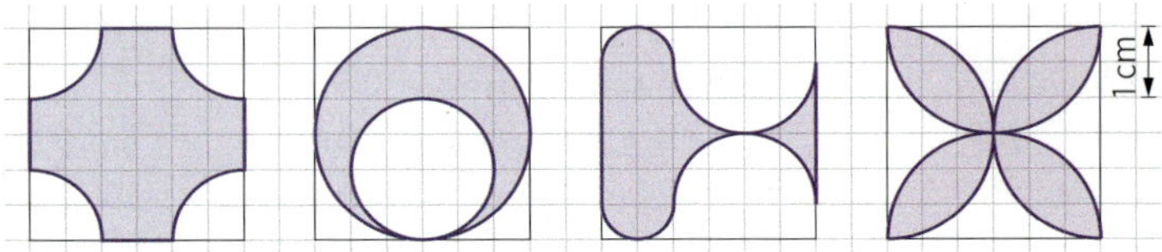

4 Springbrunnen

Um einen kreisförmigen Springbrunnen mit einem Durchmesser von 11,7 m wird ein 9 m breiter Straßenkreisel errichtet. Berechne die Größe der zu teerenden Fläche.

5 Quadrat und Kreis

Ein Quadrat und ein Kreis haben den gleichen Flächeninhalt von 36 cm². Vergleiche die Umfänge.

6 Kreisteile

Berechne den Umfang und den Flächeninhalt der farbigen Fläche.

a)
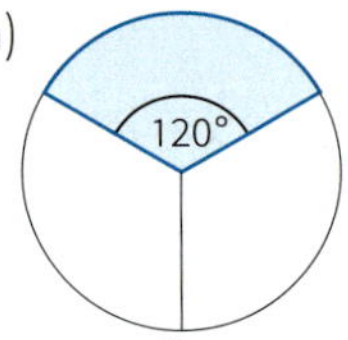

r = 2 cm

b)
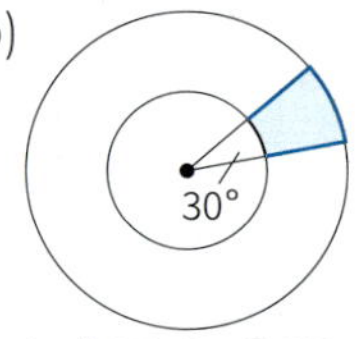

$r_i = 1$ cm, $r_a = 2$ cm

c)
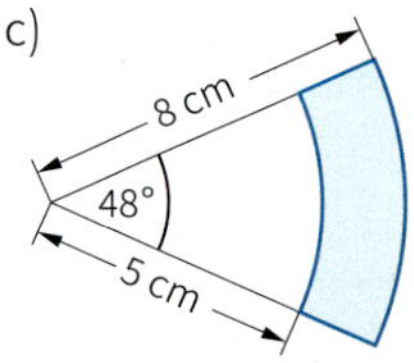

7 Radius eines Kreises

Ein Kreis hat den Radius r = 10 cm. Bestimme den Radius eines Kreises, dessen Flächeninhalt halb so groß ist.

8 Parkanlage

In einer Parkanlage soll ein rundes Tulpenbeet mit 1000 Tulpen angelegt werden.
Welchen Durchmesser hat das Beet ungefähr, wenn jede Tulpe eine Fläche von ca. 150 cm² beansprucht?

Würfel, Quader, Prismen, Zylinder

Volumen

V = Grundfläche mal Höhe

$V = G \cdot h$

Oberflächeninhalt

O = 2 mal Grundfläche plus Mantelfläche

$O = 2 \cdot G + M$

Prisma

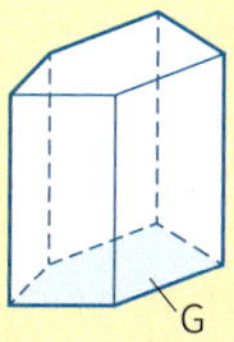

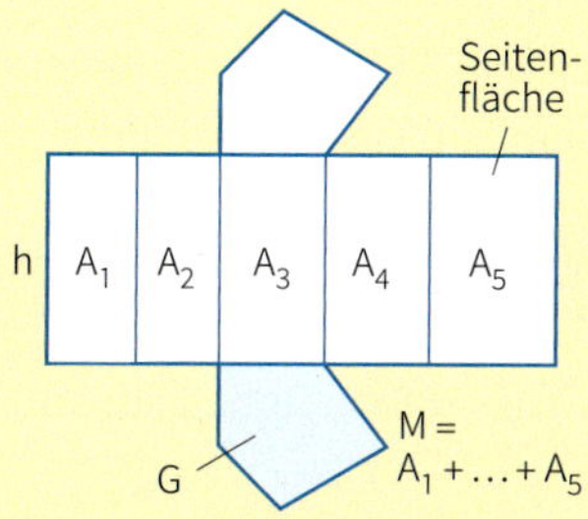

Volumen

$V = G \cdot h$

Oberflächeninhalt

$O = 2 \cdot G + A_1 + A_2 + A_3$

Zylinder

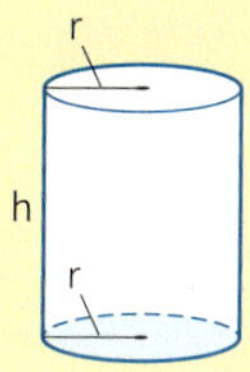

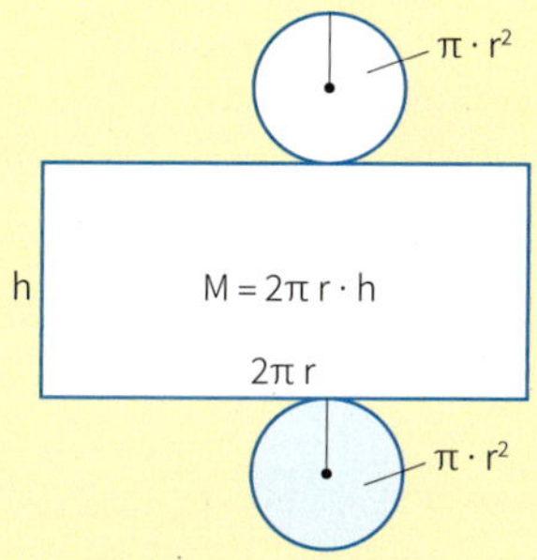

Volumen

$V = \pi \cdot r^2 \cdot h$

Oberflächeninhalt

$O = 2\pi \cdot r^2 + 2\pi \cdot r \cdot h$

Hohlzylinder

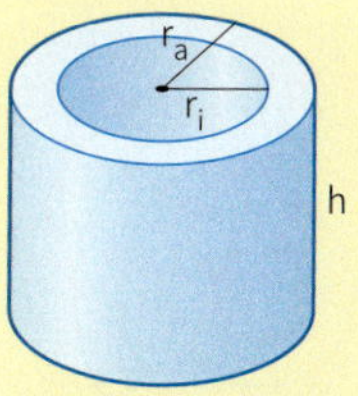

Volumen

$V = \pi \cdot (r_a^2 - r_i^2) \cdot h$

Oberflächeninhalt

$O = 2\pi \cdot (r_a^2 - r_i^2) + 2\pi \cdot (r_i + r_a) \cdot h$

9 Prismen vergleichen

Welches Prisma hat das größte Volumen?

Grundfläche G	50 cm²	34 cm²	45 cm²	20 cm²	13 cm²
Höhe h	4 cm	6 cm	5 cm	1 dm	17 cm

10 Prisma

Ein Prisma ist 10 cm hoch und hat als Grundfläche ein rechtwinkliges Dreieck mit den Seitenlängen a = 3 cm, b = 4 cm und c = 5 cm. Berechne das Volumen und den Oberflächeninhalt des Prismas.

11 Steintrog

Ein alter Steintrog hat einen trapezförmigen Querschnitt.
Wie viel Liter Wasser fasst der Trog?

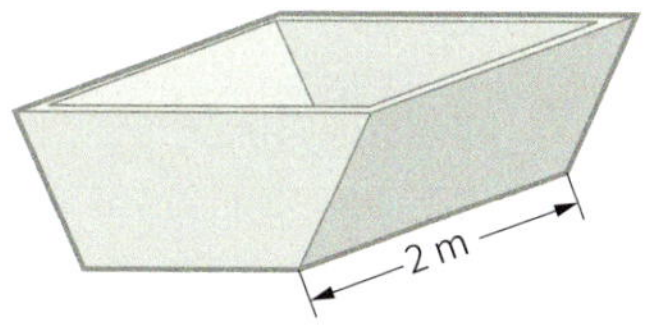

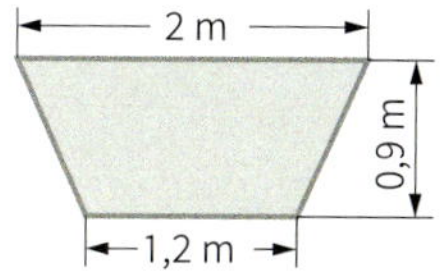

12 Zylindergrößen

Berechne die fehlenden Größen.

Radius r	2 cm	3,5 cm	■	■	■
Höhe h	4 cm	■	1,2 cm	13,1 cm	■
Mantel M	■	42 cm²	■	609 cm²	100 cm²
Oberflächeninhalt O	■	■	■	■	150 cm²
Volumen V	■	■	377 cm³	■	■

13 Zylindervergleich

Ein Zylinder mit dem Radius 3 cm hat das gleiche Volumen wie ein Zylinder mit dem Radius 2,5 cm und der Höhe 5 cm.
Welcher der beiden Zylinder hat die größere Oberfläche?

14 Volumen und Oberfläche

Berechne das Volumen und den Oberflächeninhalt des Körpers (alle Maße in cm).

a)

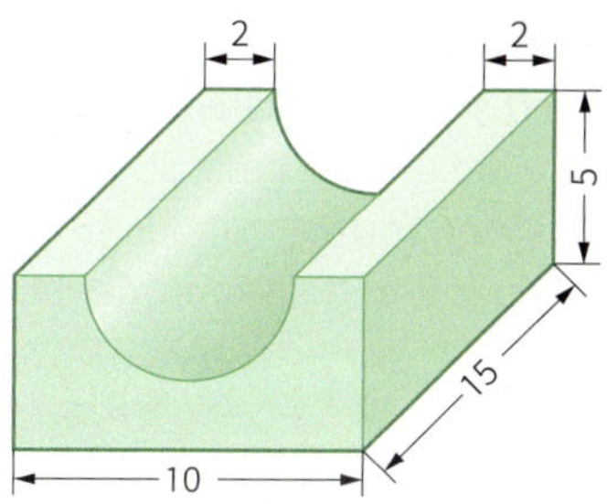

b)

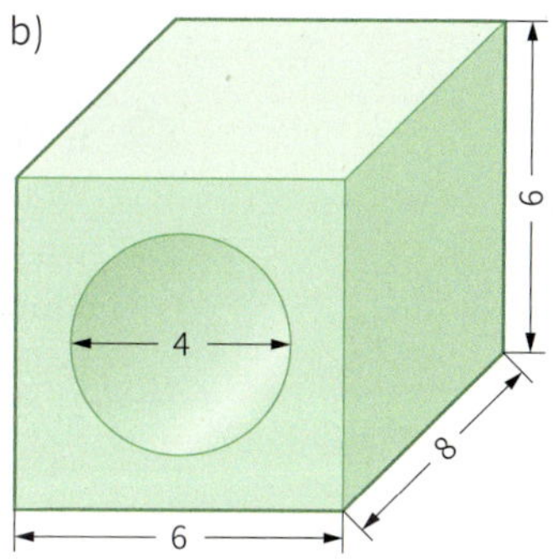

15 Hohlzylinder

Berechne das Volumen und den Oberflächeninhalt des Hohlzylinders.

a) $r_a = 5\,cm$, $r_i = 4\,cm$, $h = 3\,cm$

b) $r_a = 10\,cm$, $r_i = 5\,cm$, $h = 5\,cm$

Sichern und Vernetzen

Vermischte Aufgaben zu Kapitel 6

Trainieren

1 **Kreisgrößen**

Berechne die fehlenden Kreisgrößen.

Radius r	3 cm	■	■	9,3 m	■	■
Umfang u	■	10 cm	■	■	45 dm	■
Flächeninhalt A	■	■	63 cm^2	■	■	1,7 cm^2

2 **Gleicher Umfang – unterschiedliche Flächeninhalte**

Ein gleichseitiges Dreieck, ein Quadrat, ein regelmäßiges Sechseck und ein Kreis haben den gleichen Umfang von 72 cm. Welche Figur hat den größten Flächeninhalt, welche den kleinsten? Gib die Werte an.

3 **Kreisring**

a) Um einen Kreis vom Radius $r = 6$ cm soll ein Ring von 88 cm^2 Inhalt konstruiert werden. Wie breit ist der Ring?

b) Vergleiche mit der Breite eines Ringes gleichen Flächeninhalts, der nach innen gelegt wird.

4 **Prismen**

Welche Körper sind Prismen? Begründe deine Entscheidung.

Ⓐ 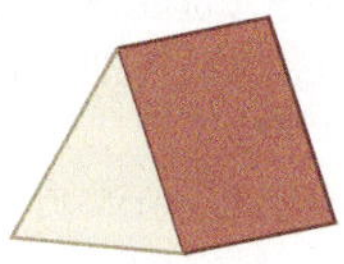

Satteldach

Ⓑ 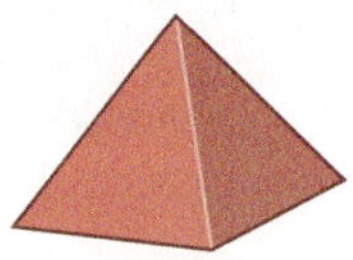

Zeltdach

Ⓒ 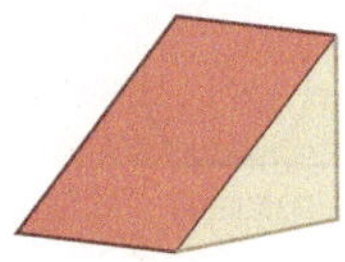

Pultdach

Ⓓ 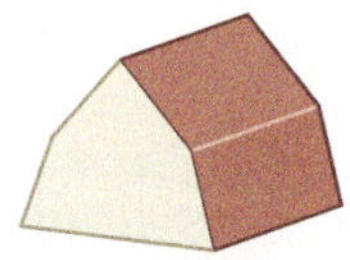

Mansardendach

Verstehen

5 **Umfang und Flächeninhalt eines Kreises**

Ein Kreis hat den Radius r.

a) Welchen Radius musst du für einen Kreis mit halbem (dreifachem, fünffachem) Umfang wählen?

b) Welchen Radius musst du für einen Kreis mit vierfachem (sechzehnfachem, doppeltem) Flächeninhalt wählen?

6 **Wachsende Kreisringe**

Wie verändert sich der Flächeninhalt der Ringe mit größer werdendem Radius? Wie groß ist der Flächeninhalt des neunten Rings? Finde eine Formel, mit der man den Flächeninhalt jedes beliebigen Rings ermitteln kann, der bei Fortsetzung des Verfahrens entsteht.

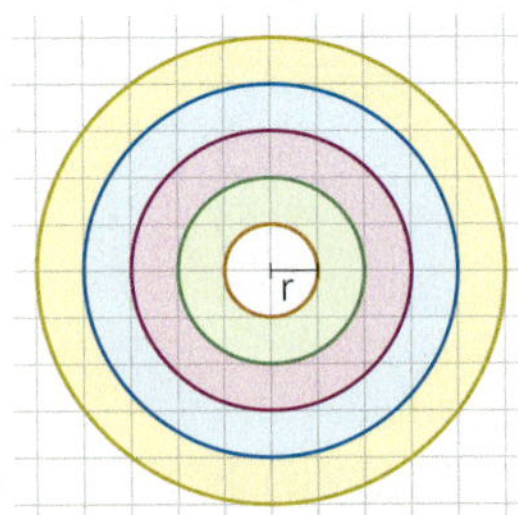

7 **Zylindervergrößerung**

Ein Zylinder hat ein Volumen von 300 ml. Wie groß ist das Volumen eines Zylinders, der ihm gegenüber maßstäblich mit dem Faktor $k = 4$ vergrößert ist?

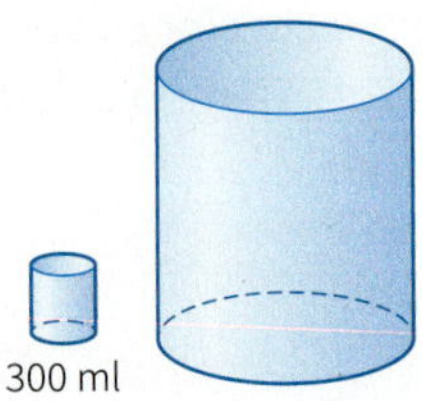

8 **Was passiert, wenn …**
Von Schritt zu Schritt wird der Durchmesser des angehängten Halbkreises halbiert.
a) Wie lang wird die „Schlange“ nach drei, fünf, zehn Schritten?
b) Wie entwickelt sich der Inhalt der gelben Fläche?

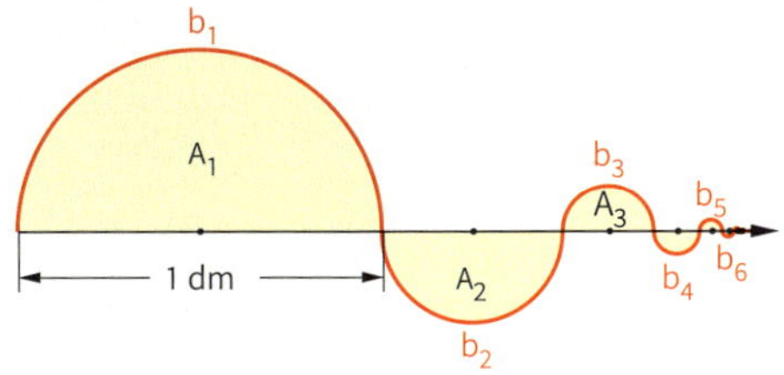

9 **Aussage prüfen**
Anne behauptet: „Der Oberflächeninhalt eines Zylinders mit dem Radius r und der Höhe h ist genauso groß wie der Flächeninhalt des Rechtecks mit den Seitenlängen $a = 2\pi \cdot r$ und $b = r + h$.“ Stimmt das? Überprüfe die Aussage an Beispielen und begründe.

Anwenden

10 **Pizza**
Emma und Ben gehen Pizza essen. Eine kleine Pizza Spezial mit Radius 11 cm kostet 5 €, ein Stück von der großen Pizza Spezial mit Radius 22 cm kostet 2 €. Emma schätzt den Mittelpunktswinkel auf 30°. Vergleiche die Preise der Pizzen.

11 **Eine Buche**
Bei einer Buche wurde im Jahr 2007 ein Stammumfang von 1,14 m gemessen, im Jahr 2016 war dieser auf 1,28 m gewachsen. Um wie viel Prozent ist in dieser Zeit der Durchmesser gewachsen, um wie viel Prozent die Querschnittsfläche?

12 **Erdbeben**
Im Oktober 1989 richtete ein Erdbeben der Stärke 6,9 auf der Richter-Skala in San Francisco massive Schäden an. Allein dort wurden über 100 000 Häuser zerstört. Das Epizentrum des Bebens befand sich in Santa Cruz, 80 Meilen von San Francisco entfernt. Wie groß war die vom Beben betroffene Fläche in einem Radius von 80 Meilen um das Epizentrum herum? Berechne auf km^2 genau.

1 Meile ≈ 1,61 km

13 **Versickerungsrohr**
Familie Müller möchte in ihrem Garten Regenwasser durch eine 6 m lange Rigole (ein Rohr mit Löchern) unterirdisch versickern lassen. Das Rohr hat einen Außendurchmesser von 300 mm und einen Innendurchmesser von 298 mm.

„rigole“: franz. „Rinne“

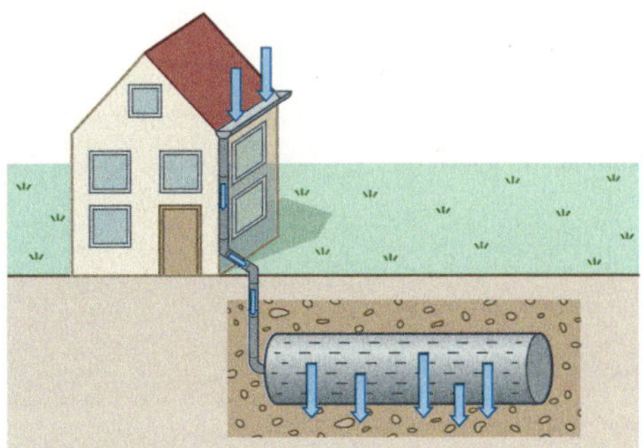

a) Wie viel Kubikmeter Regenwasser kann das Rohr aufnehmen?
b) Wie schwer ist die Rigole, wenn das Material Polyethylen 0,9 g/cm^3 wiegt?
c) Zur besseren Versickerung wird um das Rohr ein Stoffvlies gelegt. Wie viel Quadratmeter Stoff werden benötigt, um das Rohr vollständig einzuschlagen?
d) Die Rigole soll an allen Seiten von 20 cm Kies umgeben sein und 80 cm unter der Erdoberfläche vergraben werden. Wie viel Kubikmeter Erde muss Familie Müller zum Bau der Rigole ausheben?

Zum Erinnern und Wiederholen

Regeln und Rechengesetze

Runden
Betrachte die Ziffer, die nach der Rundungsstelle folgt.
Bei 0, 1, 2, 3, 4 → abrunden
Bei 5, 6, 7, 8, 9 → aufrunden
Beispiele: Runde 64 948 auf Tausender
64 948 ≈ 65 000
Runde 64 948 Hunderter
64 948 ≈ 64 900

Vorfahrtsregeln
Nur Strichrechnungen oder nur Punktrechnungen
Von links nach rechts rechnen
$37 - 8 + 12 = 29 + 12 = 41$
$70 : 5 \cdot 2 = 14 \cdot 2 = 28$

Punkt- vor Strichrechnungen
$13 + 6 \cdot 9 = 13 + 54 = 67$

Klammern zuerst
$8 \cdot (25 - 16) = 8 \cdot 9 = 72$

Rechenvorteile
Vertauschen der Reihenfolge und Zusammenfassen oder Zerlegen verschaffen häufig Rechenvorteile.

Kommutativgesetz
$a + b = b + a$ $\quad$ $a \cdot b = b \cdot a$

$25 + 37 + 75 = 25 + 75 + 37 = 100 + 37 = 137$

$4 \cdot 38 \cdot 25 = 4 \cdot 25 \cdot 38 = 100 \cdot 38 = 3800$

Assoziativgesetz
$a + b + c = a + (b + c)$ $\quad$ $a \cdot b \cdot c = a \cdot (b \cdot c)$

$18 + (94 + 6) = 18 + 100 = 118$

$56 \cdot (5 \cdot 20) = 56 \cdot 100 = 5600$

Distributivgesetz
$(a + b) \cdot c = a \cdot c + b \cdot c$
Beispiel: $(4 + 6) \cdot 11 = 4 \cdot 11 + 6 \cdot 11$
Von links nach rechts: Zerlegen:
Aus dem Produkt wird eine Summe.
Von rechts nach links: Zusammenfassen:
Aus der Summe wird ein Produkt.

1 Runden
Runde die Zahl 135,547 auf die angegebene Stelle.
a) Einer b) Zehntel c) Hundertstel

2 Runden auf Zehntel
Runde die Zahl auf Zehntel.
a) 0,55 b) 6,091 c) 31,449

3 Strich- und Punktrechnung
Berechne ohne Taschenrechner.
a) $4 \cdot 25 \cdot 5$ b) $20 - 5 + 15$ c) $12 \cdot 3 \cdot 2$
d) $2,5 + 4,5 - 4$ e) $\frac{1}{2} - \frac{1}{4} + 2$ f) $20 - 25 - 15$
g) $5 \cdot 8 : 4$ h) $15,5 : 5 \cdot 2$ i) $\frac{5}{2} \cdot 2 \cdot 4 : 25$

4 Punkt- vor Strichrechnung
Berechne ohne Taschenrechner.
a) $5 \cdot 12 - 19$ b) $3 \cdot \frac{2}{3} + 6 \cdot \frac{2}{3}$ c) $2 \cdot 5,5 - 8 + 4 \cdot 5,5$
d) $10 - 6 \cdot 5$ e) $\frac{1}{2} - \frac{1}{2} \cdot 4$ f) $0,1 \cdot 100 + 0,5 : 10$

5 Klammern zuerst
Berechne ohne Taschenrechner.
a) $(12 - 4) \cdot 3$ b) $\frac{1}{2} \cdot (15,2 + 4,8)$ c) $(18 - 22) \cdot 4$
d) $(-5 + 4) \cdot (6 + 7)$ e) $10 - (7,2 : 0,8)$ f) $(5 + 3,5 - 1,5) \cdot 4$

6 Rechengesetze anwenden
Berechne geschickt.
a) $1056 + 87 + 44$ b) $38 + (83 + 22)$ c) $(178 - 37) + 36$
d) $1,02 - 0,4 + 0,98$ e) $4 \cdot (17 \cdot 25)$ f) $4,5 \cdot 12 \cdot 0,5 : 3$

7 Terme aufstellen
Stelle den Term auf und berechne möglichst geschickt.
a) Addiere zum Produkt aus 16 und 4 die Zahl 36.
b) Dividiere die Differenz von $3\frac{1}{3}$ und $\frac{1}{4}$ durch 2.
c) Quadriere den Quotienten der Zahlen $\frac{2}{5}$ und $\frac{4}{9}$.

8 Geschicktes Rechnen
Rechne möglichst schnell und geschickt mithilfe der Rechengesetze.
a) $9 + 9^2$ b) $4 \cdot 1,75 \cdot 2,5$ c) $5 \cdot 1,5 - 1,5$
d) $19,34 - 2,8 - 1,34$ e) $3,33 + 1,4 + 4,6$ f) $\left(100 - \frac{5}{2}\right) \cdot 2$

9 Distributivgesetz
Wende das Distributivgesetz an und berechne. Überlege, ob verteilen oder zusammenfassen vorteilhafter ist.
a) $\left(10 - \frac{5}{6}\right) \cdot 12$ b) $6 \cdot 37 - 6 \cdot 27$ c) $(350 - 56) : 7$
d) $1,75 : 5 + 8,25 : 5$ e) $\frac{11}{15} \cdot \left(\frac{7}{15} + \frac{8}{15}\right)$ f) $\frac{5}{7} \cdot \left(\frac{7}{10} - \frac{7}{15}\right)$

Brüche

$\frac{2}{5}$ — Zähler (2), Bruchstrich, Nenner (5)

Lies: „Zwei Fünftel“

Ungleichnamige Brüche addieren und subtrahieren

- Brüche gleichnamig machen
- Zähler addieren oder subtrahieren
- Nenner beibehalten

$\frac{5}{7} - \frac{1}{3} = \frac{15}{21} - \frac{7}{21} = \frac{15-7}{21} = \frac{8}{21}$

Mit gemischten Zahlen rechnen

So klappt es immer: Vor dem Addieren, Subtrahieren usw. die gemischten Zahlen in einen Bruch umwandeln.

$4\frac{1}{3} - 1\frac{5}{6} = \frac{13}{3} - \frac{11}{6}$

$= \frac{26}{6} - \frac{11}{6} = \frac{15}{6} = \frac{5}{2} = 2\frac{1}{2}$

Brüche multiplizieren

- Zähler mal Zähler
- Nenner mal Nenner

$\frac{2}{3} \cdot \frac{4}{5} = \frac{2 \cdot 4}{3 \cdot 5} = \frac{8}{15}$

Kürzen beim Multiplizieren

$\frac{14}{9} \cdot \frac{18}{21} = \frac{\overset{2}{\cancel{14}} \cdot \overset{2}{\cancel{18}}}{\underset{1}{\cancel{9}} \cdot \underset{3}{\cancel{21}}} = \frac{2 \cdot 2}{1 \cdot 3} = \frac{4}{3}$

Kehrbruch

$\frac{2}{5}$ ist der Kehrbruch zu $\frac{5}{2}$, denn $\frac{2}{5} \cdot \frac{5}{2} = 1$.

Brüche dividieren

- Mit dem Kehrbruch multiplizieren

$\frac{3}{7} : \frac{2}{5} = \frac{3}{7} \cdot \frac{5}{2} = \frac{3 \cdot 5}{7 \cdot 2} = \frac{15}{14}$

Rechnen mit der 0

- Ein Produkt ist 0, wenn ein Faktor 0 ist.
  $0 \cdot \frac{2}{3} = 0 \qquad \frac{1}{4} \cdot 0 = 0$
- Die Division durch 0 ist verboten.
  $\cancel{\frac{7}{8} : 0} \qquad \cancel{\frac{7}{0}}$

Brüche

1 Kopfrechnen

a) $\frac{5}{6} - \frac{1}{6}$ b) $\frac{4}{5} - \frac{3}{5} + \frac{2}{5}$ c) $\frac{3}{10} + \frac{3}{20} + \frac{2}{10}$ d) $\frac{3}{16} - \frac{1}{8} + \frac{1}{4}$

2 Training

a) $\frac{2}{5} + \frac{2}{3}$ b) $\frac{5}{7} - \frac{3}{8}$ c) $\frac{4}{25} + \frac{2}{5}$ d) $\frac{1}{9} + \frac{1}{8}$
e) $\frac{3}{10} + \frac{1}{2} + \frac{1}{8}$ f) $\frac{3}{4} - \frac{1}{6} - \frac{1}{2}$ g) $\frac{7}{8} - \frac{2}{5} + \frac{7}{10}$ h) $\frac{3}{7} + \frac{1}{4} + \frac{3}{14}$

3 Gemischte Zahlen

a) $1\frac{1}{3} + 1\frac{1}{8}$ b) $4\frac{1}{4} + 1\frac{3}{4}$ c) $2 - 1\frac{2}{7}$ d) $4\frac{5}{8} - 5$ e) $3\frac{1}{7} + 3\frac{2}{3}$

4 Multiplikationstraining

Berechne. Kürze so früh, wie möglich.

a) $\frac{4}{5} \cdot \frac{1}{4}$ b) $\frac{7}{8} \cdot \frac{8}{21}$ c) $\frac{2}{3} \cdot \frac{2}{3}$ d) $\frac{15}{3} \cdot \frac{8}{4}$ e) $\frac{5}{10} \cdot \frac{14}{35}$
f) $\frac{18}{27} \cdot 0$ g) $\frac{11}{4} \cdot \frac{20}{55}$ h) $\frac{24}{15} \cdot \frac{25}{28}$ i) $\frac{7}{12} \cdot \frac{1}{2}$ j) $\frac{9}{13} \cdot \frac{26}{4}$

5 Dividieren

a) $\frac{6}{9} : 12$ b) $\frac{2}{8} : 3$ c) $2 : \frac{6}{7}$ d) $2\frac{1}{4} : 3$ e) $3 : \frac{5}{2}$
f) $\frac{3}{8} : \frac{1}{2}$ g) $\frac{1}{4} : \frac{1}{10}$ h) $\frac{2}{3} : \frac{1}{5}$ i) $\frac{2}{7} : \frac{4}{3}$ j) $0 : \frac{2}{5}$

6 Terme berechnen

a) $6 \cdot \left(\frac{3}{2} + \frac{1}{2}\right)$ b) $\frac{3}{2} \cdot 8 + \frac{1}{2}$ c) $\frac{2}{7} : \frac{8}{3} + \frac{2}{3}$ d) $\left(\frac{3}{8} \cdot \frac{2}{5}\right) - \frac{1}{3}$

7 Textaufgaben

a) Frau Jäger kauft $\frac{1}{4}$ kg Tomaten, $2\frac{1}{2}$ kg Kartoffeln und $1\frac{1}{3}$ kg Äpfel. Wie schwer ist der Einkauf?

b) Ein 1,80 m langer Pfahl wird mit $\frac{2}{5}$ seiner Länge in die Erde gesteckt. Wie lang ist das sichtbare Teilstück, das aus dem Boden herausragt?

c) In ein Verdunstungsgefäß am Heizkörper werden $1\frac{1}{2}$ Liter Wasser gegossen. Nach einiger Zeit ist $\frac{1}{5}$ der Flüssigkeit verdunstet. Wie viel Wasser befindet sich noch im Gefäß?

d) Von 25 kg Apfelsinen konnten nur $\frac{9}{10}$ zum Verkauf angeboten werden, der Rest war verdorben. $\frac{3}{4}$ der angebotenen Ware wurde verkauft. Wie viel kg wurden verkauft? Wie viel kg waren verdorben?

8 Fahrradkauf

Mia möchte sich ein neues Fahrrad kaufen. Sie hat 240 Euro gespart. Dies sind $\frac{3}{5}$ des Preises, den das Fahrrad kostet. Wie teuer ist das Fahrrad?

9 Gummibärchen

Aus einer Tüte Gummibärchen erhält Anne $\frac{1}{3}$. Von den übrigen erhält Ben $\frac{1}{4}$. Von den nun noch übrigen erhält Cecile $\frac{1}{2}$. Doro erhält die letzten 6 Gummibärchen. Wie viele erhält jedes Kind?

Rationale Zahlen

Die Menge der rationalen Zahlen besteht aus den positiven und negativen Brüchen und der Null. Die Menge der rationalen Zahlen wird mit ℚ bezeichnet.

Addieren

Addiert man eine **positive** Zahl, so bewegt man sich auf der Zahlengeraden nach **rechts**, $-4 + (+9) = -4 + 9 = 5$

Addiert man eine **negative** Zahl, so bewegt man sich auf der Zahlengeraden nach **links**, $5 + (-7) = 5 - 7 = -2$

Subtrahieren

Subtrahiert man eine **positive** Zahl, so bewegt man sich auf der Zahlengeraden nach **links**, $7 - (+8) = 7 - 8 = -1$

Subtrahiert man eine **negative** Zahl, so bewegt man sich auf der Zahlengeraden nach **rechts**, $4 - (-5) = 4 + 5 = 9$

Multiplizieren

Das Produkt von zwei rationalen Zahlen ist
- **positiv**, wenn beide Zahlen das **gleiche** Vorzeichen haben.
  $(+6) \cdot (+0{,}5) = +3$ $\quad (-4) \cdot (-7) = +28$
- **negativ**, wenn die Zahlen **verschiedene** Vorzeichen haben.
  $(+3) \cdot (-11) = -33$ $\quad (-15) \cdot (+0{,}4) = -6$
- 0, wenn mindestens ein Faktor 0 ist, $0 \cdot (-7) = 0$.

Dividieren

Der Quotient von zwei rationalen Zahlen ist
- **positiv**, wenn beide Zahlen das **gleiche** Vorzeichen haben.
  $(+32) : (+8) = +4$ $\quad (-63) : (-9) = +7$
- **negativ**, wenn die Zahlen **verschiedene** Vorzeichen haben.
  $(+54) : (-3) = -18$ $\quad (-30) : (+5) = -6$
- 0, wenn der Dividend 0 ist.

Die Division durch 0 ist verboten.

Rationale Zahlen

1 Zahlengerade zeichnen

Zeichne eine passende Zahlengerade und trage die Zahlen ein.

a) $-5; 0; 4; -10$ b) $-10; 15; -25; -15$; c) $1{,}5; -0{,}7; -0{,}1; -1$

2 Zahlengerade

3 Zahlen in der Mitte

Welche Zahl liegt genau in der Mitte zwischen den Zahlen?

a) 2 und $-2{,}6$ b) $-2{,}2$ und $-3{,}4$ c) $-\frac{1}{4}$ und $-\frac{1}{8}$
d) $-1{,}01$ und $-1{,}1$ e) $-0{,}9$ und $0{,}1$ f) $-\frac{4}{5}$ und $\frac{1}{2}$

4 Addieren und Subtrahieren

Berechne ohne Taschenrechner.

a) $14 - 27$ b) $-13 + 16$ c) $-5 - 17$ d) $-8 + 12{,}5$
e) $1{,}5 - 3{,}7$ f) $-2{,}1 + 2{,}4$ g) $-4{,}2 - 0{,}6$ h) $-1{,}5 + 2{,}8$
i) $\frac{1}{4} - \frac{2}{3}$ j) $-\frac{3}{5} + \frac{3}{4}$ k) $-\frac{3}{10} - \frac{1}{3}$ l) $-\frac{1}{5} + \frac{1}{10}$
m) $2 - (-4)$ n) $-1{,}5 + \left(-\frac{1}{2}\right)$ o) $-4{,}5 - (+1{,}2)$ p) $-1{,}5 - (-3{,}7)$

5 Additionstabelle

Übertrage die Tabelle in dein Heft und berechne.

+	1,7	$\frac{1}{4}$	–0,5	8,5
2,5	■	■	■	■
$-\frac{1}{2}$	■	■	■	■
–0,4	■	■	■	■

6 Multiplizieren und Dividieren

Berechne ohne Taschenrechner.

a) $5 \cdot (-3)$ b) $-14 \cdot 4$ c) $-5 \cdot (-12)$ d) $-7 \cdot 4$
e) $1{,}5 \cdot (-1{,}5)$ f) $-2 \cdot 2{,}4$ g) $-3{,}6 : 6$ h) $-1{,}5 : (-3)$
i) $\frac{1}{5} \cdot \frac{2}{5}$ j) $-\frac{2}{7} : \frac{3}{4}$ k) $-\frac{4}{9} : \left(-\frac{1}{3}\right)$ l) $-\frac{5}{6} \cdot \frac{3}{10}$

7 Multiplikationstabelle

Übertrage die Tabelle in dein Heft und berechne.

·	2,9	$\frac{1}{5}$	–1,5	80
10	■	■	■	■
$-\frac{1}{4}$	■	■	■	■
–2,5	■	■	■	■

8 Rechnen mit rationalen Zahlen

Berechne geschickt ohne Taschenrechner.

a) $25 \cdot (-3{,}1) \cdot (-4)$ b) $-1{,}4 + 6 - 0{,}6$ c) $-5 \cdot (-1{,}25) \cdot 0$
d) $-7{,}6 \cdot 0{,}3 - 2{,}4 \cdot 0{,}3$ e) $-3{,}4 + 1{,}8 - 1{,}6$ f) $-2 : \frac{1}{2} + 4{,}5$
g) $\frac{1}{5} : \frac{2}{5} - \frac{1}{4}$ h) $-\frac{1}{2} - \frac{2}{2} - \frac{3}{2}$ i) $4{,}5 - \frac{1}{6} : \left(-\frac{1}{12}\right)$

Größen

Eine Größe setzt sich aus **Maßzahl** und **Maßeinheit** zusammen.

Längen

Übersicht über die Längeneinheiten

1 km; 1 m; 1 dm; 1 cm; 1 mm

Umrechnung **von Längeneinheiten**

$1\,km = 1000\,m$ (·1000 / :1000) $1\,m = 10\,dm$ (·10 / :10) $1\,dm = 10\,cm$ (·10 / :10)

Zeiten

Übersicht über die Zeiteinheiten

1 d; 1 h; 1 min; 1 s

Umrechnung von Zeiteinheiten

$1\,d = 24\,h$ (·24 / :24) $1\,h = 60\,min$ (·60 / :60) $1\,min = 60\,s$ (·60 / :60)

Gewicht (physikalisch Masse)

Übersicht über die Einheiten

1 t; 1 kg; 1 g; 1 mg

Umrechnung von Gewichtseinheiten

$1\,t = 1000\,kg$ (·1000 / :1000) $1\,kg = 1000\,g$ (·1000 / :1000) $1\,g = 1000\,mg$ (·1000 / :1000)

Maßstäbe

Gegeben: Maßstab 1 : 20 000, Länge auf der Karte: 7 mm
Gesucht: Länge in der Wirklichkeit
Strategie: Multipliziere mit der Maßstabszahl und wandle um.
$7\,mm \cdot 20\,000 = 140\,000\,mm$
$140\,000\,mm = 14\,000\,cm = 140\,m$

Gegeben: Maßstab 1 : 50 000, Länge in der Wirklichkeit: 4 km
Gesucht: Länge auf der Karte
Strategie: Wandle um und dividiere durch die Maßstabszahl.
$4\,km = 4000\,m = 400\,000\,cm$
$400\,000\,cm : 50\,000 = 8\,cm$

Größen

1 Längeneinheiten umwandeln
Wandle in die angegebene Einheit um.
a) in m: 340 cm, 12 dm, 2,5 km, 750 cm
b) in dm: 1700 cm, 0,6 m, 5500 mm, 0,5 km
c) in cm: 1,05 m, 0,2 km, 4,5 dm, 75 mm

2 Zeiteinheiten umwandeln
Wandle in die angegebene Einheit um.
a) in h: 180 min, 45 min, 20 min, 600 min
b) in min: $1\frac{1}{2}$ h, 120 s, 0,2 d, 2,5 h
c) in s: 4 min, 35 min, 2,5 h, $\frac{1}{10}$ d

3 Zeitspannen
Gib die Zeitspannen zwischen den Zeitpunkten an.
a) 7.45 Uhr und 8.30 Uhr.
b) 10.50 Uhr und 12.25 Uhr.
c) 18.30 Uhr und 20.07 Uhr.
d) 21.47 Uhr und 23.39 Uhr.

4 Zeitenfragen
a) Es ist 7.45 Uhr. Wie spät ist es 5 h und 30 min später?
b) Es ist 20.30 Uhr. Wie spät war es vor 2 h 50 min?
c) Es ist 11.46 Uhr. Wie lang ist die Zeitspanne bis 13.29 Uhr?

5 Gewichtseinheiten umwandeln
Wandle in die angegebene Einheit um.
a) in kg: 8500 g, 1,2 t, 10 500 g
b) in g: 5 kg, 3500 mg, 1,5 kg

6 Vermischtes
Wandle in die nächstgrößere Einheit um.
a) Längen: 25 000 m, 605 dm, 175 mm, 1609 m
b) Gewichte: 5000 g, 900 kg, 24 000 mg, 125 604 g
c) Zeiten: 100 s, 200 min, 120 h, 20 min

7 Maßstäbe
Übertrage die Tabelle in dein Heft und fülle sie aus.

a) Stadtplan Maßstab 1 : 15 000

Karte	Wirklichkeit
2 cm	■
10 cm	■
■	2,5 km
■	12 km

b) Karte Maßstab 1 : 100 000

Karte	Wirklichkeit
3 cm	■
12 cm	■
■	25 km
■	150 km

8 Maßstab bestimmen
Bestimme den Maßstab.
a) 4 cm auf der Karte entsprechen 100 000 cm in Wirklichkeit.
b) 2,5 cm auf der Karte entsprechen 2 km in Wirklichkeit.
c) 7,5 cm auf der Karte entsprechen 15 km in Wirklichkeit.

Übersicht über die Flächeneinheiten

$1\,km^2$; $1\,ha$; $1\,a$; $1\,m^2$; $1\,dm^2$; $1\,cm^2$; $1\,mm^2$

Die Umrechnungszahl ist 100.

$17\,dm^2 = 1700\,cm^2$ (· 100) $3400\,mm^2 = 34\,cm^2$ (: 100)

Formeln für den Flächeninhalt

Rechteck
$A = a \cdot b$

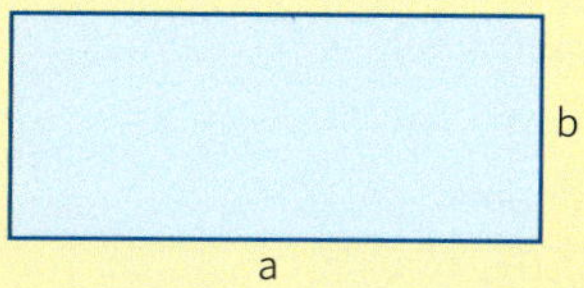

Parallelogramm
$A = g \cdot h$

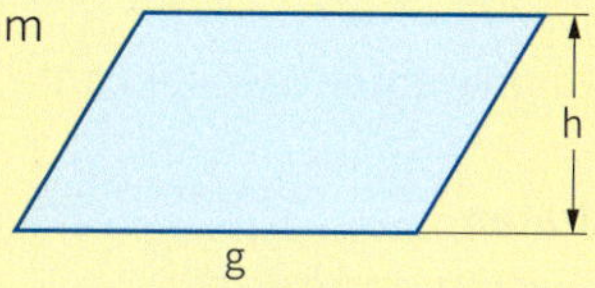

Dreieck
$A = \frac{1}{2} \cdot g \cdot h$

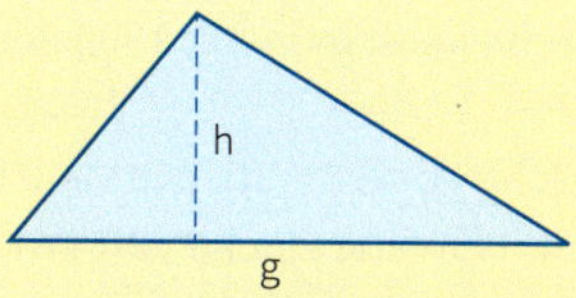

Trapez
$A = \frac{a+c}{2} \cdot h$
$= m \cdot h$

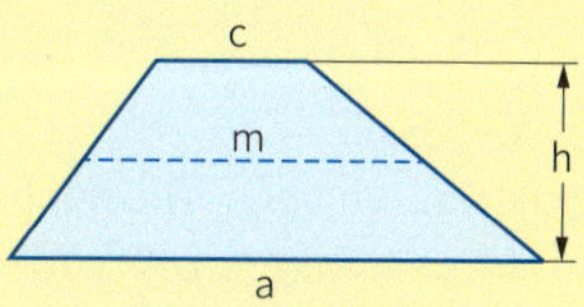

Drachen
$A = \frac{1}{2} \cdot e \cdot f$

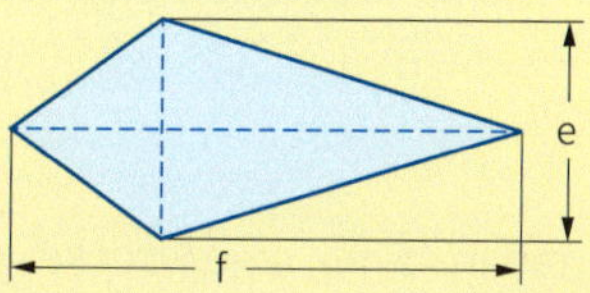

Umfang von Vielecken

Summe aller Seitenlängen
$u = a + b + c + d + e + f$

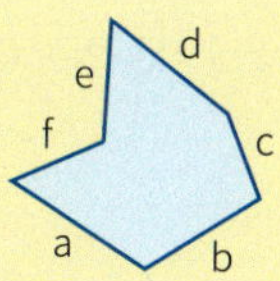

Übersicht über die Raumeinheiten

$1\,m^3$; $1\,dm^3 = 1\,l$; $1\,cm^3 = 1\,ml$; $1\,mm^3$

Die Umrechnungszahl ist 1000.

$2\,m^3 = 2000\,dm^3$ (· 1000) $7000\,dm^3 = 7\,m^3$ (: 1000)

Quader

$V = a \cdot b \cdot c$ $O = 2ab + 2ac + 2bc$

Flächen- und Rauminhalte

1 Flächeneinheiten umwandeln

Wandle in die angegebene Einheit um.

a) in m^2: $1250\,dm^2$, $10\,250\,cm^2$, $3\,a$
b) in a: $2{,}5\,ha$, $25\,m^2$, $1500\,dm^2$, $1{,}5\,km^2$
c) in cm^2: $750\,mm^2$, $4{,}5\,dm^2$, $\frac{1}{4}\,m^2$

2 Flächeninhalt von Vielecken

Bestimme den Flächeninhalt.

a) Rechteck mit $a = 3\,cm$ und $b = 4{,}5\,cm$
b) Dreieck mit Grundseite $g = 4\,cm$ und Höhe $h = 3\,cm$
c) Parallelogramm mit Grundseite $g = 6\,cm$ und Höhe $h = 3\,cm$
d) Trapez mit $a = 5\,cm$, $c = 7\,cm$ und $h = 3\,cm$
e) Drachen mit $e = 3{,}5\,cm$ und $f = 8\,cm$

3 Kellerräume

Die Fußböden der Kellerräume sollen mit Acryl-Farbe gestrichen werden:
Heizungskeller: $3\,m \times 3{,}5\,m$; Vorratskeller: $4\,m \times 2{,}80\,m$; Hobbyraum: $4{,}50\,m \times 3{,}10\,m$; Waschraum; $2{,}60\,m \times 4{,}10\,m$

a) Für welchen Raum wird am meisten Farbe benötigt?
b) Wie viele Quadratmeter müssen gestrichen werden?

4 Ackerfläche

In der Abbildung ist der Acker von Bauer Harms dargestellt.
Alle Angaben in Meter.
Berechne die Größe des Ackers.

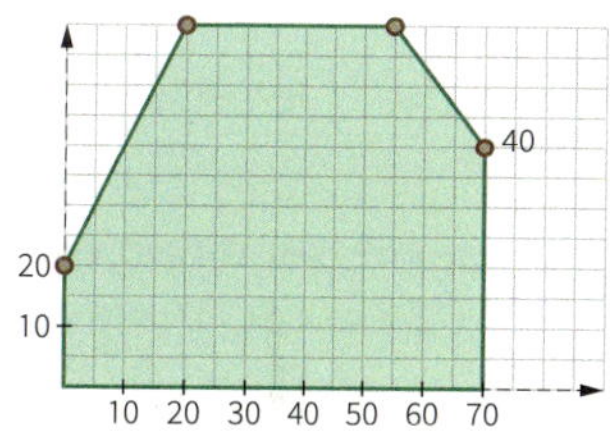

5 Raumeinheiten umwandeln

Wandle in die angegebene Einheit um.

a) in m^3: $7500\,dm^3$, $3200\,l$, $4200\,dm^3$
b) in dm^3: $1{,}5\,m^3$, $105\,m^3$, $55\,500\,cm^3$
c) in l: $50\,000\,cm^3$, $2{,}5\,m^3$, $4\,500\,000\,ml$

6 Quader

Ein Quader hat die Längen 3 cm, 8 cm und 4 cm.

a) Bestimme das Volumen des Quaders.
b) Bestimme den Oberflächeninhalt des Quaders.

7 Aquarium

Ein Aquarium mit den Maßen 150 cm, 80 cm, 50 cm ist mit Wasser gefüllt.

a) Wie viele Liter sind im Aquarium?
b) Wie hoch würde das Wasser in einem rechteckigen Zimmer mit den Maßen 5,80 m und 4,50 m stehen, wenn das Wasser auslaufen würde?

Proportionale Zuordnung

Proportionale Zuordnung

Situation: 2 kg Äpfel kosten 5 €.
Dem 2 (3 …)-fachen des Gewichts der Äpfel entspricht das 2 (3 …)-fache des Preises.

Zuordnung: Gewicht in kg → Preis in €

Zuordnungsvorschrift: $P(x) = 2{,}5 \cdot x$

Tabelle:

Gewicht in kg	Preis in €
1	2,5
3	7,5
6	15
x	$2{,}5 \cdot x$

Grafik:

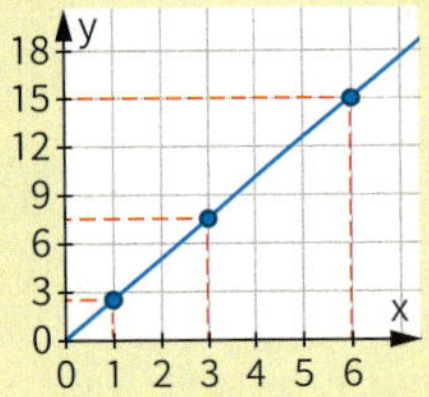

- Der Graph ist eine **Halbgerade** durch den Ursprung.
- Der Faktor 2,5 heißt **Proportionalitätsfaktor**.

Rechnen mit Proportionalitäten

2 kg Äpfel kosten 5 €.

a) Was kosten 9 kg?

Lösen mit Dreisatz

	2	5	
:2	1	2,5	:2
·9	9	22,5	·9

Lösen mit Zuordnungsvorschrift

$P(x) = 2{,}5 \cdot x$

$P(9) = 2{,}5 \cdot 9 = 22{,}5$

Antwort: 9 kg Äpfel kosten 22,50 €.

b) Wie viel bekommt man für 12 €?

Lösen mit Dreisatz

	2	5	
:5	0,4	1	:5
·12	4,8	12	·12

Lösen mit Zuordnungsvorschrift

$P(x) = 12$

$2{,}5 \cdot x = 12 \quad | :2{,}5$

$x = 12 : 2{,}5$

$x = 4{,}8$

Antwort: Man bekommt 4,8 kg Äpfel.

Proportionalität erkennen

Die Wertepaare (x | y) sind quotientengleich.

x	y	y:x
1	2,5	2,5 : 1 = 2,5
3	7,5	7,5 : 3 = 2,5
6	15	15 : 6 = 2,5

1 Tabelle zur Proportionalität

Vervollständige die Tabelle so, dass es sich um eine proportionale Zuordnung handelt.

a)

x	3,5	7	8,5	35
y	■	56	■	■

b)

x	2	3	4	5
y	■	■	■	$\frac{10}{3}$

2 Zuordnungsvorschrift

Gib die Zuordnungsvorschrift an.

a) 10 kg Kartoffeln kosten 8,50 €.

b) 3 Körnerbrötchen kosten 2,25 €.

c) Für das Streichen von 9 Türen werden 3,6 Liter Farbe benötigt.

3 Rechnen mit Proportionalitäten

a) 100 Fliesen decken eine Fläche von 4 m² ab.
Wie viel Quadratmeter Fläche kann man mit 150 Fliesen der gleichen Sorte abdecken?

b) 48 Fliesen decken eine Fläche von 3 m² ab. Wie viele Fliesen der gleichen Sorte benötigt man für eine Fläche von 4 m²?

c) 5 Eiskugeln kosten 4 €.
Wie viel Euro kosten neun Eiskugeln?
Wie viele Eiskugeln gibt es für 5,60 €?

d) Eine Treppe mit 14 Stufen ist 252 cm hoch. Wie hoch ist eine Treppe mit 5 Stufen?

e) Für 5 Regale sind 160 Schrauben nötig. Wie viele Schrauben sind für 9 Regale nötig?

4 Fahrradtour

a) Paula legt mit ihrem Fahrrad in 45 min eine Strecke von 13,5 km zurück. Wie weit fährt sie bei gleicher Durchschnittsgeschwindigkeit in 2 Stunden?

b) Wie lange benötigt Paula bei gleicher Durchschnittsgeschwindigkeit für 25 km?

5 Komplexer Dreisatz

Ein 7 m² großes und 5 mm dickes Kupferblech wiegt 312 kg.
Wie viel wiegt ein 4 m² großes und 6 mm dickes Kupferblech?

6 Proportionalität erkennen

x	2	6	8	12
y	5	15	20	30

a) Überprüfe, ob die Tabelle zu einer proportionalen Zuordnung gehören kann.

b) Skizziere die Punktepaare und überprüfe so die Proportionalität.

c) Bestimme den Proportionalitätsfaktor.

Antiproportionale Zuordnung

Antiproportionale Zuordnung

Situation: Für 6 Pferde reicht der Futtervorrat noch 2 Tage.
Dem 2 (3 ...)-fachen der Anzahl der Pferde entspricht das $\frac{1}{2}$ ($\frac{1}{3}$ ...)-fache der Tage.
Zuordnung: Anzahl Pferde → Tage
Zuordnungsvorschrift: $F(x) = \frac{12}{x}$

Tabelle:

Anzahl Pferde	Tage
1	12
3	4
6	2
x	$\frac{12}{x}$

Grafik:

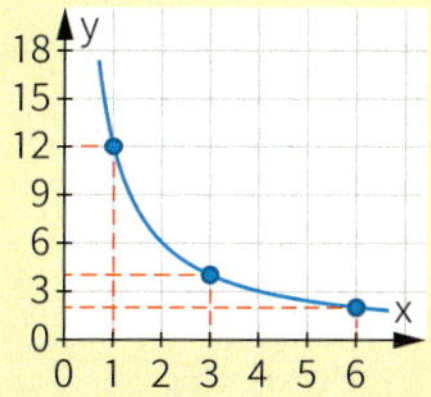

- Der Graph ist eine **Hyperbel**. Er nähert sich den Koordinatenachsen an.
- 12 heißt Gesamtgröße.

Rechnen mit Antiproportionalitäten

Für **2** Ponys reicht das Futter **30 Tage**.
a) Wie lange reicht das Futter für **5** Ponys?

Lösen mit Dreisatz

:2	2	30	·2
·5	1	60	:5
	5	12	

Lösen mit Zuordnungsvorschrift

$F(x) = \frac{60}{x}$

$F(\mathbf{5}) = \frac{60}{5} = \mathbf{12}$

Das Futter reicht **12** Tage.

b) Für wie viele Ponys reicht das Futter **20** Tage?

Lösen mit Dreisatz

:30	30	2	·30
·20	1	60	:20
	20	3	

Lösen mit Zuordnungsvorschrift

$F(x) = 20$

$\frac{60}{x} = 20 \quad | \cdot x$

$60 = 20 \cdot x \quad | :20$

$3 = x$

Antwort: Das Futter reicht für 3 Ponys.

Antiproportionalität erkennen

Die Wertepaare (x | y) sind produktgleich.

x	y	x·y
1	12	1·12 = 12
3	4	3·4 = 12
6	2	6·2 = 12

1 Tabelle zur Antiproportionalität

Vervollständige die Tabelle so, dass es sich um eine antiproportionale Zuordnung handelt.

a)

x	1	2	4	6	■
y	■	■	9	■	5

b)

x	1	2	3	4	■
y	■	■	■	72	100

2 Zuordnungsvorschrift

Gib die Zuordnungsvorschrift an.
a) Für eine Arbeit benötigen 3 Arbeiter 9 Tage.
b) Der Futtervorrat reicht bei 7 Tieren 4 Tage.
c) Bei einem Flächeninhalt eines Rechtecks und einer Länge von 4 cm beträgt die Breite 6 cm.

3 Rechnen mit Antiproportionalitäten

a) Ein Futtervorrat reicht für 10 Pferde 12 Tage. Wie lange reicht der Vorrat für 8 Pferde?
b) Der Futtervorrat für die Hamster Hansi und Fritzi reicht für 36 Tage. Nun wird zusätzlich der Hamster Klausi in Pflege aufgenommen. Wie lange reicht der Futtervorrat jetzt?
c) Von einer Baustelle soll Bauschutt abgefahren werden. 8 Lkws müssen dafür 5-mal fahren. Wie oft müssen 5 Lkw fahren?
d) Für die Fertigung von Maschinenteilen benötigen 3 Roboter 48 min. Wie viele Minuten benötigen 2 Roboter für die gleiche Arbeit?
e) Eine Packung mit Dichtungsringen reicht 12 Tage, wenn täglich 6 Ringe benötigt werden. Wie viele Tage reicht die Packung, wenn pro Tag 10 Dichtungsringe verwendet werden?

4 Komplexer Dreisatz

a) Eine Baugrube wird ausgehoben. 10 Arbeiter schaffen das normalerweise in 42 Stunden. Nach 6 Stunden werden 2 Arbeiter zu einer anderen Baustelle geschickt. Wie lange brauchen die noch verbleibenden Arbeiter danach noch?
b) Im Finanzamt haben 12 Angestellte in 15 Tagen 200 Akten bearbeitet. Wie lange benötigen 9 Angestellte für 140 Akten?
c) 4 Arbeiter pflastern 25 m^2 in 12 Stunden. Wie lange benötigen 5 Arbeiter für 40 m^2.

5 Tabellen

Ergänze die Tabellen zu einer antiproportionalen Zuordnung.

a)

Länge (in m)	Breite (in m)
3	24
4	■
■	6

b)

Anzahl der Arbeiter	Zeit (in Tagen)
4	36
3	■
■	6

Prozent- und Zinsrechnung

Prozentrechnung

Der Prozentsatz p % gibt den Anteil des Prozentwertes W am Grundwert G an.

Berechnung des Prozentsatzes p %

Wie viel Prozent sind 32 von 80?

$p\,\% = \frac{32}{80} = 0{,}4 = 40\,\%$

$p\,\% = \frac{W}{G}$ oder $\frac{p}{100} = \frac{W}{G}$

Berechnung des Prozentwertes W

Berechne 35 % von 600.

	100 %	600	
: 100	1 %	6	: 100
· 35	35 %	210	· 35

Der Prozentwert W beträgt 210.

$W = G \cdot \frac{p}{100}$ $\quad W = 600 \cdot 0{,}35 = 210$

Berechnung des Grundwertes G

Berechne den Grundwert, wenn 60 % des Grundwertes 180 sind.

	60 %	180	
: 60	1 %	3	: 60
· 100	100 %	300	· 100

Der Grundwert G beträgt 300.

$G = W \cdot \frac{100}{p}$ $\quad G = 180 \cdot \frac{100}{60} = 300$

Schneller geht es: $G = 180 : 0{,}6 = 300$

Zinsrechnung

Kapital **Kredit**	K	Betrag, den man angelegt. Betrag, den man leiht.
Zinsen	Z	Betrag, den man für das angelegte Kapital pro Jahr erhält oder für den Kredit zahlt.
Zinssatz	p %	prozentualer Anteil der Zinsen am Kapital oder Kredit

Die Formeln für die Zinsrechnung

Zinsen	Z	$= K \cdot \frac{p}{100}$
Zinssatz	p %	$= \frac{Z}{K} \cdot 100\,\%$
Kapital/Kredit	K	$= \frac{Z}{p} \cdot 100$

Mit der „Zinsformel" $Z = K \cdot \frac{p}{100}$ werden die Zinsen pro Jahr berechnet.

1 **Prozentsätze berechnen**

Berechne so viel wie möglich im Kopf.

a) 6 € von 24 € b) 60 km von 180 km c) 56 l von 70 l
d) 50 m^2 von 80 m^2 e) 25 g von 250 g f) 90 min von 2 h

2 **Veganer**

In einer 8. Klasse sind von den 25 Schülerinnen und Schülern 4 Veganer. Von den 30 Schülerinnen und Schülern in einer 9. Klasse sind 5 Veganer. In welcher Klasse ist der Anteil der Veganer größer?

3 **Prozentwerte berechnen**

Berechne so viel wie möglich im Kopf.

a) 20 % von 70 kg b) 110 % von 30 € c) 75 % von 64 m^2
d) 200 % von 2,5 l e) 125 % von 600 kg f) 99 % von 200

4 **Fahrradkauf**

Moritz möchte sich ein Fahrrad für 280 € kaufen. 55 % hat er bereits gespart. Wie viel Geld fehlt ihm noch?

5 **Grundwerte berechnen**

Berechne so viel wie möglich im Kopf.

a) 20 % sind 80 g b) 50 % sind 23,50 € c) 10 % sind 4 l
d) 40 % sind 2 m e) 15 % sind 120 kg f) 5 % sind 40 ml

6 **Von welcher Zahl ist 72**

a) 1 % b) 8 % c) 50 %
d) 36 % e) 72 % f) 150 %

7 **Gehalt**

Frau Fischer zahlt monatlich 822 € Miete. Das sind 24 % ihres Gehalts. Wie hoch ist ihr Gehalt?

8 **Jahreszinsen berechnen**

Berechne die Jahreszinsen, wenn möglich im Kopf.

a) K = 3000 €; p % = 5 % b) K = 150 €; p % = 1 %
c) K = 1200 €; p % = 0,1 % d) K = 600 €; p % = 0,2 %

9 **Zinssatz berechnen**

Berechne den Zinssatz, wenn möglich im Kopf.

a) K = 2000 €; Z = 60 € b) K = 175 €; Z = 1,75 €
c) K = 40 000 €; Z = 600 € d) K = 450 €; Z = 9 €

10 **Kapital, Zinssatz, Zinsen**

Ergänze die fehlenden Angaben.

Kapital K	208 €	■	268 €
Zinssatz p %	1,4 %	0,05 %	■
Zinsen Z	■	78 €	18,76 €

Grund- und Prozentwert

$G \underset{:p\%}{\overset{\cdot p\%}{\rightleftarrows}} W$ $600 \underset{:20\%}{\overset{\cdot 20\%}{\rightleftarrows}} 120$

Was sind 2300 € zuzüglich 19 %?
Zunahme um 19% [100 %]
100 % + 19 % = 119 % [119 %]
Gesucht: der **Prozentwert W zu 119%**
$G \xrightarrow{\cdot 1{,}19} W$
2300 € · 1,19 = 2965 €
2300 € zuzüglich 19 % sind 2965 €.

Was sind 820 € abzüglich 25 %?
Abnahme um 25 % [100 %]
100 % – 25 % = 75 % [75 % | 25 %]
Gesucht: der **Prozentwert W zu 75%**
$G \xrightarrow{\cdot 0{,}75} W$
820 € · 0,75 = 615 €
820 € abzüglich 25 % sind 615 €.

Der Verkaufspreis von 399 € liegt 65 % über dem Einkaufspreis. Wie hoch war der Einkaufspreis?
Gegeben: Prozentwert W = 399 €
p % = 100 % + 65 % = 165 %
Gesucht: **Grundwert G**
$W \xrightarrow{:1{,}65} G$
399 € : 1,65 = 241,82 €
Der Einkaufspreis war 241,82 €.

Zinseszins

Jährlich wächst ein Geldbetrag um einen festen Zinssatz. Der Zuwachs, d. h. die Zinsen, wird immer mit verzinst.

Angespartes Kapital nach 3 Jahren:

2000 €
→ ·1,03
2060 €
→ ·1,03
2121,80 €
→ ·1,03
2185,45 €

Gleiche Faktoren lassen sich zu einer Potenz zusammenfassen.
$2000\,€ \cdot 1{,}03^3 = 2185{,}45\,€$

Nach drei Jahren beträgt das Kapital einschließlich der Zinseszinsen 2185,45 €.

Zinseszinsformel
Startkapital K_0; Zinssatz 3 %
Kapital nach n Jahren: $K_n = K_0 \cdot 1{,}03^n$

11 Zunahme und Abnahme

Ergänze die Tabelle.

Grundwert	Veränderung	Faktor	Prozentwert
125 €	Abnahme um 10 %	· 0,90	■
76 kg	Zunahme um 25 %	■	■
210 €	Zunahme um 15 %	■	■
36 l	Abnahme um 5 %	■	■
■	■	· 1,07	612 kg
■	■	· 0,7	56 €

12 Gästezählung

Im vergangenen Jahr übernachteten 18 200 Gäste in einer Ferienregion. In diesem Jahr ist die Anzahl der Übernachtungen um 17,5 % gesunken. Wie viele Übernachtungen sind es in diesem Jahr?

13 Wie teuer war es vorher?

Bei einem Sonderverkauf wurden viele Artikel reduziert. Bestimme die ursprünglichen Preise.

– 15 %
Jetzt nur noch 59 €

– 12 %
Jetzt nur noch 849 €.

Rabatt von 19 %
Jetzt nur noch 399 €.

14 Guthaben nach 3 Jahren

Berechne das Guthaben nach 3 Jahren, wenn das Startkapital 7000 € und der Zinssatz 2,5 % beträgt.

15 Laufzeit gesucht

Ein Kapital von 12 000 € wird mit einem Zinssatz von 1 % angelegt.
a) Wie lange muss man das Kapital anlegen, um 16 000 € zu erhalten?
b) Wie lange dauert es, bis sich das Kapital verdoppelt hat?

16 Kapital gesucht

Welches Kapital muss man anlegen, wenn man bei einem Zinssatz von 2,4 % in 10 Jahren über 20 000 € verfügen können möchte?

17 Kapitalanlage

Jule hat am Jahresanfang 850 € zu einem Zinssatz von 2 % angelegt.
a) Über welches Guthaben verfügt Jule nach 3 Jahren?
b) Wann ist ihr Guthaben auf 1000 € angewachsen?
c) Wann hat sich ihr Guthaben verdoppelt?

18 Situationen finden

Formuliere die Aufgabe und berechne.
a) $K_0 = 1500\,€$; $p\% = 1{,}4\,\%$; $n = 8$
b) $K_0 = 2250\,€$; $p\% = 3{,}1\,\%$; $K_n = 3000\,€$
c) $K_0 = 500\,€$; $K_n = 750\,€$; $n = 4$
d) $p\% = 2\,\%$; $K_n = 200\,€$; $n = 2$

Terme mit Variablen

Terme mit Variablen werden benutzt, um viele Einzelbeispiele zusammenfassend zu beschreiben.

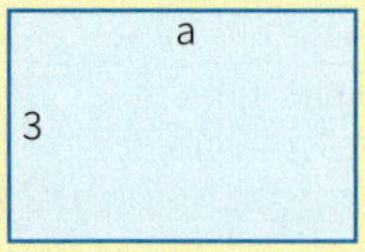

Beispiel: Umfang von Rechtecken mit der Breite 3 cm und beliebiger Länge: $u = 2a + 6$

Äquivalenz von Termen

Zwei Terme sind äquivalent, wenn sie bei Einsetzen aller Zahlen immer denselben Wert haben.
Beispiel: Die Terme $a + 3 + a + 3$ und $2a + 6$ sind äquivalent.

Rechnen mit Termen

Addition und Subtraktion

$2a + 3 + 4a - 6 = 6a - 3$

$5xy + 2y + 3y^2 - 9xy = -4xy + 2y + 3y^2$

Nur gleichartige Terme kann man addieren bzw. subtrahieren.

Multiplikation

$3a \cdot (2ab) = 3 \cdot 2 \cdot a \cdot a \cdot b = 6a^2b$

$2x \cdot (-12xy) \cdot \frac{1}{3}y = 2 \cdot (-12) \cdot \frac{1}{3}xxyy = -8x^2y^2$

In Produkten mit mehreren Faktoren darf man beliebig vertauschen, klammern und mit Potenzschreibweise vereinfachen.

Klammerregeln bei Addition / Subtraktion

„Plusklammern“: Klammern weglassen
„Minusklammern: Zeichen in Klammer ändern und Klammern weglassen.

$x + (y + z) = x + y + z$ $\quad x - (y + z) = x - y - z$

$x + (y - z) = x + y - z$ $\quad x - (y - z) = x - y + z$

Ausmultiplizieren und Ausklammern

Mithilfe des Distributivgesetzes können Produkte in Summen verwandelt werden und umgekehrt, Summen in Produkte.

$a \cdot (b + c) = a \cdot b + a \cdot c$

Produkt ⇄ Summe (Ausmultiplizieren → / ← Ausklammern)

Ausmultiplizieren

$a \cdot (a - c + 2b) = a^2 - ac + 2ab$

Ausklammern

$4xy + 12x^2 - 8x = 4x \cdot (y + 3x - 2)$

Terme mit Variablen

1 Terme finden

Übersetze in einen Term.

a) Das Vierfache einer Zahl.
b) Die um 2 größere Zahl einer Zahl.
c) Das Quadrat einer um 1 größeren Zahl.
d) Flächeninhalt eines Rechtecks mit den Seitenlängen 3 cm und a.
e) Flächeninhalt von Dreiecken mit der Höhe 4 cm.

2 Äquivalente Terme finden

Jeweils zwei Terme sind gleichwertig, finde die Paare.

$4x - x$	$3 \cdot (x + 2) - 4$	$-x + 6$
$3 \cdot (x + 2) - 4x$	$3x$	$3x + 2$

3 Terme berechnen

Übertrage die Tabelle in dein Heft und fülle sie aus.

x	$2x + 3$	$2 \cdot (x + 5)$	$0{,}5x - 2$	$x^2 + x$
1	■	■	■	■
−2	■	■	■	■
3	■	■	■	■
0	■	■	■	■

4 Addition und Subtraktion

a) $2x + 5y + 3x - 2y$
b) $4a + 3b + a^2 - 2a$
c) $x^2 + 4x + 3x^2 + 2x$
d) $-5x + 2x - 3y + 2y$
e) $xy + 2xz + 4xy - 3xz$
f) $3ab - ab - ac - \frac{1}{2}ac$

5 Multiplikation und Division

a) $x \cdot 5y \cdot 3x + 2y$
b) $2xy \cdot 4x$
c) $a^2 \cdot 2b^2 \cdot 4$
d) $-3x^2 \cdot 6y \cdot 2x$

6 Rechnen mit Klammern

a) $3ab - (3a - b)$
b) $5x \cdot 2y - (yx + xy)$
c) $-(x + y) - (y - x)$
d) $12a - (b - 6a)$
e) $3x - (4y - 8xy)$
f) $(x - y) + (y - x)$

7 Ausmultiplizieren

Multipliziere die Terme aus und fasse zusammen.

a) $2 \cdot (x - 4) + 4 \cdot (2 + x)$
b) $(x - 5) \cdot x + x^2$
c) $2x \cdot (3x - 5) + 2x$
d) $6 \cdot (3x - 2y) + 2y - 3x$
e) $(3 + 5y) \cdot 2xy - 10xy^2$
f) $4 \cdot (3x - 3y - 6z) + 5y$

8 Ausklammern

Erzeuge ein Produkt. Klammere so viel wie möglich aus.

a) $8x + 4xy$
b) $3ab + 6ac$
c) $4x^2 - 10xy$
d) $4x^2 + 8x - 2x^2$
e) $30x^2 - 5 \cdot (x^2 - x)$
f) $x \cdot (x^2 + x) + x^2$

Produkte von Summen – Summe von Produkten

$(a+b)\cdot(c+d) = a\cdot c + a\cdot d + b\cdot c + b\cdot d$

$(4x+2)\cdot(x+y) = 4x^2 + 4xy + 2x + 2y$

Spezialfall: Binomische Formeln

1. $(a+b)^2 = a^2 + 2ab + b^2$
2. $(a-b)^2 = a^2 - 2ab + b^2$
3. $(a+b)\cdot(a-b) = a^2 - b^2$

Beispiel: $(2x+3)^2 = (2x)^2 + 2\cdot 2x\cdot 3 + 3^2$
$= 4x^2 + 12x + 9$

Bruchterme

Bruchterme sind Terme, bei denen die Variable im Nenner vorkommt.

Bruchterme: $\frac{2}{x}$; $\frac{4}{x-2}$; $\frac{x+1}{x}$; $\frac{1}{x^2}$

Gegenbeispiele: $\frac{x}{2}$; $\frac{1}{3}x - \frac{5}{2}$

Definitionsmenge

Für die Variable dürfen keine Werte eingesetzt werden, sodass der Nenner 0 ergibt. Die Menge aller Zahlen, die man einsetzen darf, nennt man **Definitionsmenge**.

Term: $\frac{3x}{x-4}$ Nenner: $x-4=0$, also $x=4$

Definitionsmenge $D = \mathbb{Q}\setminus\{4\}$

Kürzen

- Nenner und Zähler faktorisieren

$\frac{x+2}{x^2+2x} = \frac{x+2}{x\cdot(x+2)} = \frac{1}{x}$ $D = \mathbb{Q}\setminus\{0; -2\}$

Beim Kürzen bleibt die Definitionsmenge gleich.

Addieren oder Subtrahieren

Gleichnamige Bruchterme

- Zähler addieren oder subtrahieren
- Nenner beibehalten

Ungleichnamige Brüche

- durch **Erweitern** gleichnamig machen

$\frac{1}{x} + \frac{1}{x-1} = \frac{x-1}{x\cdot(x-1)} + \frac{x}{x\cdot(x-1)} = \frac{2x-1}{x\cdot(x-1)}$

Multiplizieren

- Zähler mal Zähler
- Nenner mal Nenner

Dividieren

- Mit dem Kehrbruch multiplizieren

---

9 Produkte von Summen – Summe von Produkten

Berechne und vereinfache.

a) $(2x+4)\cdot(3+y)$ b) $(x-1)\cdot(5-y)$
c) $(3x+2)\cdot(x+y)$ d) $(2x+y)\cdot(x-y)$
e) $(x+3)^2$ f) $(2x+y)\cdot(2x-y)$
g) $3x\cdot(2x+5)^2$ h) $\left(\frac{1}{2}x-1\right)^2$
i) $(x+1)^2-(x-1)^2$ j) $(3x+4)^2$

10 Vermischtes

Berechne und vereinfache.

a) $(4x+5)-(3x+2)$ b) $(2x-3)\cdot 5y+5y$
c) $(3x+1)^2-(x^2+1)$ d) $(x-y)\cdot(x+y)$
e) $x+3-(x+1)^2$ f) $(2x+y)\cdot(2x-y)$
g) $x^2-y^2-(x+y)^2$ h) $(x-2)-(2x-4)$
i) $4xy+2x+(x-1)^2$ j) $\left(\frac{2}{3}x+1\right)^2$

11 Bruchterme

Welche Terme sind Bruchterme?

a) $\frac{x}{2}$ b) $\frac{3}{x}$ c) $\frac{3x}{4x}$ d) $\frac{2}{2+x}$ e) $\frac{x^2}{2}$ f) $\frac{5-x}{x-4}$

12 Definitionsmenge von Bruchtermen

Gib die Definitionsmenge an.

a) $\frac{1}{2x}$ b) $\frac{5}{x-2}$ c) $\frac{2}{(2+x)\cdot(x+1)}$ d) $\frac{(x-1)\cdot(x+2)}{(x-3)\cdot(x-4)}$

13 Kürzen von Bruchtermen

Gib die Definitionsmenge an. Vereinfache durch Kürzen.

a) $\frac{3}{6x}$ b) $\frac{-8}{12x}$ c) $\frac{4x}{8x-24}$ d) $\frac{x-5}{x\cdot(x-5)}$
e) $\frac{2x-6}{4x+12}$ f) $\frac{x\cdot(x-2)}{2\cdot(x-2)}$ g) $\frac{3x^2+x}{5x^2+x}$ h) $\frac{x^2-1}{(x+1)\cdot(x-1)}$

14 Addieren und Subtrahieren von Bruchtermen

Gib die Definitionsmenge an. Berechne.

a) $\frac{3}{2x}+\frac{3}{2x}$ b) $\frac{4}{x-1}+\frac{2}{x}$ c) $\frac{x+1}{x}+\frac{x+1}{3x}$ d) $\frac{3x}{3x-1}-\frac{1}{2x+1}$

15 Produkte vereinfachen

Gib die Definitionsmenge an. Berechne.

a) $\frac{3}{2x}\cdot\frac{x}{3}$ b) $\frac{x}{x-2}\cdot\frac{1}{x+2}$ c) $\frac{x+1}{x}\cdot\frac{x}{x+1}$ d) $\frac{4}{3x+2}\cdot\frac{9x+6}{x}$

16 Dividieren von Bruchtermen

Gib die Definitionsmenge an. Berechne.

a) $\frac{x+1}{2x}:\frac{1}{x}$ b) $\frac{x-1}{3\cdot(x+4)}:\frac{3\cdot(x-1)}{4\cdot(x+4)}$
c) $\frac{x-1}{3x-9}:\frac{x}{x-3}$ d) $\frac{x-3}{x}:\frac{x-3}{x-5}$

17 Vermischtes Rechnen mit Bruchtermen

Gib die Definitionsmenge an. Berechne.

a) $x-\frac{1}{x}$ b) $\frac{1}{x}\cdot\frac{3x}{x+4}$ c) $\frac{x-1}{x+1}:\frac{3x}{x+1}$ d) $\frac{2x-1}{2x}+\frac{2x}{2x+1}$
e) $\frac{28x-12}{21x^2-9x}$ f) $\frac{x-3}{9-3x}$ g) $\frac{9\cdot(x+2)^2}{3x\cdot(x+2)}$ h) $\frac{2x^2-4x}{2x}$

Aufstellen der Gleichung

1. Lege die Variable x fest.
2. Übersetze die Problemstellung in Terme.
3. Stelle die Gleichung auf.

Lösen der Gleichung

Lösen durch Probieren:
Für gleiche Variablen müssen gleiche Zahlen eingesetzt werden.

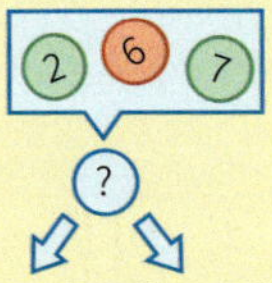

$5 \cdot x - 2 = 3 \cdot x + 10$

Lösen mit Tabelle: $5 \cdot x - 2 = 3 \cdot x + 10$

x	1	2	3	…	6
5·x − 2	3	8	13	…	28
3·x + 10	13	16	19	…	28

Lösen mit Graph:
$5 \cdot x - 2 = 3 \cdot x + 10$

$T_1(x) = 5 \cdot x - 2$
$T_2(x) = 3 \cdot x + 10$

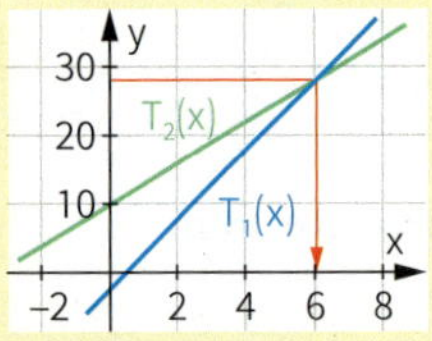

Lösen mit Äquivalenzumformungen

Addieren oder Subtrahieren des gleichen Terms

Multiplizieren oder Dividieren mit der gleichen Zahl (≠ 0)

$$\begin{aligned} 5 \cdot x - 2 &= 3 \cdot x + 10 \quad &| -3 \cdot x \\ 2 \cdot x - 2 &= 10 \quad &| +2 \\ 2 \cdot x &= 12 \quad &| :2 \\ x &= 6 \end{aligned}$$

$L = \{6\}$

Lösen mit Ausmultiplizieren

$3 \cdot (x + 2) = 5x - 4 \cdot (x + 1)$ | ausmultiplizieren
$3x + 6 = 5x - 4x - 4$ | zusammenfassen
$3x + 6 = x - 4$ | $-x - 6$
$2x = -10$ | :2
$x = -5$ Die Lösung ist −5.
$L = \{-5\}$

Lösen mit Ausklammern

Für Gleichungen der Form $T(x) = 0$ hilft:

Ein Produkt ist null, wenn ein Faktor null ist.

$2x^2 - 6x = 0$ | Ausklammern
$2x \cdot (x - 3) = 0$ | Produkt ist null, wenn ein Faktor null ist.
$2x = 0$ oder $x - 3 = 0$
$x = 0$ oder $x = 3$ Lösungen sind 0 und 3.
$L = \{0; 3\}$

Probe

Rechnungen mit der Einsetzprobe prüfen.
Bei Textaufgaben das Ergebnis zusätzlich am Aufgabentext überprüfen.

Gleichungen

1 Bürobedarf

Anne kauft 10 Fineliner und ein Geodreieck. Das Geodreieck kostet 1,30 €. Ein Fineliner kostet x Euro. Zusammen bezahlt Anne 10,20 €.

a) Welche Gleichungen geben den Sachverhalt richtig wieder?

Ⓐ $10{,}20 = 10x - 1{,}30$ Ⓑ $10x = 10{,}20 - 1{,}30$
Ⓒ $10{,}20 - 1{,}30 = 10 + x$ Ⓓ $x = 1{,}02 - 0{,}13$

b) Bestimme den Preis für einen Fineliner.

2 Gleichung aufstellen

Beschreibe den Zusammenhang durch eine Gleichung.

a) x ist eine Zahl. Das Dreifache einer Zahl ist 12.
b) x ist eine Zahl. Die Hälfte von x ist 4.
c) x ist eine Zahl. Das Siebenfache der Zahl vermindert um 5 ist 16.

3 Lösung einer Gleichung

Ist 7 eine Lösung der Gleichung?

a) $x + 2 = 3x - 12$ b) $4x = 3x + 4$ c) $4x + 7 = 3x$

4 Rechteck

Der Umfang eines Rechtecks beträgt 18 cm. Eine Seite ist doppelt so lang wie die andere. Stelle eine Gleichung auf und berechne die Längen der beiden Seiten.

5 Altersrätsel

Stelle eine Gleichung auf und löse sie.

a) Heute ist Peter viermal so alt wie vor 21 Jahren.
b) In 5 Jahren wird Maren sechsmal so alt sein, wie sie vor 10 Jahren war.
c) Janina ist in 6 Jahren viermal so alt, wie sie vor 9 Jahren war.

6 Gleichung lösen

Bestimme die Lösung.

a) $6x + 24 - 2x = 11 + 2x + 7$ b) $3{,}4x - 3{,}1 + 5{,}2 = 0{,}7 + 9x - 1{,}1$
c) $3x + 10 - (6x + 25) = -3x + 12$ d) $56 + (21 - 8x) - (19 + 3x) = 113$

7 Gleichung lösen durch Ausmultiplizieren

Bestimme die Lösung.

a) $6 \cdot (x + 2) = 4 + 2 \cdot (x + 7)$ b) $3 \cdot (4x - 5) = 10 - 2 \cdot (2x - 3)$
c) $\frac{1}{2} \cdot (8x - 4) = 2 \cdot (3x - 1) - 4x$ d) $-2 \cdot (2x - 2) = 2 + 2 \cdot (x + 2)$

8 Gleichung lösen durch Ausklammern

a) $x^2 - 9x = 0$ b) $3x^2 - 12x = 0$
c) $4x^2 + 20x = 4x$ d) $5x^2 + 14x + 8 = 4 \cdot (x + 2)$

9 Besondere Gleichungen lösen

a) $x - x = 0$ b) $x + x = 0$ c) $x \cdot x = 0$
d) $x + x = 2x$ e) $x \cdot x = x$ f) $x : x = 0$

Rechnen mit Formeln

Fehlende Größen in Formeln können durch Umstellen der Formel nach der gesuchten Variable berechnet werden.

$W = G \cdot \frac{p}{100}$

- $p = \frac{W}{G} \cdot 100$ nach p aufgelöst
- $G = \frac{W}{p} \cdot 100$ nach G aufgelöst

Prozentsatz: $p\,\% = \frac{p}{100}$

Bruchgleichungen

$\frac{4}{x-3} = \frac{2}{x+1}$ Definitionsmenge $\mathbb{Q}\setminus\{-1; 3\}$

Bruchgleichung lösen

- Mit gemeinsamem Nenner multiplizieren

$\frac{4}{x-3} = \frac{2}{x+1} \quad | \cdot (x-3) \cdot (x+1)$

$4 \cdot (x+1) = 2 \cdot (x-3)$

$4x + 4 = 2x - 6$

$2x = -10$

$x = -5$

–5 ist in der Definitionsmenge.

$L = \{-5\}$ Die Lösung der Gleichung ist –5.

- „Über-Kreuz-Multiplizieren“

$\frac{18}{3+x} = \frac{15}{x}$ $D = \mathbb{Q}\setminus\{-3; 0\}$

$18 \cdot x = 15 \cdot (3+x)$

$18x = 45 + 15x$

$3x = 45$

$x = 15$

15 ist in der Definitionsmenge.

$L = \{15\}$ Die Lösung der Gleichung ist 15.

Lösen von Ungleichungen

Ungleichungen löst man rechnerisch mit Äquivalenzumformungen.

$5x - 2 < x + 10 \quad | -x$

$4x - 2 < 10 \quad | +2$

$4x < 12 \quad | :4$

$x < 3$

$L = \{x \mid x < 3\}$ Alle Zahlen kleiner als 3.

Achtung:

Multipliziert oder dividiert man eine Ungleichung mit einer negativen Zahl, so dreht sich das Ungleichheitszeichen um.

$-2 \cdot x < 8 \quad | :(-2)$

$x > -4$

$L = \{x \mid x > -4\}$ Alle Zahlen größer als –4.

10 Gleichungen mit zwei Variablen

Löse die Gleichung nach jeder Variablen auf.

a) $2x + 3y = 20$ b) $2 \cdot (x+1) = 3 \cdot (2x + y)$

c) $\frac{x+y}{2} = x$ d) $\frac{1}{2} = x \cdot y$

11 Quaderformeln

Löse die Quaderformeln nach a, b und c auf.

a) $V = a \cdot b \cdot c$ b) $O = 2 \cdot (a \cdot b + a \cdot c + b \cdot c)$

12 Formeln umstellen

Löse die Formeln nach den Variablen auf.

a) Dreieck: $A = \frac{g \cdot h}{2}$ b) Drachen: $A = \frac{1}{2} \cdot e \cdot f$

c) Geschwindigkeit: $v = \frac{s}{t}$ d) Trapez: $A = \frac{a+c}{2} \cdot h$

13 Einfache Bruchgleichungen

Bestimme die Definitionsmenge und löse die Gleichung.

a) $\frac{4}{x} = 3$ b) $\frac{1}{5x} = 2$ c) $\frac{36}{6-x} = 6$

d) $\frac{28}{4x} = 7$ e) $\frac{3x-1}{6x+2} = 2$ f) $\frac{5x+2}{3x-2} = 4$

14 Bruchgleichungen

Bestimme die Definitionsmenge und löse die Gleichung.

a) $\frac{4}{x-3} = \frac{5}{x+2}$ b) $\frac{2}{x+1} = \frac{1}{x+2}$ c) $\frac{6}{x-2} = \frac{3}{x+2}$

d) $\frac{2}{3x} = \frac{3}{x}$ e) $\frac{x+2}{x+8} = \frac{x}{x+4}$ f) $\frac{4}{x-2} = \frac{8}{2x-4}$

g) $\frac{2x-4}{x-2} = 1$ h) $\frac{x-5}{x-3} = \frac{-2}{x-3}$ i) $\frac{x^2}{x+2} = x$

15 Verhältnisgleichungen – Über-Kreuz-Multiplizieren

Löse die Gleichung.

a) $\frac{16}{100} = \frac{2}{x}$ b) $\frac{4}{x} = \frac{5}{x+2}$ c) $\frac{4}{15} = \frac{2}{x+3}$

d) $\frac{x-1}{x} = \frac{3}{4}$ e) $\frac{x+2}{x+4} = \frac{3}{4}$ f) $\frac{1}{2} = \frac{2x-5}{x-2}$

16 Prozentrechnung mit Verhältnisgleichungen

a) 46 € sind 23 % von einem Betrag x: $\frac{23}{100} = \frac{46}{x}$
Löse die Verhältnisgleichung.

b) Erstelle je eine Verhältnisgleichung und löse diese.
① 51 € sind 17 % von einem Betrag.
② Berechne 7 % von 85 €.

17 Ungleichungen

Bestimme die Lösungsmenge.

a) $x + 5 > 3x - 4$ b) $2x + 3 < 5x - 2$

c) $2x + 5 < 16$ d) $6x + 5 > 6x - 2$

e) $6x + 2 > 5x - 4$ f) $\frac{1}{2}x < 7x - 2$

18 Rätsel

Übersetze den Text in eine Ungleichung und löse diese.
„Wenn man eine Zahl verdreifacht und anschließend 5 subtrahiert, so erhält man höchstens das Zweifache der gleichen Zahl.“

Funktionsbegriff

Eine Funktion ist eine Zuordnung, bei der jedem x-Wert genau ein y-Wert zugeordnet wird.

Lineare Funktion

Funktion: Zeit x → Schneehöhe y

Text: Es schneit. Die Altschneedecke von 20 cm wächst pro Stunde um 5 cm.

Funktionsgleichung: $y = 5x + 20$

Graph:

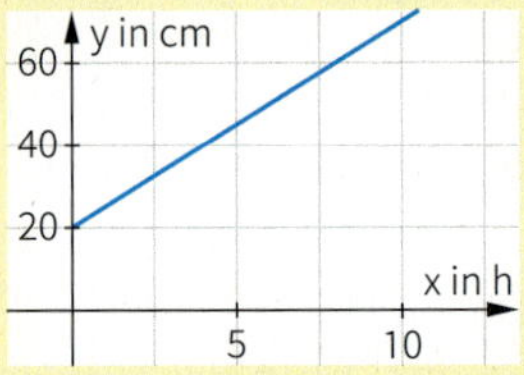

Tabelle:

x in h	y in cm
0	20
1	25
5	45
10	70

Steigung m, y-Achsenabschnitt b

$y = mx + b$

x	y
0	b
1	b+m
2	b+2m

(x: +1, +1; y: +m, +m)

$y = -2x + 5$

x	y
0	5
1	3
2	1

(x: +1, +1; y: −2, −2)

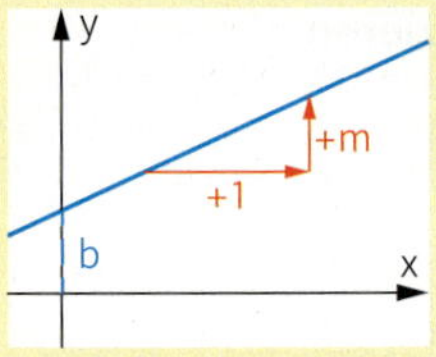

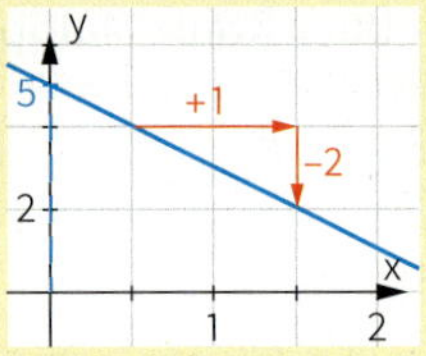

m beschreibt auch die Änderungsrate.

Typische Fragen an Funktionen

$f(x) = 0{,}5x + 1$

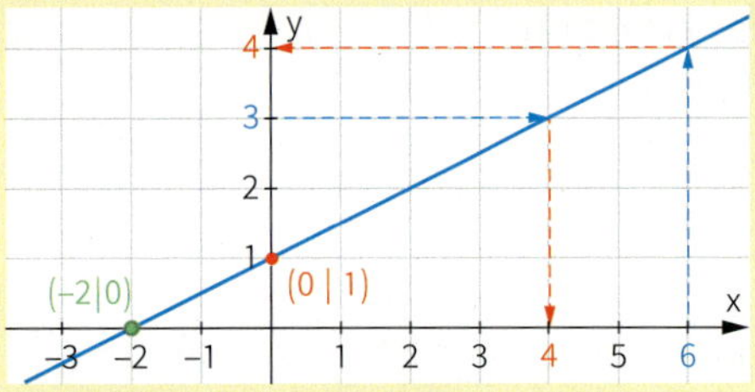

① Was ist der y-Wert an der Stelle 6?
$f(6) = 0{,}5 \cdot 6 + 1 = 4$

② Welcher x-Wert gehört zu $y = 3$?
$0{,}5x + 1 = 3$, also $x = 4$

③ Wo schneidet der Graph die y-Achse?
$f(0) = 0{,}5 \cdot 0 + 1 = 1$

④ Wo schneidet der Graph die x-Achse?
$f(x) = 0{,}5x + 1 = 0$, also $x = -2$

Lineare Funktionen

1 Vom Term zur Tabelle zum Graphen

Erstelle eine Tabelle und zeichne den Graphen.

a) $y = 2x + 1$ b) $y = -2x + 3$ c) $y = 3x$
d) $y = 4x - 4$ e) $y = \frac{1}{2}x + 1$ f) $y = -x - 1$

2 Von der Tabelle zum Term

Finde eine passende Funktionsgleichung.

a)

x	y
−1	1
0	3
1	5
2	7

b)

x	y
−2	−3
−1	−2,5
0	−2
1	−1,5

c)

x	y
3	2
4	1
5	0
6	−1

3 Vom Graphen zum Term

Finde eine passende Funktionsgleichung.

a)
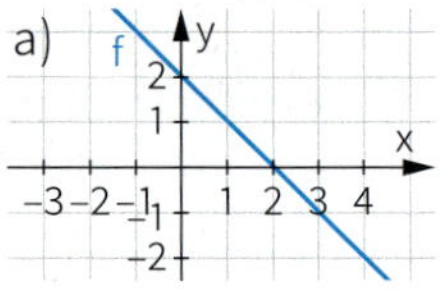

b)
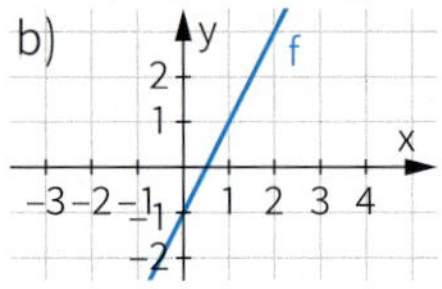

c)
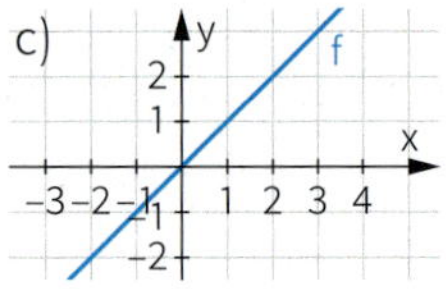

4 Von m und b zum Graphen

Zeichne die Gerade und gib die Funktionsgleichung an.

a) $m = -2;\ b = 3$ b) $m = \frac{1}{2};\ b = \frac{1}{2}$ c) $m = 1{,}5;\ b = -1$

5 Änderungsrate

Gib die Änderungsrate an.

a) $y = 2x + 5$ b) $y = -3x + 1$ c) $y = -\frac{1}{3}x - 4$

6 Typische Fragen

Löse rechnerisch und prüfe deine Lösungen am Graphen.

	f(3) = ▒	y = −2; x = ▒	Schnittpunkt mit der y-Achse	Schnittpunkt mit der x-Achse
f(x) = −3x + 4	▒	▒	▒	▒
f(x) = 0,2x − 1	▒	▒	▒	▒
f(x) = −x − 0,5	▒	▒	▒	▒

7 Fragen zur Brenndauer einer Kerze

Situation: Eine 10 cm große Kerze wird an einem windstillen Ort angezündet und brennt gleichmäßig pro Minute 0,25 cm ab.

Funktion: *Brenndauer x in min → Höhe h in cm*

Funktionsgleichung: $f(x) = -0{,}25x + 10$

Gib den Term oder die Gleichung an und beantworte die Frage.

a) Wie hoch ist die Kerze nach 8 min?
b) Wie hoch war die Kerze am Anfang?
c) Wann war die Kerze 6 cm hoch?
d) Wann ist die Kerze abgebrannt?

Lineare Funktionen bestimmen

Gerade durch P (2 | 3) mit Steigung −0,5

1. $y = -\frac{1}{2}x + b$
2. $3 = -\frac{1}{2} \cdot 2 + b$
3. $b = 4$
4. $y = -\frac{1}{2}x + 4$

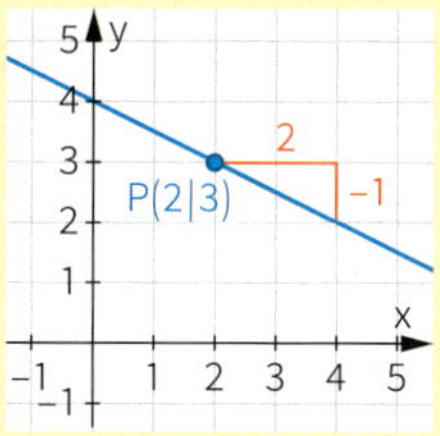

Gerade durch P (2 | 3) und Q (−2 | 5)

1. $m = \frac{3-5}{2-(-2)} = -\frac{1}{2}$
2. $y = -\frac{1}{2}x + b$
3. $3 = -\frac{1}{2} \cdot 2 + b$
4. $b = 4$
5. $y = -\frac{1}{2}x + 4$

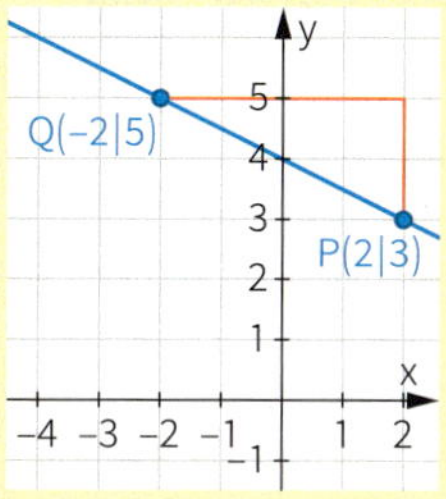

Gerade aus Daten bestimmen

x	1	1,5	1,75	2,4	2,6	3	3,25	3,5	4
y	1,5	2,0	1,5	2,0	1,9	2,8	2,5	3,5	3,1

1. Streudiagramm:

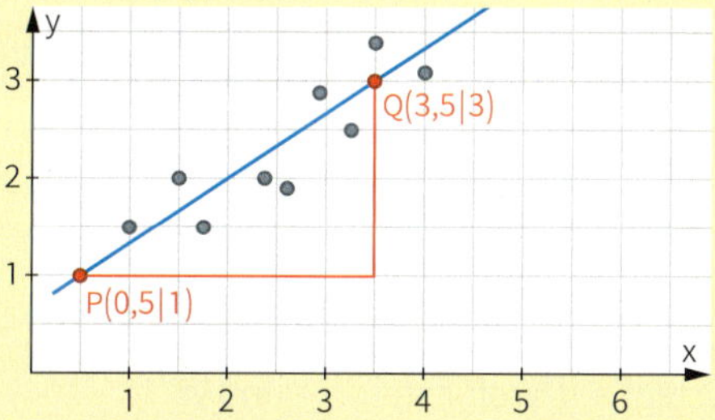

2. Gerade anpassen: P und Q wählen
3. Gerade durch P und Q: $y = 0{,}67x + 0{,}67$

Schnittpunkte

$f(x) = -3x + 2;\ g(x) = 2x - 8$

Ansatz: $f(x) = g(x)$

$-3x + 2 = 2x - 8$

$x = 2$

y-Wert: $f(2) = -4$

Schnittpunkt: $S(2 \mid -4)$

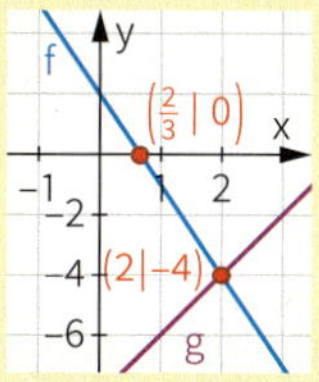

Die x-Koordinate eines Schnittpunktes des Graphen mit der x-Achse heißt **Nullstelle**.

Nullstelle bestimmen
- Funktionsterm gleich 0 setzen: $f(x) = 0$
- Gleichung $f(x) = 0$ lösen

Nullstelle für $f(x) = -3x + 2$ bestimmen
- $-3x + 2 = 0$
- $3x = 2 \Leftrightarrow x = \frac{2}{3}$

8 Funktionsgleichung bestimmen

Bestimme die Funktionsgleichung der Geraden und zeichne sie.

a) $P(2 \mid 2);\ m = 3$ b) $P(-1 \mid 3);\ m = 2$ c) $P(1 \mid 2);\ b = 3$

9 Gerade durch zwei Punkte

Bestimme die Funktionsgleichung zu der Geraden, die durch die beiden Punkte verläuft.

a) $P(1 \mid 6); Q(4 \mid 12)$ b) $P(1 \mid 0); Q(4 \mid 15)$ c) $P(4 \mid -1); Q(-2 \mid 3)$
d) $P(-2 \mid 3); Q(2 \mid 5)$ e) $P(-1 \mid 2); Q(3 \mid 3)$ f) $P(6 \mid 2); Q(-3 \mid 3)$

10 Punkte auf einer Geraden

Prüfe, ob die Punkte auf einer Geraden liegen.

a) $P(4 \mid 7); Q(-2 \mid -1); R(5 \mid 13)$ b) $P(2 \mid -5); Q(4 \mid 11); R(-3 \mid 12)$

11 Ein Stromtarif

Ein Energiekonzern bietet einen Stromtarif mit 30 € Grundtarif und einem Preis von 13,75 € pro 100 kWh an.

a) Stelle einen Term zur Berechnung des Strompreises auf und stelle den Tarif grafisch dar. Was ist hier die Änderungsrate?
b) Was bezahlt ein Kunde, der im letzten Jahr 800 kWh verbraucht hat? Wie hoch war der Verbrauch, wenn ein Kunde 65 € bezahlt hat?

12 Wasser erhitzen

Leon erhitzt Wasser aus dem Wasserhahn (10 °C) für eine Kanne Tee mit einem Tauchsieder. Dabei steigt die Wassertemperatur jeweils in zwei Minuten um 25 °C.

a) Stelle eine Funktionsgleichung auf, die den Temperaturverlauf des Wassers beschreibt, und zeichne den Graphen.
b) Welche Temperatur hat das Wasser nach 3,5 min?
c) Nach wie viel Minuten kocht das Wasser?
d) Wie groß ist hier die Änderungsrate der Temperatur?

13 Streudiagramm und Ausgleichsgerade

Erstelle für folgende Punkte ein Streudiagramm und skizziere eine Ausgleichsgerade. Bestimme deren Steigung m, den y-Achsenabschnitt b und die passende Funktionsgleichung.

x	0	1	2	3	4	5	6	7
y	2,0	2,4	2,9	3,5	4,2	4,6	4,9	5,5

14 Schnittpunkte

a) Bestimme den Schnittpunkt mit der x-Achse (Nullstelle).
① $f(x) = 3x - 12$ ② $f(x) = -4x - 5$ ③ $f(x) = \frac{1}{2}x + \frac{1}{8}$
b) Bestimme den Schnittpunkt der Graphen.
① $f(x) = 4x + 1;\ g(x) = 2x + 4$ ② $f(x) = -3x - 2;\ g(x) = \frac{1}{2}x - 3$

15 Autokauf

Die zeitabhängigen Kosten für zwei Autos werden durch die Funktionen $K_1(x) = 0{,}05x + 20\,000$ und $K_2(x) = 0{,}15x + 10000$ beschrieben. Bei welcher Anzahl an Kilometern kosten beide Autos gleich viel?

Lineare Gleichungen mit zwei Variablen

$ax + by = c$ $\quad 6x + 2y = 20$

Lineare Funktion: $\quad y = -3x + 10$

Lösungen sind die Wertepaare $(x \mid -3x + 10)$.
Die Punkte des Graphen sind die Lösungen.

Lineares Gleichungssystem (LGS)

I $\;y + 1 = 2x$
II $\;y + x = 5$

Gleichsetzungsverfahren

1. Gleichungen nach y auflösen	I $y = 2x - 1$ II $y = -x + 5$
2. Gleichsetzen und Gleichung lösen	$2x - 1 = -x + 5$ $3x = 6$ $x = 2$
3. Einsetzen in I	$y = 2 \cdot 2 - 1 = 3$
4. Probe:	$3 + 1 = 2 \cdot 2$; $3 + 2 = 5$
5. Lösung	$(2 \mid 3)$ $\quad L = \{(2 \mid 3)\}$

Lösung grafisch als Schnittproblem der Graphen von linearen Funktionen:

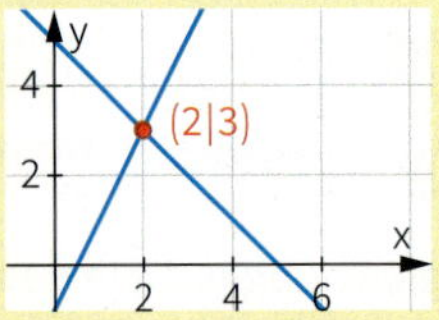

LGS ohne Lösung

I $\;\;2x - \;\;y = \;\;4$
II $\;-6x + 3y = -9$

Grafische Lösung

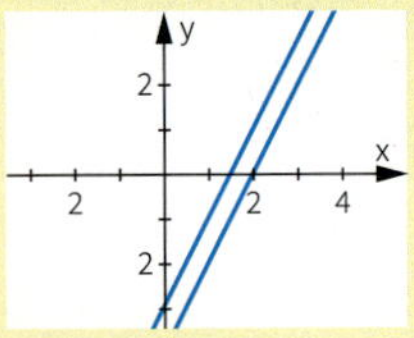

Die Geraden sind parallel, d. h. es gibt keine Lösung.

Rechnerische Lösung

$2x - 4 = 2x - 3$
$-4 = -3$
falsche Aussage für alle x-Werte

$L = \{\;\}$

LGS mit unendlich vielen Lösungen

I $\;\;2x - \;\;y = \;\;4$
II $\;-6x + 3y = -12$

Grafische Lösung

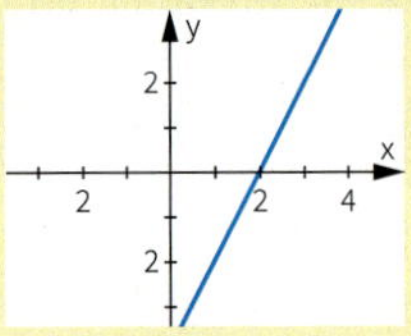

Die Geraden sind identisch, alle Wertepaare auf der Geraden sind Lösungen.

Rechnerische Lösung

$2x - 4 = 2x - 4$

richtig für jeden x-Wert

$y = 2x - 4$
$L = \{(x \mid 2x - 4)\}$

Lineare Gleichungssysteme

1 Gleichungen mit zwei Variablen
Bestimme die Lösungsmenge und stelle sie grafisch dar.
a) $2x + 3y = 6$ b) $2x - y = 5$ c) $\frac{1}{2}x + \frac{1}{2}y = 1$

2 Stimmt die Lösung?
Prüfe, ob die Wertepaare Lösungen der linearen Gleichung sind.
a) $5x + y = 8$ $\;(1 \mid 3)$; $(2 \mid -2)$ b) $x - 2y = 3$ $\;(0 \mid -1{,}5)$; $(1 \mid 1)$

3 Lösen mit dem Gleichsetzungsverfahren
Löse das Gleichungssystem mit dem Gleichsetzungsverfahren.
a) $y = 2x + 3$; $y = -3x - 4$
b) $y = 4x - 1$; $y = 5x - 1$
c) $y = -2x + 5$; $y + x = -4$
d) $2y = -2x + 6$; $y + 2x = 5$
e) $3y = -6x + 5$; $3y + x = 3$
f) $\frac{1}{2}y = 2x + 5$; $-y + 2x = 0$

4 Grafische Lösung
Löse das Gleichungssystem grafisch.
a) $y = x - 3$; $y = -x + 7$
b) $y = x$; $y = 1{,}5x + 0{,}5$
c) $y = 4x - 1$; $y = -0{,}5x + 3{,}5$

5 LGS im Kontext
An der Kasse haben Familie Fischer und Familie Becker unterschiedliche Kosten für den Eintritt in den Zoo.

Familie Fischer: „1 Erwachsener und 2 Jugendliche macht 18,50 €.“

Familie Becker: „2 Erwachsene und 3 Jugendliche macht 31,20 €.“

a) Stelle ein Gleichungssystem auf. Wofür stehen x und y?
b) Löse das Gleichungssystem. Welche Bedeutung hat die Lösung im Sachkontext?

6 LGS mit besonderen Lösungen
Löse das Gleichungssystem.
a) $y = x + 0{,}5$; $y = 2 \cdot \left(\frac{1}{2}x + \frac{1}{4}\right)$
b) $y = 0{,}8x + 1{,}5$; $y = \frac{4}{5}x$
c) $y = x - 2$; $3y = 3x - 6$

7 LGS ohne Lösung
Übertrage das LGS in dein Heft und ergänze die Lücke so, dass das Gleichungssystem keine Lösung hat.
a) $y = 4x + 3$; $y = 4x + \square$
b) $y = 3x - 2$; $y = \square x - 4$
c) $y = -4x + 1$; $\square y = 2x - 1$

8 LGS mit unendlich vielen Lösungen
Übertrage das LGS in dein Heft und ergänze die Lücke so, dass das Gleichungssystem unendlich viele Lösungen hat.
a) $y = -2x + 3$; $y = -2x + \square$
b) $y = x - 4$; $y = \square x - 4$
c) $2y = -6x - 2$; $y = -3x + \square$

Einsetzungsverfahren

Strategie: Eine Gleichung nach einer Variablen auflösen und Term in der anderen Gleichung für diese Variable einsetzen.

I $3x + y = 4$
II $4x + 2y = 2$
1. I nach y auflösen $y = 4 - 3x$
2. in II einsetzen $4x + 2\cdot(4 - 3x) = 2$
$x = 3$
3. in I einsetzen $y = 4 - 3\cdot 3 = -5$
4. Lösung $(3 \mid -5)$ $L = \{(3 \mid -5)\}$

Additionsverfahren

Strategie: Gleichungen erzeugen, bei denen Koeffizienten zu einer Variablen gleich oder Gegenzahlen sind. Beide Gleichungen addieren bzw. subtrahieren.

I	$4x - 3y = 19$	
II	$5x + 4y = 16$	
$4\cdot$I	$16x - 12y = 76$	
$3\cdot$II	$15x + 12y = 48$	addieren
$4\cdot$I $+ 3\cdot$II	$31x + 0y = 124$	

$x = 4$
x in I $4\cdot 4 - 3y = 19$
$y = -1$
y in II $5\cdot 4 + 4\cdot(-1) = 16$
Lösung: $(4 \mid -1)$ $L = \{(4 \mid -1)\}$

Strategien im Vergleich

Ziel: Eine Gleichung mit einer Variablen.

Gleichsetzungsverfahren

- Wenn beide Gleichungen schon nach einer Variablen umgestellt sind:
  I $y = 2x - 1$
  II $y = 3x + 2$ I = II $2x - 1 = 3x + 2$

Einsetzungsverfahren

Wenn eine Gleichung sich einfach nach einer Variablen umstellen lässt:
I $y = 2x - 1$
II $4 = 2y - 6x$ I in II $4 = 2\cdot(2x - 1) - 6x$

Additionsverfahren

Wenn ein Term mit einer Variablen sich durch Addieren oder Subtrahieren der Gleichungen „aufhebt“:
I $2y - 4x = -2$
II $2y - 6x = 4$ subtrahieren
I − II $2x = -6$

9 Lösen mit dem Einsetzungsverfahren

Löse das Gleichungssystem mit dem Einsetzungsverfahren.

a) $x - y = 5$; $x = 2y - 4$
b) $2x + 5y = 4$; $y = 2x + 8$
c) $10x - 7y = 44$; $7y = 3x - 23$
d) $4x + y = 2$; $3x + y = 0$
e) $2x - 15 = 7y$; $6x = 3y + 9$
f) $x - 3y = 5$; $3x - 15 = 10y + 2$

10 Lösen mit dem Additionsverfahren

Löse das Gleichungssystem mit dem Additionsverfahren.

a) $x + y = 24$; $x - y = 6$
b) $x - 3y = 6$; $-x + 6y = 9$
c) $5x + y = 10$; $4x + y = 5$
d) $9x - 5y = 48$; $4x - 5y = 23$
e) $6x - 5y + 46 = 0$; $3x + 5y - 4 = 0$
f) $2x - 4y = 8$; $2y = 3x - 7$

11 Lösen mit verschiedenen Verfahren

Löse das Gleichungssystem mit einem Verfahren deiner Wahl.

a) $2x - 3y + 3 = 0$; $2x = 3$
b) $y = \frac{1}{2}x - 3$; $y = -\frac{1}{2}x + 3$
c) $2x + 6y + 4 = 0$; $y = -\frac{1}{3}x - \frac{2}{3}$
d) $2x - 5y = -9$; $2x + 7y = 1$
e) $x + 4y = 4$; $y = -\frac{1}{4}x + 1$
f) $3x + 4y = 21$; $2x + 2y = 13$

12 Zahlenrätsel

Stelle das Gleichungssystem auf und löse das Gleichungssystem mit einem Verfahren deiner Wahl.

a) Gesucht werden zwei natürliche Zahlen:
Eine Zahl ist dreimal so groß wie die andere, ihre Differenz ist 6.
b) Gesucht ist eine zweistellige Zahl:
Die Zehnerziffer ist dreimal so groß wie die Einerziffer, ihre Quersumme ist 8.
c) Gesucht ist eine zweistellige Zahl:
Die Zehnerziffer ist um 4 kleiner als die die Einerziffer und ihre Quersumme ist 6.

13 Rätsel

Stelle das Gleichungssystem auf und löse das Gleichungssystem mit einem Verfahren deiner Wahl.

a) Der Umfang eines Rechtecks beträgt 24 cm. Wird die längere Seite halbiert und die kürzere Seite um 3 cm verlängert, so beträgt der Umfang des neuen Rechtecks 23 cm.
Welche Seitenlängen hat das ursprüngliche Rechteck?
b) Ein Hotel hat nur Einzel- und Doppelzimmer. Es gibt 78 Zimmer mit 119 Betten. Wie viele Einzel- und Doppelzimmer gibt es?
c) Auf einem Bauernhof leben Hühner und Schafe. Zusammen haben sie 14 Köpfe und 35 Beine. Wie viele Hühner und Schafe sind es?
d) Michels Alter ist ein Sechzehntel des Alters seines Opas. Vor zwei Jahren war sein Opa 31-mal so alt wie Michel. Wie alt sind die beiden heute?

Dreiecke – Kongruenzsätze

Dreiecke

spitzwinkliges Dreieck

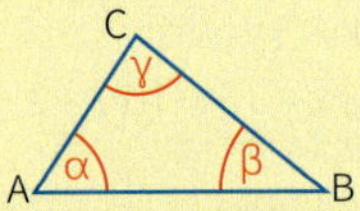

Alle Winkel sind spitze Winkel, also kleiner als 90°.

rechtwinkliges Dreieck

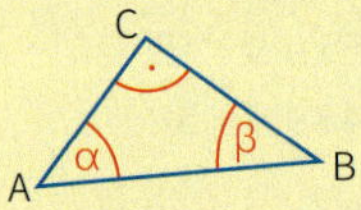

Ein Winkel ist 90° groß.

stumpfwinkliges Dreieck

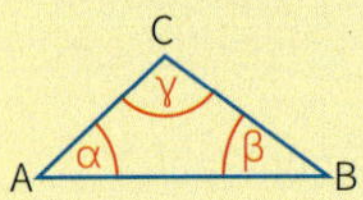

Ein Winkel ist ein stumpfer Winkel, also größer als 90°.

Dreiecksungleichung

In einem Dreieck ABC gilt:

$a + b > c$ $a + c > b$ $b + c > a$

Kongruenzsätze

Ein Dreieck ABC ist eindeutig konstruierbar aus

SSS
den drei Seitenlängen.

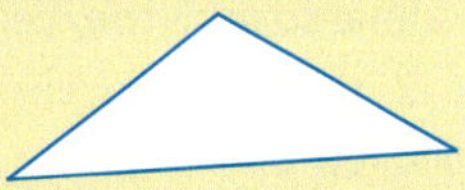

SWS
zwei Seitenlängen und der Größe des eingeschlossenen Winkels.

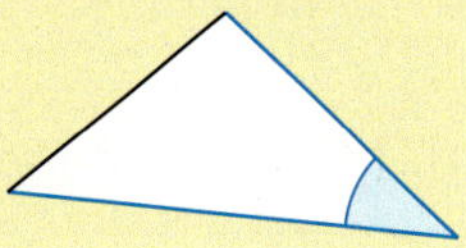

WSW
einer Seitenlänge und den Größen der beiden anliegenden Winkel.

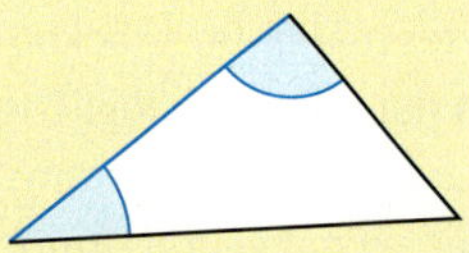

SsW
zwei Seitenlängen und dem Winkel, der der längeren Seite gegenüberliegt.

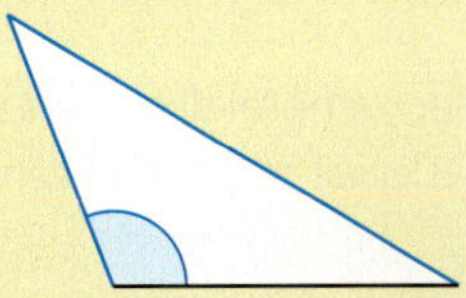

1 Dreiecke konstruieren und Flächeninhalt bestimmen

Konstruiere das Dreieck ABC und bestimme den Flächeninhalt.

a) $\alpha = 40°$; $\beta = 70°$; $c = 6{,}5\,cm$ b) $b = 3\,cm$; $c = 5\,cm$; $\alpha = 75°$
c) $a = 4\,cm$, $b = 3\,cm$; $\gamma = 45°$ d) gleichseitiges Dreieck mit 4 cm

2 Gleichschenkliges Dreieck

Der Winkel an der Spitze eines gleichschenkligen Dreiecks misst 75°. Gib an, wie groß die Basiswinkel sind.

3 Dreiecke konstruieren und weitere Größen messen

Konstruiere das Dreieck ABC und miss die angegebenen Seiten und Winkel.

a) $a = 4\,cm$; $b = 5{,}6\,cm$; $c = 7\,cm$ Gesucht: α; β
b) $a = 4\,cm$; $b = 5{,}6\,cm$; $\gamma = 68°$ Gesucht: c; α
c) $a = 4\,cm$; $c = 6{,}4\,cm$; $\beta = 60°$ Gesucht: b; γ
d) $a = 6\,cm$; $\beta = 60°$; $\gamma = 38°$ Gesucht: α; b

4 Eindeutige Dreieckskonstruktion

Entscheide, ohne zu konstruieren, ob das Dreieck ABC eindeutig konstruierbar ist.

a) $a = 3{,}3\,cm$; $b = 5\,cm$; $\alpha = 30°$ b) $a = 3\,cm$; $b = 5\,cm$; $c = 7\,cm$
c) $b = 3{,}5\,cm$; $c = 5\,cm$; $\beta = 60°$ d) $\alpha = 30°$; $\beta = 60°$; $\gamma = 90°$

5 Konstruierbare Dreiecke?

Überprüfe, ob es möglich ist, ein Dreieck ABC mit den gegebenen Größen zu konstruieren. Konstruiere das Dreieck ABC, wenn es möglich ist.

a) $a = 4\,cm$; $b = 3\,cm$; $c = 7\,cm$ b) $c = 3{,}4\,cm$; $\alpha = 56°$; $\beta = 66°$
c) $\alpha = 25°$; $\beta = 115°$; $\gamma = 50°$ d) $b = 3{,}5\,cm$; $\alpha = \beta = 60°$

6 Höhen bestimmen

Bestimme durch eine maßstäbliche Konstruktion die Höhe.

a) Höhe des Schornsteins

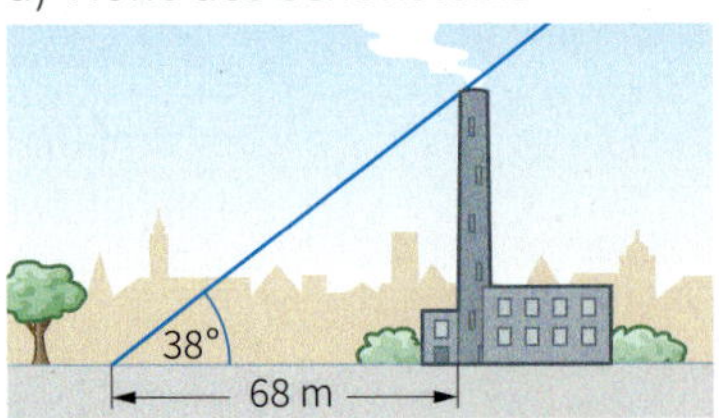

b) Höhe der Felswand

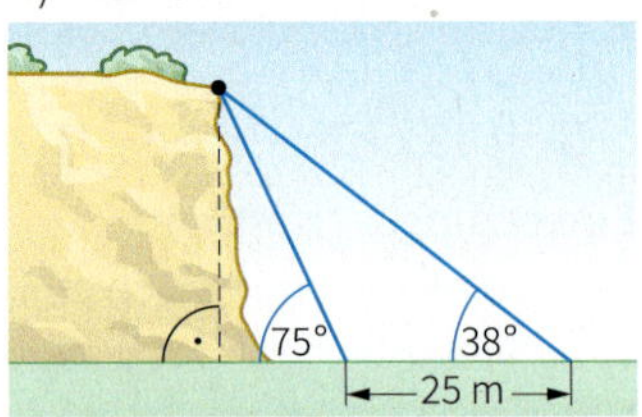

7 Weglänge bestimmen

Zwei Straßen sollen durch einen geradlinigen Weg verbunden werden. Bestimme die Länge des Weges.

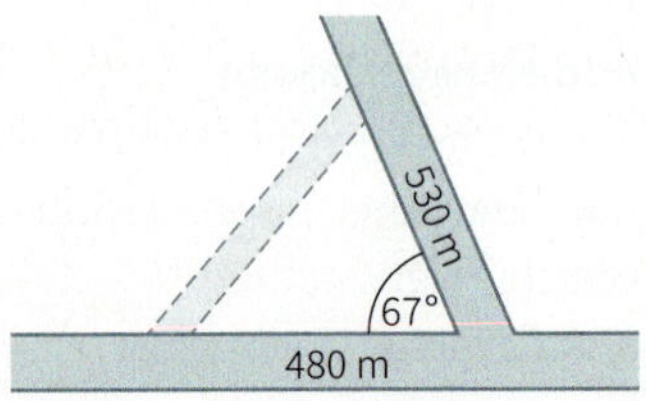

Mittelsenkrechte im Dreieck

Die drei Mittelsenkrechten schneiden sich im Mittelpunkt M des Umkreises. Der Umkreis verläuft durch die drei Eckpunkte des Dreiecks.

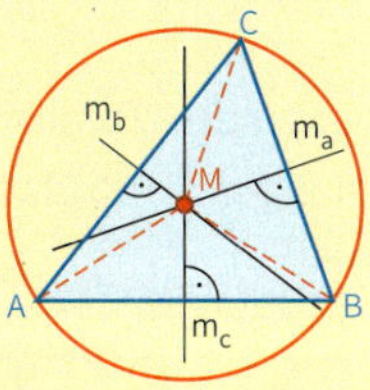

Winkelhalbierende im Dreieck

Die drei Winkelhalbierenden schneiden sich im Mittelpunkt W des Inkreises. Der Inkreis berührt die drei Seiten des Dreiecks.

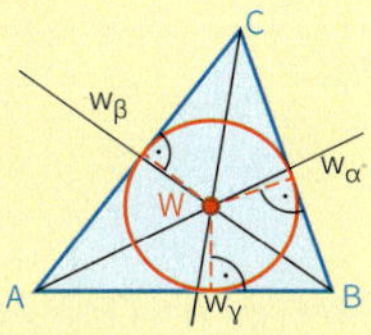

Seitenhalbierende im Dreieck

Die drei Seitenhalbierenden schneiden sich im Schwerpunkt S des Dreiecks.

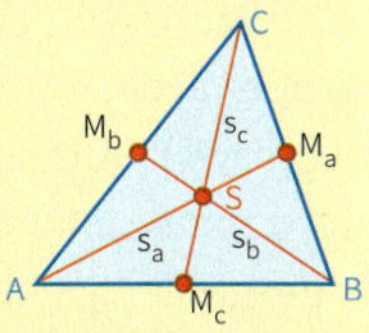

Satz des Thales

Wenn bei einem Dreieck ABC die Ecke C auf dem Halbkreis mit dem Durchmesser $\overline{AB}$ liegt, dann hat das Dreieck bei C einen rechten Winkel.

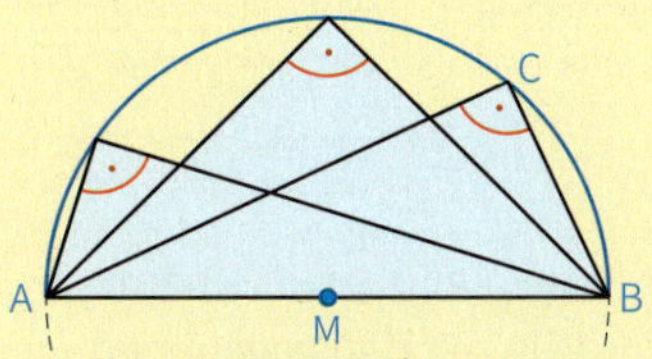

Tangente am Kreis

Eine Tangente ist eine Gerade, die den Kreis in einem Punkt berührt. Im Berührpunkt steht die Tangente senkrecht zum Radius des Kreises.

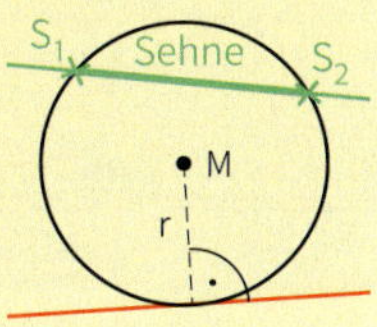

Die Tangenten an einen Kreis durch einen Punkt außerhalb des Kreises können mithilfe des Satzes von Thales konstruiert werden.

Besondere Linien im Dreieck – Satz des Thales

1 Umkreis

Zeichne die Punkte in ein Koordinatensystem (1 LE ≙ 1 cm) und konstruiere einen Kreis, der durch die Punkte verläuft. Bestimme die Koordinaten des Mittelpunkts und den Radius des Kreises.

a) $A(0|0)$; $B(3|3)$; $C(-4|6)$ b) $A(2|-5)$; $B(2|-5)$; $C(5|-2)$
c) $A(-2|3)$; $B(2|-4)$; $C(0|7)$ d) $A(5|4)$; $B(-3|7)$; $C(-4|1)$

2 Punkte ohne Umkreis?

Emma behauptet: „Ich kann drei Punkte zeichnen, durch die man keinen Kreis zeichnen kann.“ Überprüfe, ob Emma Recht hat, und beschreibe gegebenenfalls die Lage der drei Punkte.

3 Inkreis

Konstruiere den Inkreis des Dreiecks ABC. Bestimme die Koordinaten des Mittelpunkts und den Radius des Kreises.

a) $A(0|5)$; $B(6|5)$; $C(-1|-2)$ b) $A(0|6)$; $B(10|2)$; $C(5|7)$
c) $A(6|2)$; $B(-8|0)$; $C(-3|-3)$ d) $A(-2|-3)$; $B(5|0)$; $C(-4|3)$

4 Besondere Punkte eines Dreiecks

Konstruiere ein Dreieck ABC mit $a = 6\,cm$, $b = 7\,cm$ und $c = 8\,cm$.

a) Konstruiere den Mittelpunkt des Umkreises.
b) Konstruiere den Mittelpunkt des Inkreises.
c) Konstruiere den Höhenschnittpunkt.
d) Konstruiere den Schwerpunkt.

5 Besondere Dreiecke

Welche Besonderheiten weisen die Winkelhalbierenden, die Seitenhalbierenden, die Mittelsenkrechten und die Höhen für die besonderen Dreiecke aus?

a) gleichschenkliges Dreieck   b) gleichseitiges Dreieck
c) rechtwinklig, gleichschenkliges Dreieck

6 Konstruktion rechtwinkliger Dreiecke

Konstruiere mit dem Satz des Thales das rechtwinklige Dreieck ABC mit $\gamma = 90°$.

a) $c = 6\,cm$; $\alpha = 50°$ b) $c = 6\,cm$; $\beta = 20°$
c) $c = 4\,cm$; $a = 4\,cm$ d) $b = 5\,cm$; $c = 8\,cm$
e) $c = 6\,cm$; $h_c = 3\,cm$ f) $c = 8\,cm$; $h_c = 3\,cm$

7 Tangenten konstruieren

In der Bildfolge ist die Konstruktion der Tangenten von einem Punkt P außerhalb des Kreises dargestellt. Beschreibe die Bildfolge.

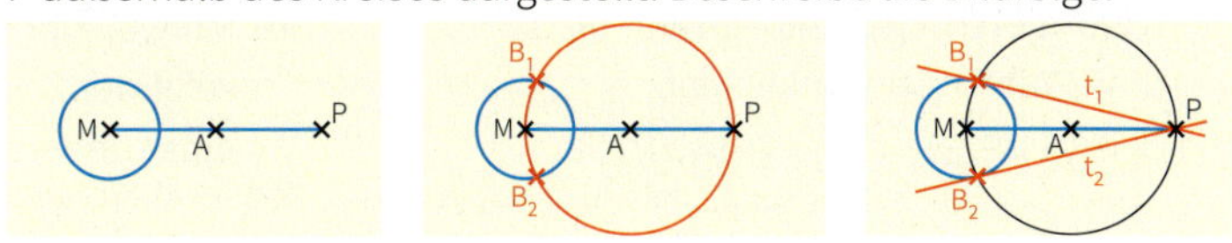

Zufallsexperimente und Ergebnisse

Ein Zufallsexperiment ist ein Versuch, bei dem verschiedene Ergebnisse möglich sind. Dabei kann man nicht vorhersagen, welchen eintreten wird.

Würfeln

Ergebnisse
1; 2; 3; 4; 5; 6

Glücksrad drehen

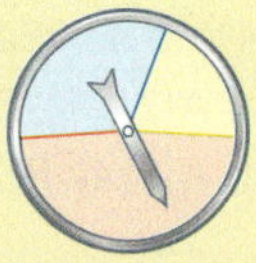

Ergebnisse
rot; blau; gelb

Ereignis

Ein Ereignis ist die Zusammenfassung bestimmter Ergebnisse.
Das Ereignis, eine gerade Zahl zu würfeln, besteht aus den Ergebnissen 2, 4 und 6.

Wahrscheinlichkeit

Die Wahrscheinlichkeit gibt an, wie wahrscheinlich es ist, dass ein Ereignis eintritt. Die Wahrscheinlichkeit ist eine Zahl zwischen 0 (unmögliches Ereignis) und 1 (sicheres Ereignis).

Wahrscheinlichkeiten bestimmen

Möglichkeit 1 – experimentell
Man wiederholt den Versuch, z. B. Drehen eines Glücksrades, 100-mal und berechnet die relative Häufigkeit, mit der bestimmte Ereignisse eintreten.

	blau	gelb	rot
Häufigkeit	32	20	48
relative Häufigkeit	$\frac{32}{100}$	$\frac{20}{100}$	$\frac{48}{100}$

Die relative Häufigkeit ist ein Schätzwert für die Wahrscheinlichkeit, mit der das jeweilige Ereignis eintritt. P („blau“) = 0,32; P („gelb“) = 0,20; P („rot“) = 0,48

Möglichkeit 2 – theoretisch
Man betrachtet das Zufallsexperiment und bestimmt die Wahrscheinlichkeit theoretisch, d. h. ohne Versuch.
Beim Würfeln tritt jede Augenzahl mit der gleichen Wahrscheinlichkeit auf.
$P(1) = P(2) = P(3) = P(4) = P(5) = P(6) = \frac{1}{6}$

Wahrscheinlichkeitsrechnung

1 Ergebnisse
Welche Ergebnisse gibt es zu den Zufallsexperimenten?
a) Augensumme beim gleichzeitigen Werfen der beiden Würfel.

b) Einmaliges Ziehen einer Kugel.

2 Ereignisse
Welche Ergebnisse gehören zu den Ereignissen?
a) Werfen eines sechsseitigen Würfels:
E_1: Die Augenzahl ist eine gerade Zahl.
E_2: Die Augenzahl ist eine Primzahl.
E_3: Die Augenzahl ist größer als 4.
b) gleichzeitiges Werfen von zwei Würfeln:
E_1: Die Summe der Augenzahlen ist größer als 9.
E_2: Das Produkt der Augenzahlen ist eine Primzahl.
E_3: Die Differenz der Augenzahlen.

3 Freiwürfe beim Basketball
Wer sollte die letzten Freiwürfe ausführen?
Der Trainer hat während der letzten Spiele genau Buch geführt.

Name	Würfe	Treffer
Jule	12	7
Franzi	10	6
Doro	20	11
Lina	9	4

4 Wahrscheinlichkeit
Wie viele rote, gelbe, grüne und blaue Kugeln müssen in einem Topf sein, damit die entsprechenden Kugeln mit den gegebenen Wahrscheinlichkeiten gezogen werden?

a)

Farbe	rot	gelb	grün	blau
P (Farbe)	$\frac{1}{4}$	$\frac{5}{16}$	$\frac{1}{16}$	$\frac{3}{8}$

b)

Farbe	rot	gelb	grün	blau
P (Farbe)	$\frac{1}{12}$	$\frac{1}{2}$	$\frac{1}{4}$	$\frac{1}{6}$

5 Theoretische Wahrscheinlichkeit
a) Mit welcher Wahrscheinlichkeit bleibt der Zeiger auf einem blauen Feld stehen?
b) Mit welcher Wahrscheinlichkeit zeigt der Zeiger auf ein Feld mit einer ungeraden Zahl?

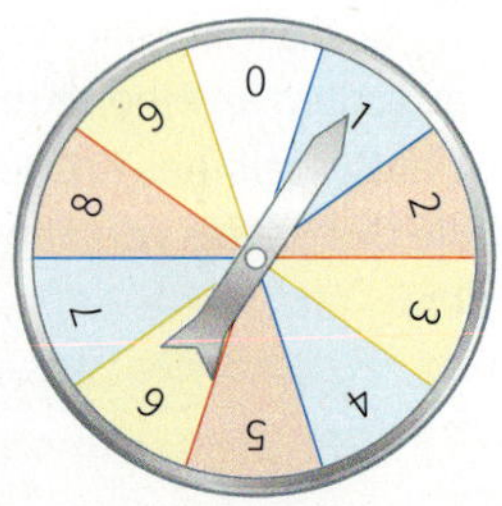

Empirisches Gesetz der großen Zahlen

Je öfter ein Zufallsexperiment durchgeführt wird, umso weniger schwankt die relative Häufigkeit eines Ereignisses um einen Wert. Dieser Wert wird als Schätzwert der Wahrscheinlichkeit des Ereignisses genommen.

Wie erhält man einen guten Schätzwert für die Wahrscheinlichkeit?
Man wiederholt ein Zufallsexperiment sehr oft, z. B. 100-mal oder mehr. Die relative Häufigkeit, mit der das Ereignis eintritt, ist in der Regel ein guter Schätzwert für die Wahrscheinlichkeit.

Laplace-Experimente

Zufallsexperimente, bei denen alle Ergebnisse gleich wahrscheinlich sind, nennt man Laplace-Experiment.
Bei Laplace-Experimenten kann man die Wahrscheinlichkeit eines Ergebnisses theoretisch ohne Versuch ermitteln.

Glücksrad mit 10 gleich großen Sektoren
Ergebnisse: 0; 1; …; 9
Alle 10 Ergebnisse sind gleich wahrscheinlich.
$P(1) = P(2) = \dots P(9) = \frac{1}{10}$

Laplace-Regel

Wahrscheinlichkeit eines Ereignisses bei einem Laplace-Experiment:

$$P(\text{Ereignis}) = \frac{\text{Anzahl der günstigen Ergebnisse}}{\text{Anzahl der möglichen Ergebnisse}}$$

Würfeln ist ein Laplace-Experiment.
Ereignis: Die Augenzahl ist durch 3 teilbar.
günstige Ergebnisse: 3; 6
mögliche Ergebnisse: 1; 2; 3; 4; 5; 6

$P(\text{Augenzahl durch 3 teilbar}) = \frac{2}{6} = \frac{1}{3} \approx 33\,\%$

6 Werfen eines Würfels
Ein sechsseitiger Würfel wird einmal geworfen. Mit welcher Wahrscheinlichkeit würfelt man eine Augenzahl,
a) die ungerade ist?
b) die genau 2 ist?
c) die kleiner als 4 ist?
d) die durch 3 teilbar ist?

7 Ziehen aus einer Urne
In einer Urne befinden sich 15 Kugeln, die mit den Zahlen 1 bis 15 beschriftet sind. Charly zieht eine Kugel.
Bestimme die Wahrscheinlichkeit für das Ziehen
a) der Kugel mit der 10
b) einer durch 4 teilbaren Zahl
c) einer Quadratzahl
d) einer Zahl größer als 9

8 Eine Karte ziehen
Aus einem Kartenspiel mit 32 Karten wird eine Karte gezogen.
Berechne die Wahrscheinlichkeit für
a) den Kreuz König
b) eine Karo-Karte
c) eine 10 oder ein As
d) eine schwarze Karte (Kreuz oder Pik)

9 Glücksrad drehen
Das Glücksrad wird einmal gedreht.
Berechne die Wahrscheinlichkeit für
a) Weiß
b) Blau
c) Weiß oder Rot
d) kein Rot

10 Zweimal Ziehen mit und ohne Zurücklegen
In einer Urne befinden sich 5 weiße, 3 rote und 2 schwarze Kugeln.
Es werden zwei Kugeln gezogen. Mit welcher Wahrscheinlichkeit erhält man zwei gleichfarbige Kugeln?
a) mit Zurücklegen
b) ohne Zurücklegen

11 Zwei Glücksräder drehen
Zwei Glückräder werden gedreht.

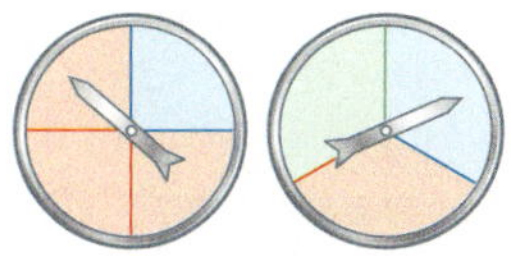

a) Stelle die Ergebnisse mithilfe eines Baumdiagramms dar.
b) Berechne die Wahrscheinlichkeit für
① „zweimal Blau“
② „zweimal Rot“
③ „zweimal Grün“
④ „keinmal Blau“
⑤ „höchstens einmal Blau“
⑥ „ einmal Rot und einmal Blau“

12 Einen Würfel zweimal werfen
Ein sechsseitiger Würfel wird zweimal geworfen. Berechne die Wahrscheinlichkeit für
a) einen Pasch
b) zwei ungerade Zahlen
c) die Augensumme 7
d) eine Augensumme größer als 10
e) das Augenprodukt 6
f) ein Augenprodukt größer als 10

13 Zwei Karten ziehen
Aus einem Kartenspiel mit 32 Karten werden zwei Karten (ohne Zurücklegen) gezogen. Berechne die Wahrscheinlichkeit für
a) zwei Herzkarten
b) zwei Damen
c) eine 10 und ein As
d) das Karo As und eine Pikkarte

Beim Lösen von Sachproblemen geht man in der Regel in bestimmten Schritten vor.

Problem:
Die Seiten eines Quadrates werden alle um 2 cm verlängert. Dabei vergrößert sich der Flächeninhalt um 24 cm². Von welcher Seitenlänge ist man ausgegangen?

1. Problem erfassen

Beispiele:
Skizze, Graph, Zeichnung, konkrete Beispiele
Hier: Skizze

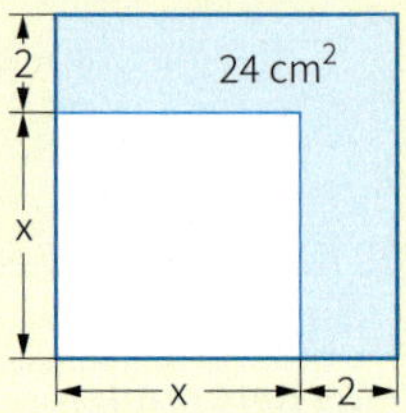

2. Mathematisches Werkzeug festlegen

Beispiele: Gleichung oder LGS aufstellen, Funktion bestimmen

Hier: Gleichung aufstellen

- Variable festlegen
  „Die Seiten eines Quadrates …": x
- Passende Terme finden
  „… um 2 cm verlängert.": $x + 2$
  alter Flächeninhalt: x^2
  neuer Flächeninhalt: $(x + 2)^2$
- Gleichung: $(x + 2)^2 = x^2 + 24$

3. Gleichung lösen:

$$(x + 2)^2 = x^2 + 24$$
$$x^2 + 4x + 4 = x^2 + 24 \quad | -x^2$$
$$4x + 4 = 24 \quad | -4$$
$$4x = 20 \quad | :4$$
$$x = 5$$

4. Problemprobe durchführen

Lösung am Problem überprüfen

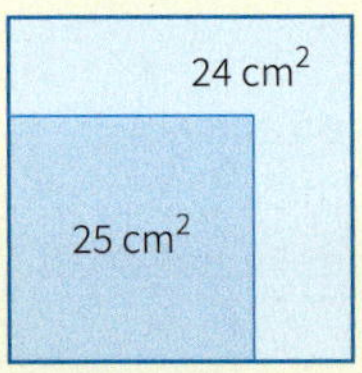

Rechnung überprüfen
$(5 + 2)^2 = 49$
$5^2 + 24 = 49$
Stimmt!

5. Lösung des Problems angeben

Die Seitenlänge des ursprünglichen Quadrates beträgt 5 cm.

Problemlösen

1 Problemlösen mit Termen und Gleichungen

Finja angelt gerne. Sie geht fünf Tage auf Angeltour. Am ersten Tag angelt sie eine gewisse Menge Fische, insgesamt angelt sie an den fünf Tagen 90 Fische. Sie angelt jeden Tag 4 Fische mehr als am Vortag. Wie viele Fische hat sie an den einzelnen Tagen geangelt?

2 Problemlösen mit linearen Funktionen

Ein Energiekonzern bietet einen Stromtarif mit 28 € Jahresgrundtarif und einem Preis von 26,75 € pro 100 kWh an.

a) Wie viel bezahlt ein Kunde für 800 kWh Jahresverbrauch?
b) Wie hoch war der Verbrauch, wenn ein Kunde 75 € bezahlt hat?

3 Problemlösen mit LGS

Am Bratwurststand haben Familie Ahlers und Familie Dettmer unterschiedliche Bestellungen aufgegeben.

Familie Ahlers:	Familie Dettmer:
„1 Bratwurst und 1 Pommes macht 4,40 €."	„2 Bratwürste und 3 Pommes macht 10,60 €."

Bestimme den Preis einer Bratwurst und den Preis einer Pommes.

4 Problemlösen mit Wahrscheinlichkeitsrechnung

Von einem Mittel gegen Allergien wird behauptet, dass bei ca. 70 % der behandelten Patienten eine heilende Wirkung eintritt.
Das Mittel wird zwei Patienten verabreicht.
Ermittle die Wahrscheinlichkeit für die Heilung

a) für mindestens einen Patienten.
b) für höchstens einen Patienten.

5 Problemlösen mit besonderen Linien im Dreieck

Ein Versorgungslager soll eingerichtet werden, das gleich weit von den drei Forschungsstationen entfernt sein soll. Übertrage die Skizze maßstäblich in dein Heft und bestimme den Standort des Versorgungslagers.

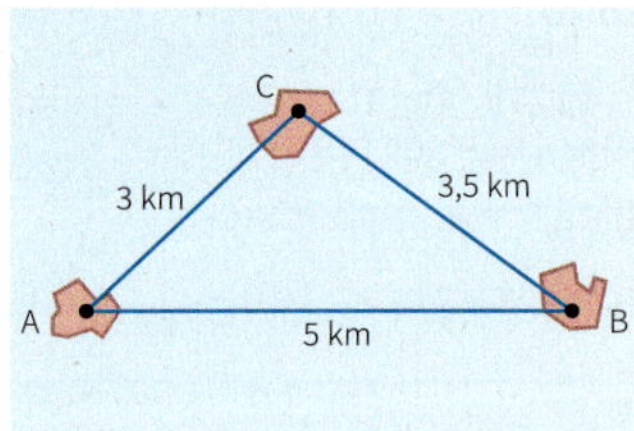

6 Problemlösen mit dem Satz des Thales

In einem Dreieck ABC mit $\gamma_1 = 70°$ liegt der Punkt C auf dem Halbkreis über der Strecke $\overline{AB}$. Bestimme die Größe des Winkels β.

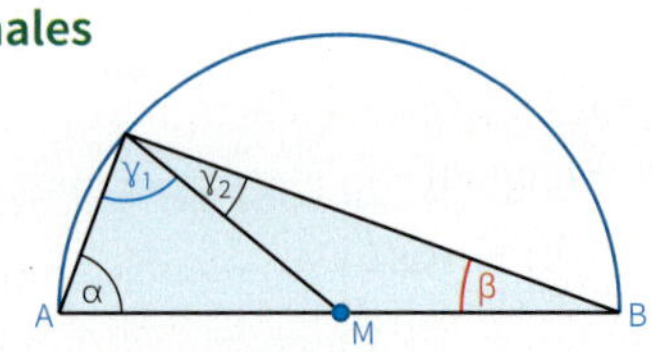

7 Problemlösen mit Bruchgleichungen

Zahlenrätsel: Wenn man 2 durch eine Zahl teilt, erhält man dasselbe, wie wenn man 4 durch die um 3 vergrößerte Zahl teilt. Wie heißt die Zahl?

Argumentieren/Begründen

Wenn-dann-Aussagen

$A \Rightarrow B$: Wenn A, dann B.
In A wird die Voraussetzung formuliert, in B die Behauptung.

- *Wenn Hakim ein Kölner ist, dann ist Hakim aus NRW.*
  Die Aussage ist wahr.
- *Wenn die Zahl n ein Vielfaches von 2 ist, dann ist n eine gerade Zahl.*
  Die Aussage ist wahr.

Umkehrung von Wenn-dann-Aussagen

$B \Rightarrow A$: Wenn B, dann A.
Für die Umkehrung einer Wenn-dann-Aussage werden die Voraussetzung A und die Behauptung B getauscht.
Achtung: Wenn eine Aussage wahr ist, so muss deren Umkehrung nicht auch wahr sein.

- *Wenn Hakim aus NRW ist, dann ist Hakim ein Kölner.*
  Die Aussage ist falsch.
- *Wenn die Zahl n eine gerade Zahl ist, dann ist n ein Vielfaches von 2.*
  Die Aussage ist wahr.

Äquivalente Aussagen

$A \Leftrightarrow B$: A genau dann, wenn B.
Wenn eine Wenn-dann-Aussage ($A \Rightarrow B$) und ihre Umkehraussage ($B \Rightarrow A$) wahr sind, dann sind A und B äquivalent.

- *Eine Zahl n ist genau dann gerade, wenn n ein Vielfaches von 2 ist.*
- $x + 4 = 9 \Leftrightarrow x = 5$

Begründen und Beweisen

1. Voraussetzung - Behauptung
Voraussetzung:
Drei aufeinanderfolgende Zahlen
Behauptung:
Die Summe dreier aufeinanderfolgender Zahlen ist durch 3 teilbar.

2. Zündende Idee
Schreibe die drei Zahlen als:
n, $n + 1$ und $n + 2$

3. Beweis aufschreiben
$n + (n + 1) + (n + 2) = 3n + 3 = 3 \cdot (n + 1)$
Die Summe ist ein Vielfaches von 3.

1 Wenn, dann-Aussagen aus dem Alltag
Formuliere die Umkehrung und überprüfe, ob sie wahr ist.
a) Wenn Mia eine Erkältung hat, dann geht sie nicht in die Schule.
b) Wenn ein Jahr ein Schaltjahr ist, dann hat das Jahr 366 Tage.
c) Wenn die Sonne scheint, dann kann man ohne Mütze nach draußen gehen.

2 Wenn, dann-Aussagen aus der Mathematik
Prüfe, ob die Wenn-dann-Aussagen wahr sind. Formuliere die Umkehrung und überprüfe, ob diese wahr ist.
a) Wenn zwei natürliche Zahlen a und b durch 7 teilbar sind, dann ist die Summe $a + b$ durch 7 teilbar.
b) Wenn in einem Dreieck ABC für die Seitenlängen die Ungleichung $a + b > c$ gilt, dann ist das Dreieck ABC konstruierbar.

3 Beweis zur Teilbarkeit
Zeige, dass die Summe von 5 aufeinanderfolgenden natürlichen Zahlen durch 5 teilbar ist.
TIPP: Nutze $n - 2$, $n - 1$, n, $n + 1$, $n + 2$

4 Beweis „Rückwärtsarbeiten"
Anna liest am Samstag von einem Buch die Hälfte der Buchseiten. Am Sonntag liest sie von den restlichen Seiten ein Drittel. Am Montag liest sie von den restlichen Seiten ein Viertel.
Am Dienstag liest sie die restlichen 36 Seiten.
a) Wie viele Seiten umfasst das Buch?
b) Wie viele Seiten hat Anna an den Tagen gelesen?

5 Beweis einer Genau dann, wenn-Aussage
n^2 ist genau dann gerade, wenn n gerade ist.

6 Beweis „Satz des Thales"
Beweise den Satz des Thales.
TIPP:
Teile das Dreieck ABC mithilfe der Strecke $\overline{MC}$ in zwei gleichschenklige Dreiecke.

7 Streckenlänge
Bestimme die Länge der Strecke x.

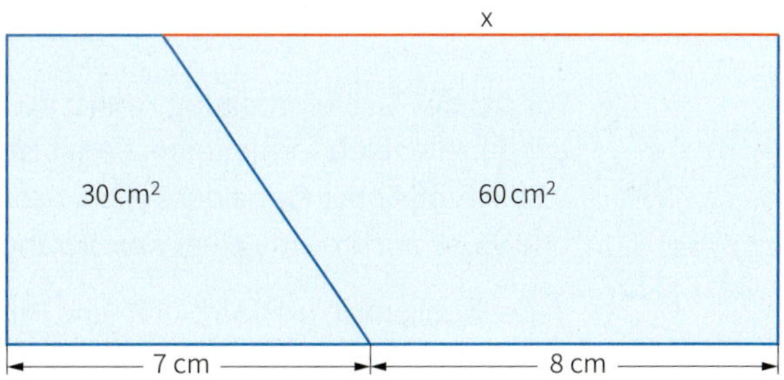

Werkzeuge

Tabellenkalkulation

Tabelle

Beim Start der Tabellenkalkulation öffnet sich ein leeres Tabellenblatt, eine Tabelle mit in Zeilen und Spalten angeordneten einzelnen Zellen.

Zeilen 1, 2, 3, …
Spalten A, B, C,…
Zellen A1, E3,..

In jede beliebige Zelle ist eine Eingabe möglich. Eingegeben werden können Zahlen, Texte und auch Formeln zur Berechnung von Werten mit den Zahlen anderer Zellen.

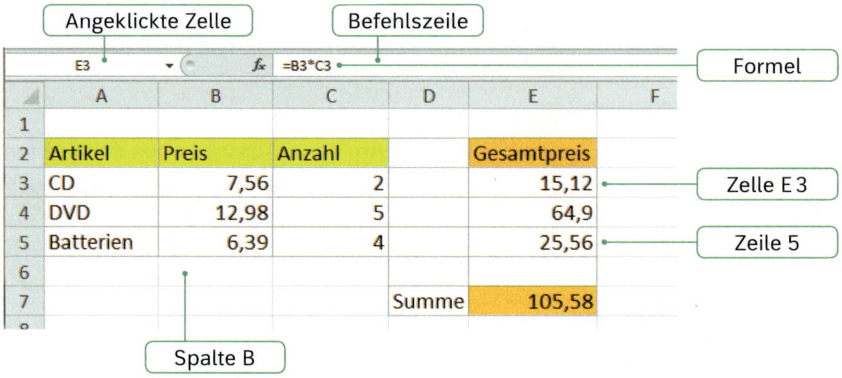

Eingabe von Formeln

Die Rechenoperation für die Formel kann in die Befehlszeile oder auch direkt in die Zelle eingegeben werden, sie muss zur Kennzeichnung als Formel auf jeden Fall mit dem Gleichheitszeichen beginnen.

=B3 · C3

In dem Tabellenblatt ist in Zelle E3 die Formel **=B3 · C3** geschrieben. Damit wird automatisch der Preis für eine CD mit der Anzahl der gekauften CDs multipliziert, es wird dann der Gesamtpreis für alle gekauften CDs in die Zelle geschrieben.

Die Tabellenkalkulation stellt auch viele Formeln fertig zur Verfügung. In der Zelle E7 ist der Befehl **=SUMME(E3;E4;E5)** eingegeben. Damit werden die in den Zellen E3 bis E5 angegebenen Gesamtpreise für die gekauften Artikel aufsummiert.

Diagramme

Zu geeigneten Tabellen lassen sich mit der Tabellenkalkulation auch übersichtliche Diagramme erstellen. Nach dem Markieren der passenden Spalten (oder Zeilen) wird meist unter Einfügen-Diagramm der gewünschte Diagrammtyp aufgerufen; das Diagramm wird dann automatisch erstellt.

Diagrammtyp:

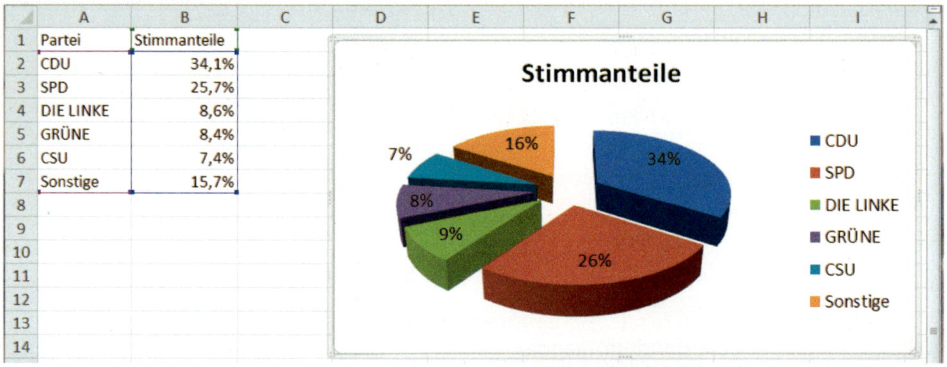

Formatierung

Wie bei der Textverarbeitung kannst du auch in der Tabellenkalkulation einzelne Zellen oder das Tabellenblatt formatieren. Damit ist gemeint, dass du z. B. die Spalten- oder Zeilenbreite, die Größe oder Farbe der Zellen, Schriftart und Schriftgröße der Einträge in den Zellen und vieles andere einstellen bzw. verändern kannst.

Hilfefunktion

Jede Tabellenkalkulation bietet eine Hilfefunktion. Nutze sie.

Werkzeuge

DGS

Dynamische Geometriesysteme

DGS = „Dynamische Geometriesysteme“ sind Werkzeuge, mit denen du am Computer geometrische Konstruktionen ausführen kannst. Die konstruierten Figuren sind mit dem **Zugmodus** nachträglich noch in Lage und Form veränderbar.

Experimentieren und Entdecken: „Was passiert, wenn …?“

Mit der Frage „**Was passiert wenn …**“ und dem gezielten Experimentieren beim Ziehen der Figuren lassen sich wichtige geometrische Eigenschaften und Zusammenhänge entdecken.

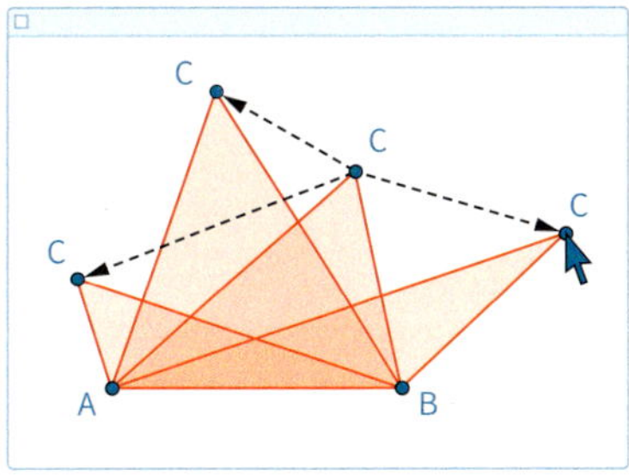

Hauptleiste

Nach dem Start des DGS erscheint ein leeres Zeichenblatt. Mithilfe verschiedener Werkzeuge aus dem Menü lässt sich auf dem Zeichenblatt konstruieren, abbilden und

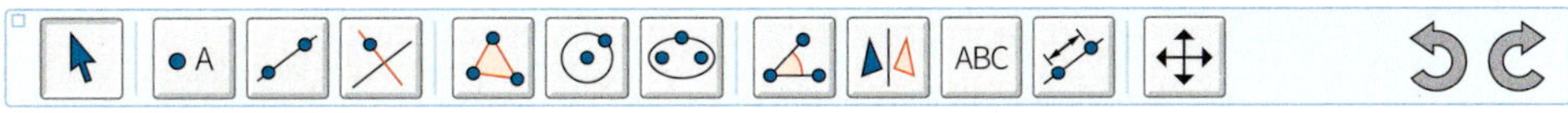

Konstruieren

Beispiel: **Dreieck**

„Vieleck“ (Polygon) auswählen.

- Auf dem Zeichenblatt drei Punkte anklicken und zum Abschluss wieder den ersten Punkt anklicken.

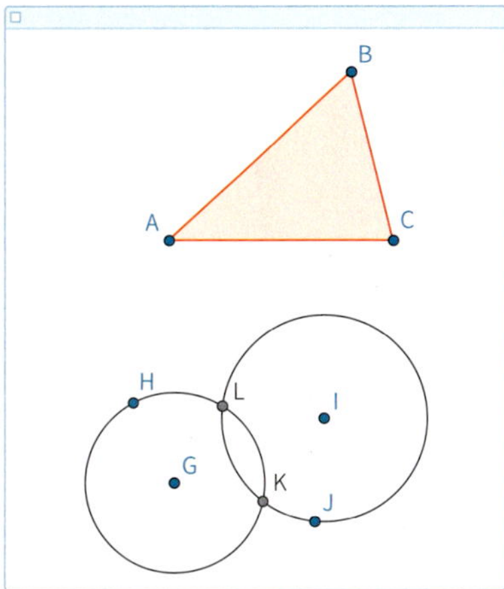

Beispiel: **Schnittpunkte zweier Kreise**

Kreis mit Mittel- und Kreispunkt konstruieren.

- Zwei Punkte anklicken, der erste Punkt ist der Mittelpunkt, der zweite Punkte liegt auf dem Kreis.

Schnittpunkte erzeugen.

- Beide Kreise nacheinander oder gleichzeitig anklicken.

Schnittpunkte können nicht gezogen werden.

Abbilden

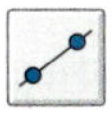

Beispiel: **Dreieck an einer Geraden spiegeln**

Gerade als Spiegelachse konstruieren.

- Zwei Punkte anklicken.

Im Menü „Abbildungen“ Icon wählen.

- Das Dreieck, das gespiegelt werden soll, anklicken. Die Gerade, an der gespiegelt werden soll, anklicken.

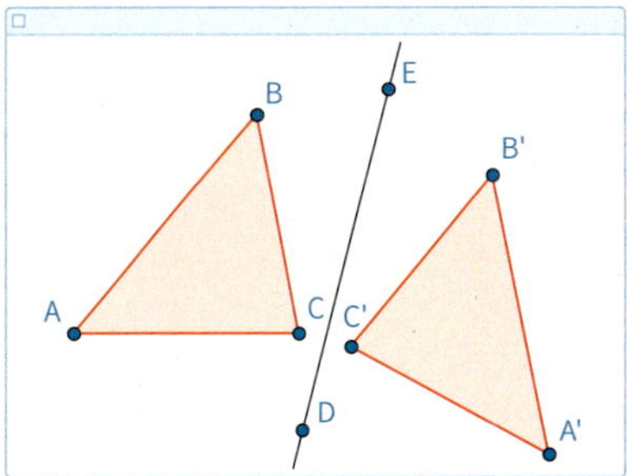

Beispiel: **Streckenlängen messen**

„Abstand oder Länge“ Icon wählen.

- Strecke oder Endpunkte der Strecke anklicken.

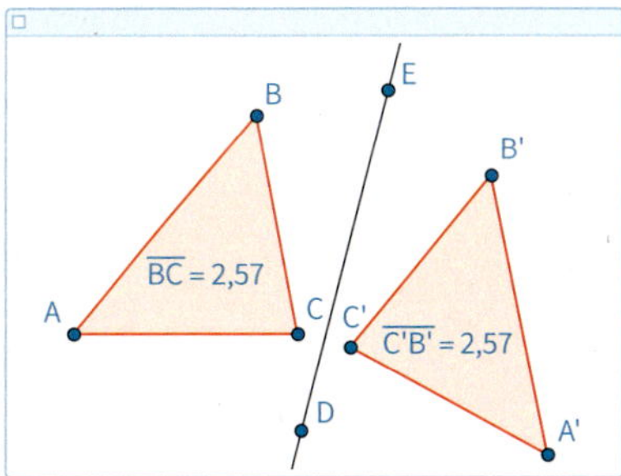

Mathematische Symbole und Sprechweisen

Symbol	Beispiel	Sprechweise
$\Rightarrow$	4 teilt n $\Rightarrow$ 2 teilt n	„Wenn n durch 4 teilbar ist, dann ist n durch 2 teilbar.“
$\Leftrightarrow$	n gerade $\Leftrightarrow$ 2 teilt n	„n ist eine gerade Zahl genau dann, wenn n durch 2 teilbar ist.“
$\approx$	$1{,}497 \approx 1{,}5$	„1,497 ist ungefähr 1,5“
$=$	$x = 2$	„x ist gleich 2“ oder „x gleich 2“ oder „x ist 2“
$\neq$	$2 \neq 1$	„2 ist ungleich 1“
$>$	$2 > 1$	„2 ist größer als 1“
$<$	$7 < 19$	„7 ist kleiner als 19“
$\geq$	$x \geq 0$	„x ist größer oder gleich 0“ oder „x ist mindestens 0“
$\leq$	$x \leq 5$	„x ist kleiner oder gleich 5“ oder „x ist höchstens 5“
$0{,}\overline{3}$	$\frac{1}{3} = 0{,}\overline{3}$	„Ein Drittel ist gleich null Komma Periode drei.“
$\lvert a \rvert$	$\lvert -6 \rvert = 6$	„Der Betrag von – 6 ist 6.“
x^2	x^2 $3^2 = 9$	„x-Quadrat“ „3 zum Quadrat ist 9“
a^n	3^4	„3 hoch 4“ oder „die vierte Potenz von 3“
$\sqrt{a}$	$\sqrt{4} = 2$	„Die Wurzel aus 4 ist 2.“
$\{\ldots\}$	$A = \{1, 4, 9\}$	„Die Menge A besteht aus 1, 4 und 9.“
$\in$	$4 \in A$	„4 ist Element der Menge A“ oder „4 ist in der Menge A enthalten“
$\mid$	$\{x \mid x > 1\}$	„die Menge der x, für die gilt: x größer als 1“
$\mathbb{N}$	$\{0, 1, 2, 3, \ldots\}$	„die natürlichen Zahlen“ oder „die Menge der natürlichen Zahlen“
$\mathbb{Z}$	$\{\ldots -2, -1, 0, 1, 2, \ldots\}$	„die ganzen Zahlen“ oder „die Menge der ganzen Zahlen“
$\mathbb{Q}$	alle Brüche	„die rationalen Zahlen“ oder „die Menge der rationalen Zahlen“
$\mathbb{I}$	$\sqrt{5}, -\sqrt{10}, \pi, \ldots$	„die irrationalen Zahlen“ oder „die Menge der irrationalen Zahlen“ oder „alle die Zahlen, die sich nicht als Bruch schreiben lassen“
$\mathbb{R}$	$0, 5, \sqrt{2}, -\frac{3}{4}, \ldots$	„die reellen Zahlen“ oder „die Menge der reellen Zahlen“
$\setminus$	$\mathbb{Q} \setminus \{2; 5\}$	„die Menge aller rationalen Zahlen ohne 2 und 5“
∞	∞	„unendlich“
$\parallel$	$g \parallel h$	„g ist parallel zu h.“
$\perp$	$g \perp h$	„g ist senkrecht zu h.“ oder „g ist orthogonal zu h.“
P	$P(3 \mid 4)$	„der Punkt P mit den Koordinaten 3 und 4“
$f(x)$	$f(x)$ $f(3) = 4$	„f von x“ „ f von 3 ist 4.“ oder „Der Funktionswert an der Stelle 3 ist 4.“
$\bar{x}$	$\bar{x} = 3$	„Das arithmetische Mittel ist 3.“
$P(E)$	$P(\text{Rot}) = 0{,}5$	„Die Wahrscheinlichkeit des Ereignisses Rot beträgt 0,5.“

Mathematische Sätze als „Wenn-dann-Aussage“ und ihre Umkehrungen

Aussage	„Ein Viereck mit vier rechten Winkeln ist ein Rechteck.“
Wenn-dann-Aussage	„**Wenn** ein Viereck vier rechte Winkel hat, **dann** ist es ein Rechteck.“
Umkehrung	„**Wenn** ein Viereck ein Rechteck ist, **dann** hat es vier rechte Winkel.“

Achtung! Die Umkehrung einer wahren Aussage ist nicht immer wahr:

Wenn-dann-Aussage	„**Wenn** die Sonne aufgeht, **dann** kräht der Hahn.“	wahr
Umkehrung	„**Wenn** der Hahn kräht, **dann** geht die Sonne auf.“	falsch

Griechische Buchstaben

α	Alpha	η	Eta	ν	Nü	τ	Tau
β	Beta	ϑ	Theta	ξ	Xi	υ	Ypsilon
γ	Gamma	ι	Iota	o	Omikron	φ, Φ	Phi
δ, Δ	Delta	κ	Kappa	π	Pi	χ	Chi
ε	Epsilon	λ	Lambda	ρ	Rho	ψ	Psi
ζ	Zeta	μ	Mü	σ, Σ	Sigma	ω, Ω	Omega

Konstruktionen beschreiben

Beschreibe die Konstruktion des Kreises.

Gegeben sind der Punkt M und r = 2 cm

Konstruktion	Beschreibung
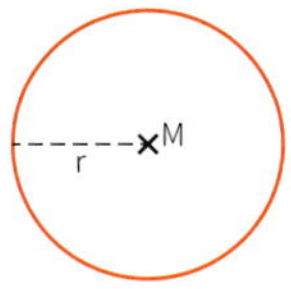	„Zeichne einen Kreis um den Punkt M mit dem Radius r = 2 cm."

Gegeben sind die Punkte M und A.

Konstruktion	Beschreibung
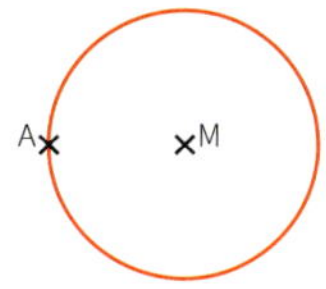	„Zeichne einen Kreis um den Punkt M durch den Punkt A."

Beschreibe die Konstruktion eines Dreiecks ABC mit a = 2 cm, b = 3 cm und c = 4 cm.

Konstruktion	Beschreibung
	„Zeichne die Strecke c mit c = 4 cm. Nenne die Endpunkte A und B."
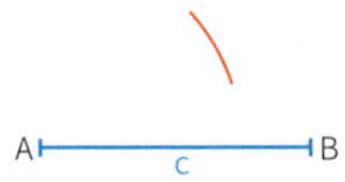	„Zeichne einen Kreis um A mit dem Radius b."
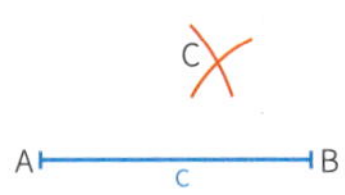	„Zeichne einen Kreis um B mit dem Radius a. Nenne den Schnittpunkt der beiden Kreise C."
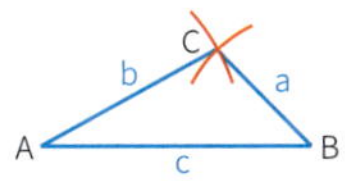	„Vervollständige das Dreieck. Verbinde dazu A mit C und B mit C."

Beschreibe die Konstruktion eines Dreiecks ABC mit c = 5 cm, b = 4 cm und α = 50°.

Konstruktion	Beschreibung
	„Zeichne die Strecke c mit der Länge 4 cm. Nenne die Endpunkte A und B."
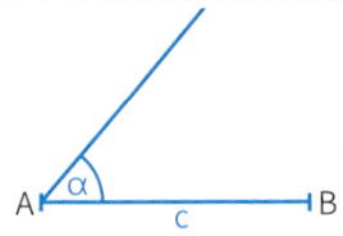	„Zeichne den Winkel α mit α = 50° bei A."
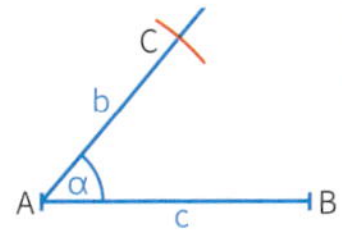	„Zeichne einen Kreis um A mit dem Radius 4 cm. Der freie Schenkel des Winkels α schneidet den Kreis. Nenne diesen Schnittpunkt C."
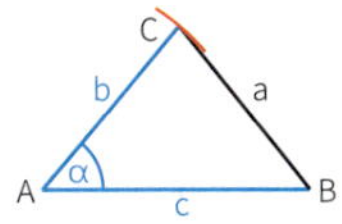	„Vervollständige das Dreieck. Verbinde dazu B und C."

Beschreibe die Konstruktion eines Dreiecks ABC mit c = 4 cm, h_c = 2 cm und α = 50°.

Konstruktion	Beschreibung
	„Zeichne die Strecke c mit der Länge 4 cm. Nenne die Endpunkte A und B."
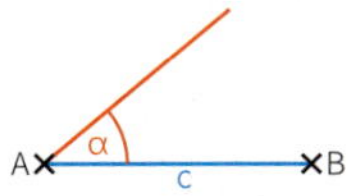	„Zeichne den Winkel α mit α = 50° bei A."
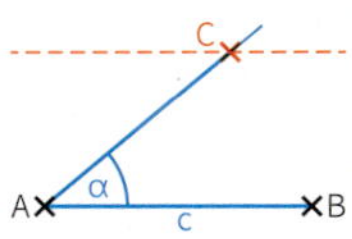	„Zeichne eine Parallele zu c im Abstand von 2 cm. Der freie Schenkel des Winkels α schneidet die Parallele. Nenne diesen Schnittpunkt C."
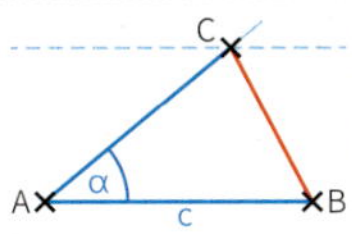	„Vervollständige das Dreieck. Verbinde dazu B und C."

Beschreibe die Konstruktion eines rechtwinkligen Dreiecks ABC.

Konstruktion	Beschreibung
	„Bestimme den Mittelpunkt M der Strecke $\overline{AB}$."
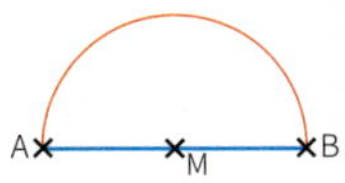	„Zeichne einen Halbkreis über die Strecke $\overline{AB}$ mit dem Mittelpunkt M."
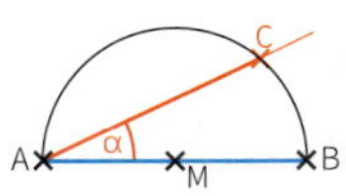	„Zeichne den Winkel α. Nenne den Schnittpunkt des freien Schenkels mit dem Halbkreis C."
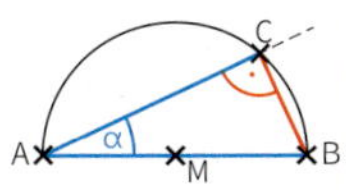	„Vervollständige das Dreieck. Verbinde dazu B und C. Das Dreieck ABC ist rechtwinklig."

Graphen beschreiben

Lies einen Graphen von links nach rechts.

- Wichtige Vokabeln und Sprechweisen zum Beschreiben eines Graphen:

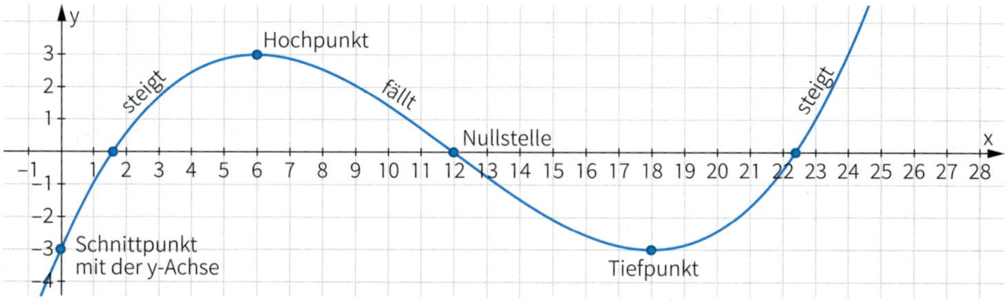

- „Der Graph schneidet die y-Achse im Punkt $(0|-3)$."
- „Der Graph schneidet die x-Achse zwischen 1 und 2."
- „Der Graph steigt zunächst an. Dann wird der Anstieg immer geringer bis der Graph den Hochpunkt erreicht …"
- „Der Graph hat an der Stelle 6 einen Hochpunkt."
- „Der Graph hat drei Nullstellen, eine Nullstelle ist an der Stelle 12."
- „Der Tiefpunkt hat den x-Wert 18 und den y-Wert $f(18) = -3$."

Zusammenhänge mit einem Graphen beschreiben

Beschreibe den Graphen innermathematisch und im Sachkontext:

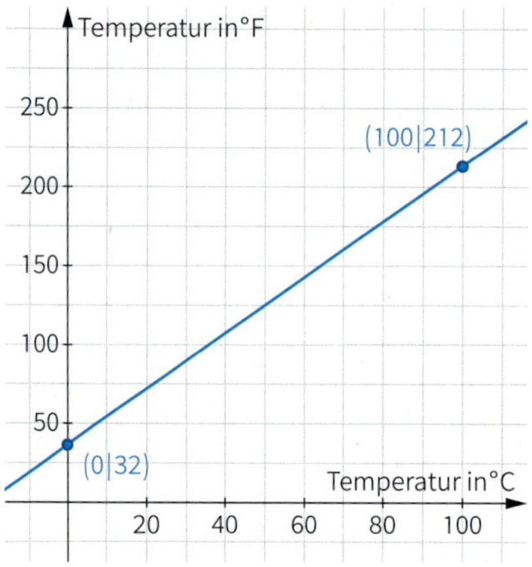

- „Der Graph zeigt den Zusammenhang zwischen den Temperaturangaben in den Einheiten °C (sprich: „Grad Celsius") und °F (sprich: „Grad Fahrenheit")."
- „Wasser gefriert bei 32 °F und kocht bei 212 °F."
- „0 °C entspricht 32°F."
- „Je größer die Temperatur in °C, desto größer die Temperatur in °F."
- „Der Graph ist eine Gerade. Der Zusammenhang ist also linear."
- „Der Zusammenhang ist nicht proportional."
- „Eine Temperaturänderung von 1 °C entspricht einer Temperaturänderung von 1,8 °F."

Zusammenhänge mit einer Tabelle beschreiben

Beschreibe die Tabelle innermathematisch und im Sachkontext:

Anzahl der Hühner	Futtervorrat Zeit in Tagen
1	60
2	30
3	20
4	15
5	12
6	10
…	…

- „Die Tabelle zeigt, wie lange ein Futtervorrat für verschiedene Anzahlen von Hühnern reicht."
- „Bei einem Huhn reicht der Futtervorrat 60 Tage."
- „Je mehr Hühner, desto weniger Tage reicht der Futtervorrat."
- „Der Zusammenhang ist antiproportional, da das Produkt bei jedem Wertepaar 60 beträgt."
- „Der Futtervorrat reicht 20 Tage für 3 Hühner."

Entwicklungen beschreiben

Wähle einen Zeitpunkt aus. Formuliere Aussagen von diesem Zeitpunkt ausgehend in die Vergangenheit oder in die Zukunft:

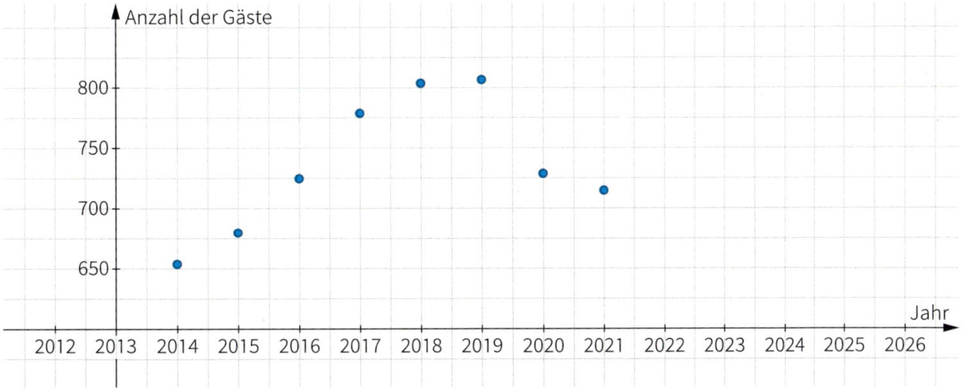

Jahr	2014	2015	2016	2017	2018	2019	2020	2021
Anzahl der Gäste	654	680	725	779	804	807	729	715

- „Die Tabelle zeigt die Gästezahlen in den Jahren von 2014 bis 2021.
- „Die Gästezahl ist von 2014 bis 2019 gestiegen."
- „Die Gästezahl ist von 2016 bis 2019 um 82 Gäste gestiegen."
- „In den Jahren 2020 und 2021 gab es einen Rückgang der Gästezahlen zum Vorjahr."
- „Die höchste Gästeanzahl wurde 2019 erreicht."
- „Der geringste Anstieg wurde von 2018 auf 2019 erzielt."

Vorgehen beschreiben

Beschreibe das Vorgehen beim Löser einer Aufgabe:
Um ein kreisförmiges Blumenbeet mit dem Durchmesser 4 m soll ein gleich breiter Weg erstellt werden, der genauso groß ist wie das Blumenbeet. Wie breit wird der Weg?

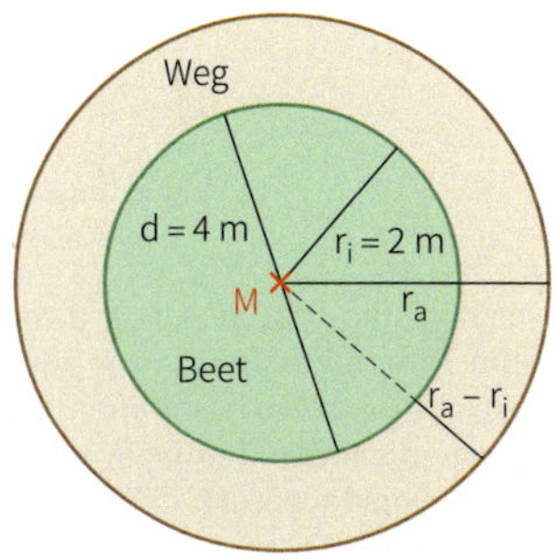

Beispiel für eine schriftliche Dokumentation:
- Gesucht ist die Breite b des Weges. Für b gilt: $b = r_a - r_i$
- r_i bestimmen: $r_i = \frac{d}{2}$
- r_a bestimmen:
  Flächeninhalt des Blumenbeetes A_{r_i} berechnen.
  Flächeninhalt des Weges ist A_{Weg} bestimmen.
  A_{r_i} und A_{Weg} gleichsetzen und r_a bestimmen.
- Die Breite des Weges entspricht $r_a - r_i$.

Beispiel für einen mündlichen Vortrag:
- „Zuerst stelle ich die Situation und die gegebenen Größen in einer Skizze dar. Dabei ist r_i der Radius des Blumenbeetes. Dieser Radius ist halb so groß wie der gegebene Durchmesser. Den Weg skizziere ich als Kreisring um das Blumenbeet. Den Radius des äußeren Kreises bezeichne ich mit r_a. Gesucht ist die Breite des Weges. Diese Breite lässt sich als Differenz $(r_a - r_i)$ aus den Radien r_a und r_i berechnen."
- „Nun berechne ich zuerst den Flächeninhalt des Blumenbeetes A_{r_i}, dann bestimme ich den Flächeninhalt des Weges A_{Weg}."
- „Der Flächeninhalt des Blumenbeetes A_{r_i} soll genauso groß sein wie der Flächeninhalt des Weges A_{Weg}. Daher stelle ich eine Gleichung. Ich setze die Terme für die Flächeninhalte A_{r_i} und A_{Weg} gleich. Aus dieser Gleichung berechne ich durch Umstellen und Wurzelziehen den Radius r_a."
- „Zuletzt berechne ich die Breite des Weges mit $r_a - r_i$."

Lösungen Check-up

Lösungen zu Kapitel 1 Seite 33

1 Gruppen zueinander ähnlicher Figuren:
(1) A, B, J; (2) C, D, G, H

2 a) Mit $S_{A;1,5}$ wird die zentrische Streckung mit Streckzentrum A und Streckfaktor k = 1,5 bezeichnet.
In b) ist die zentrische Streckung ausgeführt.

b)

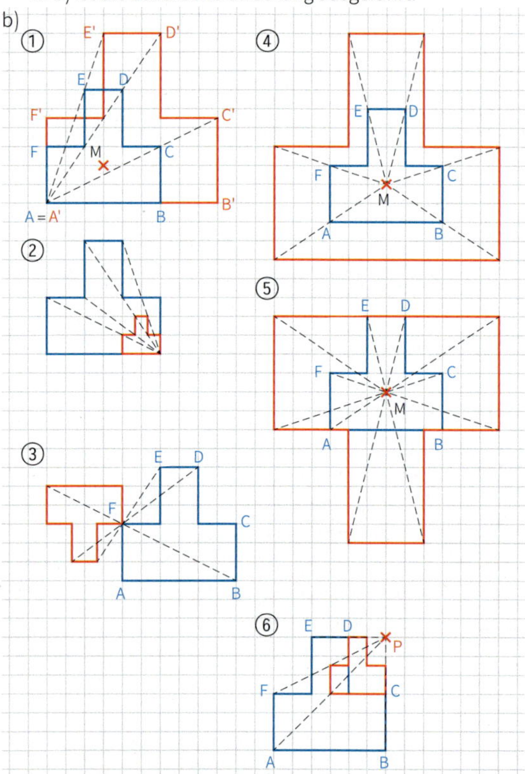

3 a) Der Maßstab 1 : 25 bedeutet, dass das die Längen im Modell mit dem Streckfaktor k = 25 vergrößert werden müssen, um die Längen im Original zu bestimmen. Die Masse des Sandes wird wie das Volumen mit dem Faktor $k^3 = 25^3$ vergrößert: $120 \cdot 25^3 = 1\,875\,000$
In das Original passen 1 875 000 g Sand, also 1,875 t.

b) 800 cm : 25 = 32 cm
Das Modell ist 32 cm lang.

4 a) $\frac{15}{3+9} = \frac{x}{9} \Rightarrow x = 11{,}25$ b) $\frac{6}{x} = \frac{10+6}{20} \Rightarrow x = 7{,}5$

c) $\frac{x}{18} = \frac{4}{21} \Rightarrow x = 3\frac{3}{7}$

5 a) $\frac{x}{180} = \frac{68}{85} \Rightarrow x = 144\,\text{m}$ b) $\frac{x}{250} = \frac{350}{100} \Rightarrow x = 875\,\text{m}$

c) $\frac{1{,}2}{0{,}5} = \frac{x}{4} \Rightarrow x = 9{,}6\,\text{m}$

Lösungen zu Kapitel 2 Seite 56

1

	natürlich	ganz	rational	irrational
2015	☑	☑	☑	☐
$\frac{3}{4}$	☐	☐	☑	☐
$-\sqrt{25}$	☐	☑	☑	☐
$\sqrt{8}$	☐	☐	☐	☑
$\sqrt{99}$	☐	☐	☐	☑
0,83333 …	☐	☐	☑	☐

2 Der Flächeninhalt des großen Quadrates beträgt 16 Flächeneinheiten, der des farbigen Quadrates 8 Flächeneinheiten.
Die Seitenlänge des farbigen Quadrates beträgt $\sqrt{8}$ Längeneinheiten und ist somit irrational.

3 a) 11 b) 40 c) 1,4 d) 15 e) 0,3
f) 0,5 g) $\frac{2}{9}$ h) $\frac{5}{13}$ i) $\frac{5}{6}$

4 Zahlen von links nach rechts
$-\frac{3}{2}$ $-\sqrt{1}$ $-\sqrt{\frac{1}{4}}$ $\sqrt{0{,}09}$ $\frac{4}{3}$ $\sqrt{4}$

5 $3{,}1 < \sqrt{10} < 3{,}45 < \sqrt{12} < 3{,}47 < \frac{7}{2} < 4$

6 a) 9 cm b) 12 m c) 4,5 m d) $\sqrt{30}$ m
e) 10 m (1 a = 100 m²) f) 1,1 km
g) $\sqrt{200\,000}$ m (20 ha = 200 000 m²) h) $\sqrt{24}$ mm

7 a) Man wirft eine Münze immer wieder, notiert für „Kopf" eine 1 und für „Zahl" eine 0. Die Münze wird „unendlich" oft geworfen.
b) 0,102003000400005…
c) 0,343434… ist eine periodische Dezimalzahl, als Bruch: $\frac{34}{99}$

8 a) $19^2 = 361$ richtig
b) $1000^2 = 1\,000\,000$ b) ist also falsch
c) $0{,}1^2 = 0{,}01$ richtig

Lösungen zu Kapitel 2 Seite 57

9

linke Grenze	rechte Grenze	Mittelwert	Wo liegt $\sqrt{10}$?
3	4	3,5	$3{,}5^2 = 12{,}25$ links
3	3,5	3,25	$3{,}25^2 = 10{,}5625$ links
3	3,25	3,125	$3{,}125^2 = 9{,}7656…$ rechts
3,125	3,25	3,1875	$3{,}1875^2 = 10{,}16…$ links

10 a) Flächeninhalt 40 cm²

x	y
4	10
7	≈ 5,7142
≈ 6,3571	≈ 6,2922
≈ 6,3246	≈ 6,3246
≈ 6,3246	≈ 6,3246

Die Kantenlänge des flächeninhaltsgleichen Quadrats ist $\sqrt{40}$ cm.

b) Flächeninhalt 36 cm²

x	y
3	12
7,5	4,8
6,15	≈ 5,854
≈ 6,002	≈ 5,998
≈ 6,000	≈ 6,000

Die Kantenlänge des flächeninhaltsgleichen Quadrats ist 6 cm.

11 Startwert zum Beispiel $x_0 = 90$:
$x_0 = 90$ $x_1 = 45{,}5$ $x_2 = 23{,}7390$ $x_3 = 13{,}7651$
$x_4 = 10{,}1517$ $x_5 = 9{,}5086$ $x_6 = 9{,}4869$ $x_7 = 9{,}4868$

2 a) Wahr, denn jede natürliche Zahl kann als Bruch geschrieben werden. $n = \frac{n}{1}$
b) Falsch, Gegenbeispiel: $\sqrt{0{,}09} = 0{,}3$, aber $0{,}09 < 0{,}3$
c) Falsch, Gegenbeispiel: $\sqrt{4} = 2$

3 a) $n + (n+1) + (n+2) + (n+3) + (n+4) + (n+5) + (n+6)$
$= 7n + 3 \cdot 7 = 7 \cdot (n+3)$
$7 \cdot (n+3)$ ist immer durch 7 teilbar und damit die Summe.
b) Angenommen $2 \cdot \sqrt{2}$ ist rational, also als Bruch $\frac{a}{b}$ darstellbar.
Dann wäre $\sqrt{2} = \frac{a}{2b}$ und somit rational. Dies ist ein Widerspruch.

4 a) Falsch $3 \cdot \sqrt{8} + 7 \cdot \sqrt{8} = (3+7) \cdot \sqrt{8} = 10 \cdot \sqrt{8}$
b) Falsch $\sqrt{9} + \sqrt{16} = 3 + 4 = 7$, also ungleich $\sqrt{25} = 5$
c) Falsch $\sqrt{7^2} = \sqrt{49} = 7$
d) Wahr $\sqrt{288} = \sqrt{144 \cdot 2} = 12 \cdot \sqrt{2}$
e) Wahr $\sqrt{289} = 17$
f) Falsch $\frac{\sqrt{49}}{\sqrt{4}} = \frac{7}{2} = 3{,}5$

5 a) $5 \cdot \sqrt{2} - 7 \cdot \sqrt{3}$
b) $\sqrt{16} + \sqrt{36} = 4 + 6 = 10$
c) $5 \cdot \sqrt{a} - 6 \cdot \sqrt{x} + 5 \cdot \sqrt{a} + 5 \cdot \sqrt{x} = 10 \cdot \sqrt{a} - \sqrt{x}$
d) $(\sqrt{8} - \sqrt{2}) : 2 \cdot \sqrt{2} = ((\sqrt{8} - \sqrt{2}) \cdot \sqrt{2}) : 2 = (\sqrt{16} - \sqrt{4}) : 2 = (4-2) : 2 = 1$

6 a) $\sqrt{54} = \sqrt{9 \cdot 6} = 3 \cdot \sqrt{6}$
b) $\sqrt{250} = \sqrt{25 \cdot 10} = 5 \cdot \sqrt{10}$
c) $\sqrt{\frac{8}{25}} = \sqrt{\frac{2 \cdot 4}{25}} = \frac{2}{5} \cdot \sqrt{2}$
d) $\sqrt{9a} = 3 \cdot \sqrt{a}$
e) $\sqrt{5x^2} = x \cdot \sqrt{5}$

7 a) $\sqrt{100 \cdot 10} = 10 \cdot \sqrt{10} \approx 31{,}623$
b) $\sqrt{\frac{10}{100}} = \frac{1}{10} \cdot \sqrt{10} \approx 0{,}31623$
c) $\sqrt{4 \cdot 10} = 2 \cdot \sqrt{10} \approx 6{,}3246$
d) $\sqrt{1000^2 \cdot 10} = 1000 \cdot \sqrt{10} \approx 3162{,}3$

Lösungen zu Kapitel 3 Seite 85

1 a) $\sqrt{72} \approx 8{,}4853$; $x \approx 8{,}5\,\text{cm}$
b) $\sqrt{34} \approx 5{,}8309$; $x \approx 5{,}8\,\text{cm}$
c) $\sqrt{28{,}4375} \approx 5{,}3327$; $x \approx 5{,}3\,\text{cm}$

2 $\overline{AC} = \sqrt{340\,000} \approx 583{,}1$; $\overline{CD} = \sqrt{100\,000} \approx 316{,}2$; $\overline{DB} = \sqrt{200\,000} \approx 447{,}2$
Das U-Boot muss ungefähr 1346 m zurücklegen.

3 $\overline{AB} = \overline{BC} = \overline{CD} = \overline{DA} = \sqrt{10}$
(1) $\overline{AC} = \overline{BD} = \sqrt{20}$: Die Diagonalen sind gleich lang, es ist ein Quadrat.
oder
(2) $\overline{BC}^2 + \overline{AB}^2 = 20 = \overline{CA}^2$
$\Rightarrow$ Das Dreieck ABC ist rechtwinklig. Umkehrung des Satzes von Pythagoras

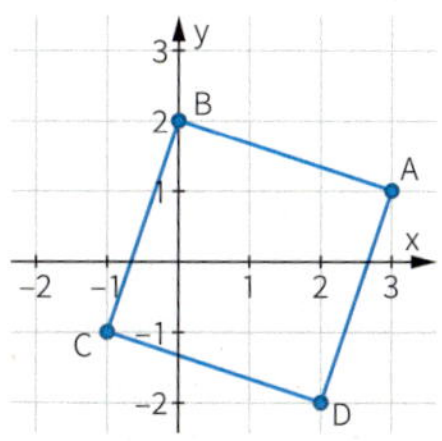

4 a) $\overline{AB}^2 = 125$; $\overline{BC}^2 = 100$; $\overline{AC}^2 = 25$
$\Rightarrow \overline{BC}^2 + \overline{AC}^2 = \overline{AB}^2$
Nach der Umkehrung des Satzes von Pythagoras ist das Dreieck rechtwinklig.
b) (1) Zu zeigen ist: $\overline{AD} = \overline{BD} = \overline{CD} = r$;
$\overline{AD} = \overline{BD} = \overline{CD} = \sqrt{31{,}25}$
(2) Mit der Umkehrung des Satzes von Thales, muss D Mittelpunkt von $\overline{AB}$ sein, weil der Thaleskreis der Umkreis ist:
$\left(\frac{1}{2} \cdot (6-4) \mid \frac{1}{2} \cdot (2-3)\right) = (1 \mid -0{,}5)$

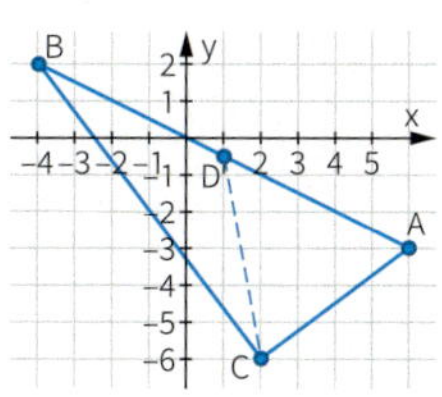

5 • Beide Dreiecke sind rechtwinklig und haben den Winkel ∢ADE gemeinsam. Wegen des Winkelsummensatzes für Dreiecke haben beide Dreiecke die gleichen Winkel. Wegen des Ähnlichkeitssatzes für Dreiecke sind die beiden Dreiecke ähnlich.
• ∢EDB = 90° (Nebenwinkel). Wegen der beiden rechten Winkel und der gleichlangen Seiten $\overline{BD}$ und $\overline{BC}$ ist das Viereck BCED ein Drachenviereck und damit gilt $\overline{EC} = \overline{ED} = x$

5 • $\frac{x}{c-a} = \frac{a}{b} \quad \Leftrightarrow \quad b \cdot x = a \cdot (c-a) \quad \Leftrightarrow \quad b \cdot x = a \cdot c - a^2$
$\frac{b-x}{c-a} = \frac{c}{b} \quad \Leftrightarrow \quad b \cdot (b-x) = c \cdot (c-a) \quad \Leftrightarrow \quad b^2 - b \cdot x = c^2 - a \cdot c$
$\Leftrightarrow \quad b \cdot x = b^2 - c^2 + a \cdot c$
$\Rightarrow \quad a \cdot c - a^2 = b^2 - c^2 + a \cdot c \quad \Leftrightarrow \quad a^2 + b^2 = c^2$
• Idee: Ähnliche Dreiecke mit Hilfslinie erzeugen.
Strategie: Auf verschiedene Weise Seitenverhältnisse mit den benutzten Seiten formulieren, sodass man zwei Gleichungen erhält. Mit Gleichsetzen und Umformen die Aussage des Satzes von Pythagoras erzeugen.

6 a) $2^2 + 1{,}5^2 = x^2$
$\Rightarrow \quad x = \sqrt{6{,}25} = 2{,}5$
$x = 2{,}5\,\text{cm}$

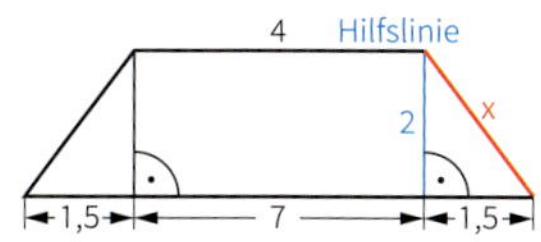

b) • Dreieck AED:
$1^2 + h^2 = 4^2 \Rightarrow h = \sqrt{15}$
• Dreieck ACE:
$(\sqrt{15})^2 + 7^2 = x^2$
$\Rightarrow \quad x = \sqrt{64} = 8$
$x = 8\,\text{cm}$

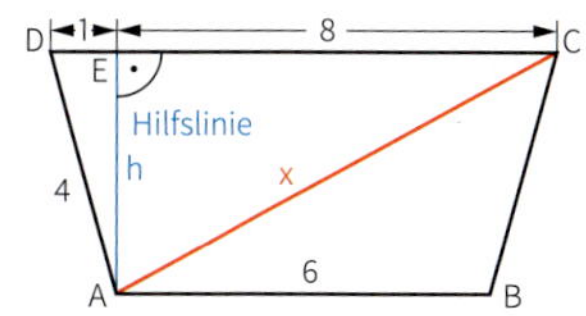

Lösungen zu Kapitel 4 Seite 135

1 a) lineare Funktion: Gerade
quadratische Funktion: Parabel mit Maximum (Minimum), achsensymmetrisch
lineare Funktion: konstante Steigung
quadratische Funktion: Steigung ändert sich gleichmäßig
b) lineare Funktion: $f(x) = mx + b$
quadratische Funktion: $f(x) = ax^2 + bx + c$
In quadratischen Funktionstermen muss „x^2" auftreten.
c) Bei der linearen Funktion ändert sich der Funktionswert um 2, bei der quadratischen Funktion zunächst um −11, dann um −9, −7, −5 usw.

2 a) Nullstellen $x_1 = 2$, $x_2 = -3$
Parabel nach oben geöffnet „normal"
b) Scheitelpunkt $S(-2 \mid -4)$
nach oben geöffnet „normal"
c) Scheitelpunkt $S(0 \mid 3)$
nach oben geöffnet „normal"
d) Schnittpunkt mit y-Achse $(0 \mid 5)$
nach unten geöffnet „normal"
e) Nullstellen $x_1 = 0$, $x_2 = 1$
nach oben geöffnet gestreckt $(a = 3)$
f) Scheitelpunkt $S(0 \mid 0)$, Nullstelle $x = 0$,
nach unten geöffnet, gestaucht $(a = -0{,}5)$

3 a) $S(0 \mid 5)$ Maximum
b) $S(7 \mid 0)$ Minimum
c) $S(-2 \mid -5)$ Minimum
d) $f(x) = x^2 + 4x - 2 = x^2 + 4x + 4 - 4 - 2 = (x+2)^2 - 6$
$S(-2 \mid -6)$ Minimum
e) $f(x) = x^2 - 4$
$S(0 \mid -4)$ Minimum
f) $f(x) = x^2 - 5x - 6 = x^2 - 5x + \frac{25}{4} - \frac{25}{4} - 6 = \left(x - \frac{5}{2}\right)^2 - \frac{49}{4}$
$S\left(\frac{5}{2} \mid \frac{49}{4}\right)$ Minimum
g) x-Koordinate: $x = \frac{1}{2} \cdot (-2 + 6) = 2$
$S(2 \mid -16)$ Minimum
h) $S(5 \mid 5)$ Maximum
i) $S(0 \mid 0)$ Minimum

4 a) $f(x) = -(x-4)^2$
b) $f(x) = (x+5)^2 - 2$
c) $f(x) = -x^2 + 2$

5 a) Mit Faktor 4 gestreckt
b) Mit Faktor 0,2 gestaucht
c) An der x-Achse gespiegelt, gestreckt (Faktor –2)
d) Um 3 nach unten verschoben
e) Gespiegelt an x-Achse, gestreckt (Faktor –3), um 1 nach oben verschoben
f) Gestaucht $\left(\text{Faktor } \frac{1}{4}\right)$

6 a) $f_3(x) = -3x + 2$ b) $f_4(x) = x^2 + 1$ c) $f_1(x) = x^2 + 2$
d) $f_6(x) = -x^2 + 1$ e) $f_5(x) = 2x + 3$ f) $f_2(x) = 2x^2 - x$

Lösungen zu Kapitel 4 Seite 136

7 a) $f(x) = x^2 + 2$ b) $f(x) = (x+1)^2 + 3$
c) $f(x) = 0{,}5x^2 + 4$ d) $f(x) = -x^2 + 1$

8

	allgemeine Form	Scheitelpunktform	faktorisierte Form
a)	$f(x) = x^2 + 2x - 15$	$f(x) = (x+1)^2 - 16$	$f(x) = (x-3)\cdot(x+5)$
b)	$f(x) = x^2 - 4$	$f(x) = x^2 - 4$	$f(x) = (x+2)\cdot(x-2)$
c)	$f(x) = x^2 + 4x - 5$	$f(x) = (x+2)^2 - 9$	$f(x) = (x-1)\cdot(x+5)$
d)	$f(x) = x^2 - 6x + 9$	$f(x) = (x-3)^2$	$f(x) = (x-3)\cdot(x-3)$
e)	$f(x) = -x^2 + 8x$	$f(x) = -(x-4)^2 + 16$	$f(x) = -x\cdot(x-8)$
f)	$f(x) = -x^2 + 8x - 17$	$f(x) = -(x-4)^2 - 1$	existiert nicht

9 a)
$f_1(x) = -x^2 + 2$
$f_2(x) = 2\cdot(x-1)\cdot(x+2)$
$f_3(x) = -0{,}5\cdot(x-3)^2 + 4$
$f_4(x) = (x-4)^2$

b) (Beispiele)
$P(2|-2)$: $f_1(2) = -4 + 2 = -2$
$P(0|-4)$: $f_2(0) = -2\cdot 2 = -4$
$P(5|2)$: $f_3(5) = -0{,}5\cdot 4 + 4 = 2$
$P(6|4)$: $f_4(6) = 2^2 = 4$

10 a) $(-1)^2 - k = 6$
$k = -5$

b) $(-4+1)\cdot(-4-k) = 3$
$12 + 3k = 3$
$k = -3$

c) $k\cdot\left(\frac{3}{4}\right)^2 - 2 = 0$
$k\cdot\frac{9}{16} = 2$
$k = \frac{32}{9}$

11 (1) $f(x) = a\cdot(x-3)\cdot(x-5)$ $a\cdot(2-3)\cdot(2-5) = 3$ $\Rightarrow$ $a = 1$
(2) $f(x) = a\cdot(x-2)\cdot(x-6)$ $S(4|4)$ $\Rightarrow$ $2\cdot(-2)a = 4$ $\Rightarrow$ $a = -1$
(3) $f(x) = a\cdot(x+4)^2 - 1$ $4a - 1 = 0$ $\Rightarrow$ $a = \frac{1}{4}$

12 $S(100|5) \Rightarrow f(x) = a\cdot(x-100)^2 + 5$
Zudem $f(0) = 40 \Rightarrow 40 = a\cdot(0-100)^2 + 5$
$35 = a\cdot 100^2 \Rightarrow a = \frac{35}{10\,000}$
$f(x) = \frac{35}{10\,000}\cdot(x-100)^2 + 5$

13 (1) Quadratische Regression:
$\text{quadreg}(x) = -0{,}009\cdot x^2 + 0{,}6294\cdot x - 0{,}05$
(2) Mit dem Ansatz $f(x) = a\cdot x\cdot(x-70)$ und Schieberegler erhält man fast dieselbe Funktion.
(3) Ohne digitales Hilfsmittel:
$f(x) = a\cdot x\cdot(x-70)$ und $P(40|11)$:
$g(x) = -\frac{11}{1200}\cdot x\cdot(x-70) = -0{,}00917\cdot x\cdot(x-70)$
Alle drei Modelle passen sehr gut.

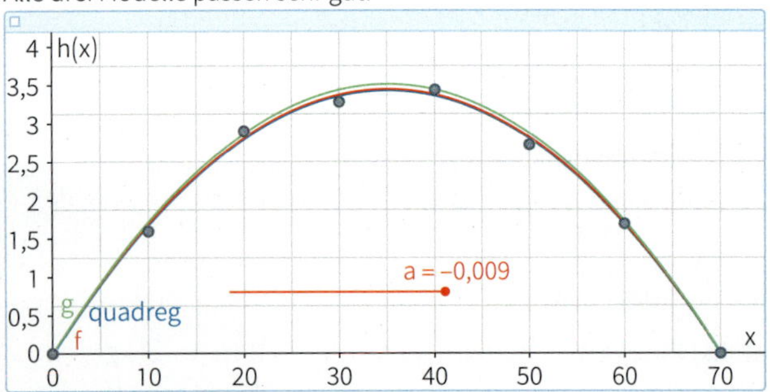

Lösungen zu Kapitel 4 Seite 137

14 a) $-x^2 = x - 2$ Lösungen aus Grafik: $x_1 \approx -2$; $x_2 \approx 1$
Wegen $-(-2)^2 = -4 = -2 - 2$ und $-1^2 = -1 = 1 - 2$ sind die Lösungen exakt.
b) $(x-2)^2 + 1 = 3$ Lösungen aus Grafik: $x_1 \approx 0{,}6$; $x_2 \approx 3{,}4$
Wegen $(0{,}6-2)^2 + 1 = 2{,}96 \neq 3$ und $(3{,}4-2)^2 + 1 = 2{,}96 \neq 3$ sind die Lösungen Näherungswerte.

15 a) $x_1 = \sqrt{60} = 7{,}746$ $x_2 = -\sqrt{60} = -7{,}746$
b) $x_1 = 2$ $x_2 = -2$
c) $x_1 = \sqrt{40} = 6{,}325$ $x_2 = -\sqrt{40} = -6{,}325$
d) $x_1 = \sqrt{15} = 3{,}873$ $x_2 = -\sqrt{15} = -3{,}873$
e) $x = 0$
f) $x_2 = -3$ keine Lösung

16 a) $x_1 = -\sqrt{5}$; $x_2 = \sqrt{5}$
b) keine Lösung
c) $x_1 = -9$; $x_2 = 1$
d) $x_1 = -6$; $x_2 = 2$
e) keine Lösung
f) $x_1 = -2$; $x_2 = 6$
g) $x_1 = 2 - \sqrt{5}$; $x_2 = 2 + \sqrt{5}$
h) $x = 0$
i) keine Lösung
j) $x_1 = \sqrt{40}$; $x_2 = -\sqrt{40}$
k) $x_{1,2} = \frac{5}{2} \pm \frac{1}{2}\cdot\sqrt{41}$
l) keine Lösung

17 a) Katrin hat richtig umgeformt zu $x^2 = -k$ und dann gedacht, dass $-k$ immer negativ ist. Für $k = -2$ erhält man aber $x^2 = 2$ und damit zwei Lösungen. Das gilt für alle $k < 0$
b) Lars hat Recht. Wenn die Parabeln in x-Richtung verschoben sind. Wenn sie nur in y-Richtung verschoben sind, haben sie keinen Schnittpunkt.
c) Maren hat Recht. Eine nach oben geöffnete Parabel , die einen negativen y-Achsenabschnitt hat ($c < 0$) hat zwei Nullstellen. Haben a und c verschiedene Vorzeichen und ist $b = 0$, dann haben die Parabeln auch 2 Nullstellen. Haben a und c gleiche Vorzeichen und ist $b = 0$, dann haben die Parabeln keine Nullstellen.

18 a) $x^2 = 9$
$2\cdot(x-3)\cdot(x+3) = 0$
b) $(x-2)\cdot(x+5) = 0$;
$x^2 + 3x = 10$
c) $(x - \sqrt{3})\cdot(x-6) = 0$
$x^2 - \sqrt{3}\cdot x = 6x - 6\cdot\sqrt{3}$
d) $(x+4)^2 = 0$
$2x^2 + 16x + 32 = 0$

19 a) $x_1\cdot x_2 = -4$ und $x_1 + x_2 = -3$: $1\cdot(-4) = -4$; $1 - 4 = -3$
$x_1 = 1$; $x_2 = -4$
b) $x_1\cdot x_2 = 10$ und $x_1 + x_2 = 7$: $2\cdot 5 = 10$; $2 + 5 = 7$
$x_1 = 2$; $x_2 = 5$
c) Zuerst: $x^2 - 4x - 12 = 0$
$x_1\cdot x_2 = -12$ und $x_1 + x_2 = 4$: $-2\cdot 6 = -12$; $-2 + 6 = 4$
$x_1 = -2$; $x_2 = 6$

Lösungen zu Kapitel 4 Seite 138

20

	a) $f(x) = x^2 - 3$	b) $f(x) = \frac{1}{4}x^2 - x$	c) $f(x) = -x^2 + x - 1$
(1)	$(0\|-3)$; $(\sqrt{3}\|0)$; $(-\sqrt{3}\|0)$	$(0\|0)$; $(4\|0)$	$(0\|-1)$; keine Schnittpunkte mit x-Achse
(2)	$f(3) = 6$; $f\left(-\frac{1}{2}\right) = -\frac{11}{4}$	$f(3) = -\frac{3}{4}$; $f\left(-\frac{1}{2}\right) = \frac{7}{16}$	$f(3) = -7$; $f\left(-\frac{1}{2}\right) = -\frac{7}{4}$
(3)	$f(x) = -2$: $x_1 = 1$; $x_2 = -1$ $f(x) = 4$: $x_1 = \sqrt{7}$; $x_2 = -\sqrt{7}$	$f(x) = -2$: existiert nicht $f(x) = 4$: $x_{1,2} = 2 \pm \sqrt{20}$	$f(x) = -2$: $x_{1,2} = \frac{1}{2} \pm \frac{1}{2}\cdot\sqrt{5}$ $f(x) = 4$: existiert nicht
(4)	$S(0\|-3)$	$S(2\|-1)$	$S\left(\frac{1}{2}\|-\frac{3}{4}\right)$
	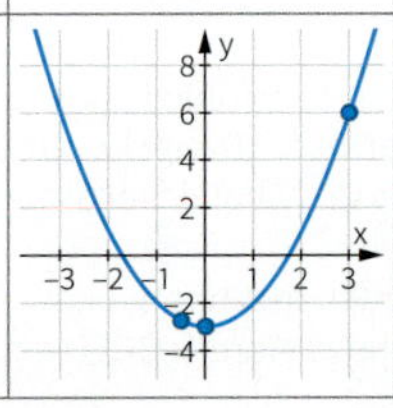	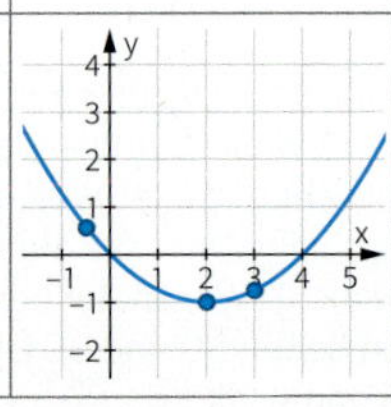	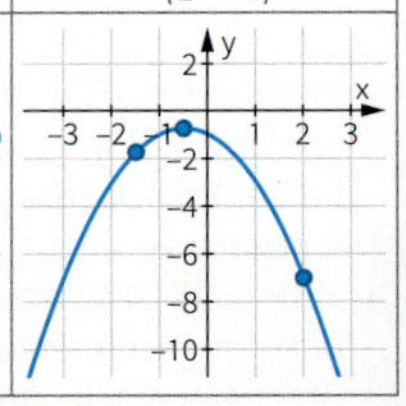

a) $(-2)^2+2\cdot(-2)-4=-4$: P liegt auf der Parabel
$5^2+2\cdot 5-4=31$: Q liegt nicht auf der Parabel
b) $2\cdot(6-3)^2-4=14$: P liegt nicht auf der Parabel
$2\cdot\left(\frac{2}{3}-3\right)^2-4=\frac{62}{9}$: Q liegt nicht auf der Parabel

- Abwurfhöhe? $h(0)=-\frac{1}{200}\cdot(0-40)^2+10=2$
- Scheitelpunkt? (max. Höhe) $S(40\,|\,10)$
- Höhe bei w = 70 m? $h(70)=-\frac{1}{200}\cdot(70-40)^2+10=5{,}5$
- Wurfweite?
  $h(w)=0=-\frac{1}{200}\cdot(w-40)^2+10$
  $-10=-\frac{1}{200}\cdot(w-40)^2$
  $2000=(w-40)^2$
  $w_1=40+\sqrt{2000}\approx 84{,}7$ (Weite); $w_2=40-\sqrt{2000}\approx-4{,}7$ (keine Weite)
- Wo ist der Speer 8 m hoch?
  $h(w)=8$
  $8=-\frac{1}{200}\cdot(w-40)^2+10$
  $-2=-\frac{1}{200}\cdot(w-40)^2$
  $400=(w-40)^2$
  $w_1=40+\sqrt{400}=60$; $w_2=40-\sqrt{400}=20$

a) $h(0{,}5)=25-5\cdot 0{,}5^2=23{,}75$
b) $25-5t^2=10$; $t_{1,2}=\pm\sqrt{3}$
Nach ca. 1,7 s ist das Floß 10 m über der Wasseroberfläche.
c) $25-5t^2=0$; $t_{1,2}=\pm\sqrt{5}$
Nach ca. 2,2 s trifft das Floß auf dem Wasser auf.

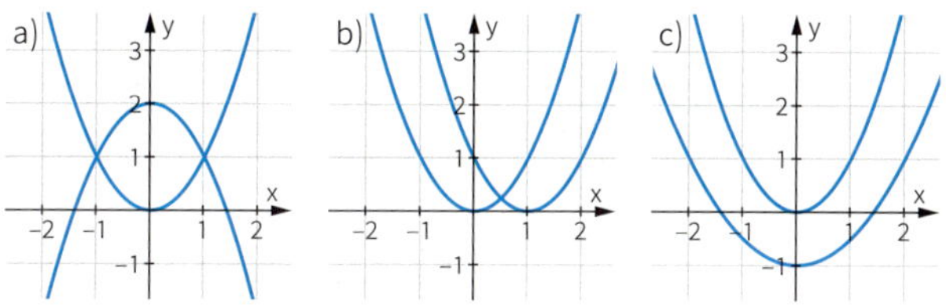

$f=g$; kein Schnittpunkt
$f=h$; $x_1=-2$, $x_2=2$; $S_1(-2\,|\,104)$, $S_2(2\,|\,104)$
$g=h$; $x=10$; $S_1(10\,|\,200)$

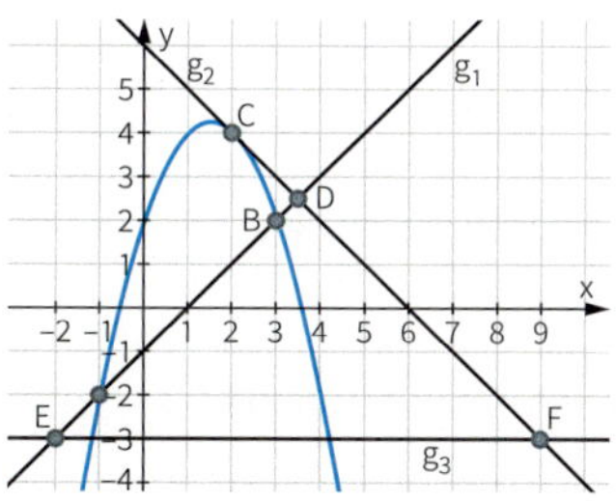

A(−1|−2)
B(3|2)
C(2|4)
D(3,5|2,5)
E(−2|−3)
F(9|−3)

Lösungen zu Kapitel 4 Seite 139

$f(x)=x\cdot(25-x)=-(x-12{,}5)^2+156{,}25$
Scheitelpunkt $(12{,}5\,|\,156{,}25)$; wähle $a=b=12{,}5$

(1) $a=x$; $b=24-x$ $f(x)=x\cdot(24-x)=-(x-12)^2+144$;
Scheitelpunkt $(12\,|\,144)$; wähle $a=b=12$
(2) $y=x-3$ $g(x)=x\cdot(x-3)=(x-1{,}5)^2-2{,}25$;
Scheitelpunkt $(1{,}5\,|\,-2{,}25)$; wähle $x=1{,}5$; $y=-1{,}5$

(1) Breite: x; Länge: x + 4: $x(x+4)=117$
$\Rightarrow$ $(x_1=-13)$; $x_2=9$ Breite: 9 cm; Länge: 13 cm
(2) Quadratseite x: $(x-2)\cdot(x+5)=60$
$\Rightarrow$ $(x_1=-10)$; $x_2=7$; Das Quadrat hat die Kantenlänge 7 cm.

30 a) (A) Lineare Regression: $l(x)=19{,}6x+4{,}33$
(B) Quadratische Regression: $q(x)=3{,}13x^2+3{,}98x+14{,}75$
Das quadratische Modell passt besser, aber das lineare passt auch noch hinreichend.
b) $l(10)=200$; $q(10)=367$; $l(15)=298$; $q(15)=778$
Je mehr Zeit vergeht, desto größer die Unterschiede in der Prognose. (Parabeln wachsen auf Dauer stärker als Geraden)
c) Daten aus 5 Jahren lassen keine stabilen langfristigen Prognosen zu.

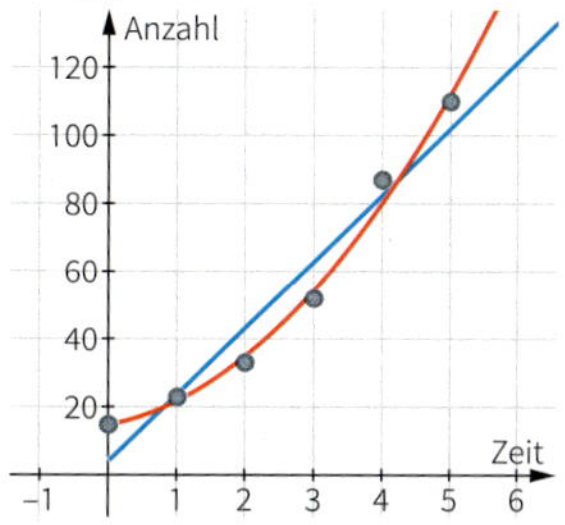

31 a) (1) Für welche Verkaufspreise wird Gewinn gemacht?
Nullstelle bestimmen: $-x^2+85x=0$ $\Rightarrow$ $x_1=0$; $x_2=85$
Gewinn wird für alle Verkaufspreise bis 85 € gemacht.
(2) Für welchen Verkaufspreis wird der maximale Gewinn gemacht? Wie hoch ist dieser?
Scheitelpunkt berechnen: $S(42{,}5\,|\,1806{,}25)$
Für einen Verkaufspreis von 42,5 € wird ein maximaler Gewinn von ca. 1800 € erzielt.
(3) Wie hoch ist der Gewinn, wenn man für 20 € verkauft?
Funktionswert berechnen: $f(20)=1300$
Bei einem Verkaufspreis von 20 € beträgt der Gewinn etwa 1300 €.
(4) Für welchen Verkaufspreis beträgt der Gewinn 1000 €?
Gleichung $f(x)=1000$ lösen:
$-x^2+85x=1000$ $\Rightarrow$ $x_1\approx 14{,}1$; $x_2\approx 70{,}9$
Für einen Verkaufspreis von 14 € und 71 € wird ein Gewinn von 1000 € erzielt.
b) Nach dem Modell wird für jeden Verkaufspreis bis 85 € Gewinn erzielt, also auch für einen Verkaufspreis von 1 €. Dies scheint kaum möglich zu sein, weil die Produktionskosten wohl über 1 € liegen. Der maximale Gewinn wird meist auch nicht genau in der Mitte zwischen kleinstem und größten Verkaufspreis liegen. Die Geschäftsleitung sollte aber den Verkaufspreis mittig zwischen kleinstem und größten gewinnbringenden Verkaufspreis ansetzen. Das Kaufverhalten in Abhängigkeit des Verkaufspreises kann sich ändern, sodass das Modell geändert werden muss.

Lösungen zu Kapitel 5 Seite 160

1 a) Bei den Mitgliedern des Schulelternbeirates handelt es zumeist um Eltern, die sich mehr als der „Durchschnitt“ der Elternschaft für die Schule engagieren. Der Schulelternbeirat bildet so im Sinne der Statistik nicht die Allgemeinheit der Eltern ab.
b) Man nummeriert alle Schülerinnen und Schüler der Schule durch und schreibt jede Nummern auf ein Los. Die Lose legt man in eine Urne. Dann zieht man nacheinander Lose ohne Zurücklegen und gewinnt so eine repräsentative Stichprobe der Schülerinnen und Schüler.

2 a) Median: 32 arithmetisches Mittel: 40,25
b) Der Median scheint die Besucherzahlen gut zu repräsentieren; das arithmetische Mittel wird durch die beiden „Ausreißertage“ (90, 102) stark beeinflusst und nach oben „verzerrt“.

3 Der Median verändert sich nicht, das arithmetische Mittel wird deutlich größer.

4 Das arithmetische Mittel beträgt 1,9 Druckfehler pro Seiten.

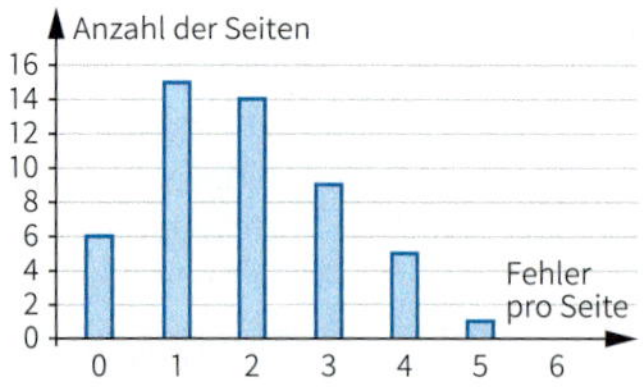

5 a) Differenz zwischen kleinstem und größtem Wert.
b) Unteres Quartil: Median der unteren Hälfte der geordneten Datenliste.
Oberes Quartil: Median der oberen Hälfte der geordneten Datenliste.
c) Das arithmetische Mittel der beiden Werte, die in der Mitte liegen.
d) Zwischen dem unteren und dem oberen Quartil liegt in etwa die mittlere Hälfte aller der Größe nach geordneten Werte.

6 a) Der Python ist laut Boxplot 10,50 m lang.
b) Minimum: 1 m Maximum: 10,5 m
unteres Quartil: 3,5 m Median: 5 m oberes Quartil: 7,5 m

Lösungen zu Kapitel 5 Seite 161

7 a)

Alter	Lehrkräfte
< 30	7 %
30 bis 40	29 %
40 bis 50	26 %
50 bis 60	25 %
≥ 60	12 %
ohne Ang.	0,3 %

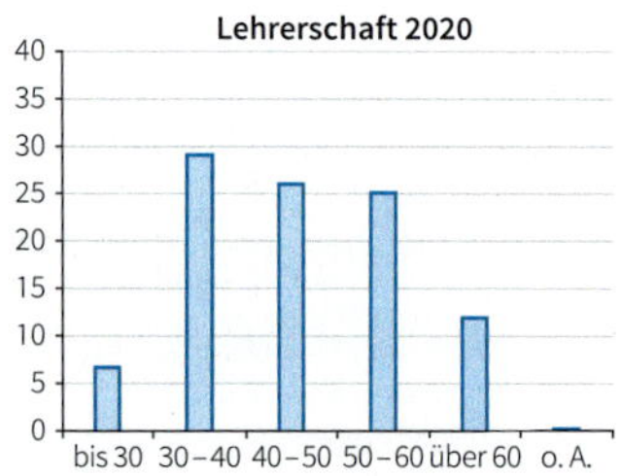

b) 2020 (blau) ist die Lehrerschaft im Vergleich zu 2005 (rot) jünger.

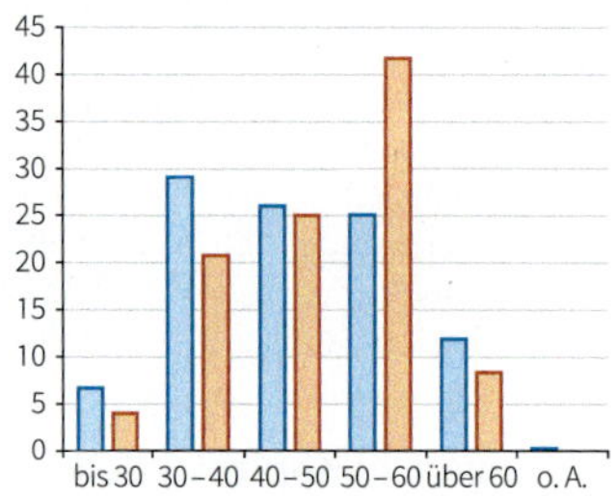

8 Die y- Achse beginnt nicht bei 0.
Die Einteilung auf der x-Achse ist nicht gleichmäßig.

9 Im zweiten Diagramm sind im Vergleich zum ersten Diagramm alle y-Werte gestaucht.
Im dritten Diagramm sind alle x-Werte im Vergleich zum ersten Diagramm gestaucht.

10 a) Den gleich breiten Abschnitten auf der Rechtsachse entsprechen nicht gleich große Zeiträume, diese reichen von 5 Jahren (1995 - 2000) bis zu 80 Jahren (1680 - 1760). Dadurch wird der falsche Eindruck erweckt, das Bevölkerungswachstum sei in den letzten 5 Jahren geringer als in den Zeitabschnitten davor ausgefallen.
b) Zwar sind die Höhen der Figuren in etwa proportional zu den angegebenen Prozentsätzen, dennoch werden die Anteile für „Irish" und „English" zu stark dargestellt, da die entsprechenden Flächen diese überproportional betonen.

Lösungen zu Kapitel 6 Seite 190

1

r	3 cm	4,8 cm	1,6 cm	**3,2 cm**	**1,8 cm**
u	**18,8 cm**	**30,2 cm**	**10,1 cm**	20 cm	**11,2 cm**
A	**28,3 cm²**	**72,4 cm²**	**8,0 cm²**	**31,8 cm²**	10 cm²

2 $50 \cdot 70 - 35 \cdot \pi \cdot 5^2 \approx 751{,}11$
Der Verschnitt beträgt ca. $751{,}11\ \text{cm}^2$

3 Figur 1 $u = 4 \cdot 1\ \text{cm} + 2 \cdot \pi \cdot 1\ \text{cm} \approx 10{,}28\ \text{cm}$
$A = (3\ \text{cm})^2 - \pi \cdot (1\ \text{cm})^2 \approx 5{,}86\ \text{cm}^2$

Figur 2 $u = 3\ \text{cm} \cdot \pi + 2\ \text{cm} \cdot \pi \approx 15{,}71\ \text{cm}$
$A = \pi \cdot (1{,}5\ \text{cm})^2 - \pi \cdot (1\ \text{cm})^2 \approx 3{,}93\ \text{cm}^2$

Figur 3 $u = 2\ \text{cm} + 2\ \text{cm} + \pi \cdot 1\ \text{cm} + \pi \cdot 2\ \text{cm} \approx 13{,}42\ \text{cm}$
$A = 1\ \text{cm} \cdot 2\ \text{cm} + \pi \cdot (0{,}5\ \text{cm})^2 + (2\ \text{cm})^2 - \pi \cdot (1\ \text{cm})^2 \approx 3{,}64\ \text{cm}^2$

Figur 4 $u = 2 \cdot \pi \cdot 3\ \text{cm} \approx 18{,}85\ \text{cm}$
$A = \pi \cdot (1{,}5\ \text{cm})^2 - ((3\ \text{cm})^2 - \pi \cdot (1{,}5\ \text{cm})^2) \approx 5{,}14\ \text{cm}^2$

4 $A = \pi \cdot (14{,}85^2 - 5{,}85^2) \approx 585{,}28$
Die zu teerende Fläche beträgt ungefähr $585{,}28\ \text{m}^2$.

5 Kreis $u_K \approx 21{,}27\ \text{cm}$; Quadrat: $u_Q = 24\ \text{cm}$

6 a) $u \approx 8{,}19\ \text{cm}$; $A = 4{,}19\ \text{cm}^2$
b) $u \approx 3{,}57\ \text{cm}$; $A = 0{,}79\ \text{cm}^2$
c) $u \approx 16{,}89\ \text{cm}$; $A \approx 16{,}34\ \text{cm}^2$

7 Kreisfläche: $A = 100\,\pi\ \text{cm}^2$;
halbe Kreisfläche: $50\,\pi\ \text{cm}^2$, also $r^2 = 50\ \text{cm}^2$,
folglich $r = \sqrt{50}\ \text{cm} \approx 7{,}07\ \text{cm}$

8 1000 Tulpen beanspruchen eine Fläche von $150\,000\ \text{cm}^2 = 15\ \text{m}^2$
$15\ \text{m}^2 = \pi \cdot r^2 \Rightarrow r \approx 2{,}19\ \text{m}$, also $d \approx 4{,}37\ \text{m}$ (Rechnung ungerundet)

Lösungen zu Kapitel 6 Seite 191

9 $V = G \cdot h$

G	50 cm²	34 cm²	45 cm²	20 cm²	13 cm²
h	4 cm	6 cm	5 cm	1 dm	17 cm
V	200 cm³	204 cm³	225 cm³	200 cm³	221 cm³

Das Prisma mit $G = 45\ \text{cm}^2$ und $h = 5\ \text{cm}$ hat das größte Volumen mit $225\ \text{cm}^3$.

10 $V = G \cdot h = \frac{1}{2} \cdot 3\ \text{cm} \cdot 4\ \text{cm} \cdot 10\ \text{cm} = 60\ \text{cm}^3$
$O = 2 \cdot G + M = 2 \cdot (\frac{1}{2} \cdot 3\ \text{cm} \cdot 4\ \text{cm}) + 10\ \text{cm} \cdot (5\ \text{cm} + 3\ \text{cm} + 4\ \text{cm}) = 132\ \text{cm}^2$

11 $V = G \cdot h = \frac{1}{2} \cdot (1{,}2\ \text{m} + 2\ \text{m}) \cdot 0{,}9\ \text{m} \cdot 2\ \text{m} = 2{,}88\ \text{m}^3 = 2880\ \text{dm}^3 = 2880\ \text{l}$

12

r	2 cm	3,5 cm	**10,0 cm**	**7,4 cm**	**2,8 cm**
h	4 cm	**1,9 cm**	1,2 cm	13,1 cm	**5,6 cm**
M	**50,3 cm²**	42 cm²	**75,4 cm²**	609 cm²	100 cm²
O	**75,4 cm²**	**119,0 cm²**	**703,7 cm²**	**953,0 cm²**	150 cm²
V	**50,3 cm³**	**73,5 cm³**	377 cm³	**2253,0 cm³**	**141,1 cm³**

13 $O_{alt} = 117{,}8\ \text{cm}^2$
$3^2 \cdot \pi \cdot h_{neu} = 2{,}5^2 \cdot \pi \cdot 5 \Rightarrow h_{neu} = \frac{125}{36}\ \text{cm} = 3{,}472\ \text{cm} \Rightarrow O_{neu} = 122{,}0\ \text{cm}^2$
Der neue Zylinder hat die größere Oberfläche.

14 a) $V = 537{,}94\ \text{cm}^3$ $O = 573{,}10\ \text{cm}^2$
b) $V = 187{,}47\ \text{cm}^3$ $O = 339{,}40\ \text{cm}^2$

15 a) $V = \pi \cdot 9\ \text{cm}^2 \cdot 3\ \text{cm} = 27 \cdot \pi\ \text{cm}^3 \approx 84{,}82\ \text{cm}^3$
$O = 2 \cdot \pi \cdot 9\ \text{cm}^2 + 2 \cdot \pi \cdot 9\ \text{cm} \cdot 3\ \text{cm} = 72 \cdot \pi\ \text{cm}^2 \approx 226{,}19\ \text{cm}^2$
b) $V = \pi \cdot 75\ \text{cm}^2 \cdot 5\ \text{cm} = 375 \cdot \pi\ \text{cm}^3 \approx 1178{,}10\ \text{cm}^3$
$O = 2 \cdot \pi \cdot 75\ \text{cm}^2 + 2 \cdot \pi \cdot 15\ \text{cm} \cdot 5\ \text{cm} = 300 \cdot \pi\ \text{cm}^2 \approx 942{,}48\ \text{cm}^2$

Stichwortverzeichnis

Medienkompetenzrahmen

1 Bedienen und Anwenden	2 Informieren und Recherchieren	3 Kommunizieren und Kooperieren
1.1 Medienausstattung	**2.1 Informationsrecherche**	**3.1 Kommunikations- und Kooperationsprozesse**
	Der Pantograph 22 Verschiedene Beweise für die Irrationalität von $\sqrt{2}$ 50; Al-Chwarizmi, Vieta und Cardano 119; Goldener Schnitt und Fibonaccizahlen 129; Hochsprung 141	
1.2 Digitale Werkzeuge	**2.2 Informationsauswertung**	**3.2 Kommunikations- und Kooperationsregeln**
CAS (Computeralgebrasystem) „Höhere" Gleichungen 119 Archimedes mit Rechnereinsatz 170 DGS (Dynamisches Geometriesystem) Vergrößerung und Verkleinerung eines Dreiecks 18; Der Pantograph 22; Zentralperspektive 26; Heron-Verfahren 45; Quadratfiguren 67; Spitz- oder stumpfwinklig? 69; Die Voraussetzung für den Beweis 71; Graphenlaboratorium 94; Schieberegler für Parameter 94; Snowboarding 106; Modellieren 107; Grafisches Lösen von Gleichungen 112; Ein „wohlgeformtes Ei" 176 Funktionenplotter Bilder mit Funktionen 103; Snowboarding 106; Die Reichstagskuppel in Berlin 109; Grafisches Lösen von Gleichungen 112; Quadrate im Quadrat 126 Tabellenkalkulation Heron-Verfahren 46; Grafisches Lösen von Gleichungen 112; Eine Sternstunde der Datenerhebung 147; Fast Food im Vergleich 151	Einen Boxplot „lesen" 152; Kapitel 5.3 Grafische Darstellungen kritisch analysieren 153 - 158	
1.3 Datenorganisation	**2.3 Informationsbewertung**	**3.3 Kommunizieren und Kooperieren in der Gesellschaft**
1.4 Datenschutz und Informationssicherheit	**2.4 Informationskritik**	**3.4 Cybergewalt und -kriminalität**